普通高等教育“十三五”规划教材

机械设计

主编　李　威　边新孝　俞必强

北　京
冶金工业出版社
2023

内 容 简 介

本书共15章，内容包括绪论，机械设计总论，机械零件的强度，摩擦、磨损和润滑，螺纹连接，带传动，链传动，齿轮传动，蜗杆传动，轴，轴毂连接，滑动轴承，滚动轴承，联轴器、离合器和制动器，弹簧和减速器等。

本书可作为高等院校工科机械类专业的机械设计课程教材，也可供其他相关专业师生和工程技术人员参考。

图书在版编目(CIP)数据

机械设计/李威，边新孝，俞必强主编. —北京：冶金工业出版社，2017.1（2023.11重印）

普通高等教育“十三五”规划教材

ISBN 978-7-5024-7423-2

Ⅰ.①机… Ⅱ.①李… ②边… ③俞… Ⅲ.①机械设计—高等学校—教材 Ⅳ.①TH122

中国版本图书馆CIP数据核字（2017）第004645号

机械设计

出版发行 冶金工业出版社　　**电　话**（010）64027926

地　址 北京市东城区嵩祝院北巷39号　　**邮　编** 100009

网　址 www.mip1953.com　　**电子信箱** service@mip1953.com

责任编辑 杨盈园　美术编辑 彭子赫　版式设计 彭子赫

责任校对 禹 蕊　责任印制 窦 唯

北京虎彩文化传播有限公司印刷

2017年1月第1版，2023年11月第5次印刷

787mm×1092mm 1/16；17.75印张；428千字；268页

定价39.00元

投稿电话（010）64027932　投稿信箱 tougao@cnmip.com.cn

营销中心电话（010）64044283

冶金工业出版社天猫旗舰店 yjgycbs.tmall.com

前　言

为了适应我国现代化建设和培养高素质人才的需要，我国教育事业正在经历着一次深刻而广泛的改革。目前许多高等院校为了提高学生的综合素质和创新意识，扩展知识领域，普遍压缩原有各门课程的学时。鉴于这种情况，根据当前机械设计课程教学改革的实际需要，结合作者多年来课堂教学和教学改革的实践经验，参照国家教育部颁发的机械设计课程教学基本要求及最近提出的有关教改精神，以“加强创造性思维能力和设计能力的综合培养，重视工程应用”为宗旨，作者编写了《机械设计》这本教材，本教材的特色主要表现在以下几个方面：

(1) 为了适应在大环境下教学学时缩短的需要，根据教材内容的有机联系，将螺纹连接和螺旋传动的相关内容有机地合在一起划分章节。使全书结构紧凑，相关内容联系紧密，教材内容更加精练。

(2) 适度拓宽了知识面。本书能够与时俱进，增添了稳健设计、并行设计、虚拟设计、智能设计和绿色设计等内容，这些内容不仅反映了机械设计的最新发展，而且还拓宽了知识面，培养了学生解决实际问题的能力。

(3) 全书各章均采用最新国家标准和国际通用的符号与脚注。在论述各章内容时，力求分清主次、突出重点、避免重复。

(4) 按照“面向工程设计”的原则，在着重讲清有关机械设计的基本概念、基本理论和基本方法的基础上，强调整体设计概念，重视综合设计能力和创新能力的培养，简化理论推导和设计计算，增强与工程实际的联系，力求全书简明易懂和更具启迪性。

本书内容丰富，一些章节并非必须讲授的内容，可以根据专业需要予以取舍或侧重，有些内容可以安排学生自学。各章编排顺序亦非不能变动的讲授顺序，可以根据具体情况加以调整。

参加本书编写工作的有李威、边新孝、俞必强、王小群、陈键、林宇、李启超、曹彦平、胡岳龙。本书由李威、边新孝、俞必强任主编。

本书由北京邮电大学杨福兴教授和北京科技大学贾志新教授担任主审，他们对本书初稿进行了仔细的审阅，提出了许多有助于提高本书质量的宝贵意见，作者对此深表感谢。本书的编写与出版得到了北京科技大学教材建设经费资助，在此致以真诚的谢意。

鉴于作者水平所限，书中若有不妥之处，恳切希望读者给予批评指正。

作者

2016 年 10 月

目　录

0 绪 论

内容提要

机械设计课程是介于基础课和专业课之间的基础技术课程，其通过综合运用之前课程的理论知识来解决机械零件的设计问题。本章简要说明机械在发展国民经济中的重要作用，以明确机械工作者的重任，进而通过对机械组成的分析，说明本课程的内容、性质和任务，使读者能尽快地明确本课程的特点和学习方法，以便更好地学好本门课程。

0.1 机械在经济建设中的作用

机械是组成现代化大规模生产的基础，如大型冶金联合企业，从采矿、选矿、冶炼、直到轧制成材等一系列生产流程中，如果不采用机械设备是不可能完成生产任务的。

机械化程度是衡量一个国家工业化水平的重要标志，因此，除对现有机械设备进行全面的技术改造、充分挖掘企业潜力外，还要求机械工业为国民经济的各个领域，特别是工业、农业、交通、能源及资源开发等领域提供最先进的机械装备，这就是机械设计工作者当前面临的迫切任务。可以预言，在社会进步和生产发展的进程中，机械设计这门学科将会发挥越来越大的作用。

0.2 机械的组成

在国民经济的各部门中，使用着各种类型的机械，它们的用途、构造及性能虽然各不相同，但从机械的组成分析，又都具有由原动机、传动机和工作机三部分组成的共性。如建筑、矿山及冶金行业广泛应用的卷扬机，就可分解为原动机、传动机构、工作机构等三大部分。总之，任何机械的组成，都可以进行类似的分析。

原动机（如电动机、内燃机、蒸汽机等）是机械能量的来源，它将各种能量（如电能、热能、液能等）转变为机械能；传动机构则将原动机的运动和能量传递给工作机构，使之按设计要求完成规定的动作并做有用的机械功。

由此可知，传动机构是联系原动机和工作机构的中间环节，是机械中的重要组成部分。在现代化的机械中，传动机构（装置）的形式有机械传动、电传动、液压及气压传动等，本课程范围只涉及机械传动，至于其他传动则由有关专业课程介绍。

机械是由许多零件和部件组成的。组成机械的基本单元称为机械零件，如机械中的轴、齿轮及轴承等。为完成同一使命，在结构上组合在一起的一套协同工作的零件总称为部件，如联轴器和减速器等。

随着生产的发展，机械的功用及类型日益增多。因此，作为组成机械基本单元的机械零件更是多种多样。为了研究方便起见，通常将机械零件分为通用零件和专用零件两大类。

通用零件是指在各类机械中具有同一功用及性能，并且经常使用的零件。按照其用途，可将通用零件分为以下几类：

（1）连接件。如螺纹连接、键销连接及铆焊连接等。

（2）传动件。如带传动、链传动、齿轮传动及蜗轮蜗杆传动等。

（3）支承件。如轴、轴承等。

专用零件系指仅适用于一定类型机械上的零件，如内燃机的曲轴、活塞，起重机的吊钩、钢丝绳，轧钢机的轧辊等。专用零件的设计问题由相应的专业课程解决，不属于本课程的研究范畴。

0.3 本课程的内容、性质和学习方法

机械设计是由机械学中分离出来的一门学科。它的主要内容和任务是从承载能力出发，考虑结构、工艺等方面，研究一般工作条件下通用零件的设计问题，并为机械设计提供最基本的知识。通过学习本课程及课程设计等实践环节，培养初步的机械设计能力，即逻辑思维能力、运用规范能力、计算和绘图能力。

机械设计是一门基础技术课程，在学习过程中通过综合运用理论力学、材料力学、机械原理、金属工艺学、金属学及热处理、公差及技术测量，以及机械制图等相关课程的知识，解决通用零件的设计问题。

由于机械设计是许多学科的综合运用，所以读者在初学本课程时，总有一个逐渐适应的过程。本书各章主要内容安排大体上如下：首先分析零件的工作原理及其承受载荷的性质及大小；然后根据工作情况分析零件的应力状态和性质以及零件的失效形式，从而依据主要失效形式建立保证零件工作能力的计算准则，并列出相应的工作能力计算公式，进而计算出零件的主要尺寸；最后进行结构设计并完成工程图。应当注意，零件在工作中受到许多实际因素的影响，这些影响因素常用各种系数分别予以考虑。

学习中应根据零件的实际工作条件进行具体分析，并要着重了解计算的出发点、各系数的物理概念及分析方法。此外，影响零件功能的因素很复杂，有时不能单纯由理论公式计算解决。很多系数和数据是由实验得出来的，有时还要用到经验或半经验公式，因此，对公式、系数应了解它们的使用条件和应用范围。同时还必须充分重视结构设计在确定零件形状、尺寸方面的重要性。

本 章 小 结

本章主要介绍了机械在国民经济建设中的作用和机器的组成，并同时阐述了机械设计课程的研究对象、内容、性质及学习方法等。

思考题

1-1 机器的基本组成要素是什么?

1-2 什么是通用零件?什么是专用零件?试各举 3 个实例。

1-3 一台完整的机器通常是由哪些基本部分组成?各部分的作用是什么?

1 机械设计总论

内 容 提 要

机械的可靠性建立在零件可靠性的基础上，而零件的工作能力则是其可靠性的基础。工作能力的标志是抵抗失效的能力，一般来说，载荷是零件失效的外因，应力则是失效的内因。确定零件合适的材料及尺寸以抵抗失效则是设计者的任务，因此，本章主要说明机械及零件设计的有关基本原则问题，如设计基本要求、设计方法和步骤、失效形式和计算准则、常用材料及选择原则和标准化，等等。

1.1 机械设计的基本要求

设计各类机械及零件时，均应满足使用、经济、安全三个方面的基本要求。满足使用要求，就是要求机械及零件在给定的工作期限内能够有效地执行预期的全部职能，这包括执行全部职能的可能性和可靠性两个方面。满足机械的使用要求，主要靠合理选择机构的组合及正确设计机械的零部件来保证。为了保证零件工作的可靠性，要求设计的零件应有足够的强度、刚度、耐磨性和振动稳定性等，否则机械就不能正常工作。

机械及零件的经济性是一个综合指标，它表现在设计、制造及使用的整个过程中。在设计、制造上要求结构合理、重量轻、造价低、生产周期短；在使用上要求生产效率高、能源消耗少、适用范围大和管理维修费用低等。

正确的机械设计，必须充分注意安全问题，避免发生人身和设备事故。例如传动机构应尽可能设计成闭式传动，外露的运动零件必须设安全罩，必须设置保险装置以消除不正确操作引起的危险，应最大限度地减轻操作工人的体力及脑力消耗，尽量减小机器的噪声以创造良好的劳动条件等。

此外，对不同用途的机械，还可能提出一些特殊要求，如运行式机械有重量轻的要求；大型或经常搬运的机械，有便于安装、拆卸和运输的要求；食品、纺织、造纸机械有不得污染产品的要求，等等。在满足基本要求的同时，这些特殊要求也必须得到满足。

1.2 机械设计的一般程序

1.2.1 机械设计的指导思想及一般步骤

一个正确的机械设计，必然是在正确的设计思想指导下进行的，而正确的设计思想只能从社会生产的实践中来，为此要求设计者在提高设计理论的同时，还必须投身到社会生产的实践中去，逐步树立正确的设计思想，这样才能在设计工作中坚持理论联系实际的原则，贯彻执行各项技术经济政策，并把勇于创新的精神与严谨的科学作风结合起来，把虚心学习国内外先进技术与革新改造精神结合起来。

通常一台新的机械从着手设计到正常使用，要经过调查研究、设计、制造及运行考核等一系列过程。严格说来，机械设计的程序并没有一个通用不变的固定模式，须根据具体情况进行设计。这里以一般典型的顺序说明如下：

(1) 编制设计任务书。设计任务书是机械设计的主要技术依据。设计任务书通常由机械的使用单位与参加设计的人员经过调查研究、综合分析共同制定出来。设计任务书的内容应包括机械的用途、功能、主要结构型谱、主要设计参数、动力来源以及主要技术经济指标等。

(2) 初步设计（技术设计）。根据对机械功能的要求，进行机构、组件、部件及零件的初步设计。设计中要进行运动学和动力学分析、工作能力计算，以及必要的模型试验和测试，以取得设计依据，最后得出零件、部件、组件和机械的主要参数和尺寸；这一阶段的工作特点是要结合分析、计算绘制各种必要的技术草图。

(3) 结构设计。根据初步设计的结果，充分考虑零件的工作能力要求，特别是从结构工艺性出发，将零件、部件的全部尺寸和形状，机械的装配和安装尺寸全部确定下来，并绘出各种工作图纸。

(4) 技术文件编制。编制各种技术文件和说明书：包括技术设计与结构设计的全部设计过程和主要设计计算结果。

这就是机械设计的全过程，整个设计过程的各个阶段是相互联系的。当某一阶段发现问题之后，必须返回去修改前一阶段的设计，由此可见，整个设计过程是一个不断修改、不断完善、逐渐接近最优结果的过程。

从以上所述可知，整个设计过程包括技术情报资料的收集、必要的调查研究、分析与综合、计算与实验、绘制图纸与编制技术文件、技术经济指标分析和考虑制造的可能性，等等，需要进行一系列工作，才能将预定的设想付诸实现。

1.2.2　机械零件设计的一般步骤

当机械的总体布置和传动方案已经确定，运动和动力性能的分析已基本完成时，就要着手进行零件的设计。与机械设计一样，零件设计也常需拟定几种方案，进行分析比较，选用最佳方案。任何一成不变的零件设计步骤是不存在的，而且零件设计也不可能和整体机械分割开来。一般说来，机械零件的设计步骤大致遵循以下程序。

(1) 载荷分析（受力分析）。研究零件所受的载荷类型及数值大小。

(2) 应力分析。研究零件所受的应力类型及危险截面的应力大小。

(3) 失效分析。研究零件的失效类型及主要失效形式。

(4) 材料的选择。根据零件的工作条件，综合考虑材料的机械性质、物理化学性质及经济性等因素，选择合适的材料。

(5) 确定计算准则。根据零件的失效形式确定计算准则，防止零件失效发生。

(6) 计算零件的主要尺寸。根据上一步骤确定的工作能力准则，计算零件的主要尺寸。

(7) 结构设计。根据工作能力计算所得的主要尺寸，考虑工艺及装配要求，详细定出零件的结构形状和细部尺寸。

(8) 绘制零件工作图。最后，将设计用图纸表达出来，然后拿到工厂去加工，同时需要标注必要的技术条件。

1.3 机械零件的主要失效形式

机械零件由于某些原因不能在既定的工作条件和期限内正常工作时，称为失效。由于具体工作条件和受载情况的不同，机械零件可能产生以下的失效形式。

1.3.1 整体断裂

零件的整体断裂分韧性断裂（韧断）和脆性断裂（脆断）两种失效状态。断裂前有塑性变形和变形能消耗者，叫做韧性断裂；断裂前无宏观塑性变形者，叫做脆性断裂。这两种断裂不仅与零件的材料性质（韧、脆性）有关，还与零件的载荷（有无冲击过载）、变形速度、应力性质及环境温度等因素有关。在冲击载荷作用下，大变形速度使塑性材料也呈现脆断。常温下呈韧断的材料在低温时会变为脆断；反之，在常温下呈脆断的材料高温时也会出现韧断。这些都说明在一定条件下，两种断裂会互相转化。

在循环变载荷作用下，工作时间较长的零件最容易出现疲劳断裂，这是大多数零件的主要失效形式。

整体断裂是机械零件的严重失效形式，它不仅使零件丧失工作能力，有时甚至会造成严重的人身和设备事故。

目前关于断裂原因，裂纹的发生和扩展条件、扩展速度，材料强度和韧度的最优搭配，材料抵抗断裂的能力等影响断裂的各种因素，以及防止断裂的措施等方面的研究，已发展成为一门新兴的学科，即断裂力学。

1.3.2 过量变形

机械零件承受载荷时，要发生弹性变形。当变形量超过许用范围时，零件就不能正常工作。当严重过载时，延性材料零件还将产生塑性变形。

零件的过量变形，将使零件的尺寸变化（体积膨胀或收缩）、形状改变（弯曲或翘曲），破坏零件（或部件）之间的相互位置及配合关系，使零件或机械不能正常工作。此外，过量的弹性变形还会引起振动，使零件破坏。例如机床主轴的弯曲变形超过许用值时，不仅产生振动，还使被加工件的尺寸精度不合格。又如电动机转子轴的弹性变形过大时，将改变转子和定子之间的间隙。零件的塑性变形，不仅造成尺寸和形状改变，而且还使零件不能继续受载而丧失工作能力。

1.3.3 表面失效

机械工作时，由于各零件的相互接合面之间都是动或静的配合关系，载荷作用于接合表面，摩擦发生于接合表面，环境介质也包围着接合表面，因此，零件的失效多发生在接合的工作表面。

零件的表面失效包括挤压、磨损、表面疲劳、胶合及腐蚀等形式。

机械零件的使用寿命在很大程度上取决于表面失效。当零件开始出现表面失效时，摩擦加大，除增加能量消耗外，还破坏工作表面，使其尺寸和形状发生变化，最终导致零件报废。

1.4 机械零件设计的计算准则

机械工作时，在同一零件上可能产生多种不同的失效形式。如齿轮的轮齿可能产生齿根过载断裂、疲劳断裂、齿面磨损、点蚀、胶合及塑性变形等失效形式。

机械零件抵抗失效的能力，叫做工作能力（或承载能力）。既然同一零件可能有好几种不同的失效形式，那么对应于各种失效形式也就有相应的工作能力。如轴的失效可能由于疲劳断裂，也可能由于过量的弹性变形。因此，轴的工作能力前者取决于轴的疲劳强度，后者取决于轴的刚度。显然，起决定作用的将是工作能力中的较小值。

衡量零件工作能力的指标，称为零件的工作能力准则。这些准则有强度、刚度、耐磨性、振动稳定性及耐热性等，它们是确定零件基本尺寸的主要计算准则。但对某个具体零件而言，应根据不同情况和要求，按其中某一个或某几个准则进行计算，现分述如下。

1.4.1 强度

强度是零件抵抗表面失效、整体断裂及塑性变形的能力。如果零件的强度不够，就会产生表面失效、整体断裂及塑性变形，使零件丧失工作能力。可见，强度计算是保证零件工作能力的最基本的计算准则。目前工程上还是用应力计算公式表达强度关系。

保证强度的计算条件为

$$\begin{cases}\sigma \leqslant [\sigma] \\ \tau \leqslant [\tau]\end{cases} \tag{1-1}$$

式中，σ，τ 为零件的工作正应力、剪应力；$[\sigma]$，$[\tau]$ 为零件材料的许用正应力、剪应力。

零件的工作应力 σ、τ 可根据材料力学有关公式进行计算。零件的许用应力 $[\sigma]$、$[\tau]$ 是零件设计的条件应力。正确选定许用应力，是既保证零件有足够的强度、寿命，又避免尺寸过大造成浪费的重要条件。

通常，有两种确定许用应力的方法：

(1) 查表法。根据理论分析和实践经验，对于一定材料制造的并在一定条件下工作的零件，将它们的许用应力列成表格，供设计时选用。查表法简单、具体、可靠，但有局限性。即许用应力是在一定条件下给定的，所以选用时要符合给定条件。

(2) 计算法。计算法确定许用应力的基本公式为

$$[\sigma] = \frac{\sigma_{\lim}}{S} \tag{1-2}$$

式中，$\sigma_{\lim}$ 为零件材料的极限应力（N/mm^2）；S 为零件的安全系数。

极限应力 $\sigma_{\lim}$ 值的确定，与零件的应力种类及材料性质有关。一般在静应力情况下工作的零件，主要是产生静强度破坏。因此，对延性材料，应取材料的屈服极限 σ_s 作为极限应力；而对于脆性材料，则应取材料的强度极限 σ_b 作为极限应力。在变应力情况下，零件主要是疲劳破坏。因此，对于受对称循环变应力的零件，则应取材料的对称循环疲劳

极限 σ_{-1} 作为极限应力；对于受脉动循环变应力的零件，则应取材料的脉动循环疲劳极限 σ_0 作为极限应力。应当指出，在变应力及脆性材料受静应力的情况下，用计算法确定许用应力时，还应当考虑到零件的应力集中、尺寸大小及表面状况等对强度的影响（详见第 2 章）。

安全系数 S 的确定，同样有两种方法：

（1）查表法。S 的具体数值详见各相应章节。

（2）部分系数法。它是用几个系数的乘积来确定总的安全系数 S

$$S = S_1 S_2 S_3 \tag{1-3}$$

式中，S_1 为考虑零件载荷及应力计算的准确性系数；S_2 为零件材料的可靠性系数；S_3 为零件的重要性系数。

虽然部分系数法能较全面地考虑影响零件强度的各种因素，但当设计者经验不足，或对具体情况分析不够准确时，很难得出合理的数值。

设计时通常取安全系数 $S>1$，但对某些更换方便的易损零件，在失效时不会引起重大事故时，为了减小零件尺寸、减轻机器重量、降低成本，也可以取安全系数 $S<1$。

应当注意，强度虽然是保证零件工作能力最基本的准则，但也不能过分地超过需要，否则将使零件尺寸过大；还有滥用高强度材料，这些都将增加成本，造成浪费。因此，在设计机械零件时，应详尽地分析工作条件和影响强度的因素，掌握材料的性质，熟悉机械零件强度计算理论，进行必要的强度实验及应力分析；此外，还应在工艺、结构等方面采取各种提高强度、节约材料的措施。

1.4.2 刚度

刚度是零件受载时抵抗弹性变形的能力。当机械零件的刚度不符合要求时，将改变零件的正常几何形状和相互的正确位置，从而影响零件的正常工作。例如齿轮轴的弯曲变形过量时，会破坏一对齿轮的正确啮合。机床主轴的刚度不够时，将影响被加工零件的精度，甚至造成废品。在某些情况下，刚度是保证其他工作能力的重要条件，例如受压长杆或受外压力的容器，其承载能力主要取决于它们对变形的稳定性。

保证零件刚度的计算条件是限定弹性变形量不超过许用值，即

$$\begin{cases} \gamma \leqslant [\gamma] \\ \varphi \leqslant [\varphi] \end{cases} \tag{1-4}$$

式中，γ，φ 为零件的变形量（伸长、挠度等）、变形角（挠角、扭转角）；$[\gamma]$，$[\varphi]$ 为许用变形量、变形角，其值应根据零件的具体工作要求确定。

由于各种钢材的弹性模量相差甚微，所以要想采用高强度钢来提高零件的刚度是不可能的。提高零件刚度的有效措施是改变零件截面形状和尺寸，缩小支点间的距离，以及采用附加的杆或加强筋等。

1.4.3 抗磨性

零件表面的尺寸和形状在摩擦条件下逐渐改变的过程称为磨损。机械中主要零件的过度磨损是机械报废的重要原因。许多零件的使用寿命往往受到工作表面磨损的限制。零件的磨损量超过允许值后，尺寸和形状将改变，不能再保持规定的功能，必须进行修复或更

换。所以在机械设计中总是力求提高零件的抗磨性。

零件的磨损是相当复杂的物理-化学过程，磨损寿命与接合面间的压力、滑动速度、摩擦系数、表面质量及润滑状态等因素有关。可见影响零件磨损的因素很多，而且很难准确估计。因此，关于磨损的现行计算方法，还只能是条件性的。

根据不同的摩擦形式，应采用不同的磨损计算。例如，对于非液体摩擦，有磨料磨损的情况，通常用限定磨损量或单位压力来保证磨损寿命；有时也常用限定摩擦面间的单位压力与相对滑动速度的乘积，来控制磨损发热量。对于液体摩擦，则要进行液体动压或静压润滑计算，保证油膜有足够的厚度，使两接触面完全被油膜隔开。

1.5　机械零件的材料及其选择

1.5.1　机械零件的常用材料

用于制造机械零件的材料有钢、铸铁、有色金属、非金属材料及各种复合材料。

(1) 钢。钢是机械中应用最广泛的材料。钢的塑性较好，可以用来铸造、锻造、轧制和冲压成机械零件或其毛坯；钢的强度很高，可以承受很大的载荷，而且可用热处理或化学热处理方法提高和改善其机械性能和加工性能。

(2) 铸铁。铸铁是含碳量大于2%的铁碳合金。它具有良好的铸造、切削加工、抗磨、抗压和减震性能，且价格低廉，所以应用广泛。常用的铸铁为灰铸铁和球墨铸铁。球墨铸铁强度比灰铸铁高，并具有一定的塑性和韧性，减振和耐磨性能比钢好得多，且成本比钢低，可部分代替钢材。近年我国开发的高强度球墨铸铁，经试验研究证明，其某些性能可与低合金钢媲美。球墨铸铁的缺点是凝固时的收缩率大，对铁水的成分、熔炼和铸造工艺要求较高。

(3) 有色金属合金。有色金属合金具有一些特殊的性能，如良好的减振性、耐蚀性、导电导热性等。常用的是铜合金（黄铜和青铜）及轴承合金，它们是制造蜗轮、滑动轴承等承受摩擦的主要材料。有色金属合金的缺点是强度不及钢，价格昂贵。

(4) 非金属材料。机械零件常用的非金属材料有工程塑料、橡胶、石墨、木材、陶瓷等。

1) 工程塑料。工程中常用的塑料有尼龙、聚氨酯、酚醛层压板等，可用来制造齿轮、轴承、缓冲吸振元件。

2) 橡胶。橡胶具有良好的弹性，主要用来作弹性元件、密封元件和绝缘元件。

3) 石墨、木材、陶瓷。石墨可作发热体，木材可作绝缘零件，陶瓷可作隔热、绝缘零件。

(5) 复合材料。复合材料是将两种以上的材料经复合处理使其具有特定功能的新型材料。例如在普通钢板贴覆塑料，可获得强度高且耐腐蚀的塑料复合钢板；又如将金属箔与塑料层交替重叠，可获得既导电又绝热的复合材料。

各种机械零件材料的牌号和性能可查有关材料手册。

1.5.2　机械零件材料的选择原则

选择材料是零件设计过程中的一个重要环节，同一零件如采用不同材料制造，则零件尺寸、结构、加工方法、工艺要求等都会有所不同。

合理地选择材料，主要应满足三个方面的要求，即使用要求、工艺要求及经济要求。

(1) 使用要求。满足零件的使用要求，是选择材料最基本的原则。使用要求一般包括：1) 零件的工作和受载情况；2) 对零件尺寸和重量的限制；3) 零件的重要程度等。

零件的工作情况指零件所处的环境，如介质、工作温度、摩擦性质等。零件的受载情况主要指载荷大小情况和应力种类。如果零件尺寸取决于强度，当尺寸和重量有所限制时，应选用强度较高的材料；如果零件尺寸取决于刚度，则应选用弹性模量较大的材料；如果零件的接触应力较高，如齿轮、滚动轴承等，则应选用可进行表面强化处理的材料(如调质钢、渗碳钢、氮化钢等)；在滑动摩擦下工作的零件，应选用减摩性能好的材料；在高温下工作的零件，应选用耐热材料；在腐蚀介质中工作的零件，应选用耐腐蚀的材料；有冲击振动时，则应选用韧性好和吸振性强的材料，等等。

减轻重量是设计机械的主要要求之一。通常采用综合性能指标高的材料，可以减轻零件的重量。如果对零件的尺寸和重量要求不严，就可以采用强度不高而价格低廉的材料。

(2) 工艺要求。工艺对材料的要求，一般是指所选的材料应能以简易方法加工出合乎质量要求的零件。例如形状复杂、尺寸大的零件，若采用铸件，则应选用流动性好的材料；若用焊接件，则所选材料应具有良好的可焊性能。又如冲压零件的材料，则要求具有较大的塑性。再如在自动机床上进行大批量生产时，则要求零件材料具有良好的切削性能(易切削、表面光滑、刀具磨损小) 等。选择材料时，还必须考虑热处理工艺的要求。

(3) 经济要求。经济性首先表现为材料的相对价格。在满足零件工作要求的前提下，应尽可能选择价格低廉的材料。但应当注意，当零件加工费所占比重远大于材料费时，选择材料考虑的因素将不是相对价格而是其加工性能。可见机械的成本不仅取决于材料的价格，而且与加工费用有很大关系。有时虽然采用了价格较高的材料，但由于加工简单，外廓尺寸及重量减小，机械的成本反而降低。例如生产少量形状复杂的大型机座时，采用轧制钢材焊接件就比铸件成本低廉。

采用局部品质原理是符合经济要求的。所谓局部品质原理，就是在零件的不同部位采用不同材料，或采用不同的热处理方法，使各局部要求分别得到满足。例如蜗轮的轮齿必须具有优良的耐磨性和较高的抗胶合能力，其他部分只需具有一般的强度即可，故可在铸铁轮芯上套上青铜齿圈，以满足这些要求。局部品质也可用渗碳、表面淬火、表面辊压等方法获得。

1.6 机械设计中的标准化

将产品的型号、参数、尺寸、性能等统一规定为数量有限的若干种，并强制执行，称为标准化。标准化的零部件称为标准件，如螺栓、螺母、滚动轴承、联轴器、离合器等。

标准化可以减轻设计人员的工作量，将精力用于关键的非标准零部件设计上；标准件可以组织专门化生产，既可保证品质，又可降低成本；标准化还有利于零部件的互换，方便维修，减少备品的库存量。

1.7 机械设计的新发展

随着社会、经济、科技的进步，特别是随着计算机技术的飞速发展和计算机应用的普及，机械设计领域出现了不少新的方法、技术和概念，例如优化设计、可靠性设计、稳健设计、并行设计、虚拟设计、智能设计和绿色设计等。

(1) 优化设计。机械产品设计时通常存在多个满足设计要求的方案。优化设计基于数学规划的最优化理论和算法，运用计算机技术，根据设计目标进行优化，能从多种设计方案中寻找出令设计者满意的最优设计方案。

(2) 可靠性设计。由于随机因素的影响，机器产品在设计寿命期间内仍然可能失效。可靠性设计基于概率统计理论，把设计参数作为随机变量来处理，以失效分析、失效预测和可靠性试验为依据，能够根据设计要求降低失效概率，使设计对象具有给定的可靠度。

(3) 稳健设计。机械产品的实际质量不仅与设计参数有关，还受一些在设计阶段难于控制的因素影响。稳健设计应用概率论和模糊数学理论，使产品质量具有稳健性，即让产品质量对制造工艺、材料性能、工作环境和使用条件等难于控制因素的不良变化不敏感，从而提高产品质量的稳定性。

(4) 并行设计。传统的机械产品设计过程是按一定顺序依次进行的，产品开发时间较长。并行设计利用计算机网络技术，在产品数据管理系统的统一管理下，实现文本、图形、语音、视频等各种设计信息的实时交流，及时协调各设计小组之间的冲突，使某些阶段的工作能够同时进行，从而达到缩短产品开发周期、提高质量、降低成本的目的。

(5) 虚拟设计。虚拟设计是以虚拟现实技术为基础，以机械产品为对象的设计技术。它利用三维造型技术以及多媒体计算机仿真技术，使设计人员在虚拟的环境中，通过视觉、听觉、触觉以及语音、手势等，自然地与设计对象进行信息交流。设计人员在设计阶段就能看到设计对象将来制造出来后的形状和工作情况，甚至可以触摸、操纵它们。

(6) 智能设计。机械设计是一种创造性的劳动，它需要多学科的知识和实践经验。人工智能是运用计算机技术完成那些需要知识、推理、学习、理解及其他认识能力的设计、判断和决策。智能设计在总结大量设计领域的知识和专家经验的基础上，将人工智能应用于产品设计领域，替代设计人员的一部分智能活动，让计算机能够在某种程度上自动地进行设计。

(7) 绿色设计。绿色设计是在全球日益高涨的环境保护呼声中诞生的一种全新的产品设计概念。绿色设计所设计的产品，是在设计、制造、使用、回收、重用等整个生命周期中，符合特定的环境保护要求、对生态环境无害或危害极小、资源利用率很高、能源消耗很低的产品，即绿色产品。

除此之外，还有着眼于产品创新性的创新设计、着眼于产品的市场竞争能力的优势设计、着眼于产品设计速度的快速响应设计等。机械设计及理论的新发展使机械产品的设计更科学、更完善、更具有市场竞争力。

本章小结

本章主要介绍了机械设计的基本要求、机械设计的一般程序、机械零件的材料及其选择和机械设计中的标准化，并同时阐述了机械设计的最新发展。机械零件的失效分析和计算准则是每一个零件设计的核心内容，而计算模型的建立是一个很重要的能力，这些问题在以后各种零件的设计中都要遇到，在此先做一般的了解，随着课程的逐步展开和深入，应该对这些内容会有更深入的体会。

思考题

1-1 机械及零件设计的一般步骤有哪些？

1-2 设计机械及机械零件应满足哪些基本要求？

1-3 机械零件的理论设计与经验设计有何差别？各用于什么情况？

1-4 简述零件的失效形式及特征。

1-5 什么叫工作能力计算准则？机械零件有哪些计算准则？

1-6 简述机械零件材料的选择原则。

1-7 机械设计方法的最新发展有哪些？

1-8 什么叫标准化？有何意义？

2 机械零件的强度

内 容 提 要

机械零件的失效形式与零件的应力性质和特征有关，静应力与变应力对机械零件的作用效果完全不同，在这两种应力下的强度计算方法也完全不同，关于静应力下的强度理论，在工程力学中已详细介绍过，因此，本章着重说明变应力下的强度理论和计算方法，即机械零件疲劳强度计算的理论和方法。

2.1 机械零件的接触强度

如图 2-1 所示，两个半径分别为 R_1 和 R_2 的圆柱体在压力 F 作用下接触。由于接触处产生局部弹性变形，接触线变成面积为 $2bl$ 的长方形接触面。由弹性力学中的赫兹公式可求得接触面的宽度之半 b 为

$$b = \sqrt{\frac{4F}{\pi l} \cdot \frac{\dfrac{1-\nu_1^2}{E_1} + \dfrac{1-\nu_2^2}{E_2}}{\dfrac{1}{R_1} + \dfrac{1}{R_2}}} \tag{2-1}$$

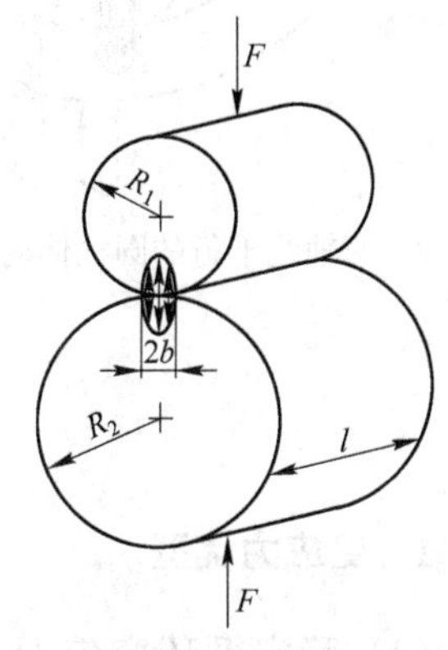

图 2-1 两轴线平行的圆柱体外接触时的接触应力

在接触宽度 $2b$ 内，接触应力的分布也是不均匀的，呈椭圆分布，作用在接触面中线上的最大接触应力为平均接触应力的$\dfrac{4}{\pi}$倍，即

$$\sigma_{H\max} = \frac{2F}{\pi bl} \tag{2-2}$$

式中，l 为两圆柱体的接触长度。

将式（2-1）代入式（2-2），得

$$\sigma_{H\max} = \sqrt{\frac{F}{\pi l} \cdot \frac{\dfrac{1}{R_1} + \dfrac{1}{R_2}}{\dfrac{1-\nu_1^2}{E_1} + \dfrac{1-\nu_2^2}{E_2}}} \tag{2-3}$$

当两圆柱的材料皆为钢时，$E_1 = E_2 = E$，$\nu_1 = \nu_2 = 0.3$，并提取 $\dfrac{F}{l} = q$ 和 $\dfrac{1}{R} = \dfrac{1}{R_1} + \dfrac{1}{R_2}$，则式（2-3）变为

$$\sigma_{H\max} = 0.418\sqrt{\frac{qE}{R}} \tag{2-4}$$

式中，R 为综合曲率半径。

当两圆柱体为外接触时，综合曲率半径为

$$R = \frac{R_1 \cdot R_2}{R_1 + R_2} \tag{2-5}$$

当两圆柱体为内接触时，如图 2-2 所示，则综合曲率半径为

$$R = \frac{R_1 \cdot R_2}{R_2 - R_1} \tag{2-6}$$

当圆柱体与平面接触时，如图 2-3 所示，因 $R_2 = \infty$，于是

$$R = R_1 \tag{2-7}$$

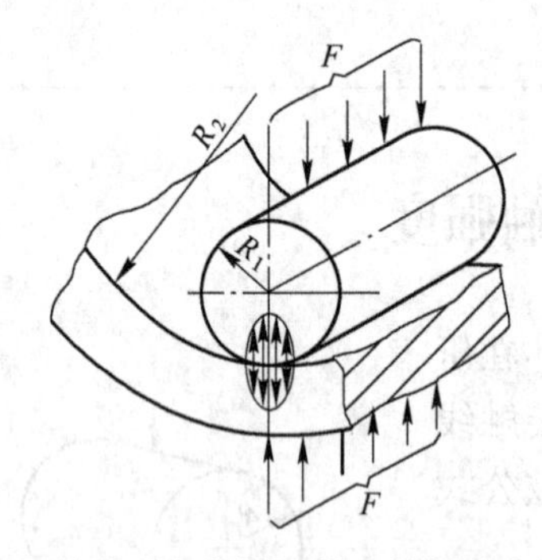

图 2-2 两轴线平行的圆柱体内接触时的接触应力

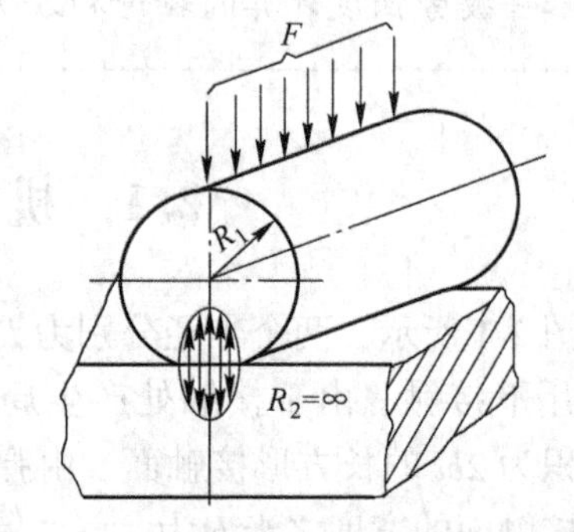

图 2-3 圆柱体与平面接触时的接触应力

2.2 变应力的类型和特性

2.2.1 变应力类型

（1）稳定循环变应力。随时间按一定规律周期性变化，且变化幅度保持恒定的变应力，称为稳定循环变应力。或者说变化周期相同、变化幅度相等的变应力就是稳定循环变应力，如图 2-4 所示。例如胶带运输机减速器中的轴上弯曲应力就近似于稳定循环变应力。

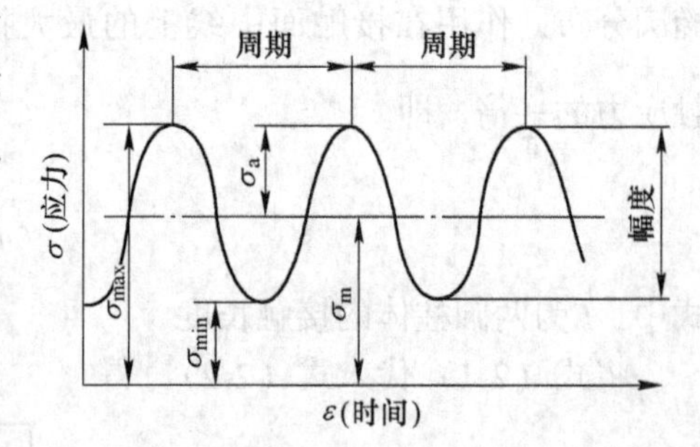

图 2-4 稳定循环变应力示意图

（2）不稳定循环变应力：

1）规律性的不稳定循环变应力。凡大小和变化幅度都按一定规律周期性变化的应力，称为规律性的不稳定循环变应力，如图 2-5 所示。例如开坯轧钢机的轧辊上的弯曲应力就近似于这种变应力。

2）无规律性的不稳定循环变应力。凡大小和变化幅度都不呈周期性而带有偶然性的变应力，称为无规律性的不稳定循环变应力，也叫随机变应力，如图 2-6 所示。例如汽车行走机构的零件上的应力就属于这种变应力。

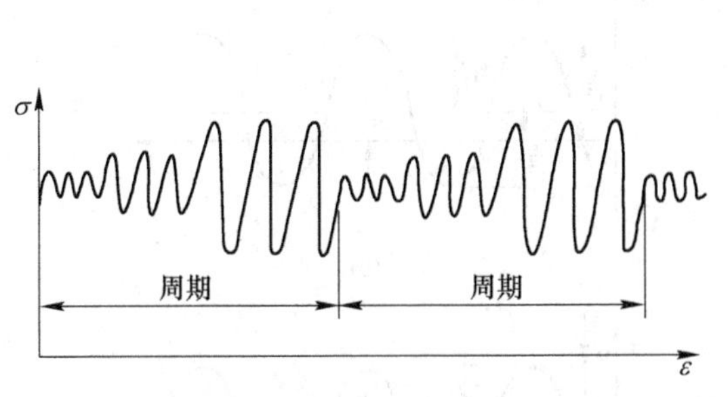

图 2-5 规律性不稳定循环变应力示意图

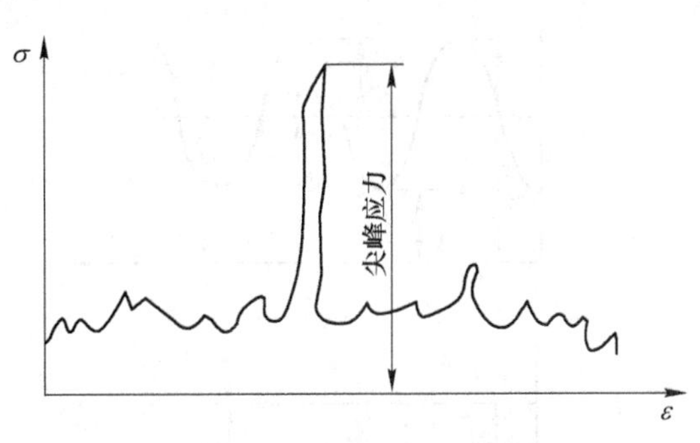

图 2-6 随机变应力示意图

因瞬时过载引起的过载应力或因冲击而产生的冲击应力，称为尖峰应力。例如汽车碰撞时零件上产生的应力，或轧钢机翻钢时钢锭与滚道冲击时产生的应力。由于尖峰应力出现次数一般很少，而且作用时间很短，在设计机械零件时，通常不将它们作为引起零件的循环变应力处理，而作静应力或冲击应力来处理。

对于随机变应力，由于不呈周期性变化，设计时，一般根据经验或按统计学方法来处理。本章只讨论稳定循环变应力和规律性的不稳定循环变应力。

2.2.2 稳定循环变应力的特性参数和应力谱

2.2.2.1 稳定循环变应力的特性参数

图 2-4 所示为一任意的稳定循环变应力示意图，表示应力随时间由最小值 σ_{min} 到最大值 σ_{max}，再由最大值 σ_{max} 到最小值 σ_{min} 周期性地变化，循环周期相同。图中 σ_m 称为平均应力，σ_a 称为应力幅。它们之间的关系为

$$\begin{cases} \sigma_{max} = \sigma_m + \sigma_a \\ \sigma_{min} = \sigma_m - \sigma_a \end{cases} \tag{2-8}$$

$$\begin{cases} \sigma_m = \dfrac{\sigma_{max} + \sigma_{min}}{2} \\ \sigma_a = \dfrac{\sigma_{max} - \sigma_{min}}{2} \end{cases} \tag{2-9}$$

$$r = \frac{\sigma_{min}}{\sigma_{max}} \tag{2-10}$$

式中，r 为循环特性；σ_{max}，σ_{min}，σ_m，σ_a，r 为稳定循环变应力的特性参数。

2.2.2.2 稳定循环变应力谱

各种稳定循环变应力如图 2-7 所示。图 2-7（a）至图 2-7（f）所示统称为非对称循环变应力；图 2-7（g）所示称为对称循环变应力；图 2-7（h）和图 2-7（i）所示，可近似地认为是静应力。将上述各图所示的变应力综合地表示在图 2-8 中，不难看出，应力循环特性 r 的变化范围为 $-1<r<+1$。

对于扭转应力或剪切应力，其特性参数关系式与式（2-8）~式（2-10）的形式完全一样，其应力谱也与图 2-7 及图 2-8 完全一样，只须将各式及各图中的 σ 换成 τ 即可。

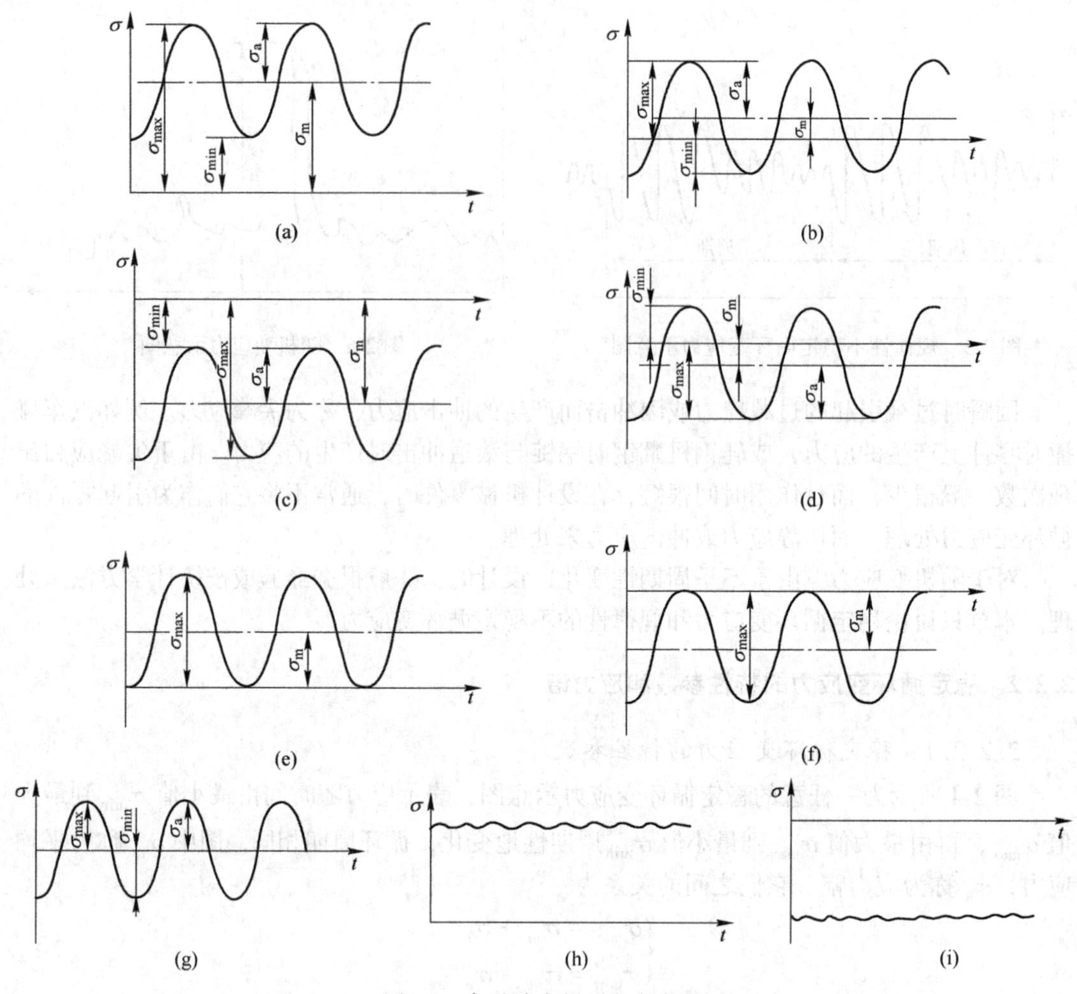

图 2-7　各种稳定循环变应力图

(a) 非对称循环变应力（$\sigma_{max}>0$；$\sigma_{min}>0$；$0<r<1$）；(b) 非对称循环变应力（$\sigma_m>0$；$-1<r<0$）；
(c) 非对称循环变应力（$\sigma_{max}<0$；$\sigma_{min}<0$；$0<r<1$）；(d) 非对称循环变应力（$\sigma_m<0$；$-1<r<0$）；
(e) 脉动循环变应力（$\sigma_{max}>0$；$\sigma_{min}=0$；$\sigma_m>0$；$r=0$）；(f) 脉动循环变应力（$\sigma_{max}<0$；$\sigma_{min}=0$；$\sigma_m<0$；$r=0$）；
(g) 对称循环变应力（$\sigma_{max}=-\sigma_{min}=\sigma_a$；$r=-1$）；(h) 静拉应力（$\sigma_{max}\approx\sigma_{min}$；$r\approx1$）；
(i) 静压应力（$\sigma_{max}\approx\sigma_{min}$；$r\approx1$）

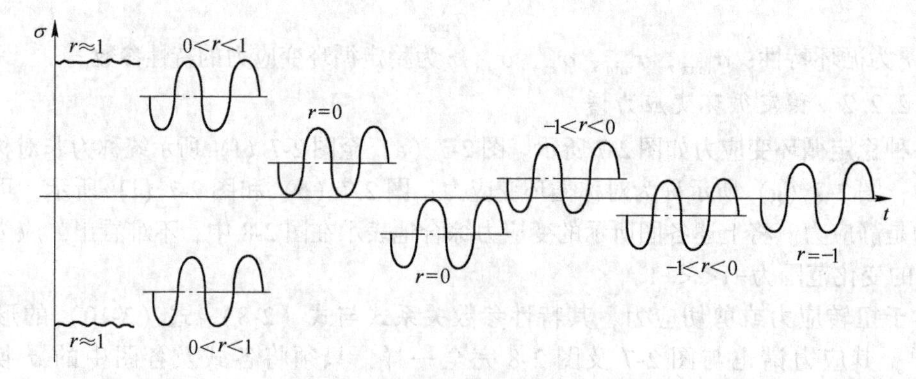

图 2-8　稳定循环变应力综合图谱

分析稳定循环应力谱，可以发现：任何非对称循环变应力都是其值为 σ_m 的静应力与应力幅为 σ_a 的对称循环变应力叠加而成。例如图 2-9 所示的同时受有轴向拉力 F_a 和径向力 F_r 的轴，在其上任一点 A 所产生的应力就是非对称循环变应力。由于 F_a 的作用，在 A 点产生的拉应力，不论 A 点转到什么位置，其值不变，即始终为 σ_m，如图 2-10（a）所示。由于 F_r 的作用，在 A 点产生的是弯曲对称循环变应力，其值随 A 点的位置而变，应力幅为 σ_a，如图 2-10（b）所示。将图 2-10（a）与图 2-10（b）叠加，就成为 F_a 和 F_r 联合作用时在 A 点所产生的非对称循环变应力，如图 2-10（c）所示。

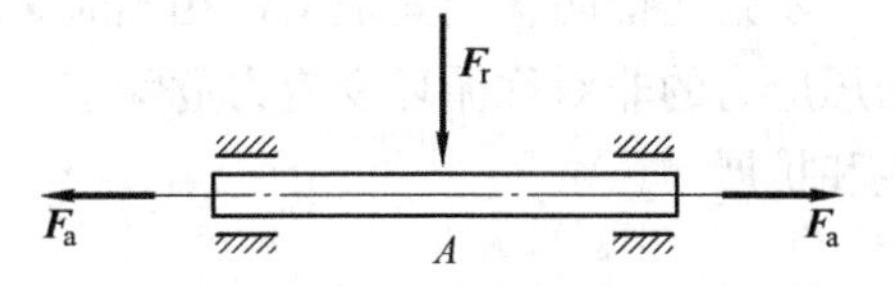

图 2-9　同时承受径向力和轴向拉力的转轴

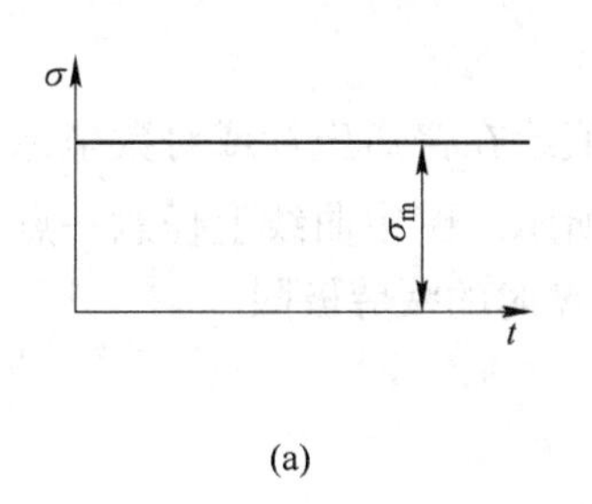

(a)

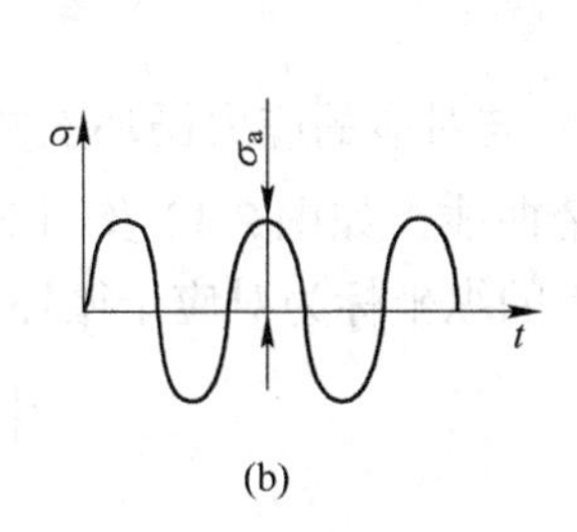

(b)

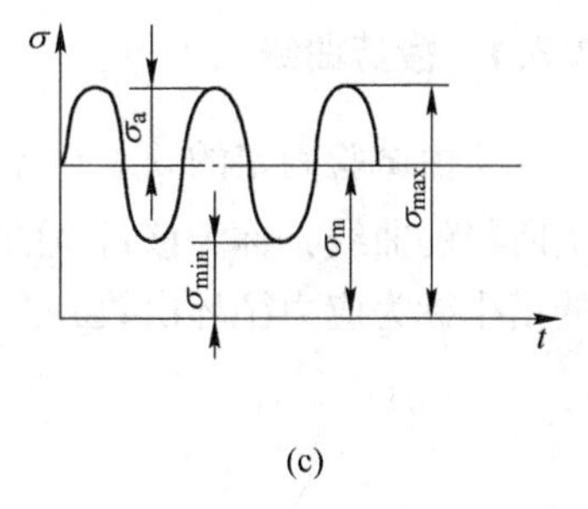

(c)

图 2-10　应力的叠加

（a）由 F_a 产生的静拉应力；（b）由 F_r 产生的对称循环变应力；（c）叠加后成为非对称循环变应力

［**例 2-1**］　已知稳定循环变应力的最大应力 $\sigma_{max}=400\text{N/mm}^2$，最小应力 $\sigma_{min}=150\text{N/mm}^2$，求平均应力 σ_m、应力幅 σ_a 及循环特性 r；画出应力变化图（图 2-11）。

解：由式（2-9）：

$$\sigma_m=\frac{\sigma_{max}+\sigma_{min}}{2}=\frac{400+150}{2}=275\text{N/mm}^2$$

$$\sigma_a=\frac{\sigma_{max}-\sigma_{min}}{2}=\frac{400-150}{2}=125\text{N/mm}^2$$

由式（2-10）：

$$r=\frac{\sigma_{min}}{\sigma_{max}}=\frac{150}{400}=0.375$$

变应力的循环特性 r、应力幅 σ_a 和应力循环次数 N 对金属材料的疲劳都有影响。试验证明，当变应力的应力水平（即 σ_{max}）相同时，应力幅 σ_a 越大，材料达到疲劳破坏所需的应力循环次数 N 越少，材料越容易疲劳；或者说当应力水平 σ_{max} 相同时，循环特性 r 值越小材料越易疲劳。对于金属制的同一零件来说，当应力水平相同时，最危险的是对称循环变应力，其次是非对称循环变应力，最安全的是静应力。

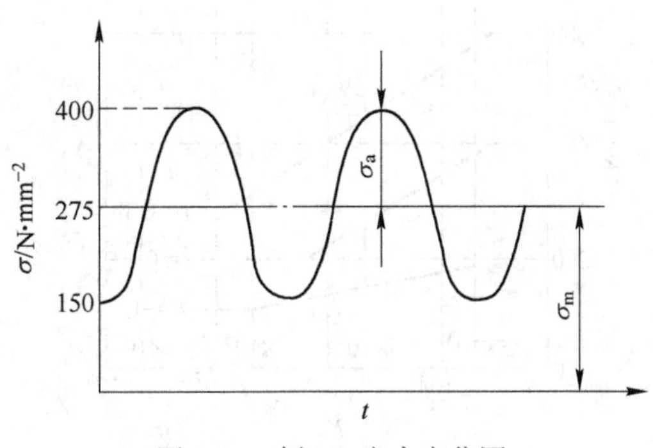

图 2-11　例 2-1 应力变化图

实践还证明，当其他条件相同时，平均应力为拉应力的非对称循环变应力比平均应力为压应力的非对称循环变应力危险些。这是因为，金属材料在拉应力下，疲劳裂纹较易萌生和扩展。

2.3 材料的疲劳极限和极限应力线图

在循环特性为 r 的稳定循环变应力作用下，应力循环 N 次时刚好不致使材料（或零件）发生疲劳破坏的最大应力值，称为该材料（或零件）在循环特性为 r、循环次数为 N 时的疲劳极限应力。如果是拉伸、压缩、弯曲变应力，用 σ_{rN} 表示；如果是剪切或扭转变应力，用 τ_{rN} 表示。σ_{rN} 和 τ_{rN} 均指变应力的最大应力，而不是平均应力，应力幅或最小应力。

2.3.1 疲劳曲线

将由试验确定的 σ_{rN}（或 τ_{rN}）与对应的应力循环次数 N 值绘在普通坐标或对数坐标上所得的曲线，称为该材料的疲劳曲线，如图 2-12 及图 2-13 所示。图中曲线上任意一点的横坐标为应力循环次数 N，该点的纵坐标为对应于循环次数 N 时的疲劳极限。

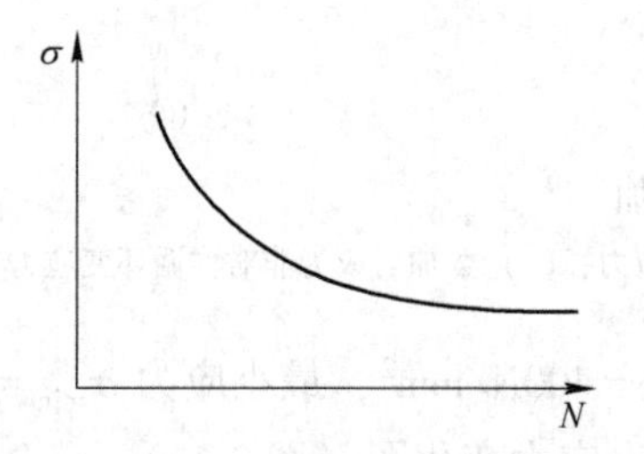

图 2-12 绘在普通坐标上的疲劳曲线

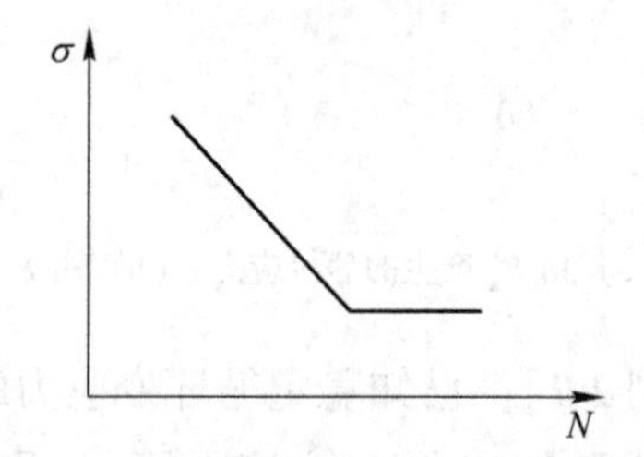

图 2-13 绘在对数坐标上的疲劳曲线

同样的材料，在受循环特性不同的变应力作用时，其疲劳曲线也不同，如图 2-14 所示。

由图 2-14 可以看出，循环特性 r 值越小，材料的疲劳极限越低。通常未加说明的疲劳曲线，均指循环特性 $r=-1$，可靠度 $R=50\%$的疲劳曲线。不同可靠度时的疲劳曲线也不同，如图 2-15 所示。

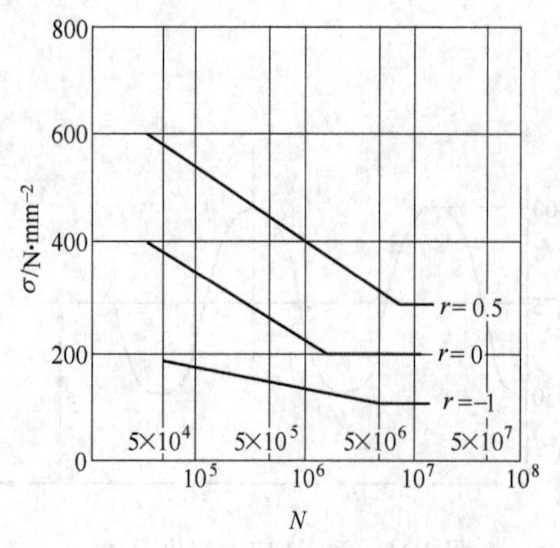

图 2-14 不同循环特性时的疲劳曲线

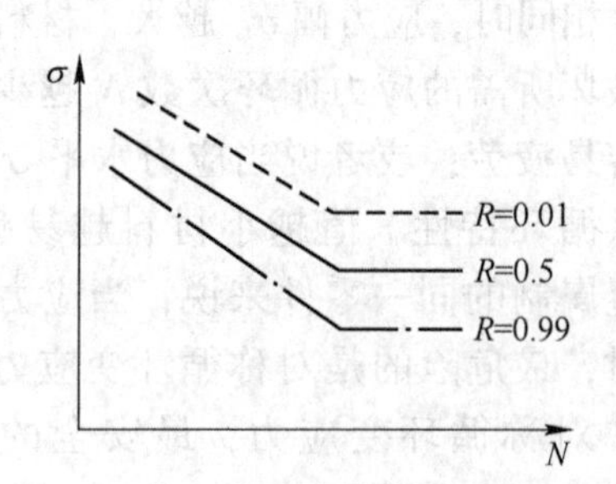

图 2-15 不同可靠度的疲劳曲线

疲劳曲线的典型形状如图 2-16 所示。

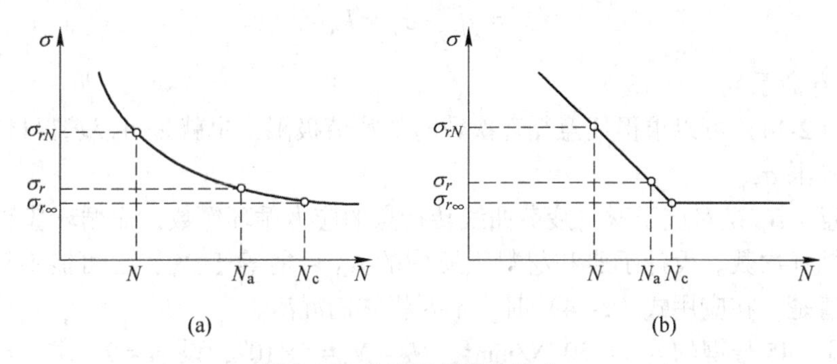

图 2-16 典型的疲劳曲线之一

（a）绘在普通坐标上；（b）绘在对数坐标上

图 2-16 中表示的疲劳曲线，当其应力循环次数达到 N_c 以后，即变为水平线。这就是说，当应力循环次数 N 大于 N_c 时，其疲劳极限不再下降；或者说，当应力低于与 N_c 相对应的疲劳极限（记作 σ_r 或 τ_r）时，材料可以经受无限多次应力循环而不发生疲劳破坏；当应力循环次数 N 小于 N_c 时，则疲劳极限 σ_{rN} 要随 N 的减小而增大。σ_{rN} 是指循环特性为 r，循环次数为 N 时的疲劳极限。大部分钢材，即所谓的延性材料的疲劳曲线均属此种形状。对应于 N_c 的疲劳极限 $\sigma_{r\infty}$ 称为该材料在循环特性 r 时的持久疲劳极限。钢材受拉压对称循环应力或弯曲对称循环应力时 $N_c=10^6\sim10^7$；高硬度及高强度钢材受接触循环应力时，$N_c=25\times10^7\sim25\times10^{10}$。这就是说，如果用每分钟循环 3000 次，每天 24h 运转的试验机来作试验，需要 58 天的时间才能积累 25×10^7 次的应力循环。这对于获得一个数据来说，是太费时了。因此，通常规定一个应力循环次数 N_0，称为循环基数；并以对应于 N_0 的疲劳极限（对于拉、压、弯可记为 σ_r，对于剪、扭转可记为 τ_r）作为材料的主要机械性能之一，称为该材料的疲劳极限。其他任何小于 N_c 的循环次数 N 所对应的疲劳极限 σ_{rN}（或 τ_{rN}）称为有限寿命的疲劳极限。至于循环基数 N_0 的规定，目前还不统一。在设计手册或材料手册中，可以查到一些结构钢的循环基数及其对应的疲劳极限。

在普通坐标上的疲劳曲线的曲线段方程为

$$\sigma_{rN}^m \cdot N = C \tag{2-11}$$

式中，N 为应力循环次数；σ_{rN} 为循环特性，对应于循环次数为 N 的疲劳极限；C 为试验常数。

在对数坐标上疲劳曲线的倾斜段方程为

$$m\lg\sigma_{rN} + \lg N = C' \tag{2-12}$$

式中，m，C' 为试验常数。

式（2-11）、式（2-12）中的 m、C、C' 的值与材料性质、应力性质（拉、压、弯、扭、接触）、试件形状和试验条件等有关，m 的具体值见以后有关各章。

从图 2-16（a）可以看出，循环基数 N_0 及其对应的疲劳极限 σ_r 之间的关系为

$$\sigma_r^m \cdot N_0 = C$$

将上式与式（2-11）比较，得

$$\sigma_r^m \cdot N_0 = \sigma_{rN}^m \cdot N \tag{2-13}$$

即

$$\sigma_{rN} = \sqrt[m]{\frac{N_0}{N}}\sigma_r = k_N\sigma_r \tag{2-14}$$

式中，k_N 为寿命系数。

利用式（2-14）可以求得任意循环次数时的疲劳极限，也就是可以求得材料在任意寿命时的疲劳极限 σ_{rN}。

应当注意，N_c 是对应于材料疲劳曲线转折点的应力循环次数，而循环基数 N_0 是人为规定的一个循环次数。设计手册和材料手册中的 N_0 可能等于 N_c，也可能不等于 N_c，查手册时要弄清楚，在应用式（2-14）时，不要将它们混淆。

［**例 2-2**］ 45 号钢的 $\sigma_{-1}=307\text{N/mm}^2$，$N_0=N_c=5\times10^6$，设 $m=9$，求 $N=10^5$ 及 $N=10^6$ 时的疲劳极限值。

解：根据式（2-14）得

$$\sigma_{-1(10^5)} = \sqrt[9]{\frac{5\times10^6}{10^5}}\times307 = 474\text{N/mm}^2 \qquad \sigma_{-1(10^6)} = \sqrt[9]{\frac{5\times10^6}{10^6}}\times307 = 367\text{N/mm}^2$$

2.3.2 稳定循环变应力的极限应力线图及其简化

2.3.2.1 稳定循环变应力的极限应力图

当变应力的循环特性 r 不同时，材料的疲劳极限值也不同。根据不同循环特性 r 时的疲劳极限的平均应力（简记为 σ'_m）和应力幅（简记为 σ'_a）绘成的曲线，称为变应力的极限应力曲线，如图 2-17 所示。曲线 AB 上各点的纵横坐标值之和就是各种循环特性时的疲劳极限值，即 $\sigma'_a+\sigma'_m=\sigma'_{max}=\sigma_r$。有了极限应力线图，就可以根据循环特性 r 的值，在线图上得到对应的疲劳极限 σ_r 值。曲线 AB 以上的任何点，所代表的变应力最大应力值均超过材料的疲劳极限，区域 ABO 内的各点，所代表的变应力最大应力值均低于材料的疲劳极限。

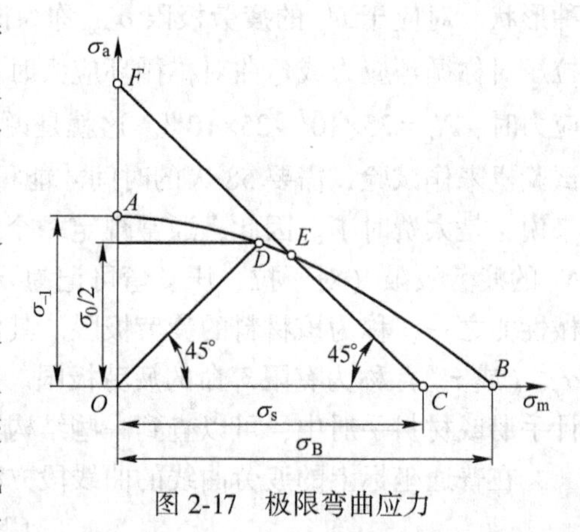

图 2-17　极限弯曲应力

图 2-17 中的点 A 是曲线 AB 上的一点，且横坐标 $\sigma_m=0$，故点 A 代表了材料的对称循环疲劳极限 σ_{-1}；点 B 是曲线 AB 上的一点，且纵坐标 $\sigma_a=0$，故点 B 代表了材料的静强度限 σ_B。自原点 O 作与横坐标轴成45°的射线与曲线 AB 交于点 D，则点 D 的纵、横坐标相等，即 $\sigma'_a=\sigma'_m$。因此，点 D 代表了材料的脉动循环疲劳极限 σ_0。再自原点 O 截横坐标轴 OC 段，令 $OC=\sigma_s$（σ_s 为材料的屈服极限）；然后自点 C 作与横坐标轴成 135°的直线与曲线 AB 交于点 E，与纵坐标轴交于点 F，则直线 CEF 上的任意一点所代表的变应力，其最大应力 σ_{max} 均为 σ_s，即 $\sigma_{max}=\sigma_a+\sigma_m=\sigma_s$。直线 CEF 以上的任何点所代表的应力均超过材料的屈服极限 σ_s。由此可以看出，在图 2-17 中，区域 BCE 内任何一点所代表的变应力，其最大应力值虽然不超过材料的疲劳极限 σ_r，但超过了材料的屈服极限 σ_s。机械零件工作时，一般是不允许因材料屈服而产生塑性变形的，因而代表工作应力的点若

落在区域 *BCE* 是不安全的。区域 *AEF* 内任何一点所代表的变应力，其最大应力 σ_{max} 值虽然未超过材料的屈服极限，却超过了材料的疲劳极限，因而也是不安全的。只有区域 *ADECO* 内任何一点所代表的变应力，其最大应力 σ_{max} 值既不超过材料的疲劳极限，也不超过材料的屈服极限，因而是安全的。所以，对于有屈服极限的延性金属材料，在强度计算时能用的极限应力曲线应当是 *ADEC*。曲线段 *AE* 是由材料的疲劳特性决定的，直线段 *EC* 是由材料的屈服特性决定的。

2.3.2.2 极限应力线图的简化

由于各种金属及其合金的材料牌号繁多，如果都用试验方法来求得极限应力曲线，那将是非常费时费力，并且很不经济；为了设计工作的需要，可以根据用试验方法求得的一些材料疲劳极限应力曲线所显示的规律性，对其他类似材料作出近似的简化极限应力曲线，以代替用试验方法求极限应力曲线。

延性金属材料极限应力图的简化如图 2-18 所示。用直线连接点 *A* 和点 *D*，并延长与 *CE* 交于点 *G*。这样，以折线 *ADGEC* 来代替极限应力曲线 *ADEC*。这种方法需要知道材料的 σ_s、σ_{-1} 及 σ_0，才能作出简化极限应力线图。但它与延性金属材料的真实极限应力曲线 *ADEC* 最接近，因而是合理的。

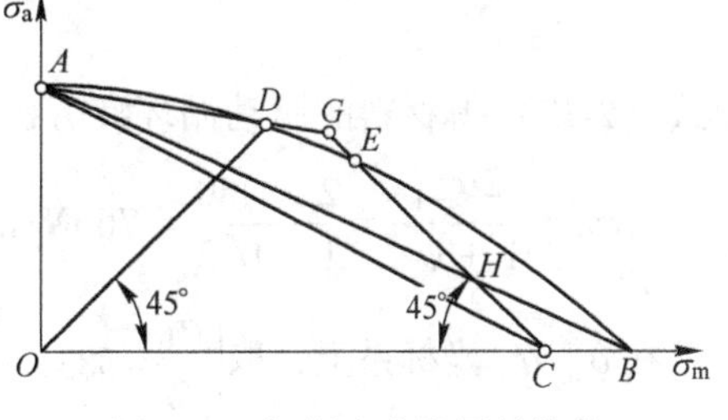

图 2-18 极限应力线图的简化

在图 2-18 中，直线 *CG* 的方程为

$$\sigma_s = \sigma'_m + \sigma'_a \tag{2-15}$$

因点 *A* 的坐标为 $(0, \sigma_{-1})$，点 *D* 的坐标为 $\left(\frac{\sigma_0}{2}, \frac{\sigma_0}{2}\right)$，直线 *ADG* 的方程可用两点式求出

$$\sigma_{-1} = \sigma'_a + \frac{2\sigma_{-1} - \sigma_0}{\sigma_0}\sigma'_m \tag{2-16}$$

令

$$\frac{2\sigma_{-1} - \sigma_0}{\sigma_0} = \psi_\sigma \tag{2-17}$$

则式（2-16）可写成

$$\sigma_{-1} = \sigma'_a + \psi_\sigma \cdot \sigma'_m \tag{2-18}$$

式中，ψ_σ 为等效系数

由式（2-18）可以看出，等号左边是对称循环疲劳极限 σ_{-1}，它是对称循环应力的应力幅；等号右边第一项 σ'_a 是非对称循环应力的应力幅，那么，等号右边第二项 $\psi_\sigma \cdot \sigma'_m$ 也应该相当于应力幅，否则等式就不能成立。因此，我们可以将等效系数 ψ_σ 理解为将平均应力 σ'_m 折合为效果相当的应力幅的折算系数。式（2-18）称为简化的疲劳极限方程。

由此推论，可以将任何非对称循环变应力的最大应力 $\sigma_{max} = \sigma_a + \sigma_m$ 折合成一个效果相当的对称循环变应力幅

$$\sigma_{a(eq)} = \sigma'_a + \psi_\sigma \cdot \sigma'_m \tag{2-19}$$

式中，$\sigma_{a(eq)}$ 为当量对称循环变应力的应力幅，简称当量应力幅。

式（2-19）就是将任何非对称循环变应力转化为当量对称循环变应力的公式。

等效系数 ψ_σ 和 ψ_τ 与材料的性质有关，见表 2-1。

表 2-1 钢的 ψ_σ 和 ψ_τ 值

等效系数	抗拉强度极限 σ_B/N·mm^{-2}				
	350~520	>520~750	>750~1000	>1000~1200	>1200~1400
ψ_σ(拉、压、弯)	0	0.05	0.10	0.20	0.25
ψ_τ(扭、剪)	0	0	0.05	0.10	0.15

［例 2-3］ 某合金钢的 $\sigma_B = 1200\text{N/mm}^2$，$\sigma_{-1} = 460\text{N/mm}^2$，$\sigma_s = 920\text{N/mm}^2$。试绘制此材料的简化极限应力线图。

解： 根据该合金钢的 $\sigma_B = 1200\text{N/mm}^2$，由表 2-1 查得

$$\psi_\sigma = 0.20$$

由式（2-17）得材料的脉动循环疲劳极限为

$$\sigma_0 = \frac{2\sigma_{-1}}{1+\psi_\sigma} = \frac{2\times 460}{1+0.2} = 766\text{N/mm}^2$$

在 σ_m-σ_a 坐标系上，取 $\left(\frac{\sigma_0}{2}=383，\frac{\sigma_0}{2}=383\right)$ 为点 D 的坐标；取（0，$\sigma_{-1}=460$）为点 A 的坐标；再取（$\sigma_s=920$，0）为点 C 的坐标。过点 A 和点 D 作直线，再过点 C 作与横坐标轴成 135° 的直线与直线 AD 交于点 G。则折线 AGC 为该合金钢的简化的极限应力线，如图 2-19 所示。

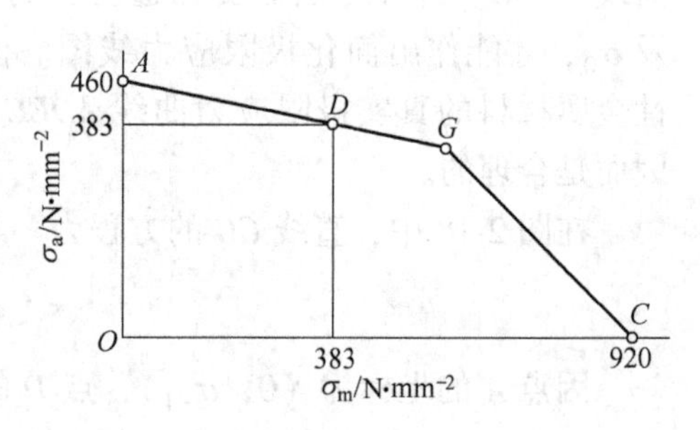

图 2-19 某合金钢的简化极限应力线图

2.4 影响机械零件疲劳强度的因素及机械零件的极限应力线图

上节讨论的极限应力曲线是根据标准试件的试验结果绘制的，它表示的是材料的极限应力。但在设计机械零件时，应当使用机械零件本身的极限应力，因为这两者之间由于种种因素的影响而有很大差别。为了从标准试件的极限应力曲线求出零件的极限应力曲线，必须了解影响机械零件疲劳强度的因素。

2.4.1 影响机械零件疲劳强度的因素

2.4.1.1 应力集中的影响

实际零件常有外形的突变，如键槽、横孔、轴肩、螺纹等，这将引起应力集中，从而促进疲劳裂纹的扩展，降低疲劳强度。不同的材料，对应力集中的敏感性不同。一般而言，强度愈高的材料，对应力集中愈敏感。

2.4.1.2 绝对尺寸的影响

试验结果表明，零件的尺寸愈大，其疲劳极限愈低。这主要是因为尺寸愈大的零件，其材料存在的缺陷就愈多，同时表面积愈大，其表面形成疲劳源的概率就愈大。

2.4.1.3 表面质量的影响

零件在弯曲或扭转作用时，表层应力最大，疲劳裂纹也多发生于表层，表面质量对疲劳裂纹的发展有很大影响。不同的表面加工方法、不同的表面粗糙度以及表面擦伤等将引起不同的应力集中。降低表面粗糙度有利于提高疲劳强度。材料的静强度愈高，加工质量对零件的疲劳极限的影响愈显著。另外，零件经过淬火、渗碳、渗氮等热处理或化学热处理后，表层将得到强化；零件经过滚压、喷丸等机械处理后，表层会形成预压应力，可以减小容易引起裂纹的工作拉应力，这些都会提高零件的疲劳极限。

综合考虑上述三种影响因素，可用下面经验公式计算

$$(K_\sigma)_e = \frac{k_\sigma}{\varepsilon_\sigma \beta} \tag{2-20}$$

式中，k_σ 为零件的有效应力集中系数（下标 σ 表示在正应力条件下，下同），考虑零件的几何不连续处的应力集中的影响而引入的系数，参见表 2-2~表 2-4；ε_σ 为零件的绝对尺寸影响系数，考虑零件的真实尺寸及截面形状与标准试件的尺寸及形状不同时对材料疲劳极限的影响而引入的系数，参见表 2-5；β 为零件的表面质量系数，考虑零件的表面粗糙度及对零件表面实施不同的强化处理（化学热处理、高频感应淬火、表面硬化加工等）和表面腐蚀而引入的系数，参见表 2-6~表 2-8。

表 2-2 螺纹、键、花键、横孔处及配合的边缘处的有效应力集中系数

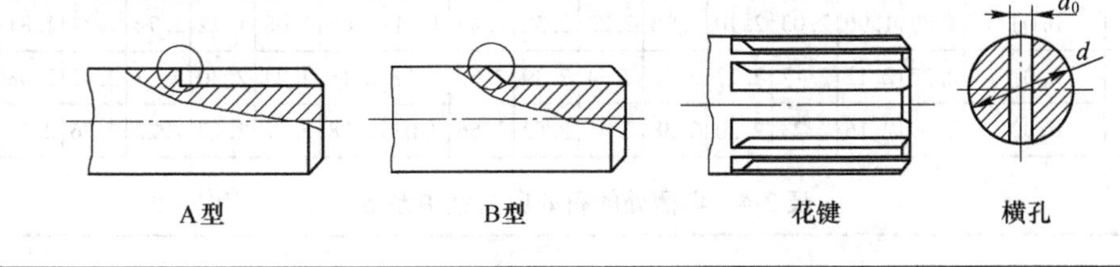

σ_b /MPa	螺纹 ($k_\tau=1$) k_τ	键槽			花键			横孔			配合					
		k_σ		k_τ	k_σ	k_τ		k_σ		k_τ	H7/r6		H7/k6		H7/h6	
		A 型	B 型	AB 型		矩形	渐开线形	$\frac{d_0}{d}$ = 0.05~0.15	$\frac{d_0}{d}$ = 0.15~0.25	$\frac{d_0}{d}$ = 0.05~0.25	k_σ	k_τ	k_σ	k_τ	$-k_\sigma$	k_τ
400	1.45	1.51	1.30	1.20	1.35	2.10	1.40	1.90	1.70	1.70	2.05	1.55	1.55	1.25	1.33	1.14
500	1.78	1.64	1.38	1.37	1.45	2.25	1.43	1.95	1.75	1.75	2.30	1.69	1.72	1.36	1.49	1.23
600	1.96	1.76	1.46	1.54	1.55	2.35	1.46	2.00	1.80	1.80	2.52	1.82	1.89	1.46	1.64	1.31
700	2.20	1.89	1.54	1.71	1.60	2.45	1.49	2.05	1.85	1.80	2.73	1.96	2.05	1.56	1.77	1.40
800	2.32	2.01	1.62	1.88	1.65	2.55	1.52	2.10	1.90	1.85	2.96	2.09	2.22	1.65	1.92	1.49
900	2.47	2.14	1.69	2.05	1.70	2.65	1.55	2.15	1.95	1.90	3.18	2.22	2.39	1.76	2.08	1.57
1000	2.61	2.26	1.77	2.22	1.72	2.70	1.58	2.20	2.00	1.90	3.41	2.36	2.56	1.86	2.22	1.66
1200	2.90	2.50	1.92	2.39	1.75	2.80	1.60	2.30	2.10	2.00	3.87	2.62	2.90	2.05	2.50	1.83

注：1. 滚动轴承与轴的配合按 H7/r6 配合选择系数。

2. 蜗杆螺旋根部有效应力集中系数可取 $k_\sigma=2.3\sim2.5$；$k_\tau=1.7\sim1.9$。

表 2-3 圆角处的有效应力集中系数

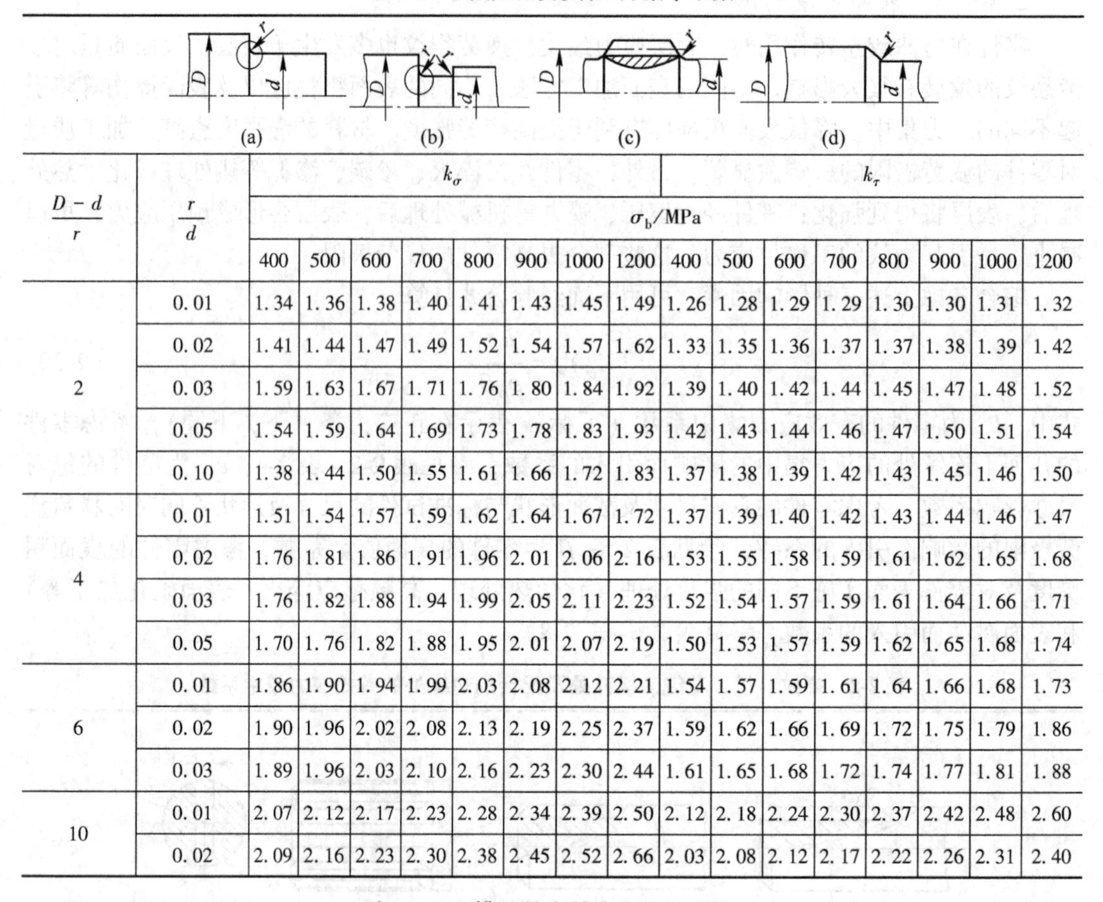

$\frac{D-d}{r}$	$\frac{r}{d}$	k_σ								k_τ							
		σ_b/MPa															
		400	500	600	700	800	900	1000	1200	400	500	600	700	800	900	1000	1200
2	0.01	1.34	1.36	1.38	1.40	1.41	1.43	1.45	1.49	1.26	1.28	1.29	1.29	1.30	1.30	1.31	1.32
	0.02	1.41	1.44	1.47	1.49	1.52	1.54	1.57	1.62	1.33	1.35	1.36	1.37	1.37	1.38	1.39	1.42
	0.03	1.59	1.63	1.67	1.71	1.76	1.80	1.84	1.92	1.39	1.40	1.42	1.44	1.45	1.47	1.48	1.52
	0.05	1.54	1.59	1.64	1.69	1.73	1.78	1.83	1.93	1.42	1.43	1.44	1.46	1.47	1.50	1.51	1.54
	0.10	1.38	1.44	1.50	1.55	1.61	1.66	1.72	1.83	1.37	1.38	1.39	1.42	1.43	1.45	1.46	1.50
4	0.01	1.51	1.54	1.57	1.59	1.62	1.64	1.67	1.72	1.37	1.39	1.40	1.42	1.43	1.44	1.46	1.47
	0.02	1.76	1.81	1.86	1.91	1.96	2.01	2.06	2.16	1.53	1.55	1.58	1.59	1.61	1.62	1.65	1.68
	0.03	1.76	1.82	1.88	1.94	1.99	2.05	2.11	2.23	1.52	1.54	1.57	1.59	1.61	1.64	1.66	1.71
	0.05	1.70	1.76	1.82	1.88	1.95	2.01	2.07	2.19	1.50	1.53	1.57	1.59	1.62	1.65	1.68	1.74
6	0.01	1.86	1.90	1.94	1.99	2.03	2.08	2.12	2.21	1.54	1.57	1.59	1.61	1.64	1.66	1.68	1.73
	0.02	1.90	1.96	2.02	2.08	2.13	2.19	2.25	2.37	1.59	1.62	1.66	1.69	1.72	1.75	1.79	1.86
	0.03	1.89	1.96	2.03	2.10	2.16	2.23	2.30	2.44	1.61	1.65	1.68	1.72	1.74	1.77	1.81	1.88
10	0.01	2.07	2.12	2.17	2.23	2.28	2.34	2.39	2.50	2.12	2.18	2.24	2.30	2.37	2.42	2.48	2.60
	0.02	2.09	2.16	2.23	2.30	2.38	2.45	2.52	2.66	2.03	2.08	2.12	2.17	2.22	2.26	2.31	2.40

表 2-4 环槽处的有效应力集中系数

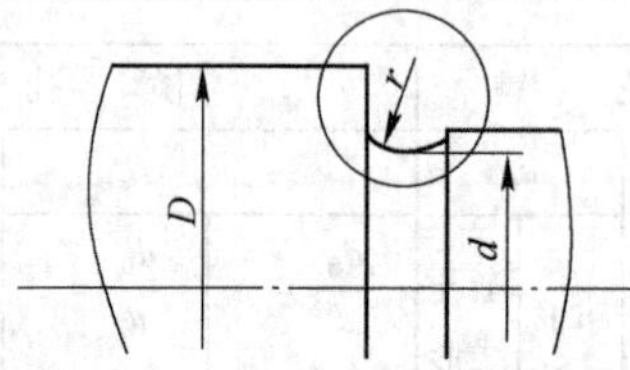

系数	$\frac{D-d}{r}$	$\frac{r}{d}$	σ_b/MPa							
			400	500	600	700	800	900	1000	1200
k_σ	1	0.01	1.88	1.93	1.98	2.04	2.09	2.15	2.20	2.31
		0.02	1.79	1.84	1.89	1.95	2.00	2.06	2.11	2.22
		0.03	1.72	1.77	1.82	1.87	1.92	1.97	2.02	2.12
		0.05	1.61	1.66	1.71	1.77	1.82	1.88	1.93	2.04
		0.10	1.44	1.48	1.52	1.55	1.59	1.62	1.66	1.73
	2	0.01	2.09	2.15	2.21	2.27	2.37	2.39	1.45	2.57
		0.02	1.99	2.05	2.11	2.17	2.23	2.28	2.35	2.49
		0.03	1.91	1.97	2.03	2.08	2.14	2.19	2.25	2.36
		0.05	1.79	1.85	1.91	1.97	2.03	2.09	2.15	2.27

续表 2-4

系数 $\frac{D-d}{r}$		$\frac{r}{d}$	σ_b/MPa							
			400	500	600	700	800	900	1000	1200
k_σ	4	0.01	2.29	2.36	2.43	2.50	2.56	2.63	2.70	2.84
		0.02	2.18	2.25	2.32	2.38	2.45	2.51	2.58	2.71
		0.03	2.10	2.16	2.22	2.28	2.35	2.41	2.47	2.59
	6	0.01	2.38	2.47	2.56	2.64	2.73	2.81	2.90	3.07
		0.02	2.28	2.35	2.42	2.49	2.56	2.63	2.70	2.84
k_τ	任何比值	0.01	1.60	1.70	1.80	1.90	2.00	2.10	2.20	2.40
		0.02	1.51	1.60	1.69	1.77	1.86	1.94	2.03	2.20
		0.03	1.44	1.52	1.60	1.67	1.75	1.82	1.90	2.05
		0.05	1.34	1.40	1.46	1.52	1.57	1.63	1.69	1.81
		0.10	1.17	1.20	1.23	1.26	1.28	1.31	1.34	1.40

表 2-5 绝对尺寸影响系数 ε_σ、ε_τ

直径 d/mm		>20~30	>30~40	>40~50	>50~60	>60~70	>70~80	>80~100	>100~120	>120~150	>150~500
ε_σ	碳钢	0.91	0.88	0.84	0.81	0.78	0.75	0.73	0.70	0.68	0.60
	合金钢	0.83	0.77	0.73	0.70	0.68	0.66	0.64	0.62	0.60	0.54
ε_τ	各种钢	0.89	0.81	0.78	0.76	0.74	0.73	0.72	0.70	0.68	0.60

表 2-6 不同轴的表面粗糙度的表面质量系数 β

加工方法	轴的表面粗糙度/μm	σ_b/MPa		
		400	800	1200
磨削	R_a 0.4~0.2	1	1	1
车削	R_a 3.2~0.8	0.95	0.90	0.80
粗车	R_a 25~6.3	0.85	0.80	0.65
未加工的表面		0.75	0.65	0.45

表 2-7 各种强化方法的表面质量系数 β

强化方法	心部强度 σ_b/MPa	β		
		光 轴	低应力集中的轴 $k_\sigma \leqslant 1.5$	高应力集中的轴 $k_\sigma \geqslant 1.8$~2
高频感应淬火	600~800	1.5~1.7	1.6~1.7	2.4~2.8
	800~1000	1.3~1.5	—	—
渗氮	900~1200	1.1~1.25	1.5~1.7	1.7~2.1
渗碳	400~600	1.8~2.0	3	—
	700~800	1.4~1.5	—	—
	1000~1200	1.2~1.3	2	—

续表 2-7

强化方法	心部强度 σ_b/MPa	β		
		光　轴	低应力集中的轴 $k_\sigma \leqslant 1.5$	高应力集中的轴 $k_\sigma \geqslant 1.8 \sim 2$
喷丸硬化	600~1500	1.1~1.25	1.5~1.6	1.7~2.1
滚子滚压	600~1500	1.1~1.3	1.3~1.5	1.6~2.0

注：1. 高频感应淬火根据直径为 10~20mm，淬硬层厚度为（0.05~0.20）d 的试件实验求得的数据；对大尺寸的试件强化系数的值会有某些降低。

2. 渗氮层厚度为 0.01d 时用小值；在（0.03~0.04）d 时用最大值。

3. 喷丸硬化系根据 8~40mm 的试件求得的数据。喷丸速度低时用小值；速度高时用大值。

4. 滚子滚压系根据 17~130mm 的试件求得的数据。

表 2-8　各种腐蚀情况的表面质量系数 β

工 作 条 件	抗拉强度 σ_b/MPa										
	400	500	600	700	800	900	1000	1100	1200	1300	1400
淡水中，有应力集中	0.7	0.63	0.56	0.52	0.46	0.43	0.40	0.38	0.36	0.35	0.33
淡水中，无应力集中 海水中，有应力集中	0.58	0.50	0.44	0.37	0.33	0.28	0.25	0.23	0.21	0.20	0.19
海水中，无应力集中	0.37	0.30	0.26	0.23	0.21	0.18	0.16	0.14	0.13	0.12	0.12

同样对于零件受切应力的情况，也可以仿照前面的公式，并以 τ 代替 σ。影响机械零件疲劳强度的因素除了上述四种主要的以外，零件的工作温度、周围环境的腐蚀性介质、电镀层等均对零件的疲劳强度有影响，由于这些影响因素有的对于通用零件来说影响较小，有的目前尚无适当的计算方法和完善的资料，故不再赘述。

2.4.2　机械零件的简化极限应力线图

根据材料的简化极限应力线图，并考虑影响零件疲劳强度的综合系数 K_σ 或 K_τ，就可绘出机械零件的简化极限应力线图。

图 2-20 中的折线 $ADGC$ 是材料的简化极限应力线。取点 A_1 的坐标为$\left(0, \dfrac{\sigma_{-1}}{(K_\sigma)_e}\right)$，再取点 D_1 的坐标为$\left(\dfrac{\sigma_0}{2}, \dfrac{\sigma_0}{2(K_\sigma)_e}\right)$；用直线联结点 A_1 和点 D_1，并延长与线 CG 交于 G_1，则折线 $A_1D_1G_1C$ 就是零件的极限应力线。以 σ'_{me} 和 σ'_{ae} 分别表示零件极限应力的平均应力和应力幅，则直线 $A_1D_1G_1$ 上任一点的坐标为（σ'_{me}，σ'_{ae}）。因此，直线 $A_1D_1G_1$ 的方程为

$$\frac{\sigma_{-1}}{(K_\sigma)} = \sigma'_{ae} + \frac{1}{(K_\sigma)_e} \cdot \frac{2\sigma_{-1} - \sigma_0}{\sigma_0}\sigma'_{me} \quad 即 \quad \sigma_{-1e} = \sigma'_{ae} + \psi_{\sigma e}\sigma'_{me} \tag{2-21}$$

式中，σ_{-1e} 为零件的弯曲对称循环疲劳极限，$\sigma_{-1e} = \dfrac{\sigma_{-1}}{(K_\sigma)_e}$；$\sigma'_{ae}$ 为零件的弯曲极限应力的应力幅；σ'_{me} 为零件的弯曲极限应力的平均应力；$\psi_{\sigma e}$ 为零件受弯曲时的等效系数。

$$\psi_{\sigma e} = \frac{1}{(K_\sigma)_e} \cdot \frac{2\sigma_{-1} - \sigma_0}{\sigma_0} = \frac{\psi_\sigma}{(K_\sigma)_e} \tag{2-22}$$

式中，ψ_σ 为材料的弯曲等效系数。

直线 CG_1 的方程式仍为式（2-15）。

［**例 2-4**］ 某合金钢制零件，其材料的抗拉强度限 $\sigma_B = 1200\text{N/mm}^2$，材料的疲劳极限 $\sigma_{-1} = 460\text{N/mm}^2$，材料的屈服极限 $\sigma_s = 920\text{N/mm}^2$。零件的有效应力集中系数 $k_\sigma = 1.26$，尺寸系数 $\varepsilon_\sigma = 0.78$，表面光洁度系数 $\beta = 1$，表面未经强化处理，试绘制这个零件的简化极限应力线图。

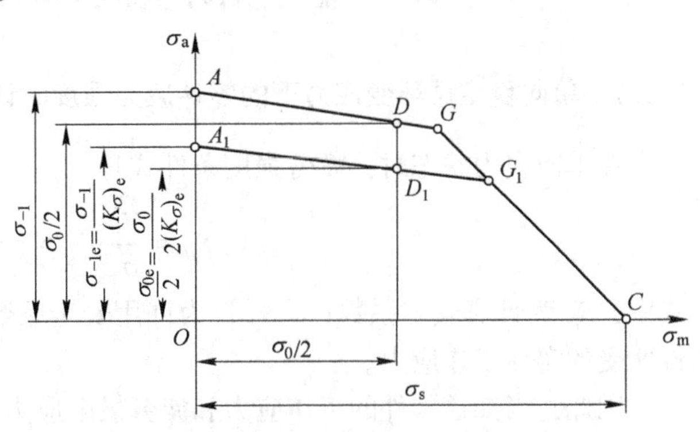

图 2-20 零件的简化极限应力线图

解：由式（2-20），零件疲劳强度综合影响系数为

$$(K_\sigma)_e = \frac{k_\sigma}{\varepsilon_\alpha \beta} = \frac{1.26}{0.78 \times 1} = 1.615$$

零件的对称循环疲劳极限为

$$\sigma_{-1e} = \frac{\sigma_{-1}}{(K_\sigma)_e} = \frac{460}{1.615} = 284.83\text{N/mm}^2$$

由表 2-1 查得

$$\psi_\sigma = 0.20$$

再由式（2-17），材料的脉动循环疲劳极限为

$$\sigma_0 = \frac{2\sigma_{-1}}{1+\psi_\sigma} = \frac{2 \times 460}{1+0.20} = 766\text{N/mm}^2$$

零件的脉动循环疲劳极限

$$\sigma_{0e} = \frac{\sigma_0}{(K_\sigma)_e} = \frac{766}{1.615} = 474.3\text{N/mm}^2$$

以（0，$\sigma_{-1e} = 284.83$）为点 A_1 的坐标，以 $\left(\frac{\sigma_{0e}}{2} = 237.15, \frac{\sigma_{0e}}{2} = 237.15\right)$ 为点 D_1 的坐标，再以（$\sigma_s = 920$，0）为点 C 的坐标；过点 C 作与横坐标轴成 135°的直线与直线 A_1D_1 的延长线交于点 G_1，则折线 A_1G_1C 为零件的极限应力线，如图 2-21 所示。

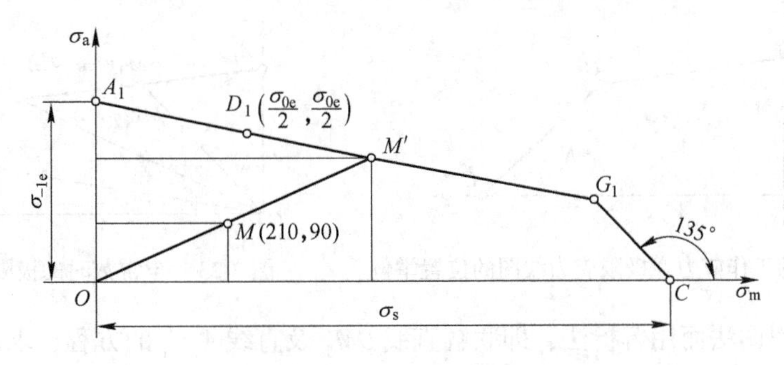

图 2-21 某合金钢零件的极限应力线图

2.5 稳定循环变应力时的疲劳强度计算

2.5.1 单向稳定循环变应力下的零件疲劳强度的计算

在单向应力状态时，疲劳强度条件式是

$$S_\sigma = \frac{\sigma'_{maxe}}{\sigma_{max}} \geqslant [S_\sigma] \tag{2-23}$$

式中，S_σ 为计算安全系数；$[S_\sigma]$ 为许用安全系数；σ'_{maxe} 为零件的极限应力；σ_{max} 为零件所受的实际工作应力。

因此，当知道零件的工作应力和疲劳极限应力就可以进行疲劳强度安全系数的计算。根据零件危险剖面上变应力的 σ_m 及 σ_a，在极限应力线图上就可以标出相应的工作应力点 M（或 N）的位置，如图 2-22 所示。

零件的极限应力是极限应力线 A_1G_1C 上某点所代表的应力。但究竟用极限应力线 A_1G_1C 上哪一点所代表的极限应力作为零件的极限应力才合适呢？这可根据该零件中应力变化规律来决定。通常有三种情况，分别讨论如下。

（1）变应力的循环特性保持不变（r=常数）。绝大多数转轴中的应力变化规律就近似于 r=常数的情况。当 r=常数时，就需要找出一个循环特性与工作应力的循环特性相似的极限应力值。由于

$$\frac{\sigma_a}{\sigma_m} = \frac{\sigma_{max} - \sigma_{min}}{\sigma_{max} + \sigma_{min}} = \frac{1-r}{1+r} \quad 即 \quad r = \frac{1 - \dfrac{\sigma_a}{\sigma_m}}{1 + \dfrac{\sigma_a}{\sigma_m}} \tag{2-24}$$

从式（2-24）可看出，只要比值 $\dfrac{\sigma_a}{\sigma_m}$ 为常数，则 r=常数。因此，在图 2-23 上，自原点作通过工作应力点 M（或点 N）的射线，与极限应力线交于点 M'_1（或 N'_1），则射线 OM'_1（或 ON'_1）上的任一点所代表的应力，其循环特性都是相同的。点 M'_1（或点 N'_1）所代表的极限应力就是在计算安全系数时所采用的极限应力。将点 M'_1（或点 N'_1）的纵坐标和横坐标值直接从图上量出并相加，就得到相应的零件极限应力值 σ'_{maxe}。

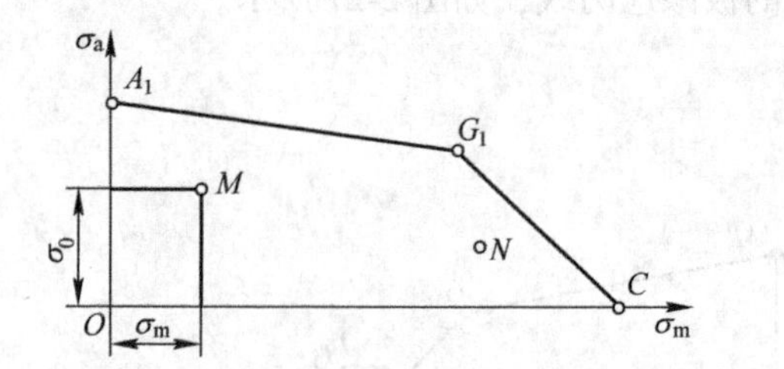

图 2-22 零件的工作应力在极限应力线图的位置举例

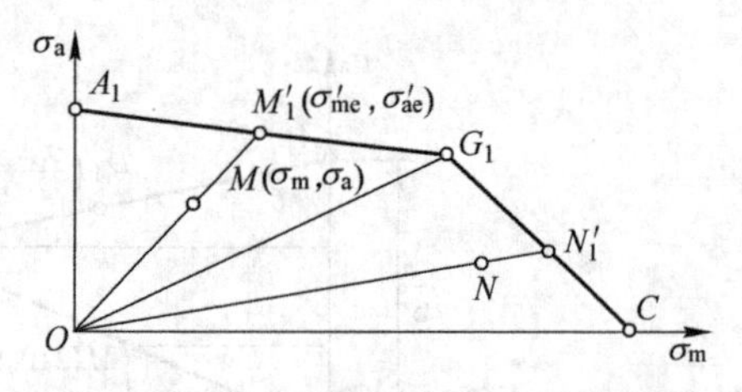

图 2-23 r=常数时的极限应力计算图

也可不用作图法而用解析法，即联解直线 OM'_1 及直线 A_1G_1 的方程，求出点 M' 的坐标值 σ'_{ae} 及 σ'_{me}，再将 σ'_{ae} 与 σ'_{me} 相加起来，就得出对应于工作应力点 M 的零件疲劳极限应力

σ'_{maxe}，即

$$\sigma'_{maxe} = \sigma'_{ae} + \sigma'_{me} = \frac{\sigma_{-1}\sigma_{max}}{(K_\sigma)_e\sigma_a + \psi_\sigma\sigma_m} \tag{2-25}$$

式中，σ_{-1}为材料的对称循环疲劳极限；$(K_\sigma)_e$为零件的疲劳强度综合影响系数；σ_{max}为零件工作应力的最大应力；σ_a为零件工作应力的应力幅；σ_m为零件工作应力的平均应力；ψ_σ为等效系数。

因此，零件的疲劳安全系数及强度条件为

$$S_\sigma = \frac{\sigma'_{max}}{\sigma_{max}} = \frac{\sigma_{-1}}{(K_\sigma)_e\sigma_a + \psi_\sigma\sigma_m} \geqslant [S_\sigma] \tag{2-26}$$

式中，$[S_\sigma]$为许用安全系数。

在图2-23中，由于对应于N点的极限应力点N'_1位于直线CG_1上，此时的极限应力就是材料的屈服极限σ_s，因此，不必进行疲劳强度计算，只需进行静强度计算；并且不必考虑综合影响系数$(K_\sigma)_e$，因为$(K_\sigma)_e$对静强度的影响可忽略不计。所以，静强度安全系数及强度条件为

$$S_{\sigma_s} = \frac{\sigma_s}{\sigma_{max}} = \frac{\sigma_s}{\sigma_a + \sigma_m} \geqslant [S_{\sigma_s}] \tag{2-27}$$

式中，S_{σ_s}为静强度安全系数；$[S_{\sigma_s}]$为许用静强度安全系数；σ_s为材料的屈服极限。

分析图2-23可知，在r=常数的条件下，当工作应力点位于区域A_1OG_1时，要进行疲劳安全系数的计算；当工作应力点位于区域OG_1C时，只需进行静强度计算。

但是，如果不是用作图法，而是用解析法时，为了判断零件的工作应力点究竟位于哪个区域，要经过较烦琐的计算。为了简便起见，一般同时进行疲劳强度和静强度计算，以两者均满足各自的强度条件为目标。

(2) 变应力的平均应力保持不变（σ_m=常数）。振动着的受载弹簧中的应力变化规律就近似于σ_m=常数的情况。当σ_m=常数时，我们应该找出一个其平均应力与工作应力的平均应力相同的极限应力值。通过工作应力点M（或点N）作与纵坐标轴平行的直线，与极限应力线交于点M'_2（或点N'_2）如图2-24所示，则直线$M'_2M''_2$（或$N'_2N''_2$）上任意一点所代表的应力，均有相同的平均应力。点M'_2（或点N'_2）为极限应力线上的点，它所代表的极限应力值，就是当σ_m=常数时所应采用的极限应力值。

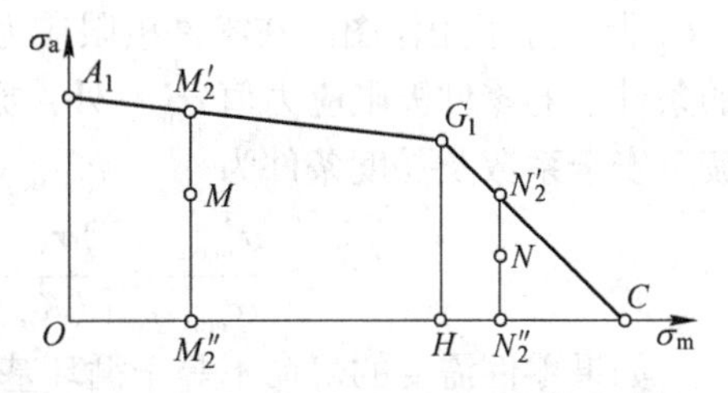

图2-24 σ_m=常数时的极限应力计算图

如果采用解析法，则可联解直线MM'_2和直线A_1G_1的方程式，求出点M'_2的坐标σ'_{ae}和σ'_{me}并相加，就得到对应于M点的零件极限应力σ'_{maxe}。即

$$\sigma'_{maxe} = \frac{\sigma_{-1} + [(K_\sigma)_e - \psi_\sigma]\sigma_m}{(K_\sigma)_e} \tag{2-28}$$

因此，当σ_m=常数时，零件的疲劳安全系数及强度条件为

$$S_\sigma = \frac{\sigma'_{maxe}}{\sigma_{max}} = \frac{\sigma_{-1} + [(K_\sigma)_e - \psi_\sigma]\sigma_m}{(K_\sigma)_e(\sigma_a + \sigma_m)} \geqslant [S_\sigma] \tag{2-29}$$

对应于工作应力点 N 的极限应力点 N_2' 位于直线 CG_1 上，故不必进行疲劳强度计算，只按式（2-27）进行静强度计算就可以了。

分析图 2-24 可知，对于 σ_m = 常数的情况，凡是工作应力位于区域 CG_1H 内时，其极限应力均为材料的屈服限 σ_s，只需按式（2-27）进行静强度计算；凡是工作应力点位于区域 OA_1G_1H 内时，只需按式（2-29）进行疲劳计算就行了。

（3）变应力的最小应力保持不变（σ_{min} = 常数）。紧螺栓联接的螺栓承受轴向变载荷时，其上的应力变化规律就近似于 σ_{min} = 常数的情况。当 σ_{min} = 常数时，应该找出一个其最小应力与工作应力的最小应力相同的极限应力。由于 $\sigma_{min} = \sigma_m - \sigma_a$ = 常数，因此，如图 2-25 所示，通过工作应力点 M（或点 N）作与横坐标轴成 45°的直线 $M_3'M_3''$（或直线 $N_3'N_3''$），则直线 $M_3'M_3''$（或直线 $N_3'N_3''$）上任意一点所代表的应力均具有相同的最小应力。$M_3'(N_3')$ 是极限应力线上的点，它所代表的极限应力就是当 σ_{min} = 常数时所应采用的极限应力。

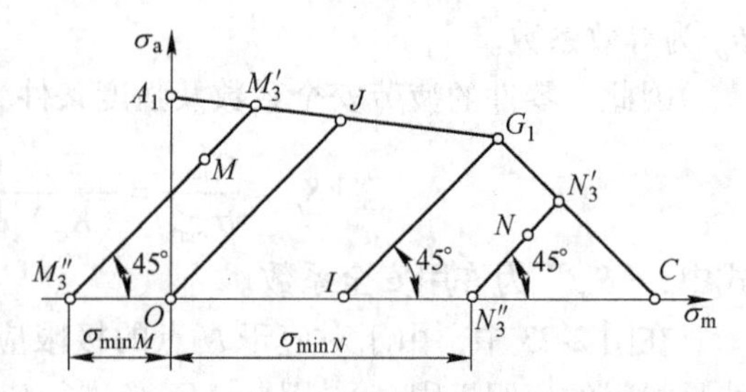

图 2-25 σ_{min} = 常数时的极限应力计算图

在图 2-25 上，通过点 O 及点 G_1 作与横坐标轴成 45°的直线 OJ 及直线 IG_1，将极限应力线图的安全区域分成三个部分。

当工作应力点位于区域 A_1OJ 时，最小应力 σ_{min} 均为负值，且为常数。这在实际的机械零件中是极为罕见的，故不考虑这种情况。

当工作应力点位于区域 CG_1I 时，其极限应力均为材料的屈服极限 σ_s，故只需按式（2-27）进行静强度计算。

只有当工作应力点位于区域 OJG_1I 时，代表其极限应力的点位于零件疲劳极限应力线 A_1G_1 上。除了用作图法在零件极限应力图上可找出对应的极限应力点，求得在 σ_{min} = 常数的条件下的零件极限应力值 σ'_{maxe} 外，亦可用解析法求得 σ'_{maxe}。在 σ_{min} = 常数时，零件的疲劳安全系数及强度条件为

$$S_\sigma = \frac{\sigma'_{maxe}}{\sigma_{max}} = \frac{2\sigma_{-1} + [(K_\sigma)_e - \psi_\sigma]\sigma_{min}}{[(K_\sigma)_e + \psi_\sigma](2\sigma_a + \sigma_{min})} \geqslant [S_a] \tag{2-30}$$

如果零件需要的寿命不等于循环基数 N_0 时，则式（2-25），式（2-26）、式（2-28），式（2-29）及式（2-30）中的对称循环疲劳极限 σ_{-1}，均应换成所需要的寿命下的疲劳极限，即对称循环条件疲劳极限 σ_{-1N}。

对于扭转（剪切）变应力，只须将以上各式中的弯曲（拉、压）应力符号 σ 换成扭转（剪切）应力符号 τ 即可。

[例 2-5] 例 2-4 中零件的变应力为：$\sigma_{max} = 300\text{N/mm}^2$，$\sigma_{min} = 120\text{N/mm}^2$；取许用安全系数 $[S_\sigma] = [S_{\sigma_s}] = 1.5$，试核验该零件是否安全。

解：

（1）作图法。由式（2-9），得

$$\sigma_m = \frac{\sigma_{max} + \sigma_{min}}{2} = \frac{300 + 120}{2} = 210\text{N/mm}^2 \quad \sigma_a = \frac{\sigma_{max} - \sigma_{min}}{2} = \frac{300 - 120}{2} = 90\text{N/mm}^2$$

取（$\sigma_m=210$，$\sigma_a=90$）为 M 点的坐标，则 M 点就是零件的工作应力点，如图 2-21 所示。联直线 OM 并延长与直线 A_1G_1 交于点 M'，则点 M' 的纵、横坐标值之和即为该零件的极限应力。由图 2-21 量得点 M' 的坐标为 $\sigma'_{me}=460$，$\sigma'_{ae}=210$，则

$$\sigma'_{maxe}=460+210=670\text{N/mm}^2$$

零件的疲劳安全系数为

$$S_\sigma=\frac{\sigma'_{maxe}}{\sigma_{max}}=\frac{670}{300}=2.23>[S_\sigma]$$

由于点 M' 位于疲劳极限应力线 A_1G_1 上，故不需进行静强度核验。

结论：该零件的疲劳安全系数满足要求。

（2）解析法。由式（2-26），零件的疲劳安全系数为

$$S_\sigma=\frac{\sigma'_{maxe}}{\sigma_{max}}=\frac{\sigma_{-1}}{(K_\sigma)_e\sigma_a+\psi_\sigma\sigma_m}=\frac{460}{1.615\times90+0.2\times210}=2.45>[S_\sigma]$$

由式（2-27），该零件的静强度安全系数为

$$S_{\sigma_s}=\frac{\sigma_s}{\sigma_{max}}=\frac{\sigma_s}{\sigma_a+\sigma_m}=\frac{920}{90+120}=3.06>[S_{\sigma_s}]$$

结论：该零件疲劳强度及静强度均满足要求。

2.5.2　复合稳定变应力时的疲劳强度计算

某些零件（如转轴）在工作时往往同时产生弯曲应力和扭转应力，即在复合变应力状态下工作。目前对于复合变应力下零件安全系数的计算，理论和试验研究都很不充分，只对于周期相同、相位相同的弯曲和扭转对称稳定循环变应力所组成的复合变应力的研究较成熟。对于一般结构钢，当其同时有周期相同和相位相同的弯曲和扭转对称稳定循环变应力时，疲劳极限关系式为

$$\left(\frac{\sigma'_a}{\sigma_{-1}}\right)^2+\left(\frac{\tau'_a}{\tau_{-1}}\right)^2=1 \tag{2-31}$$

式中，σ'_a、τ'_a 分别为弯曲和扭转疲劳极限应力的应力幅；σ_{-1}、τ_{-1} 分别为材料的弯曲和扭转对称循环疲劳极限。

式（2-31）在 σ_a-τ_a 坐标系中是个椭圆，如图 2-26 所示。曲线 AB 上任一点都代表一对极限应力 σ'_a 及 τ'_a。材料试件上的工作应力点用点 M 表示。若点 M 在曲线 AB 以内，则是安全的。引直线 OM 与曲线 AB 交于点 M'，则材料在复合对称循环变应力作用下的疲劳安全系数为

$$S=\frac{OM'}{OM}=\frac{OC'}{OC}=\frac{OD'}{OD} \tag{2-32}$$

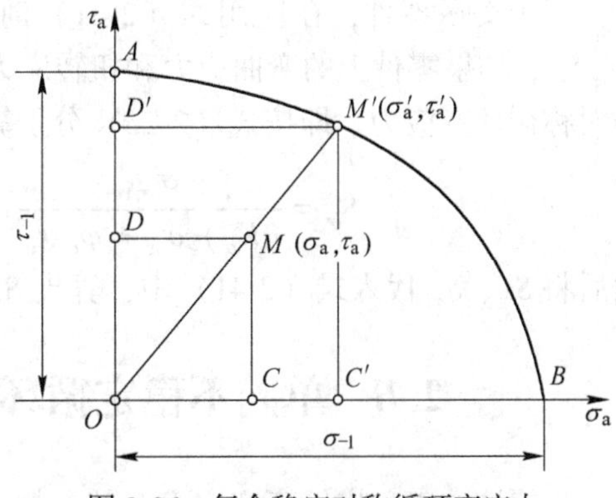

图 2-26　复合稳定对称循环变应力时的极限应力线图

由图 2-26 可以看出

$$\begin{cases} OC' = \sigma'_a \\ OC = \sigma_a \end{cases} \tag{2-33}$$

$$\begin{cases} OD' = \tau'_a \\ OD = \tau_a \end{cases} \tag{2-34}$$

将式（2-33）代入式（2-32），得

$$\sigma'_a = S\sigma_a \tag{2-35}$$

将式（2-34）代入式（2-32），得

$$\tau'_a = S\tau_a \tag{2-36}$$

再将式（2-35）和式（2-36）代入式（2-31），得

$$\left(\frac{S\sigma_a}{\sigma_{-1}}\right)^2 + \left(\frac{S\tau_a}{\tau_{-1}}\right)^2 = 1 \tag{2-37}$$

由前已知，当为稳定对称循环变应力时

$$\begin{cases} \dfrac{\sigma_{-1}}{\sigma_a} = S_\sigma \\ \dfrac{\tau_{-1}}{\tau_a} = S_\tau \end{cases} \tag{2-38}$$

式中，S_σ、S_τ 分别为材料只受弯曲、扭转对称循环变应力作用时的安全系数。

因而将式（2-38）代入式（2-37），得

$$\left(\frac{S}{S_\sigma}\right)^2 + \left(\frac{S}{S_\tau}\right)^2 = 1 \tag{2-39}$$

由式（2-39）可解出弯、扭复合对称循环变应力下的安全系数为

$$S = \frac{S_\sigma S_\tau}{\sqrt{S_\sigma^2 + S_\tau^2}} \tag{2-40}$$

弯、扭复合对称循环变应力下的材料强度条件式为

$$S = \frac{S_\sigma S_\tau}{\sqrt{S_\sigma^2 + S_\tau^2}} \geqslant [S] \tag{2-41}$$

式中，$[S]$ 为弯、扭复合应力下的许用安全系数。

对于实际零件，在应用式（2-41）时，要考虑影响疲劳强度的综合系数 $(K_\sigma)_e$ 和 $(K_\tau)_e$；如果零件上的弯曲应力和扭转应力为非对称循环变应力，则必须将其折合成当量的对称循环变应力。即按式（2-26）分别算出单向应力下的疲劳安全系数

$$S_\sigma = \frac{\sigma_{-1}}{(K_\sigma)_e\sigma_a + \varphi_\sigma\sigma_m} \quad 和 \quad S_\tau = \frac{\tau_{-1}}{(K_\tau)_e\tau_a + \varphi_\tau\tau_m} \tag{2-42}$$

然后将 S_σ、S_τ 代入式（2-41）中，算出 S。

2.6 单向不稳定循环变应力时的疲劳强度计算

规律性的不稳定循环变应力，其参数变化一般有一个简单的规律。图 2-5 所示就是规律性的不稳定非对称循环变应力。例如专用机床的主轴及高炉上料机构的零件就是在近似

的规律性不稳定循环变应力下工作的。对于这类零件，可以根据曼耐尔（Miner）理论，即疲劳损伤累积假说，来进行疲劳强度计算。

2.6.1　疲劳损伤累积假说

疲劳损伤累积假说建立在规律性的不稳定对称循环变应力的实验资料的基础上，并应用非对称循环变应力可以等效转化为对称循环变应力的概念，把它推广到规律性的不稳定非对称循环变应力的计算中去。

疲劳损伤累积假说是：在变应力下的材料（或零件），其内部的损伤是逐步累积的，累积到一定程度就发生疲劳破坏，而不论其应力谱如何。如图 2-27 所示，材料（或零件）承受的规律性不稳定对称循环变应力为 σ_1、σ_2、σ_3、σ_4；对应的循环次数为 n_1、n_2、n_3、n_4。将此应力谱放到材料（或零件）的疲劳曲线图上，如图 2-28 所示。在图 2-28 上可以找出材料（或零件）仅在 σ_1 作用下，达到疲劳破坏的循环次数为 N_1；材料（或零件）仅在 σ_2 作用下，达到疲劳破坏的循环次数为 N_2；……以此类推。假设同一应力每循环一次，都对材料（或零件）起相同的破坏作用，则应力 σ_1 每循环一次，对材料（或零件）的损伤率为 $1/N_1$；循环 n_1 次，对材料（或零件）的损伤率为 n_1/N_1。应力 σ_2 每循环一次，对材料（或零件）的损伤率为 $1/N_2$；循环 n_2 次，对材料（或零件）的损伤率为 n_2/N_2；……以此类推。

如果 σ_4 小于材料（或零件）的持久疲劳极限 $\sigma_{-1\infty}$，σ_4 可以单独循环无限多次而不致引起疲劳破坏；也就是说，可以认为小于持久疲劳极限的工作应力对材料（或零件）不起任何损伤作用，在计算时可以除去，不予考虑。

因材料（或零件）达到疲劳破坏时的损伤率为 1（即 100%），故为保证材料（或零件）在规定期限内不发生疲劳破坏，应满足下式

$$\frac{n_1}{N_1}+\frac{n_2}{N_2}+\frac{n_3}{N_3}\leqslant 1$$

将上式写成普遍的形式

$$\frac{n_1}{N_1}+\frac{n_2}{N_2}+\cdots+\frac{n_n}{N_n}=\sum_{i=1}^{n}\frac{n_i}{N_i}\leqslant 1 \tag{2-43}$$

式（2-43）就是疲劳损伤累积假说的表达式。

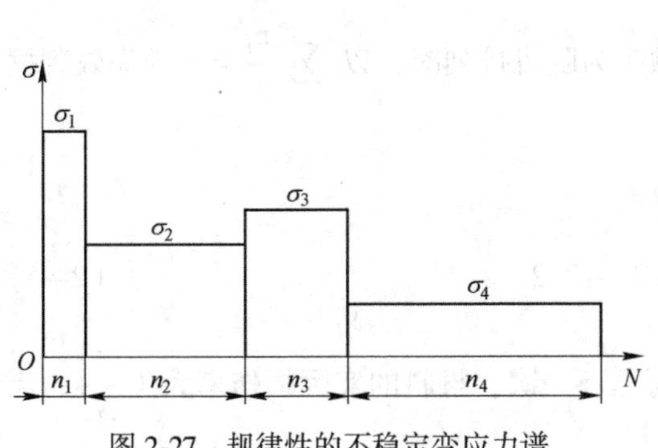

图 2-27　规律性的不稳定变应力谱

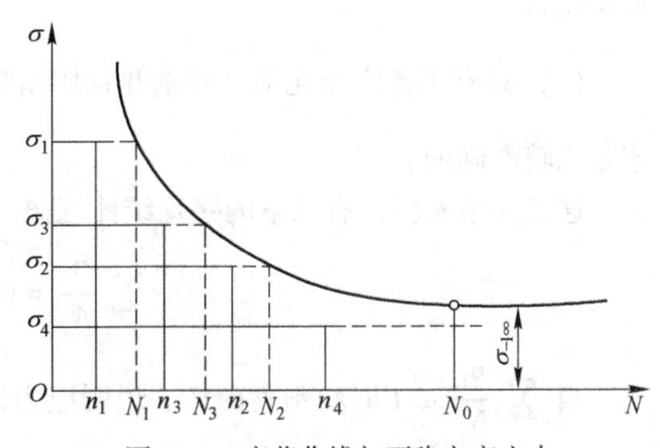

图 2-28　疲劳曲线与不稳定变应力

自从疲劳损伤累积假说提出之后，人们曾作了许多的试验研究，以检验其正确程度。

试验结果可归纳为如下几点：

（1）在各应力为对称循环应力的条件下，实际上，当 $\sum \frac{n_i}{N_i} < 1$ 时材料就疲劳破坏。因此，在此情况下以 $\sum \frac{n_i}{N_i} = 1$ 作为材料失效的判据，是偏于不安全的。

（2）在各应力为非对称循环应力，即 $|\sigma_m| > 0$ 的条件下，实际上，当 $\sum \frac{n_i}{N_i} > 1$ 时材料才疲劳破坏；$|\sigma_m|$ 相对于 $|\sigma_a|$ 愈大，则材料达到疲劳破坏时的值 $\sum \frac{n_i}{N_i}$ 大于 1 愈多。因此，当 $|\sigma_m| > 0$ 时，以 $\sum \frac{n_i}{N_i} = 1$ 为失效判据，就偏于保守。

（3）大小应力作用次序对疲劳损伤是有影响的。如果作用的各应力的次序是先大后小、依次递减，则当 $\sum \frac{n_i}{N_i} < 1$ 时，材料就达到疲劳破坏。这是因为开始作用最大的变应力引起了初始裂纹，以后的变应力虽然较小但仍能使裂纹继续扩展，因而当 $\sum \frac{n_i}{N_i} < 1$ 时就使材料疲劳破坏；如果作用的各应力的次序是先小后大、依次递增，则 $\sum \frac{n_i}{N_i} > 1$ 时材料才产生疲劳破坏。这是因为开始作用的较小的变应力不能引起初始裂纹，有时甚至对材料起了强化作用；因而，当 $\sum \frac{n_i}{N_i} > 1$ 时才能使材料达到疲劳破坏。

（4）如有短时尖峰应力存在，往往当 $\sum \frac{n_i}{N_i} > 1$ 时材料才发生疲劳破坏。这是因为尖峰应力的数值虽大，但作用时间很短；尖峰应力之后的低应力使裂纹扩展速率明显下降，对疲劳裂纹的扩展起了延缓的作用。因此，当有短时尖峰应力存在时，以 $\sum \frac{n_i}{N_i} = 1$ 为失效判据，就偏于保守。通常在疲劳计算时，将短期尖峰应力除去不计，而按尖峰应力作静强度核验。

（5）只有当各应力无很大差别并且作用顺序为随机排列时，以 $\sum \frac{n_i}{N_i} = 1$ 为失效判据才是比较准确的。

通过大量实验，有以下的平均统计规律

$$\sum \frac{n_i}{N_i} = 0.7 \sim 2.2 \tag{2-44}$$

当 $\sum \frac{n_i}{N_i} < 1$ 时材料就破坏，说明应力每循环一次，材料的实际损伤率大于 $\frac{1}{N_i}$；当 $\sum \frac{n_i}{N_i} > 1$ 时材料才破坏，说明应力每循环一次，材料的实际损伤率小于 $\frac{1}{N_i}$。

虽然疲劳损伤累积假说有上述的局限性，但从平均意义上来说，在计算规律性的不稳定循环变应力下的疲劳强度时，应用式（2-43）仍然可以得到一个较为合理的结果。

2.6.2　单向的规律性不稳定循环变应力下的疲劳强度计算

零件受单向的规律性不稳定循环变应力作用时的疲劳强度计算有两种方法：（1）转化为当量应力 σ_{eq}进行计算；（2）转化为当量循环次数 N_{eq}进行计算。这两种方法的实质都是应用疲劳损伤累积假说的概念，将规律性的不稳定循环变应力转化为一个稳定循环变应力，然后按稳定循环变应力的方法来进行疲劳强度的计算。以下以当量应力 σ_{eq}计算为例进行说明。

将单向的规律性不稳定循环变应力中的各应力 σ_i 转化为一个循环次数为循环基数 N_0 的当量应力 σ_{eq}，如图 2-29 所示。

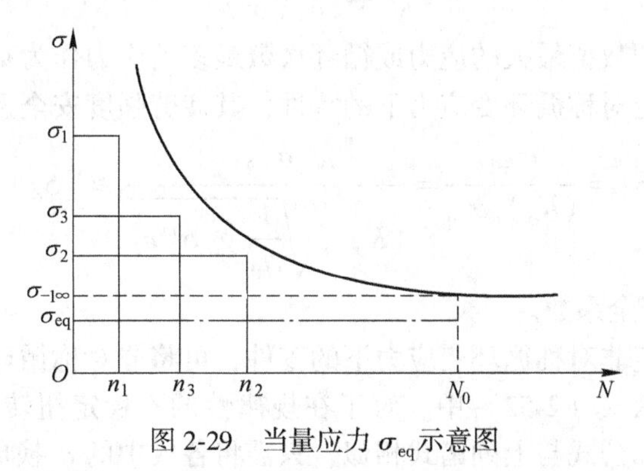

图 2-29　当量应力 σ_{eq}示意图

将疲劳损伤累积假说表达式（2-43）的分子、分母同乘以 σ_i^m，得

$$\sum \frac{\sigma_i^m n_i}{\sigma_i^m N_i} \leqslant 1 \tag{2-45}$$

参看式（2-13）可知

$$\begin{gathered}\sigma_1^m N_1 = \sigma_{-1}^m N_0 \\ \sigma_2^m N_2 = \sigma_{-1}^m N_0 \\ \sigma_3^m N_3 = \sigma_{-1}^m N_0 \\ \vdots\end{gathered}$$

因此，式（2-45）可改写成

$$\sum \frac{\sigma_i^m n_i}{\sigma_{-1}^m N_0} \leqslant 1 \tag{2-46}$$

即

$$\sqrt[m]{\frac{1}{N_0}\sum \sigma_i^m n_i} \leqslant \sigma_{-1} \tag{2-47}$$

令

$$\sqrt[m]{\frac{1}{N_0}\sum \sigma_i^m n_i} = \sigma_{eq} \tag{2-48}$$

式中，σ_{eq}为当量稳定循环变应力，它在N_0次循环下所引起的损伤与各应力σ_i在相应的n_i次循环下所引起的损伤是相当的。

于是，规律性不稳定循环变应力下的疲劳强度条件式为

$$\sigma_{eq} \leqslant \sigma_{-1} \tag{2-49}$$

有时，为了便于计算，在不稳定循环变应力的诸应力中，取某一应力σ作为计算的基本应力，并将式（2-48）改写成

$$\sigma_{eq} = \sqrt[m]{\sum \frac{n_i}{N_0}\left(\frac{\sigma_i}{\sigma}\right)^m}\ \sigma = k_r\sigma \tag{2-50}$$

式中，k_r为应力折算系数。

$$k_r = \sqrt[m]{\sum \frac{n_i}{N_0}\left(\frac{\sigma_i}{\sigma}\right)^m}\ \sigma \tag{2-51}$$

一般取诸应力中的数值最大的应力或循环次数最多的应力作为基本应力。

在规律性的不稳定对称循环变应力下的零件，其疲劳强度安全系数及强度条件为

$$S_\sigma = \frac{\sigma_{-1}}{(K_\sigma)_e\sigma_{eq}} = \frac{\sigma_{-1}}{(K_\sigma)_e\sqrt[m]{\frac{1}{N_0}\sum \sigma_i^m n_i}} \geqslant [S_\sigma] \tag{2-52}$$

式中，$[S_\sigma]$为许用安全系数。

在规律性的不稳定非对称循环变应力下的零件，可将非对称循环变应力转化为当量对称循环变应力，再代入式（2-52）中。对于在规律性的不稳定扭转（剪切）循环变应力下的零件，其强度计算公式与上列诸式相似，只需将各式中的σ换成τ即可。

[例 2-6] 45 号钢调质后的机械性能为：$\sigma_{-1}=307\text{N/mm}^2$，$N_0=5\times10^6$，$m=9$。现用此材料的试件进行试验。先在对称循环应力$\sigma_1=500\text{N/mm}^2$下循环$10^4$次，再在对称循环应力$\sigma_2=400\text{N/mm}^2$下循环$10^5$次，试计算试件此时的疲劳安全系数。若继之以对称循环应力$\sigma_3=350\text{N/mm}^2$继续作用于试件，那么试件还能循环多少次才破坏？

解：

（1）计算安全系数

由当量应力法计算式（2-48），当量应力为

$$\sigma_{eq} = \sqrt[m]{\frac{1}{N_0}\sum \sigma_i^m n_i} = \sqrt[m]{\frac{1}{N_0}(\sigma_1^m n_1 + \sigma_2^m n_2)}$$

$$= \sqrt[9]{\frac{1}{5\times10^6}(500^9\times10^4 + 400^9\times10^5)} = 275.52\text{N/mm}^2$$

疲劳安全系数为

$$S_\sigma = \frac{\sigma_{-1}}{\sigma_{eq}} = \frac{307}{275.52} = 1.114$$

（2）计算该试件继续在应力σ_3作用下达到疲劳破坏时所需的循环次数由式（2-13）可知

$$\sigma_{-1N}^m N = \sigma_{-1}^m N_0 \quad 即 \quad N = \left(\frac{\sigma_{-1}}{\sigma_{-1N}}\right)^m N_0$$

因此，分别在应力σ_1、σ_2和σ_3的单独作用下，达到疲劳破坏的循环次数为

$$N_1=\left(\frac{\sigma_{-1}}{\sigma_1}\right)^m N_0=\left(\frac{307}{500}\right)^9\times 5\times 10^6=0.062\times 10^6\text{ 次}$$

$$N_2=\left(\frac{\sigma_{-1}}{\sigma_2}\right)^m N_0=\left(\frac{307}{400}\right)^9\times 5\times 10^6=0.462\times 10^6\text{ 次}$$

$$N_3=\left(\frac{\sigma_{-1}}{\sigma_3}\right)^m N_0=\left(\frac{307}{350}\right)^9\times 5\times 10^6=1.537\times 10^6\text{ 次}$$

根据式（2-43），达到疲劳破坏时

$$\sum\frac{n_i}{N_i}=\frac{n_1}{N_1}+\frac{n_2}{N_2}+\frac{n_3}{N_3}=1$$

即

$$\frac{10^4}{0.062\times 10^6}+\frac{1}{0.462\times 10^6}+\frac{n_3}{1.537\times 10^6}=1$$

$$n_3=0.956\times 10^6\text{ 次}$$

所以，该试件在应力 $\sigma_3=350\text{N/mm}^2$ 作用下，还能循环 0.956×10^6 次才疲劳破坏。

本章小结

本章主要介绍了机械零件的接触强度、变应力的类型和特性、影响机械零件疲劳强度的因素及机械零件的极限应力线图，并同时阐述了稳定循环变应力和不稳定循环变应力时的疲劳强度计算方法等。

思考题

2-1 稳定循环应力的特性参数有哪些？写出它们的关系式。

2-2 变应力是怎样分类的？各有何特点？

2-3 变应力的循环特性 r 在什么范围内变化？r 值的大小反映了变应力的什么情况？

2-4 寿命系数 k_N 的意义是什么？如何应用？

2-5 稳定循环应力的极限应力线图有什么用途？为什么要简化？

2-6 非对称循环应力如何转化为对称循环应力？等效系数 ψ_σ、ψ_τ 的意义是什么？

2-7 影响机械零件疲劳强度的因素有哪些？这些因素如何反映到机械零件的疲劳强度计算中去？

2-8 稳定循环应力下的机械零件疲劳强度是如何计算的？

2-9 复合稳定循环应力下的机械零件疲劳强度是怎样计算的？

2-10 单向规律性的不稳定循环应力下的机械零件疲劳强度是怎样计算的？

2-11 疲劳损伤累积假说的内容是什么？写出它的表达式。

习　题

2-1 已知稳定循环应力的 $r=0.125$、$\sigma_m=-225\text{N/mm}^2$，求 σ_{max}、σ_{min} 及 σ_a，并画出变应力图。

2-2 已知稳定循环应力的 $\sigma_{max}=500N/mm^2$、$\sigma_a=300N/mm^2$，求 σ_{min}、σ_m 和 r，并画出变应力图。

2-3 图 2-30 所示为一旋转轴，在轴上截面 A 处作用有径向力 $P_r=6000N$，轴向力 $P_x=3000N$，轴的直径 $d=50mm$，轴的支点距离 $l=300mm$。求截面 A 上的 σ_{max}、σ_{min}、σ_a、σ_m 和 r，并以变应力图表示之。

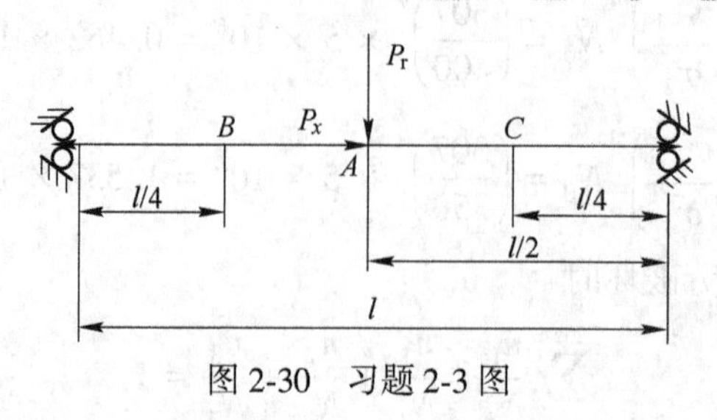

图 2-30 习题 2-3 图

2-4 已知某材料的 $\sigma_B=800N/mm^2$，$\sigma_s=520N/mm^2$，$\sigma_{-1}=400N/mm^2$，$\psi_\sigma=0.1$。试绘出此材料简化极限应力线图。

2-5 用某合金钢制成的零件，其工作应力为循环应力，$\sigma_{max}=280N/mm^2$，$\sigma_{min}=-80N/mm^2$。该零件危险截面处的应力集中系数 $k_\sigma=1.2$，尺寸系数 $\varepsilon_\sigma=0.785$，表面状况系数 $\beta_\sigma=1$。$\sigma_s=800N/mm^2$，$\sigma_B=900N/mm^2$，$\sigma_{-1}=440N/mm^2$。要求：（1）绘制该零件的简化极限应力线图；（2）设 $r=$常数，求零件的极限应力 σ'_{maxe}；（3）校核此零件是否安全（取许用安全系数 $[S_\sigma]=1.6$）。

2-6 已知某轴的弯矩工作图谱如图 2-31 所示，轴的转速 $n=41r/min$。要求该轴工作 10 年（每年工作 330 天，每天工作 19.5h）。若以 M_i 为基本弯矩，其当量循环次数为多少？对应的零件疲劳极限应力为多大？轴的材料为 45 号钢，其特性为 $\sigma_B=600N/mm^2$、$\sigma_s=300N/mm^2$、$\sigma_{-1}=275N/mm^2$、$N_0=N_c=10^7$、$m=9$，$\psi_\sigma=0.05$。该轴危险截面处的应力集中系数 $K_\sigma=1.2$，尺寸系数 $\varepsilon_\sigma=0.85$，表面状况系数 $\beta=1$。

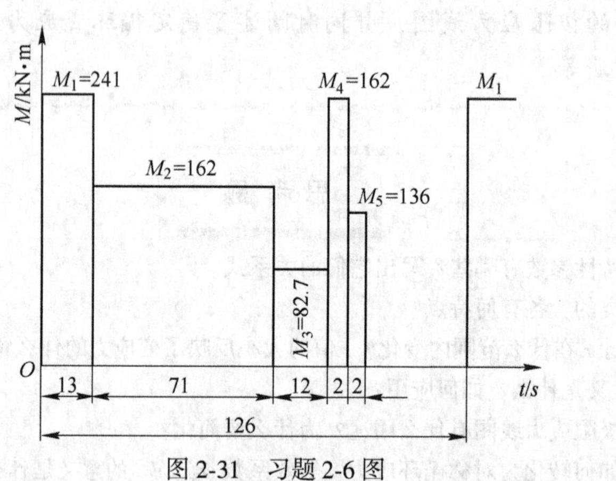

图 2-31 习题 2-6 图

3 摩擦、磨损和润滑

内 容 提 要

摩擦、磨损和润滑是较为重要而又复杂的问题，本章主要内容是对摩擦学研究的主要对象（即摩擦、磨损及润滑的基本问题）作简单扼要的说明，以便在设计、使用和维护机械时，能比较合理地处理这方面的问题。学习本章时，要求重点了解摩擦的类型及性质，边界膜的作用，黏附磨损和接触疲劳磨损的破坏机理及减轻磨损的措施，润滑剂和添加剂的作用、种类、性质及选择依据。

当在正压力作用下，相互接触的两个物体受切向外力的影响而发生相对滑动或有相对滑动趋势时，在接触表面就会产生抵抗滑动的阻力，这一自然现象叫摩擦，所产生的阻力叫摩擦力。其结果使摩擦表面的物质丧失或转移，即发生磨损。据估计，目前世界上的能源约有 1/3~1/2 消耗在各种形式的摩擦过程中。适当的润滑是减小摩擦、降低磨损和能量消耗的有效手段。有关摩擦、磨损及润滑的科学与技术统称为摩擦学（tribology），本章只介绍机械设计中所需的摩擦学基础知识。

3.1 摩　　擦

在一定的压力下，表面间摩擦阻力的大小与两表面间的摩擦状态有密切关系，不同摩擦状态下，产生摩擦的物理机理是不同的。

3.1.1 摩擦状态

按摩擦状态，即表面接触情况和油膜厚度，可将滑动摩擦分为四大类：干摩擦、边界摩擦（润滑）、液体摩擦（润滑）和混合摩擦（润滑），如图 3-1 所示。

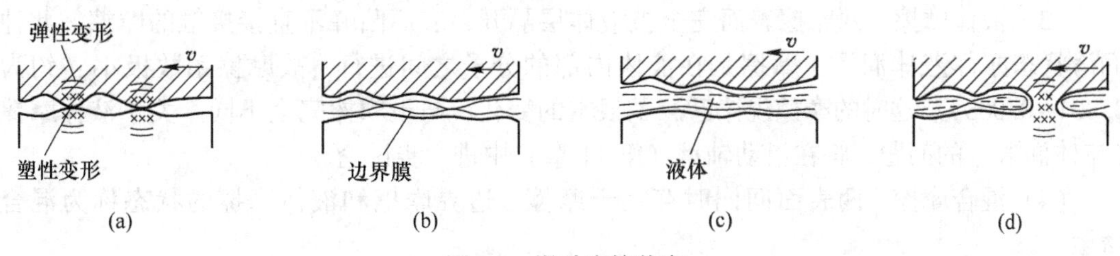

图 3-1　滑动摩擦状态

(a) 干摩擦；(b) 边界摩擦；(c) 液体摩擦；(d) 混合摩擦

（1）干摩擦。两摩擦表面间无任何润滑剂或保护膜的纯净金属接触时的摩擦，称为干摩擦。纯净金属表面的摩擦系数是很高的，譬如钢对钢时可达0.7~0.8。在工程实际中没有真正的干摩擦，因为暴露在大气中的任何零件的表面，不仅会因氧气而形成氧化膜，且或多或少也会被润滑油所湿润或受到“污染”，这时，其摩擦系数将显著降低，例如大气中钢对钢的摩擦系数约为0.15左右。在机械设计中，通常把不出现显著润滑的摩擦，当作干摩擦处理。

干摩擦常用库伦公式来表达摩擦力 F、法向力 N 和摩擦系数 f 之间的关系，即

$$f = \frac{F}{N} \tag{3-1}$$

库伦公式具有简单实用等特点，在工程上，除液体摩擦外，其他几种摩擦均可用该公式进行计算。

（2）边界摩擦。两摩擦表面各附有一层极薄的边界膜，两表面仍是凸峰接触的摩擦状态称为边界摩擦。与干摩擦相比，摩擦状态有很大改善，其摩擦和磨损程度取决于边界膜的性质、材料表面机械性能和表面形貌。

边界膜有两大类：吸附膜和化学反应膜。吸附膜又分为物理吸附与化学吸附。

物理吸附膜是由分子引力所形成的吸附膜，润滑油中的脂肪酸是一种极性化合物，它的极性基团能牢固地吸附在金属表面。单分子膜吸附在金属表面的模型如图3-2所示，图中小圆圈表示极性原子团，这些单分子膜整齐地横向排列，很像一把刷子，边界摩擦类似于两把刷子间的摩擦，但这种边界膜熔点较低（如硬脂酸的熔点约69℃），故只能在低温轻载下起作用。

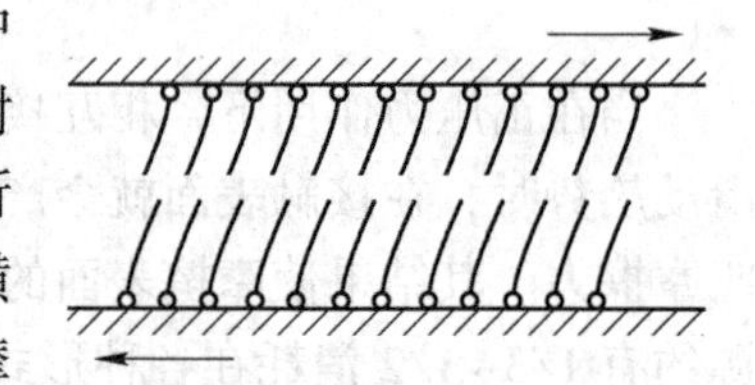
图3-2　单分子边界膜模型

化学吸附膜是润滑油分子以其化学键力的作用在金属表面形成保护膜，例如硬脂酸同铁的氧化物反应形成硬脂酸铁的金属皂膜，就是一种化学吸附膜。它既有较低的剪切强度，又有较高的熔点（约120℃）。所以能在较高的速度及载荷下起润滑作用。

化学反应膜是当润滑油分子中含有以活性原子形式存在的硫、氯、磷时，在较高的温度（约150~200℃）下，这些元素与金属起化学反应形成硫、氯、磷的化合物。这种反应膜具有低剪切强度和高熔点特性，比前两种膜更为稳定，可在高压、大滑动速度条件下保护金属不发生黏着。

边界摩擦仍不能完全避免金属直接接触，所以仍有磨损产生，只是摩擦系数小些，磨损轻一些。

（3）液体摩擦。两摩擦表面完全被液体层隔开、表面凸峰不直接接触的摩擦。此种润滑状态亦称液体润滑，摩擦是在液体内部的分子之间进行，故摩擦系数极小（约为0.001~0.008）。这时的摩擦规律已有了根本的变化，与干摩擦完全不同。关于液体摩擦（流体润滑）的问题，将在滑动轴承（第11章）中进一步讨论。

（4）混合摩擦。两表面间同时存在干摩擦、边界摩擦和液体摩擦的状态称为混合摩擦。

3.1.2　摩擦理论

干摩擦理论主要有：（1）机械理论认为摩擦力是表面凸峰的机械啮合力的总和，因

而可解释为什么表面愈粗糙，摩擦力愈大。(2) 分子-机械理论认为摩擦力是由表面凸峰间的机械啮合力 F_1 和表面分子相互吸引力 F_2 两部分组成，因而这一理论可解释为什么当接触表面光滑时，摩擦力也会很大；但上述两种理论不能解释能量是如何被消耗的。(3) 黏着理论。(4) 能量理论等。对于金属材料，特别是钢，人们更接受黏着理论的解释。

大量的试验表明，工程表面的实际接触面积约为名义接触面积的 $10^{-2}\sim10^{-3}$，这样接触区压力很高，使材料发生塑性变形，表面污染膜遭到破坏，从而使基体金属发生黏着现象，形成冷焊结点（图 3-3 (a)、图 3-3 (b)），当发生滑动时，必须先将结点剪断（图 3-3 (b)），同时，当较硬的凸峰在较软的材料上滑过时，将切出沟纹（即犁刨作用），从而相对滑动时的摩擦力为上述两种因素所形成的阻力之和。由于后者相对来说较小，故可忽略。这样结点的剪切强度为 τ_B，则摩擦力为 $F=A_r\cdot\tau_B$。

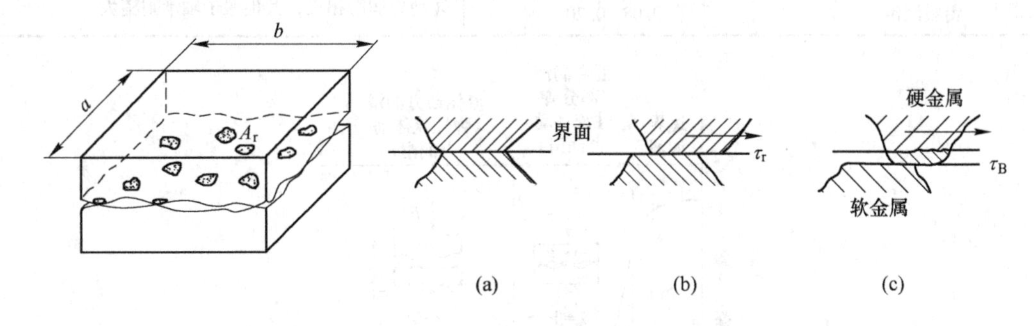

图 3-3　实际接触面积和结点的形成及其剪断
(a) 结点；(b) 界面剪切；(c) 软金属剪切

摩擦系数 f 为

$$f=\frac{F}{N}=\frac{A_r\tau_B}{N}=\frac{N}{\sigma_{SC}}\cdot\frac{\tau_B}{N}=\frac{\tau_B}{\sigma_{SC}}=\frac{\text{软材料抗剪强度极限}}{\text{软材料的屈服应力极限}} \tag{3-2}$$

综上所述，在没有润滑的固体表面之间产生摩擦的主要原因是，表面形貌的粗糙不平，表面存在分子之间的吸引力和表面凸峰间的“焊-剪-刨”作用。

影响摩擦系数的因素很多，有摩擦副配偶材料的性质、表面膜、镀层或涂层、滑动速度、环境温度及表面粗糙度等。

流体润滑条件下，摩擦力的大小取决于流体的内摩擦力。边界润滑条件下摩擦力的大小取决于表面膜的性质。对有机化合物物理吸附膜，主要由吸附分子的类型及分子参数决定。试验发现，吸附分子碳数增加，摩擦系数和磨损率均减小。

各种摩擦状态下的摩擦系数典型值见表 3-1。

3.1.3　摩擦特性曲线

综上所述，液体摩擦润滑状态是最理想的润滑状态；干摩擦是应该避免的；边界摩擦和混合摩擦最常见，亦称边界润滑和混合润滑状态。有时也叫半液体润滑状态。试验证明，这三种实际存在的摩擦润滑状态是随某些参数的改变而相互转化的。它们的摩擦系数 f 与流体黏度 η、相对滑动速度 V、单位面积上的载荷 p 之间的关系如图 3-4 所示。

表 3-1　不同摩擦状态下的摩擦系数（大致值）

	摩擦状况	摩擦系数		摩擦状况	摩擦系数
干摩擦	相同金属：黄铜-黄铜；青铜-青铜	0.8~1.5	边界润滑	矿物油湿润表面	0.15~0.30
	异种金属：铜铅合金-钢	0.15~0.3		加油性添加剂的油润滑：钢-钢；尼龙-钢	0.05~0.10
	巴氏合金-钢	0.15~0.3		尼龙-尼龙	0.10~0.20
	非金属：橡胶-其他材料	0.6~1.9	流体润滑	液体动力润滑	0.08~0.20
	聚四氟乙烯-其他材料	0.04~0.12		液体静力润滑	<0.001（与设计参数有关）
固体润滑	石墨-二硫化钼润滑	0.06~0.20	滚动摩擦	滚动摩擦系数与接触面材料的硬度、粗糙度、湿度等有关。球和圆柱滚子轴承的摩擦大体与液体动力润滑相近，其他滚子轴承则稍大	
	铅膜润滑	0.08~0.20			

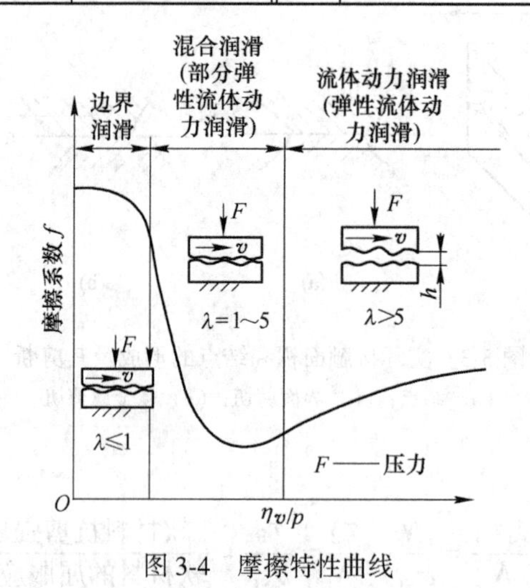

图 3-4　摩擦特性曲线

3.2　磨　损

3.2.1　磨损过程及曲线

由于运动副表面的摩擦导致表面材料的逐渐消失或转移，称为磨损。图 3-5 所示为磨损过程图。由图可见磨损过程大致可分为三个阶段。Ⅰ为跑合磨损阶段，由于机械加工的表面具有一定的不平度存在，运转初期、摩擦副的实际接触面积较小，单位面积上的实际载荷较大，因此，磨损速度较快；经跑合后尖峰高度降低，峰顶半径增大，实际接触面积增加，磨损速度降低。Ⅱ为稳定磨损阶段，机件以平稳缓慢的速度磨损，这个阶段的长短就代表

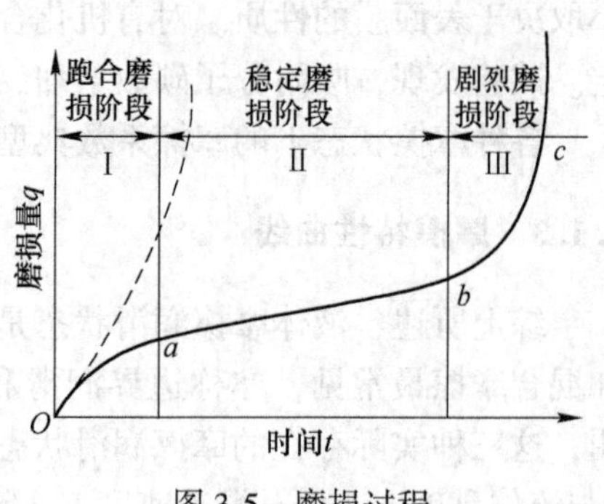

图 3-5　磨损过程

机件使用寿命的长短。Ⅲ为剧烈磨损阶段，经稳定磨损阶段后，精度降低、间隙增大，从而产生冲击、振动和噪声，磨损加剧，温度升高，短时间内使零件迅速报废。

在正常情况下，零件经短期跑合后，进入稳定磨损阶段。但若跑合期压强过大、速度过高，润滑不良时，则跑合期很短，并立即转入剧烈磨损阶段，使零件很快报废。如图 3-5 中的虚线所示。通过在润滑油中加入一定的添加剂，可以缩短跑合时间、提高跑合质量。

3.2.2　磨损分类

按破坏的机理，磨损主要有四种基本类型，即黏着磨损、接触疲劳磨损、磨料磨损和腐蚀磨损。

（1）黏着磨损。当摩擦表面的不平度凸峰在相互作用的各点产生结点后再相对滑移时，材料从运动副的一个表面转移到另一个表面，便形成了黏着磨损。滑动轴承中的“抱轴”和高速重载齿轮的“胶合”现象均是严重的黏着磨损。

人们可以利用黏着磨损实现零件之间的连接，“摩擦焊接”具有接头强度高、生成成本低等特点，应用前景广阔。

影响黏着磨损的主要因素：同类摩擦副材料比异类材料容易黏着；脆性材料比塑性材料的抗黏着能力高；在一定范围的表面光洁度愈高抗黏着能力愈强；此外黏着磨损还与润滑剂、摩擦表面温度及压强有关。

（2）接触疲劳磨损。受变应力的摩擦副，在其表面上形成疲劳点蚀，使小块金属剥落，这种现象称为疲劳磨损。接触疲劳磨损常发生在滚动轴承、齿轮、凸轮等零件上。

影响接触疲劳磨损的主要因素有：摩擦副材料组合、表面光洁度、润滑油黏度以及表面硬度等。

（3）磨粒磨损。从外部进入摩擦面间的游离硬质颗粒或摩擦表面上的硬质凸峰，在摩擦过程中引起材料脱落的现象称为磨料磨损。磨料磨损与摩擦材料的硬度、磨料的硬度有关。一半以上的磨损损失是由磨粒磨损造成的。

（4）腐蚀磨损。在摩擦过程中摩擦表面与周围介质发生化学反应或电化学反应的磨损称为腐蚀磨损，腐蚀可在没有摩擦的条件下形成，而相对运动消除了化学反应的生成物，接着表面又受到腐蚀，如此不断反复。影响腐蚀磨损的主要因素：周围介质、零件表面的氧化膜性质及环境温度等。磨损可使腐蚀率提高 2~3 个数量级。

实际上，大多数的磨损都以复合形式出现，即以上几种磨损相伴存在。微动磨损就是一种典型的复合磨损——微动磨损发生在相对静止的摩擦副上，但须在环境振动影响下，使结合面间沿表面方向有微幅振摆才能产生。如压配合的轴与孔表面，受振动影响的连接螺纹连接面等均可出现微动磨损。研究证明，控制压配合的预应力和过盈量可以减轻微动磨损，采用适当的表面热处理或涂镀技术也可减轻微动磨损。铝对铸铁、铝对不锈钢、铸铁对镀铬层等抗微动磨损能力都很差，设计时应予以注意。

3.3　润　　滑

3.3.1　润滑剂的分类及其特点

在摩擦面间加入润滑剂的主要作用是改善摩擦、减轻磨损，同时润滑剂还能起减震、防锈等作用，液体润滑剂还能带走摩擦热、污物等。

润滑剂有液体润滑剂、气体润滑剂、润滑脂和固体润滑剂。

（1）液体润滑剂。主要有三大类：1）矿物油，主要是石油产品，此种油来源充足，稳定性好、成本低，故应用最广；2）动、植物油，其油性好，最适于边界润滑使用，但稳定性差，来源不足，所以应用较少；3）合成油，如磷酸酯（低温润滑剂）、硅酸盐脂（高温润滑剂）、氟化物（耐氧化润滑剂）等，近年来应用面不断拓广。

（2）气体润滑剂。最常用的是空气，此外还有氢气、水蒸气及液态金属蒸汽等均可作为气体润滑剂。其特点是黏度低、功耗少、温升小，其黏度随温度变化小，故适于高温和低温环境下的高速度的场合，但承载能力低。

（3）润滑脂。为使润滑剂易于保持在摩擦表面，用稠化剂将润滑油稠化成膏状，即润滑脂。稠化剂是各种金属皂，如钾皂、钠皂、钙皂等，从而可形成不同皂类的润滑脂。有时为提高抗氧化能力和润滑性能，还常常加入添加剂。

（4）固体润滑剂。固体润滑剂有无机化合物（石墨、二硫化钼、硼砂等）与有机化合物（金属皂、动物脂等），使用时常将润滑剂粉末与胶黏剂混合起来应用，也可与金属或塑料等混合后制成自润滑复合材料使用。固体润滑剂适用于高温、大载荷以及不宜采用液体润滑剂和润滑脂的场合，如宇航设备及卫生要求较高的机械设备中。

3.3.2 润滑剂的性能指标

润滑剂的性质主要通过以下几个性能指标来衡量。

（1）黏度。即流体抵抗剪切变形的能力，它表示流体内摩擦阻力的大小，是选择润滑剂的重要指标。如图 3-6 所示被润滑油隔开的两个平行平板，若板以速度 v 移动，B 静止不动，则润滑油呈层流流动。各油层间的剪应力 τ 与速度梯度 du/dy 成正比关系，这一关系称为牛顿流体内摩擦定律，是牛顿在 1687 年提出来的，其数学表达式为

$$\tau = -\eta \frac{du}{dy} \tag{3-3}$$

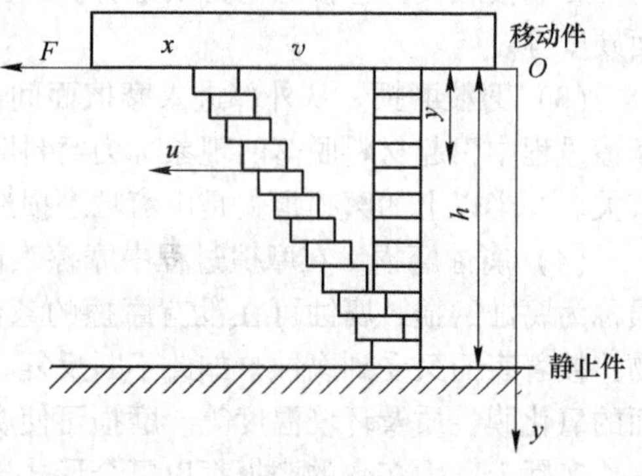

图 3-6 流体的层流流动

式中，τ 为流体的剪应力；η 为动力黏度或绝对黏度；式中的负号表示剪应力的方向与相对速度方向相反。

动力黏度的国际单位是 Pa · s（帕 · 秒），1Pa · s = 1N · s/m。表示速度面积各为 $1m^2$ 的两层流体相距 1m 时，相对滑动速度为 1m/s，所需要的力为 1N，此时流体的黏度为 1Pa · s。为使用方便工程上常用的动力黏度单位有 $1dyn \cdot s/cm^2$（叫 1P（泊））和百分之一泊（厘泊）（记为 cP）。三者关系为 1000cP = 10P = 1Pa · s。

工程上把动力黏度 η 与流体密度 ρ 的比值称为运动黏度 ν。记为 $\nu = \eta/\rho$ 。在国际单位制中 ρ 的单位是 kg/m^3，所以运动黏度的单位为 m^2/s，工程上把 $1m^2/s$ 叫做 1St(斯)，取其百分之一叫 cSt(厘斯)。蒸馏水在 20.2℃的运动黏度为 1cSt；N10 机械油 40℃时的黏度值为 10cSt（其黏度范围为 9~11cSt）。

用润滑油同水作比较所测得的黏度，称为相对黏度，我国常用恩氏黏度。在一定温度下 200cm^{3}的油样流过直径为 2.8mm 的孔所需时间，与同体积 20℃的蒸馏水流过时间的比值，即为该油样的恩氏黏度，以符号°E_t表示。°E_{20}表示测定温度为 20℃。

工业用润滑油的黏度分类，新旧标准不同，运动黏度新标准是以 40℃为基础，而旧标准是以 50℃或 100℃为基础。标准的黏度牌号分类、运动黏度范围及其中心值列于表 3-2。

表 3-2　工业用润滑油黏度牌号分类　（mm^2/s）

黏度牌号	运动黏度中心值（40℃）	运动黏度范围（40℃）	黏度牌号	运动黏度中心值（40℃）	运动黏度范围（40℃）
2	2.2	1.98~2.42	68	68	61.2~74.8
3	3.2	2.88~3.52	100	100	90.0~110
5	4.6	4.14~5.06	150	150	135~165
7	6.8	6.12~7.48	220	220	198~242
10	10	9.00~11.0	320	320	288~352
15	15	13.5~16.5	460	460	414~506
22	22	19.8~24.2	680	680	612~748
32	32	28.8~35.2	1000	1000	900~1100
46	46	41.4~50.6	1500	1500	1350~1650

润滑油黏度随温度变化而变化，影响十分显著。黏度随温度变化愈小的油，品质愈高。黏度随压力的增高而增大，但对润滑油来说，在低压时变化很小，可忽略不计；高压（大于 5MPa）时，影响较大，特别是在弹性流体动压润滑中不容忽视。试验研究表明油的黏度随压力和温度变化可用式（3-4）表示

$$\eta = \eta_0 \cdot e^{[\alpha p - \beta(T - T_0)]} \tag{3-4}$$

式中，β 为黏温系数；T 和 T_0为测试温度和室温；η 和 η_0为测试压力和温度下的黏度及大气压下的黏度；α 为黏压系数；p 为测试压力。

（2）油性。润滑油能在金属摩擦表面形成吸附膜的性能称为油性。油性愈好愈有利于边界润滑，动、植物油和脂肪酸的油性较好。目前尚没有一个定量的指标评价润滑剂的油性。

（3）凝点。润滑油冷却到不能流动的温度称为凝点。低温工作的场合应选凝点低的润滑油来润滑。

（4）闪点。润滑油蒸气在火焰下闪烁的温度称为闪点。高温工况的场合应选闪点高的润滑油来润滑。

（5）滴点。润滑脂受热开始滴下的温度称为滴点，润滑脂的工作温度最少要低于滴点 20℃。

（6）锥入度。是润滑脂稠度指标。锥入度愈小，稠度愈大、流动性愈小，承载能力强，密封好，但摩擦阻力也大。

3.3.3　润滑油添加剂及润滑剂的选择

润滑油添加剂及润滑剂用得最多的是润滑油和润滑脂。选择滑动轴承的润滑油时，主

要是考虑黏性和油性两项性能指标。对液体摩擦轴承，黏性起主要作用，对非液体摩擦轴承，油性起主要作用。

黏性用黏度表示性能指标，而油性目前尚无具体性能指标，这是因为影响油性的因素较复杂，难于定出。因此，对非液体摩擦轴承通常也是参考黏度来选油。原则上讲，当转速高、压强小时可选黏度低的油；反之，应选黏度高的油。在高温环境下工作时其黏度应选得高一些。对于要求不高，难以经常供油或摆动工作的非液体摩擦轴承，可采用润滑脂进行润滑，工业上常用的润滑脂有钙基润滑脂（有良好的抗水性，但耐热能力差，工作温度不宜超过55~65℃）、钠基润滑脂（有较高的耐热性，工作温度可达120℃，但抗水性差）、锂基润滑脂（既能抗水，又能在较高温度下工作，适用于-20~120℃，但价格较前二者贵）。

润滑材料是润滑技术发展的核心内容。润滑油中加入添加剂可以大幅度提高其工作性能。常用的润滑油添加剂有硫系、磷系、氯系和复合添加剂。

一般认为含硫的极压润滑油在 Fe_3O_4 催化下，摩擦面的铁才容易被硫化物离解的活性硫原子硫化。FeS 膜厚在 0.15μm 以上才有边界润滑效果。

有机磷化物在金属表面的摩擦化学反应过程如下：先形成有机磷酸盐膜，再进一步分解形成磷酸铁极压膜。该添加剂提高油的耐负荷性、减小磨损。

摩擦使有机氯化物在氧化膜上吸附量线性增加。其中 $FeCl_2$ 极压膜的膜厚大于 0.10μm 才可改善边界润滑性能。这种膜的摩擦系数为 0.2 左右。

3.3.4 流体润滑机理简介

流体润滑可由流体动压（包括弹性流体动压）和流体静压形成。

（1）流体动压润滑。利用摩擦副表面的相对运动，将流体带进摩擦面间，自行产生足够厚的压力油膜把摩擦面分开并平衡外载荷的流体润滑。显然，形成流体动压润滑能保证两相对运动摩擦表面不直接接触，从而完全避免了磨损，因而在各种重要机械和仪器中获得了广泛的应用。

（2）流体静压润滑。利用外部供油（气）装置，将一定压力流体强制送入摩擦副之间，以建立压力油膜的润滑称为流体静压润滑。

（3）弹性流体动力润滑。生产实践证明，在点、线接触的高副机构（齿轮、滚动轴承和凸轮等）中，也能建立分隔摩擦表面油膜，形成动压润滑。但接触区内压强很高（比低副接触大 1000 倍左右），这就使接触处产生相当大的弹性变形，同时也使其间的润滑剂黏度大为增加。考虑弹性变形和压力对黏度的影响的流体动力润滑称为弹性流体动力润滑（elasto hydrodynamic lubrication），简称“弹流”（EHL）。

本章小结

本章主要介绍了摩擦的分类及影响因素，摩擦特性曲线、磨损类型、磨损过程曲线及减少磨损的措施及润滑剂的种类及其主要物理指标，并同时阐述了添加剂的作用和常用润滑方法等。

思考题

3-1 根据摩擦状态，摩擦的分类及其特点如何？

3-2 简述黏附理论关于摩擦力产生的原因。

3-3 什么叫磨损？磨损主要有几种？如何防止和减轻磨损？

3-4 试述润滑的作用。

3-5 润滑剂有哪几类？添加剂的作用是什么？

3-6 简述流体动压润滑的机理。

4 螺纹连接

内容提要

螺纹连接类型众多，应用广泛，是最常见的一种可拆连接，特别是在受力分析和设计计算方面别具特点。学习本章要重点掌握螺纹连接的主要类型、特点及其应用场合，松连接和紧连接的概念，螺纹连接的拧紧和防松、预紧、预紧力的概念和防松的原理，螺纹连接的受力分析和设计计算，特别是如何根据静力平衡条件和变形协调条件进行螺栓组的受力分析，以确定连接中受力最大的螺栓及其所受载荷，从而可以将螺栓组的设计问题转化为单个螺栓的设计问题；影响螺栓连接强度的因素及提高螺栓连接强度的措施，螺旋传动设计计算的主要内容和步骤。

4.1 螺　纹

4.1.1 螺纹的分类

螺纹连接的基本要素是螺纹。螺纹有很多种，每一种螺纹都有它的特点和适用范围。根据螺纹体母线的形状，螺纹可以分为圆柱螺纹和圆锥螺纹，前者螺纹在圆柱体上切出，后者螺纹在圆锥体上切出。常用的是圆柱螺纹，圆锥螺纹多用在管件连接中。

根据牙型，螺纹可分为三角形、矩形、梯形和锯齿形螺纹等（图 4-1）。不同牙型有不同特点和用途，三角形螺纹常用作连接螺纹，后几种螺纹常用作传动螺纹。

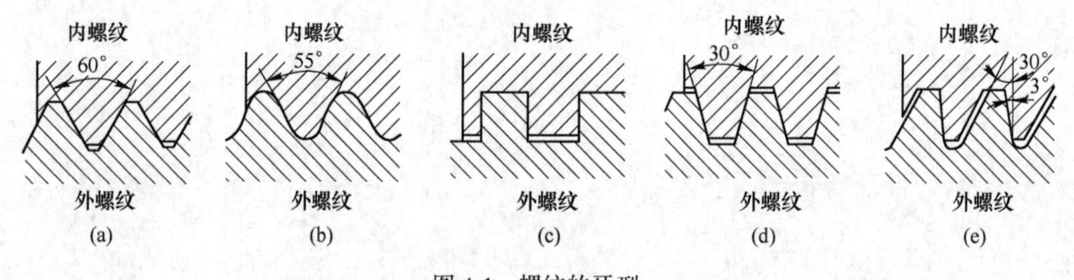

图 4-1　螺纹的牙型

（a）三角形螺纹；（b）三角形管螺纹；（c）矩形螺纹；（d）梯形螺纹；（e）锯齿形螺纹

根据螺旋线的旋向，螺纹可分为左旋和右旋螺纹（图 4-2）。当螺纹体的轴线垂直放置时，螺旋线的可见部分自左向右上升的称为右旋；反之为左旋。常用的是右旋螺纹。根据螺纹的线数（又称头数），螺纹可分为单线和多线螺纹（图 4-2）。在相同螺距的情况下，线数多，导程大，连接螺纹多用单线螺纹。

根据采用的标准制度，螺纹可分为公制（又称米制）和英制（又称英寸制）螺纹。我国和大多数国家采用公制螺纹。应该注意；只有牙型、外径和螺距等基本要素都符合标准时才能称为标准螺纹，否则为非标准螺纹。

4.1.2　螺纹的主要参数

圆柱螺纹的主要参数有外径 d、内径 d_1、中径 d_2、螺距 s、导程 L、线数 a、升角 λ、牙型角 α、牙型斜角 β 和工作高度 h 等（图 4-3）。除管螺纹外，都以外径 d 为公称直径。

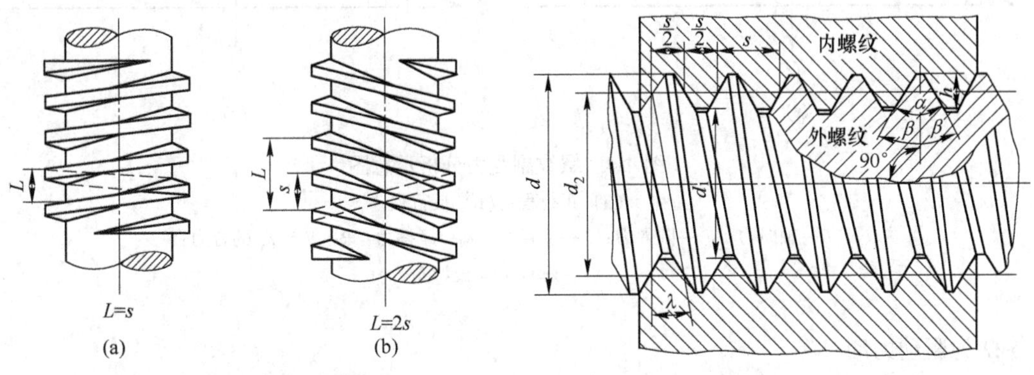

图 4-2　螺纹的旋向和线数

（a）单线螺纹（右旋）；（b）双线螺纹（左旋）

图 4-3　圆柱螺纹的主要参数

单线螺纹，螺杆旋转一周，前进一个螺距；a 线螺纹，螺杆旋转一周，前进 a 个螺距。所以导程、螺距和线数的关系为：$L=as$。不同直径处的升角略有不同，通常 λ 指中径处的升角，其计算式为

$$\lambda = \tan^{-1}\frac{L}{\pi d_2} = \tan^{-1}\frac{as}{\pi d_2} \tag{4-1}$$

不同牙型的牙型角 α 不同，牙型斜角 β 也不同。矩形螺纹牙型为正方形，α、β 均为 0°；三角形螺纹和梯形螺纹，α 分别为 60°和 30°，而 β 则为 α 之半；牙型不对称的锯齿形螺纹，工作边 $\beta=3°$，非工作边 $\beta=30°$。

4.1.3　螺纹副中力的关系、效率和自锁

由机械原理可知，若螺纹副承受轴向力 Q，则作用在中径 d_2 处的圆周力 F_t 为（图 4-4）

$$F_t = Q\tan(\lambda \pm \rho') \tag{4-2}$$

式中，正号用于正行程，相当于拧紧或举升重物；负号为反行程，相当于松开或降落重物；ρ' 为当量摩擦角

$$\rho' = \tan^{-1} f' = \tan^{-1}\frac{f}{\cos\beta} \tag{4-3}$$

式中，f 为工作面摩擦系数；f' 为当量摩擦系数。

F_t 为驱动力或拧紧时，螺纹副的效率 η 为

$$\eta = \frac{\tan\lambda}{\tan(\lambda + \rho')} \tag{4-4}$$

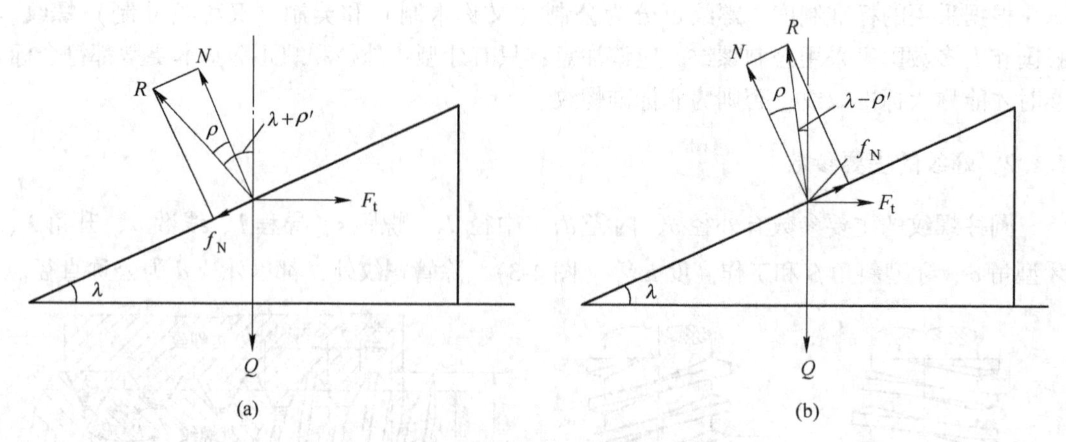

图 4-4 螺纹副受力分析示意图

（a）正行程；（b）反行程

Q—轴向力；F_t—圆周力；N—支反力；f_N—摩擦力；R—N 与 f_N 的合力；

λ—升角；ρ'—摩擦角

当 Q 为驱动力时

$$\eta = \frac{\tan(\lambda - \rho')}{\tan\lambda} \tag{4-5}$$

螺纹副的自锁条件为

$$\lambda \leqslant \rho' \tag{4-6}$$

对于连接用螺纹，主要要求连接可靠、自锁性能好，所以常用升角 λ 小、当量摩擦系数 f' 大的单线三角形螺纹。三角形螺纹的标准中还规定有细牙螺纹，在公称直径相同时，细牙螺纹由于螺距小、升角小、内径和中径大，所以连接的可靠性和自锁性能更好。对于传动用螺纹，主要要求传动效率高，所以常用升角 λ 大、当量摩擦系数 f' 小的矩形或梯形螺纹，而且线数也可以多一些。但是线数过多时，虽然升角 λ 大一些，效率 η 高一些，可是加工困难，所以常用 $a=2\sim3$，最多到 4。

4.2 螺纹连接的基本类型和标准连接件

4.2.1 螺纹连接的基本类型

从结构上分，常用的螺纹连接有 4 种类型，它们的应用范围和结构特点列于表 4-1。

4.2.2 标准螺纹连接件

连接零件包括螺栓，双头螺柱、螺钉、紧定螺钉，螺母，垫圈及防松零件等，这些零件大都有国家标准，设计时应按标准选用。

（1）螺栓。常用的结构形式如图 4-5 所示。螺栓的一端为螺栓头，另一端为切出螺纹的螺杆，应用于连接时，是通过在切出螺纹的一端拧紧螺母来实现连接的。螺栓头部的结构有六角头、方头等，以六角头为多，螺栓杆的结构有阶梯形的，有中空的，它们都有其特定的用途。

表 4-1　螺纹连接的主要类型

类型	构　造	主要尺寸关系	特点和应用
螺栓连接	受拉螺栓 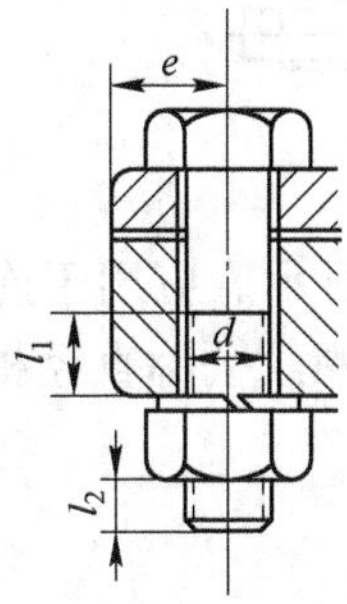 受剪螺栓 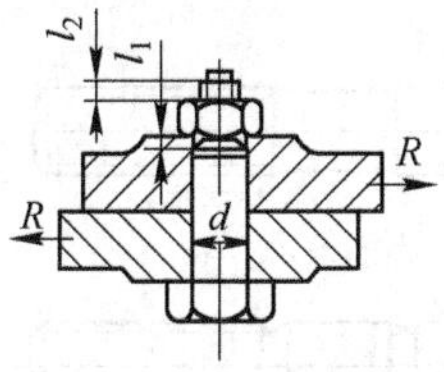	螺纹余留长度 l_1 受拉螺栓连接： 静载荷 $l_1 \geqslant (0.3 \sim 0.5)d$ 变载荷 $l_1 \geqslant 0.75d$ 冲击、弯曲载荷 $l_1 \geqslant d$ 受剪螺栓连接： l_1 尽可能小 螺纹伸出长度 $l_2 \approx (0.2 \sim 0.3)d$ 螺栓轴线到被连接件边缘的距离： $e = d + (3 \sim 6)\text{mm}$	无需在被连接件上切制螺纹，使用不受被连接件材料的限制，构造简单，装拆方便，应用最广。用于通孔，并能从连接两边进行装配的场合
双头螺柱连接	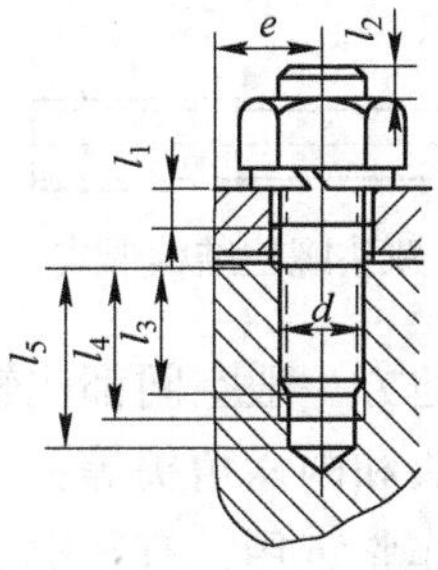	螺纹旋入深度 l_3，当螺纹孔零件为： 钢或青铜　$l_3 \approx d$ 铸　铁　$l_3 \approx (1.25 \sim 1.5)d$ 铝合金　$l_3 \approx (1.25 \sim 2.5)d$ 螺纹孔深度　$l_4 \approx l_3 + (2 \sim 2.5)s$ 钻孔深度　$l_5 \approx l_4 + (0.2 \sim 0.3)d$ l_1、l_2、e 同上	座端旋入并紧定在被连接件之一的螺纹孔中，用于受结构限制而不能用螺栓或希望连接结构较紧凑的场合
螺钉连接	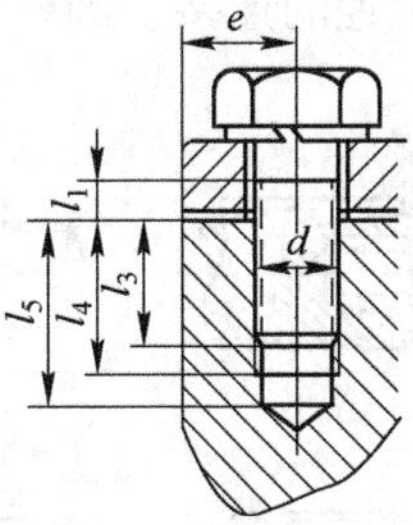	l_1、l_3、l_4、l_5、e 同上	不用螺母，而且能有光整的外露表面，应用与双头螺柱连接相似，不宜用于时常装拆的连接，以免损坏被连接件的螺纹孔
紧定螺钉连接	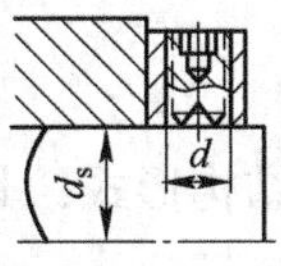 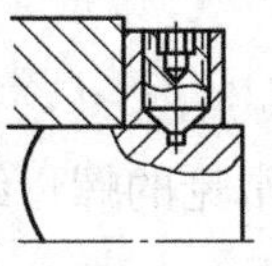	$d = (0.2 \sim 0.3)d_s$ （扭矩大时取大值）	旋入被连接件之一的螺纹孔中，其末端顶住另一被连接件的表面或顶入相应的坑中，以固定两个零件的相互位置，并可传递不大的力或扭矩

（2）螺钉。螺钉的结构形式与螺栓相同，如图 4-6 所示。应用于连接时，是通过将螺钉拧入被连接件的螺纹孔中，而不需要用螺母，所以头部形式较多，以适应装配空间和外观的需要。

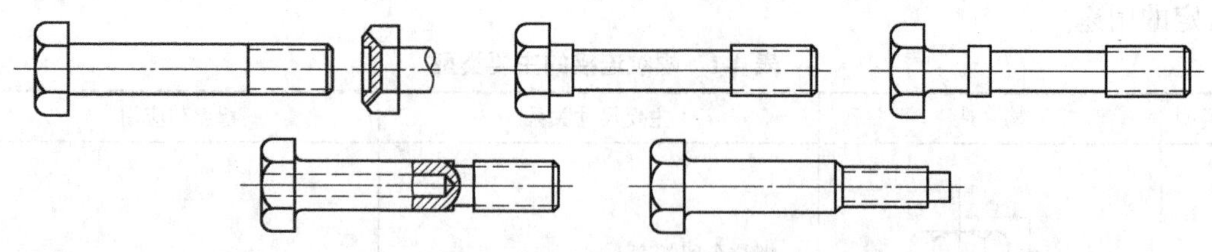

图 4-5 螺栓的结构形式

(3) 双头螺柱。结构形式为两端切出螺纹的螺杆，如图 4-7 所示。应用于连接时，一端旋入被连接件的螺纹孔中，另一端用螺母拧紧。双头螺柱两端螺纹公称直径相同，螺距也相同，但在特殊情况下，螺距也可以不同。

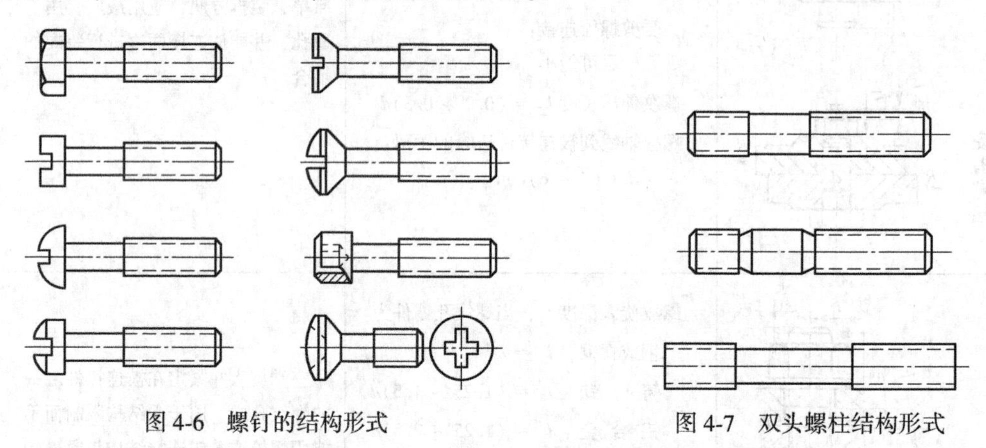

图 4-6 螺钉的结构形式　　图 4-7 双头螺柱结构形式

(4) 紧定螺钉。结构特点如图 4-8 所示。使用紧定螺钉的地方一般空间都比较小，为了便于拧紧，头部和末端也有许多种形式，头部有方头、六角头和内六角头等，方头、六角头能承受较大的拧紧力矩，内六角头次之。螺钉的末端主要作紧定用，有平端、圆柱端和锥端等，平端用于接触表面硬度较高或被连接件需调整相互位置的连接，圆柱端可传递较大的载荷，锥端用于接触面硬度较低的地方。

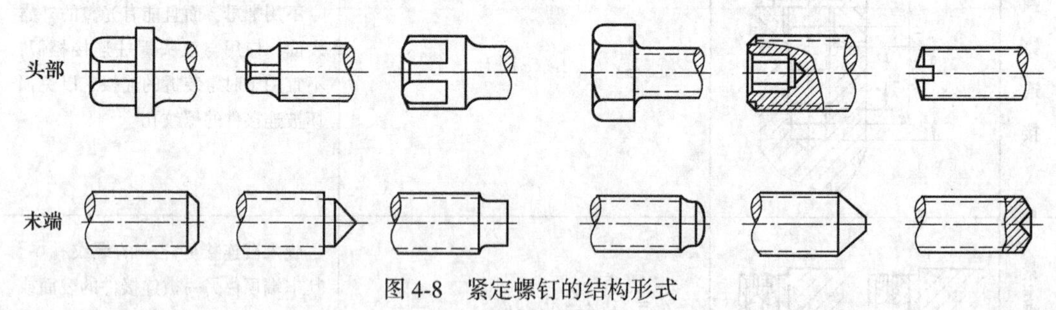

图 4-8 紧定螺钉的结构形式

(5) 螺母。螺母的结构形式也很多，图 4-9 所示为几种常见的螺母结构形式，其中以六角形应用最普遍。

(6) 垫圈。垫圈的作用是保护被连接件的支承表面或垫平被连接件表面，以免螺杆受到附加的偏心载荷。常用的平垫圈和斜垫圈如图 4-9 所示。

(7) 防松零件（见 4. 3 节）。国家标准规定螺纹紧固件按机械性能分级，其力学性能等级见表 4-2。螺母材料一般比相配合的螺栓材料略软，这样可避免咬死和减小磨损。

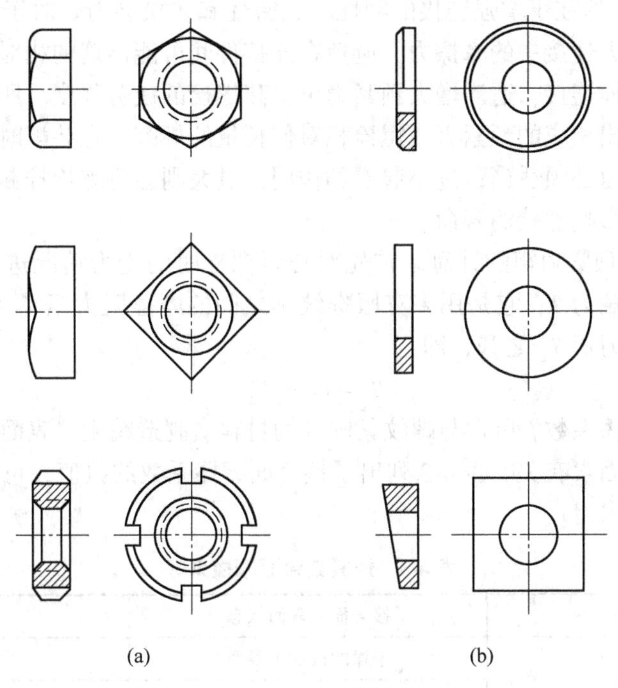

(a)　　(b)

图 4-9 螺母与垫圈
(a) 螺母；(b) 垫圈

表 4-2 螺栓、螺钉、螺柱和螺母的力学性能等级
摘自（GB/T 3098.1—2000）和（GB/T 3098.2—2000）

			力学性能级别										
			3.6	4.6	4.8	5.6	5.8	6.8	8.8 ≤M16	8.8 >M16	9.8	10.9	12.9
螺栓、螺钉、螺柱	抗拉强度 σ_b/MPa	公称值	300	400		500		600	800		900	1000	1200
	屈服强度 σ_s/MPa	公称值	180	240	320	300	400	480	640	640	720	900	1080
	布氏硬度 HBW	公称值	90	114	124	147	152	181	238	242	276	304	366
	推荐材料		低碳钢	低碳钢或中碳钢				低碳合金钢或中碳钢				40Cr 15MnVB	30CrMnSi 15MnVB
相配合螺母	性能级别		4 或 5			5		6	8 或 9		9	10	12
	推荐材料		低碳钢					低碳合金钢或中碳钢				40Cr 15MnVB	30CrMnSi 15MnVB

注：1. 9.8 级仅适合于螺纹大径 $d \leqslant 16$mm 的螺栓、螺钉和螺柱。
2. 规定性能等级的螺纹连接件在图样中只标注力学性能等级，不应再标出材料。

4.3 螺纹连接的预紧与防松

4.3.1 螺纹连接的预紧

(1) 螺纹连接在装配时需要拧紧的原因。螺纹连接绝大多数在装配时都要拧紧（通常称为预紧)，其目的在于增强连接的刚性、紧密性和防松能力。对于受横向载荷的螺栓连接，预紧可以增大连接中的摩擦力，避免在连接件间可能出现的相对运动，从而提高承载能力。对受拉螺栓连接，适当增大预紧力可提高螺栓的疲劳强度。所以对大多数重要的螺栓连接，都要给出相应的预紧力或螺栓相对伸长量的规范，在装配时要严格按规范进行预紧。施加的预紧力必须适当，过小起不到作用，过大则会将螺栓拧断或使螺栓内部产生裂纹和残余变形，影响螺栓的寿命。

(2) 预紧力和预紧力矩的计算。首先对拧紧螺栓时的受力情况进行分析，设拧紧时施加在扳手上的力矩为 T，它是用来克服螺纹副之间的摩擦阻力矩 T_1 和螺母支承面与被连接件之间的摩擦力矩 T_2 之和，即

$$T = T_1 + T_2 \tag{4-7}$$

应该指出，摩擦系数 f 和 f' 与螺纹紧固件的材料、制造精度、表面不平度、螺纹配合状况和润滑条件等因素有关。表 4-3 列出了接合面摩擦系数的数值，可参照使用，较精确的数值应通过实验求得。

表 4-3 预紧结合面摩擦系数

被连接件	接合面的表面状态	f_s
钢或铸铁零件	干燥的机加工表面	0.10~0.16
	有油的机加工表面	0.06~0.10
钢结构	经喷砂处理	0.45~0.55
	涂富锌漆	0.35~0.40
	轧制，经钢丝刷清理浮锈	0.30~0.35

(3) 预紧力和拧紧力矩的控制。对重要的螺栓连接，一般都要合理地控制其预紧力。研究表明，螺栓连接的预紧力对疲劳强度影响很大。在设计螺栓连接时，最好使预紧力与工作中的应力幅之和接近螺栓材料的屈服极限，这时螺栓连接的应力幅较小。对于高强度螺栓，预紧力和预紧系数是设计和安装中的一项重要技术指标，必须有一套控制和测量的方法，常用的有以下几种。

1) 力矩法。利用弹性件的变形显示拧紧力矩大小的测力矩扳手和超过所需的拧紧力矩就开始打滑的定力矩扳手（图 4-10）来控制预紧力。这种方法简单易行，但精度不高。

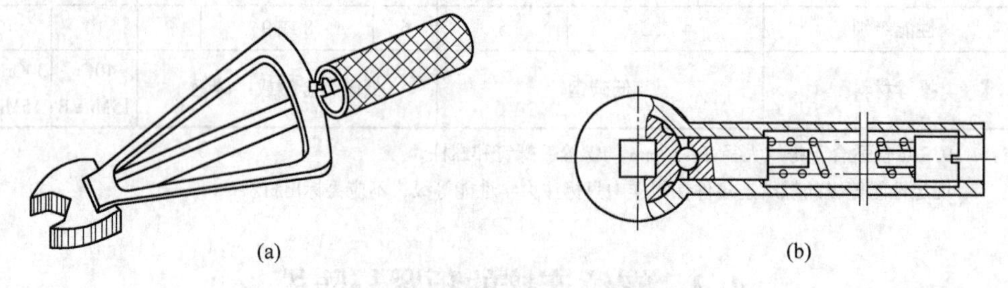

图 4-10 控制拧紧力矩用的扳手

(a) 测力矩扳手；(b) 定力矩扳手

2) 螺母转角法。将螺母拧紧到与被连接件贴紧的位置，再旋转一个角度，以获得所需的拧紧力矩。在有自动旋紧设备时可以得到较高精度的预紧力。

3）测定螺栓的弹性伸长。此法精度较高，但需预先给出螺栓的载荷-伸长校准曲线，且不便于在生产现场中直接应用。

由于摩擦系数极不稳定，施加在扳手上的力也不易控制，所以对传递动力的螺栓连接不宜使用小于 M12 的螺栓，对重要的螺栓连接应在装配图上注明对拧紧的要求。

4.3.2　螺纹连接的防松

一般连接用的三角形螺纹，当量摩擦角 $\rho' = 5° \sim 6°$，而标准的螺纹升角 λ 大致在 $1°40' \sim 3°30'$之间，加上螺纹连接件中还存在支承面的摩擦力矩，所以在常温和静载下连接不会自行松脱。但是在冲击、振动和变化的载荷下，或在温度变化较大时，螺纹副之间的摩擦阻力极不稳定，常常在某一瞬间急剧减小以至消失，失去自锁能力，并且只要连接开始有了微小松动，上述过程就会重复出现，最终导致螺母松脱和连接失效。许多资料表明，螺纹紧固件因自动松脱导致的连接失效在机械设备事故中占很大比例，必须认真予以防止。

防松的根本原理在于防止螺纹副的相对转动。其方法可以分为利用摩擦力防松、直接将螺栓螺母锁住实现防松和永久性防松三种。利用摩擦力防松简单方便，但不如直接锁住可靠，这两种方法可以联合使用。永久性防松多用于不再拆开的连接。表 4-4 为常用的防松装置和方法举例。

表 4-4　防松装置和方法举例

防松原理	防松装置或方法	特　　点
利用摩擦 使螺纹副中有不随连结载荷而变的压力，因而始终有摩擦力矩防止相对转动，压力可由螺纹副纵向或横向压紧而产生	对顶螺母 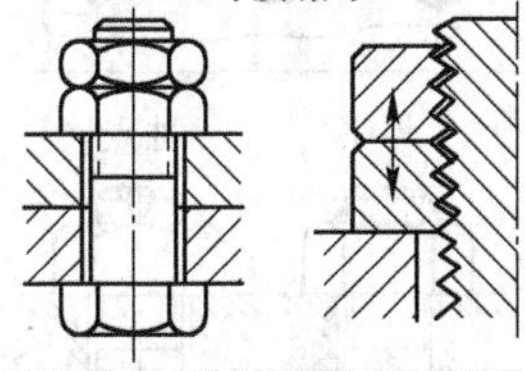	两螺母对顶拧紧，螺栓旋合段受拉而螺母受压，从而使螺纹副纵向压紧
	弹簧垫圈 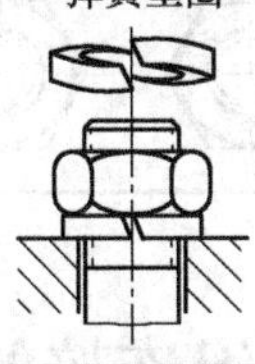	利用拧紧螺母时垫圈被压平后的弹性力使螺纹副纵向压紧
	金属锁紧螺母 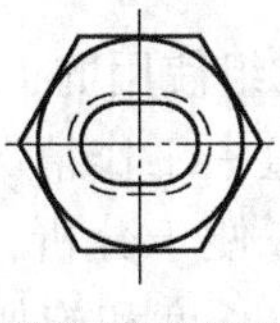	利用螺母末端椭圆口的弹性变形箍紧螺栓，横向压紧螺纹
	尼龙圈锁紧螺母 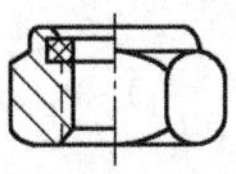	利用螺母末端的尼龙圈箍紧螺栓，横向压紧螺纹

续表 4-4

防松原理	防松装置或方法	特点
	楔紧螺纹锁紧螺母	利用楔紧螺纹，使螺纹副纵横压紧
直接锁住 利用便于更换的金属元件约束螺纹副	开口销与槽形螺母	利用开口销使螺栓螺母相互约束
	止动垫片	垫片约束螺母而自身又约束在被连结件上（此时螺栓应另有约束）
	串联金属丝	利用金属丝使一组螺钉头部相互约束，当有松动趋势时，金属丝更加拉紧
破坏螺纹副关系 把螺纹副转变为非运动副，从而排除相对转动的可能	焊住　冲点	黏合 在螺纹副间涂金属粘接剂

4.4 螺栓组连接的受力分析

螺栓连接在绝大多数情况下都是成组使用的，所以其强度计算要从螺栓组受力分析开始。受力分析的目的是要求出在螺栓组中工作情况最恶劣而且受力最大的螺栓所受的载荷，从而为设计螺栓组提供依据。为了便于分析，通常假定：（1）被连接件是刚性的；（2）螺栓组中各个螺栓的材料，直径、长度和施加的预紧力都相同；（3）螺栓的应变在弹性范围之内。下面分 4 种情况进行分析。

4.4.1 受轴向工作载荷的螺栓组连接

这种连接所受载荷 Q 平行于螺栓轴线，且过螺栓组形心，并使螺栓受拉伸。图 4-11

所示的气缸盖与气缸的螺栓组连接就是这种连接的例子。若气缸中气体压强为 p，受压面积为 A，则螺栓组所受的轴向工作载荷为 $Q=pA$，如果有 z 个螺栓均布在气缸盖的凸缘上，可以认为 Q 通过螺栓组的形心，则每个螺栓受到的工作拉力相等，即

$$F=\frac{Q}{z} \tag{4-8}$$

单纯受轴向载荷的螺栓连接，大都采用受拉紧螺栓连接的形式，所以螺栓除了受到 F 的作用外，还受到预紧力 F' 的影响，螺栓所受总拉力见 4.5 节。

4.4.2 受横向工作载荷的螺栓组连接

这种连接所受工作载荷是垂直于螺栓轴线方向并通过螺栓组形心轴线的横向载荷 R，图 4-12 的板件连接是这种连接的例子。这种连接可以采用受拉或受剪螺栓连接的形式，分述如下。

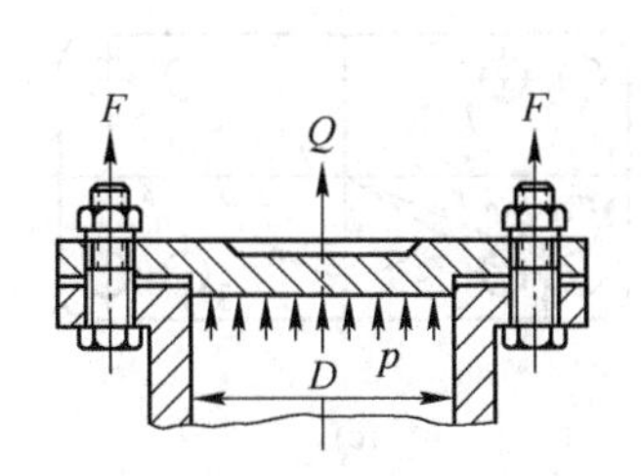

图 4-11 气缸盖螺栓连接

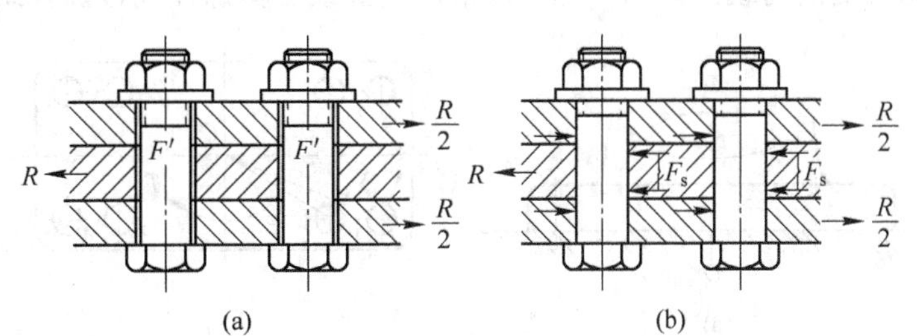

图 4-12 受横向载荷的螺栓组连接

（a）受拉螺栓连接；（b）受剪螺栓连接

（1）受拉螺栓连接。如图 4-12（a）所示，这种连接的结构特点是螺纹外径比被连接件的孔径略小，拧紧后螺栓受拉伸，被连接件被压紧，其力为预紧力 F'。当有横向载荷 R 作用时，为了使被连接件不产生滑动，以免螺栓受附加载荷，必须使被连接件之间保持足够的锁紧力，以产生足够的摩擦力来阻止这种滑动，即满足

$$mzf_sF' \geqslant R$$

这里假设接合面上的摩擦力处处相等，并集中在螺栓中心处。考虑到接合面间摩擦状况很不稳定，加一个可靠系数 k_f。由此可得应施加在每个螺栓上的预紧力

$$F' \geqslant \frac{k_fR}{zmf_s} \tag{4-9}$$

式中，k_f 为考虑接合面间摩擦状况不稳定的可靠系数，一般取 $k_f=1.1\sim1.5$；z 为螺栓数目；m 为接合面的数目，图 4-12 中 $m=2$；f_s 为接合面间摩擦系数，见表 4-3。

由式（4-9）可以看出，这种连接已转化为受轴向工作载荷 F' 的螺栓连接了。

（2）受剪螺栓连接。如图 4-12（b）所示，这种连接的结构特点是螺纹外径与被连接件孔径之间有一定配合精度，常需铰孔。当连接受横向载荷 R 后，螺栓杆将受剪切，同时与被连接件的孔壁互相挤压。这时连接也拧紧，但拧紧力矩不大，一般可忽略不计。若各螺栓受到的剪力 F_s 均相等，根据静力平衡条件得

$$zF_s=R \quad 或 \quad F_s=\frac{R}{z} \tag{4-10}$$

实际上由于连接件并不是刚体，各个螺栓受到的剪力也不相等，为了避免受力不均，沿载荷方向布置的螺栓数目不宜超过 6 个。同时要注意剪切面的数目，如果是两个剪切面，F_s 就是该螺栓两个剪切面剪力之和。

对比受拉和受剪螺栓连接可以看出，在同样的横向载荷 R 的作用下，受拉连接中螺栓受到的拉力 $F'=\frac{k_f}{f_s}F_s$（设 $m=1$），若取 $k_f=1.3$，$f_s=0.15$，则 F'就是 F_s 的 8.5 倍，所以受拉连接的尺寸要比受剪连接大得多，但受拉连接结构简单、加工方便，因此仍较为常用。

4.4.3 受旋转力矩的螺栓组连接

这种连接所受载荷是作用在垂直于螺栓轴线的平面上的旋转力矩 T，图 4-13 所示是这种连接的例子。在 T 的作用下，被连接件有绕螺栓组形心轴线旋转的趋势，其受力情况与受横向载荷类似，也可以采用受拉或受剪螺栓连接两种结构形式。

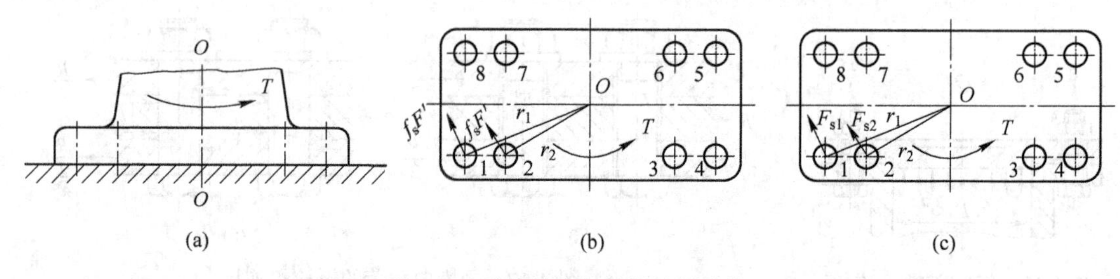

图 4-13 受旋转力矩的螺栓组连接

（a）连接受旋转力矩；（b）用受拉螺栓连接；（c）用受剪螺栓连接

（1）受拉螺栓连接。这种连接同样是靠拧紧螺栓后在接合面上产生的摩擦力矩来传递载荷。设施加在各个螺栓上的预紧力相等，所产生的摩擦力也相等，并假定这些摩擦力作用在螺栓中心 O_i 处（图中未标出 O_i），且与螺栓中心到被连接件旋转中心（在 T 作用下，被连接件有回转趋势，其回转中心假定与螺栓组形心重合）的连线垂直，根据底板静力平衡条件，并考虑可靠系数 k_f 后，得

$$f_sF'\sum_{i=1}^{z}r_i \geqslant k_fT$$

由此可得每一个螺栓所需的预紧力

$$F' \geqslant \frac{k_fT}{f_s\sum_{i=1}^{z}r_i} \tag{4-11}$$

式中，r_i 为第 i 个螺栓中心至回转中心的距离，即 $r=\overline{O_iO}$。

若 r_i 处处相等，即 $r_i=r$，得

$$F'=\frac{k_fT}{f_szr} \tag{4-12}$$

（2）受剪螺栓连接。这种连接与受横向载荷时一样，外加旋转力矩将使螺栓杆受剪切并与被连接件的孔壁互相挤压。设在 T 作用下，每一个螺栓受到的工作剪力为 F_{si}，则根据底板静力平衡条件，得

$$\sum_{i=1}^{z} F_{si} r_i = T$$

这是静不定方程，F_{si}要应用变形协调条件解出。假定底板为刚体，则各螺栓的剪切变形量λ_{si}应与r_i成正比，但由于已假定螺栓的材料、直径均相同，则各螺栓的剪切刚度$c_{si}=\dfrac{F_{si}}{\lambda_{si}}$也相同，所以$F_{si}$与$\lambda_{si}$也成正比，即$\dfrac{F_{si}}{\lambda_{si}}$=常数，由此可得

$$\frac{F_{si}}{r_i}\sum_{i=1}^{z} r_i^2 = T$$

第i个螺栓所受的工作剪力

$$F_{si} = \frac{r_i}{\sum_{i=1}^{z} r_i^2} T \tag{4-13}$$

离回转中心最远的螺栓受力最大，即

$$F_{smax} = \frac{r_{max}}{\sum_{i=1}^{z} r_i^2} \tag{4-14}$$

若r_i处处相等，则F_{si}也各个相等，有

$$F_s = \frac{T}{zr} \tag{4-15}$$

4.4.4 受翻转力矩的螺栓组连接

如图4-14所示，这种连接所受载荷是作用在与螺栓轴线平行且过螺栓组形心的平面上的翻转力矩M，在M的作用下，底板有绕某一轴线翻转的趋势。为了简化计算，通常假定以螺栓组对称轴线为翻转轴线并假定接合面始终保持为平面。这种连接通常采用受拉连接的形式。

连接在未工作时每一个螺栓都受到预紧力F'作用。在翻转力矩M作用下，翻转轴线左边的螺栓受到工作拉力F_i，右边螺栓的预紧力将减小。对底板来说，则是左边螺栓对底板的压力加大，右边机座对底板的反力将以同样大小增大。根据静力平衡条件，得

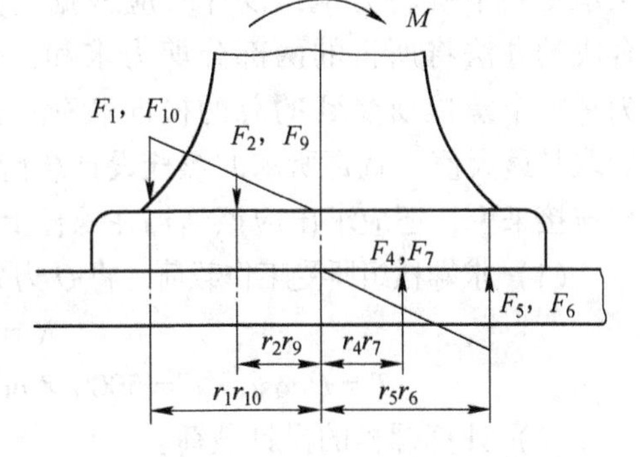

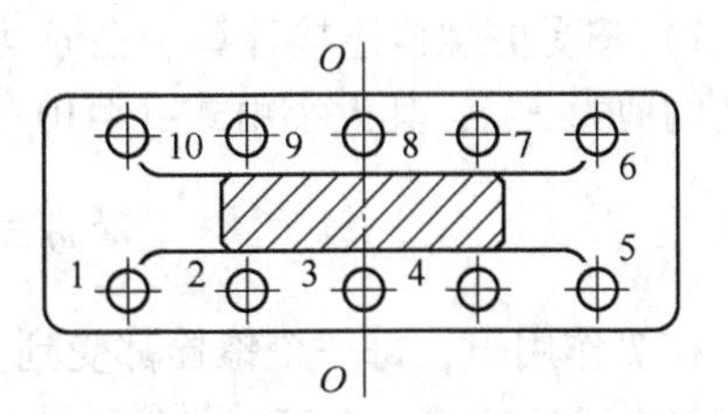

图4-14 受翻转力矩的螺栓组连接

$$\sum_{i=1}^{z} F_i r_i = M$$

式中，F_i为第i个螺栓所受工作拉力；r_i为第i个螺栓中心到翻转轴线O-O的距离。

上式也是静不定方程，同样可以根据变形协调条件解出F_i。由于各螺栓的拉伸变形量λ_i与r_i成正比，即$\dfrac{\lambda_i}{r_i}$=常数，而由于螺栓拉伸刚度相同，即$c_i=\dfrac{F_i}{\lambda_i}$=常数，所以$F_i$与

r_i 也成正比，即 $\dfrac{F_i}{r_i}$ = 常数，由此可得

$$\frac{F_i}{r_i}\sum_{i=1}^{z} r_i^2 = M$$

第 i 个螺栓所受拉力

$$F_i = \frac{r_i}{\sum_{i=1}^{z} r_i^2} M \tag{4-16}$$

距翻转轴线最远的螺栓也就是受力最大的螺栓，其所受拉力

$$F_{max} = \frac{r_{max}}{\sum_{i=1}^{z} r_i^2} M \tag{4-17}$$

［**例 4-1**］ 有一螺栓组，连接如图 4-15 所示。已知 $Q = 5000\text{N}$，$\alpha = 30°$，$a = 200\text{mm}$，$b = 300\text{mm}$，$c = 500\text{mm}$，螺栓数目 $z = 4$。求螺栓的设计载荷。

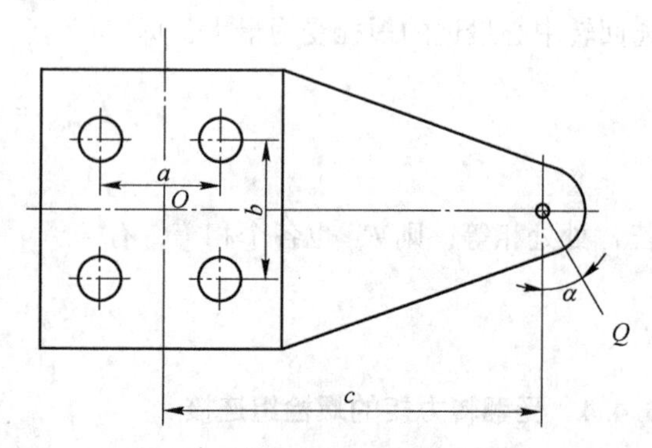

图 4-15 托架螺栓组连接示意图

解： 从图可见，Q 力作用在与螺栓轴线相垂直的平面内，但不通过螺栓组的形心线，所以螺栓组既承受横向工作载荷，又承受一个旋转力矩，设计时应根据向量合成的办法将所得的两部分剪力求和，作为每一个螺栓所受到的总的横向载荷，然后取其最大值，就是所求的螺栓设计载荷。本例可设计成受拉连接或受剪连接形式，对受拉连接来说，还应求出应该施加在螺栓上的预紧力。

（1）求螺栓组所受工作载荷。将 Q 力分解，得螺栓组所受的横向工作载荷和旋转力矩为

$$R = Q = 5000\text{N}$$

$$T = Q\cos\alpha \cdot c = 5000 \times \cos 30° \times 500 = 2165 \times 10^3 \text{N} \cdot \text{mm}$$

（2）计算螺栓的设计载荷：

1）按受剪螺栓连接计算。在 Q 力的作用下，每一个螺栓都受到一个大小相等与 Q 同方向的剪力 F_{sQ}，其大小由式（4-10）计算，即

$$F_{sQ} = \frac{Q}{z} = \frac{5000}{4} = 1250\text{N}$$

在 T 作用下，每一个螺栓都受到一个大小相等，方向与 $\overline{O_iO}$ 垂直的剪力 F_{sT}，其大小由式（4-13）或式（4-15）计算，由图可以看出

$$r_i = r = \sqrt{\left(\frac{a}{2}\right)^2 + \left(\frac{b}{2}\right)^2} = \sqrt{100^2 + 150^2} = 180.3\text{mm}$$

则

$$F_{sT} = \frac{T}{zr} = \frac{2165 \times 10^3}{4 \times 180.3} = 3002\text{N}$$

每一个螺栓受到的总的剪力应是这两个剪力的向量和，由图 4-16 可以看出，F_{sT}可以应用余弦定理求得，即

$$F_{si} = \sqrt{F_{sQ}^2 + F_{sT}^2 - 2F_{sQ}F_{sT}\cos\beta_i}$$

式中，β_i 为第 i 个螺栓 F_{sQ} 与 F_{sT} 夹角的补角。

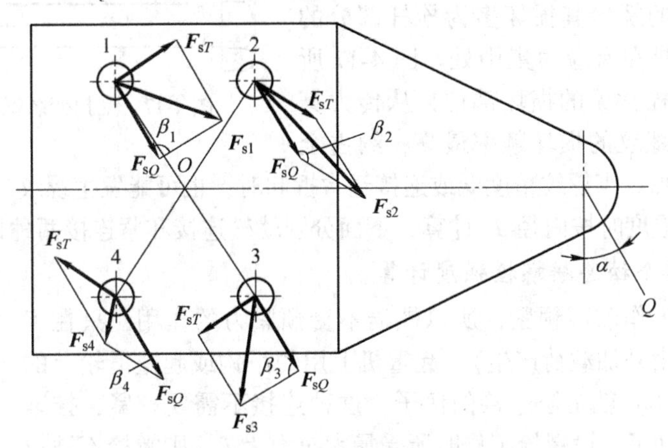

图 4-16　托架螺栓组受力分析

设 $\gamma = \tan^{-1}\dfrac{a/2}{b/2} = \tan^{-1}\dfrac{100}{150} = 33.6901°$，则由几何计算可得

$$\beta_1 = (90° - \gamma) + \alpha = 90° - 33.6901° + 30° = 86.3099°$$

$$\beta_2 = (90° + \gamma) + \alpha = 90° + 33.6901° + 30° = 153.6901°$$

$$\beta_3 = (90° + \gamma) - \alpha = 90° + 33.6901° - 30° = 93.6901°$$

$$\beta_4 = (90° - \gamma) - \alpha = 90° - 33.6901° - 30° = 26.3099°$$

显然，螺栓 2 所受剪力最大，即

$$F_{smax} = F_{s2} = \sqrt{1250^2 + 3002^2 - 2 \times 1250 \times 3002 \times \cos153.6901°} = 4160\text{N}$$

并且可以算出 $F_{s1} = 3177\text{N}$，$F_{s3} = 3325\text{N}$，$F_{s4} = 1961\text{N}$。

设计此螺栓组连接时，应按每一个螺栓承受工作剪力 $F_s = 4160\text{N}$ 进行计算。

2）按受拉螺栓连接计算。以上面分析为基础求得螺栓 2 所受横向力最大，$F_{smax} = F_{s2} = 4160\text{N}$。对于受拉螺栓连接，应以预紧力产生的摩擦力与此横向力平衡。取可靠系数 $K_f = 1.3$，接合面摩擦系数 $f_s = 0.15$，则施加在螺栓 2 上的预紧力由式（4-9）进行计算，得

$$F_2' = \frac{k_f F_{s2}}{f_s} = \frac{1.3 \times 4160}{0.15} = 36050\text{N}$$

尽管 4 个螺栓施加预紧力可以不同，但为了设计和安装方便，每个螺栓的预紧力都应该取同一值，所以对螺栓组的每一个螺栓都应按施加预紧力 $F' = 36050\text{N}$ 进行设计。

4.5　单个螺栓连接的强度计算

4.5.1　受拉螺栓连接强度计算

受拉螺栓连接应用比较广泛。如果选用的是标准件，则强度计算的对象主要是螺栓，

目的是求出螺栓直径或校核其危险截面的应力。至于螺栓其他部位以及螺母、垫圈等其他连接零件的尺寸，一般都可以从标准中选定。

受拉螺栓的失效形式主要是螺栓杆被拉断。受静载的螺栓其损坏多为螺纹部分的塑性变形和断裂；受变载的螺栓其损坏多为栓杆部分的疲劳断裂，尤其是在有应力集中处。图 4-17 所示为受拉变载螺栓常见的损坏部位，从传力算起的第一圈旋合螺纹的损坏频率最高，约占全部出现损坏的 65%。当螺纹精度低或连接经常拆卸时，也可能发生螺纹牙滑扣现象。

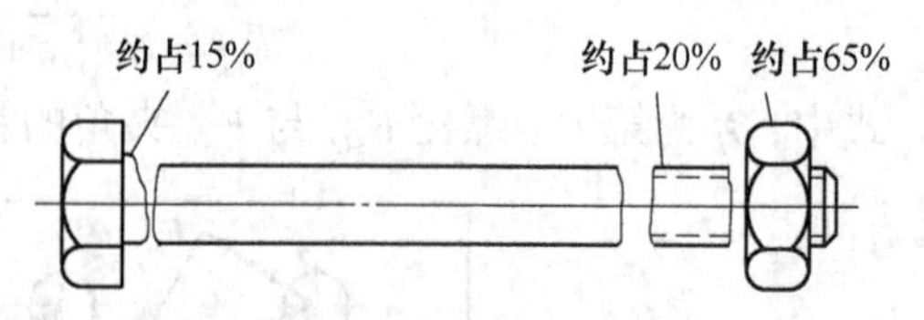

图 4-17　受拉变载螺栓损坏统计

在计算螺栓强度时按内径 d_1 计算，下面分别就松连接和紧连接两种情况进行分析。

4.5.1.1　单个松连接螺栓强度计算

这种连接在工作前不预紧，所以螺栓不受预紧力的作用，只在工作时才受拉力（由外加载荷产生）。起重机上用的吊钩或起重滑轮上的螺栓连接（图 4-18）就是松连接的例子。这种连接不需要拧紧，拧紧了滑轮就不能转动了。设螺栓工作时所受最大拉力为 F，则螺栓不被拉断的强度条件为

$$\sigma = \frac{F}{\frac{\pi d_1^2}{4}} \leqslant [\sigma] \tag{4-18}$$

或

$$d_1 \geqslant \sqrt{\frac{4F}{\pi[\sigma]}} \tag{4-19}$$

图 4-18　起重滑轮的松螺栓连接

式中，[σ] 为松连接螺栓的许用应力，其值见表 4-5。

表 4-5　普通螺栓的紧螺栓连接许用应力计算

螺栓所受载荷情况	许用应力	材料＼直径	M6~M16	M16~M30	M30~M60	控制预紧力时的安全系数 S（所有直径）
静载	$[\sigma]=\frac{\sigma_s}{S}$	碳钢	5~4	4~2.5	2.5	1.2~1.5
		合金钢	5.7~5	5~3.5	3.5	
	按最大应力 $[\sigma]=\frac{\sigma_s}{S}$	碳钢	12.5~8.5	8.5	8.5	
		合金钢	10~6.8	6.8	6.8	

（表头“不控制预紧力时的安全系数 S”跨 M6~M16、M16~M30、M30~M60 三列。）

变载荷：$[\sigma_a] = \frac{\varepsilon\sigma_{-1}}{S_a k_\sigma}$

不控制预紧力时 $S_a = 5 \sim 2.5$；控制预紧力时 $S_a = 1.5 \sim 2.5$

尺寸系数 ε

Md	<12	16	20	24	32	40	48	56	64	72	80
ε	1	0.88	0.81	0.75	0.67	0.65	0.54	0.56	0.53	0.51	0.49

有效应力集中系数 k_σ

σ_b/MPa	400	600	800	1000
k_σ	3	3.9	4.8	5.2

材料对称循环疲劳极限 σ_{-1}/MPa

材料	低碳钢	中碳钢	合金钢
σ_{-1}	120~160	170~250	240~340

注：碾压螺纹的 k_σ 应将表中数值降低 20%~30%。

求出螺纹内径 d_1 后，可以按标准选出螺栓的公称直径，并按结构选定其他尺寸和连接零件。

4.5.1.2 单个紧连接螺栓强度计算

(1) 只受预紧力的紧螺栓连接。这种连接在工作前需要预紧，工作时没有外加轴向载荷，只是由于预紧使螺栓受到预紧力 F' 和螺纹阻力矩 T_1 的作用，螺栓的工作应力就是由这两部分载荷所产生的应力合成的。受横向工作载荷 R 作用的受拉螺栓连接就是只受预紧力的例子。

由于预紧力 F' 的作用，螺栓受到的拉应力为

$$\sigma = \frac{F'}{\frac{\pi d_1^2}{4}}$$

由于螺纹阻力矩 T_1 的作用，螺栓受到的扭转应力为

$$\tau = \frac{F'\tan(\lambda + \rho')\frac{d_2}{2}}{\frac{\pi d_1^3}{16}} = \frac{d_2}{2}\tan(\lambda + \rho')\frac{F'}{\frac{\pi d_1^2}{4}} = \frac{d_2}{2}\tan(\lambda + \rho')\sigma$$

将常用直径 $d = 10 \sim 68\text{mm}$ 的单线公制三角形螺纹的 d_2、d_1 和 λ 等参数的平均值代入，并取 $f' = 0.15$，可得

$$\tau \approx 0.5\sigma$$

即在一般情况下，τ 在数值上约等于 σ 的 0.5 倍。由于螺栓为塑性材料，根据第四强度理论，可以求得螺栓的合成应力为

$$\sigma' = \sqrt{\sigma^2 + 3\tau^2} = \sqrt{\sigma^2 + 3 \times (0.5\sigma)^2} \approx 1.3\sigma \tag{4-20}$$

所以对只受预紧力 F' 的紧螺栓连接来说，可以将问题转化为纯拉伸的情况来处理，这时只需将拉伸载荷加大 30%来考虑扭转的影响，就可按纯拉伸问题进行计算，这时的强度条件为

$$\sigma' \approx 1.3\sigma = \frac{1.3F}{\frac{\pi d_1^2}{4}} \leqslant [\sigma] \tag{4-21}$$

式中，$[\sigma]$ 为紧连接螺栓的许用拉应力，其值见表 4-5。

[例 4-2] 图 4-19 所示为一夹紧螺栓连接，若轴径 $D = 40\text{mm}$；传递的转矩 $T = 370\text{N} \cdot \text{m}$，求螺栓直径。

解： 本例在工作时靠螺栓的预紧力在轴毂配合面上产生的摩擦力矩来传递工作转矩，属只受预紧力的紧螺栓连接。螺栓直径由预紧力定，而预紧力与配合面上的摩擦力矩的关系可由静力平衡条件求得。

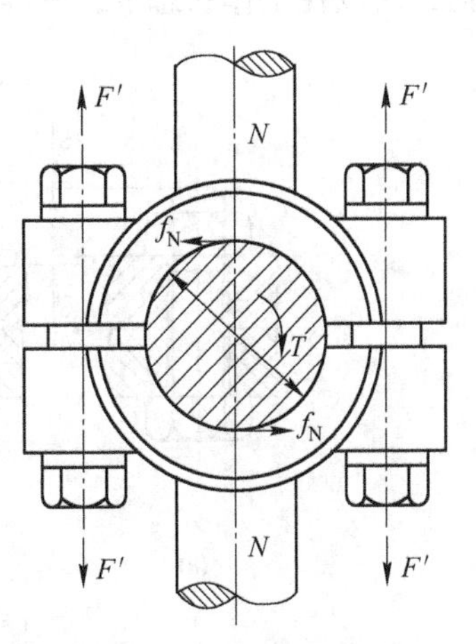

图 4-19 夹紧螺栓连接

设夹紧时轮毂与轴只在上下两点接触（实际上是两个小区域），其压力（夹紧力）均为 N，则由摩擦力 $N \cdot f$ 组成的力偶矩应与工作转矩 T 平衡，即

$$N \cdot fD = T$$

再以毂的上半部为平衡对象，在垂直方向上两个螺栓的预紧力 F' 应与 N 平衡，即

$$2F' = N$$

由此可得每个螺栓应施加的预紧力为

$$F' = \frac{N}{2} = \frac{T}{2fD}$$

再考虑可靠系数 k_f，并取 $k_f = 1.2$，$f = 0.15$，（一般为干摩擦），可得

$$F' = \frac{k_f T}{2fD} = \frac{1.2 \times 370 \times 10^3}{2 \times 0.15 \times 40} = 37000\text{N}$$

若螺栓材料为35钢，强度级别为6.8级，$\sigma_S = 480\text{N/mm}^2$，并取螺栓所受总拉伸载荷 $F_0 = 1.3F'$（参考式（4-21）），则根据表4-5可查得安全系数 $S = 2.5$，许用应力为

$$[\sigma] = \frac{\sigma_S}{S} = \frac{480}{2.5} = 192\text{N/mm}^2$$

由式（4-21）可计算螺栓最小截面处直径为

$$d_1 = \sqrt{\frac{4 \times 1.3F'}{\pi[\sigma]}} = \sqrt{\frac{4 \times 1.3 \times 37000}{\pi \times 192}} = 17.860\text{mm}$$

由标准选取M24粗牙普通螺纹，其内径 $d = 20.752\text{mm}$，可用。

（2）受预紧力和工作拉力的螺栓连接。这种连接的特点是工作前已被预紧，拧紧后工作载荷才作用在连接上。图4-20和图4-21表示了这种连接的整个受力和变形情况。图4-20（a）是螺母与被连接件刚刚贴合但尚未拧紧时的情况，这时螺栓和被连接件既不受力也没有变形。图4-20（b）则是拧紧以后工作载荷施加以前的情况，这时被连接件受到螺栓给予的锁紧力 F' 的作用，产生压缩变形 δ_2，螺栓在被连接件反力 F' 作用下产生拉伸变形 δ_1。当工作载荷 F 作用在连接上（图4-20（c））以后，螺栓在原变形 δ_1 的基础上再继续伸长 $\Delta\delta_1$，而被连接件由于螺栓的伸长却得到舒展，其回松量为 $\Delta\delta_2$，根据变形协调条件，$\Delta\delta_2 = \Delta\delta_1$；因此，当工作载荷作用以后，被连接件的变形由原来的 δ_2 减至 $\delta_2 - \Delta\delta_2$，与此同时，被连接件的预紧力也由原来的 F' 减至 F''，称为剩余预紧力，F'' 仍反作用于螺栓，所以在工作状态下，螺栓的总拉力为

$$F_0 = F + F'' \tag{4-22}$$

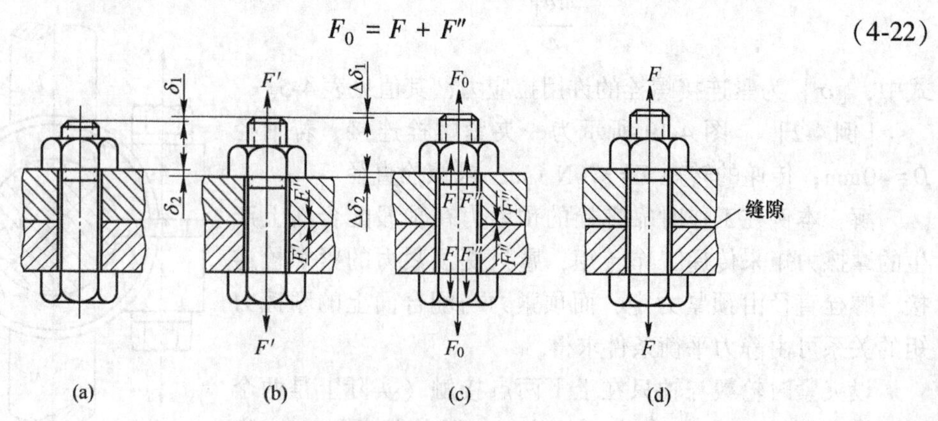

图4-20　螺栓和被连接件的受力和变形

（a）开始拧紧；（b）拧紧后；（c）受工作载荷时；（d）工作载荷较大时

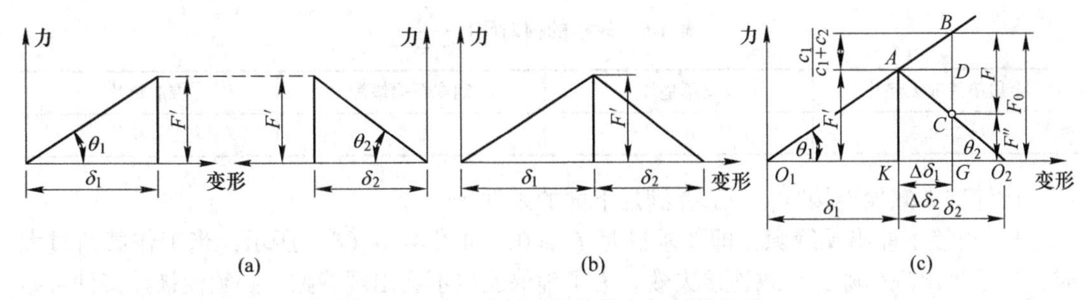

图 4-21　螺栓和被连接件的力与变形关系

（a）拧紧时；（b）（a）图两图合并；（c）受工作载荷时

综上所述，螺栓和被连接件的受力和变形情况见图 4-21。

为了更清楚地说明连接的受力和变形关系，可参看图 4-21，c_1、c_2 分别表示螺栓和被连接件的刚度（单位变形所需的力），由图可以看出，$c_1 = F'/\delta_1 = \tan\theta_1$，$c_2 = F'/\delta_2 = \tan\theta_2$，由于预紧时都受 F' 作用，故可将图 4-21（a）表示成图 4-21（b）的形式，但要注意，不同材料的刚度不同，其图线的斜率也不相同。图 4-21（c）为连接在工作状态下的情况，由图可见，在工作载荷 F 的作用下，螺栓所受载荷由原来的 F' 增大到 F_0，拉力增量为 ΔF，对应的拉伸变形变量为 $\Delta\delta_1$，对被连接件来说，则是压缩变形由 δ_2 减小到 $\delta_2-\Delta\delta_2$，所以预紧力也由原来的 F' 减至 F''，预紧力的减量为 $F'-F''$。剩余变形量 $\delta_2-\Delta\delta_2$ 是必须存在的，对应的剩余预紧力 F'' 也必须存在，否则连接将出现缝隙，这是不允许的。由此可见，在工作状态下，螺栓所受的总拉力可以表示为 $F_0 = F' + \Delta F$，或 $F_0 = F + F''$，而不能表示为 $F_0 = F' + F$。F_0 和 F、F'、F'' 的关系可由图 4-21（c）的几何关系求出，由于

$$c_1 = \tan\theta_1 = \frac{BD}{AD} = \frac{F_0 - F'}{\Delta\delta_1} = \frac{F + F'' - F'}{\Delta\delta_1} \quad c_2 = \tan\theta_2 = \frac{DC}{AD} = \frac{F' - F''}{\Delta\delta_2}$$

而 $\Delta\delta_1 = \Delta\delta_2$，所以得

$$\frac{F_0 - F'}{c_1} = \frac{F + F'' - F'}{c_1} = \frac{F' - F''}{c_2}$$

经过公式变换，可得

$$F' = F'' + \frac{c_2}{c_1 + c_2}F \tag{4-23}$$

$$F'' = F' - \frac{c_2}{c_1 + c_2}F \tag{4-24}$$

$$F_0 = F' + \frac{c_1}{c_1 + c_2}F = F + F' \tag{4-25}$$

这 3 个公式是根据螺栓和被连接件的静力平衡条件和变形协调条件得出的，是计算受轴向载荷螺栓连接的基本公式，必须牢记。$\frac{c_1}{c_1 + c_2}$ 称为螺栓的相对刚度，它与螺栓和被连接件的材料、结构、尺寸和载荷作用位置、垫片材料等有关，可以通过计算或试验得出。当螺栓和被连接件均为钢制时，其值可参考表 4-6 的推荐值。

表 4-6 螺栓的相对刚度$\frac{c_1}{c_1+c_2}$

金属垫片或无垫片	皮革垫片	铜皮石棉垫片	橡胶垫片
0.2~0.3	0.7	0.8	0.9

设计这类螺栓连接时，一般要满足下面的条件。

1）连接不能出现缝隙，即要求满足 $F''\geqslant 0$，如图 4-20（d）所示，当工作载荷过大时，连接将出现缝隙，导致连接失效。为了确保连接不会出现缝隙，必须使被连接件自始至终存在剩余的压缩变形量 $\delta_2-\Delta\delta_2$，也就是说，必须满足剩余预紧力 $F''\geqslant 0$。由式（4-24）$F''=F'-\frac{c_2}{c_1+c_2}F$ 可以看出，对于一般钢制螺栓和金属垫片

$$\frac{c_1}{c_1+c_2}=0.2\sim0.3 \quad \frac{c_2}{c_1+c_2}=1-\frac{c_1}{c_1+c_2}=1-(0.2\sim0.3)=0.7\sim0.8$$

要满足 $F''\geqslant 0$，就要满足

$$F'\geqslant\frac{c_2}{c_1+c_2}F=(0.7\sim0.8)F \tag{4-26}$$

即为了不出现缝隙，所施加的预紧力应大于工作载荷 F 的（0.7~0.8）倍。实用上为了保证连接的刚性和紧密性，常常对剩余预紧力 F'' 规定一个最小值，当工作拉力 F 为静载荷时，$F''=(0.2\sim0.6)F$；变载时，$F''=(0.6\sim1.0)F$；对于压力容器等高紧密性连接，$F''=(1.5\sim1.8)F$，可见 F' 的选取对连接性能有很大影响。

计算时，如果工作拉力和工作条件已知，可以选择适当的 F'' 并由式（4-23）计算所需的预紧力 F'。如果工作拉力 F 和预紧力 F' 均已知，则应由式（4-24）计算 F'' 并判定连接是否会出现缝隙。

2）螺栓不被拉断。这种连接同样受到拉应力和扭转应力的复合作用。当拧紧螺栓时，产生拉应力的拉力为 F'，产生扭转应力的螺纹阻力矩为 T_1。当施加工作载荷以后，拉力由 F' 增大到 F_0，但由于螺栓进一步伸长，扭转角变小，螺纹阻力矩比 T_1 小。计算时，考虑到连接有可能在带负荷下补充拧紧，所以条件性地按总拉伸载荷 F_0 加大 30%计算，参照式（4-21）可以列出其强度条件为

$$\frac{1.3F_0}{\frac{\pi d_1^2}{4}}\leqslant[\sigma] \tag{4-27}$$

应该注意，在带负荷补充拧紧时，螺栓所受到的应力是比较复杂的，如果补充拧紧是消除工作一段时间后出现的松动，仍然可以应用系数 1.3。

4.5.1.3 受轴向变载荷的螺栓连接

这种连接所受的轴向载荷是变化的，如图 4-22 所示，当螺栓不受工作拉力时，螺栓的拉力就是预紧力 F'，而当工作拉力在 0 与 F 之间变化时，螺栓的拉力相应地在 F' 与 F_0 之间变化。显然，其最大应力、最小应力、平均应力和应力幅为

$$\sigma_{\max}=\frac{F_0}{\frac{\pi d_1^2}{4}} \tag{4-28}$$

$$\sigma_{\min} = \frac{F'}{\frac{\pi d_1^2}{4}} \tag{4-29}$$

$$\sigma_{\mathrm{m}} = \frac{2(F_0 + F')}{\pi d_1^2} \tag{4-30}$$

$$\sigma_{\mathrm{a}} = \frac{2(F_0 - F')}{\pi d_1^2} \tag{4-31}$$

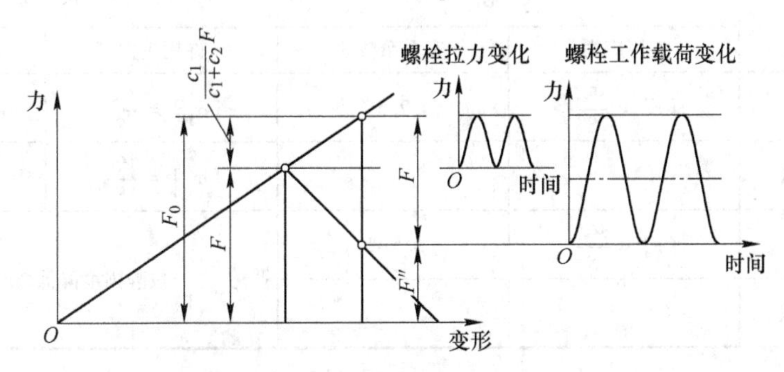

图 4-22 受变载的螺栓中拉力的变化

根据第 2 章的公式可以计算螺栓疲劳强度安全系数。对于具体的螺栓来说，影响疲劳强度的主要因素是应力幅，所以常用的螺纹疲劳强度校核公式为

$$\sigma_{\mathrm{a}} = \frac{2(F_0 - F')}{\pi d_1^2} = \frac{c_1}{c_1 + c_2}\frac{2F}{\pi d_1^2} \leqslant [\sigma_{\mathrm{a}}] \tag{4-32}$$

式中，$[\sigma_{\mathrm{a}}]$ 为螺栓的许用应力幅，其值见表 4-5。

4.5.2 受剪螺栓连接强度计算

这种连接的结构特点是螺栓杆与被连接件的螺栓孔之间不存在超出配合关系的间隙，如图 4-23 所示。工作时螺栓杆在被连接件接合面上受剪切并与被连接件孔壁互相挤压，因此连接可能出现的主要失效形式为螺栓被剪断，螺栓杆或孔壁被压溃等。通常受剪螺栓连接也需要拧紧，但预紧力较小，一般可不考虑。

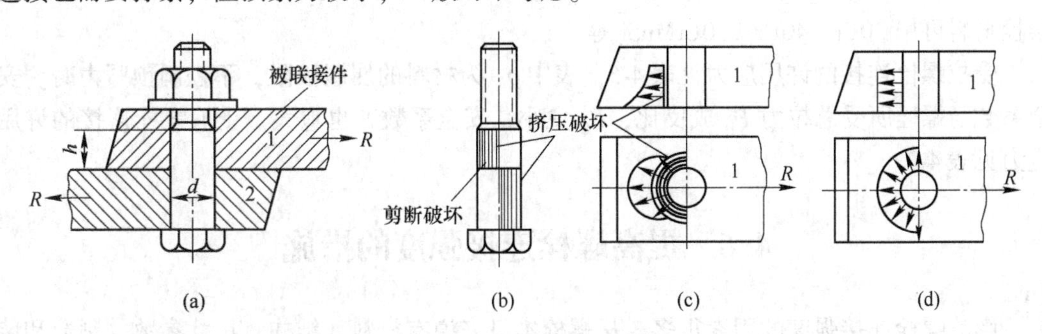

图 4-23 受剪螺栓连接

(a) 受剪螺栓连接；(b) 螺栓被挤压；(c) 挤压应力分布；(d) 假设挤压应力分布

若已知螺栓所受的工作剪力为 F_{s}，则抗剪切强度条件为

$$\frac{F_s}{\frac{\pi d^2}{4}m} \leqslant [\tau] \tag{4-33}$$

式中，d 为螺栓杆抗剪截面直径；m 为抗剪面数目；$[\tau]$ 为螺栓的许用剪应力，其值见表4-7。

表 4-7　受剪螺栓连接的许用应力

项　目		剪　切		挤　压	
		许用应力	安全系数 S	许用应力	安全系数 S
静载	钢	$[\tau]=\frac{\sigma_s}{S}$	2.5	$[\sigma_p]=\frac{\sigma_s}{S}$	1.25
	铸铁			$[\sigma_p]=\frac{\sigma_b}{S}$	2~2.5
变载	钢	$[\tau]=\frac{\sigma_s}{S}$	3.5~5	按静强度降低 20%~30%	
	铸铁				

杆、孔表面的挤压应力分布如图 4-23（c），它和表面加工状况、杆孔的配合和零件之间的变形有关，很难准确计算。计算时常假设挤压应力均匀分布（图 4-23（d）），这时抗挤压强度条件为

$$\frac{F_s}{dh} \leqslant [\sigma]_p \tag{4-34}$$

式中，h 为计算的受挤压高度；$[\sigma]_p$ 为许用挤压应力，其值见表 4-7。

由于受挤压时，螺杆或被连接件孔壁都可能压溃，所以都应该进行计算，但考虑到各零件的材料和厚度可能不同，而 F_s 和 d 在各互压处是一样的，所以应取 $h[\sigma]_p$ 的乘积小者为计算对象。

4.5.3　螺栓连接的许用应力

制造螺栓的材料一般为低碳钢或中碳钢，在承受变载和有冲击、振动的重要连接中，螺栓材料可用 20Cr、40Cr、30CrMnSi 等。

受拉螺栓连接的许用应力见表 4-5，表中 σ_s 为材料的屈服极限，不控制预紧力时，安全系数与螺栓所受总拉力 F_0 成反比，F_0 愈小，安全系数 S 也愈大。受剪螺栓连接的许用应力见表 4-7。

4.6　提高螺栓连接强度的措施

影响螺栓连接强度的因素很多，从螺栓本身来说有材料、结构、尺寸参数、制造和装配工艺等；从受载情况来说，有载荷的性质、载荷的作用位置等。归纳起来，对螺栓连接强度影响最大的有螺纹牙受力分配、应力幅、附加应力、应力集中和材料及制造工艺等几个方面，提高螺栓连接强度也应从这几方面着手，现分述如下。

4.6.1 螺纹牙的受力分配

螺纹连接中力的传递主要通过螺纹牙来进行。但是，即使制造和装配都比较精确的螺纹紧固件，其旋合各圈螺纹牙的受力情况也是不均匀的，如图 4-24 所示。

在图 4-24（a）中，将旋合各圈螺纹牙看作悬臂梁，可以看到，螺栓杆的拉力 F 从螺母支承面处开始从下往上递减，以螺母支承面处最大，到螺母自由端最小；同样，螺母所受压力 F 也是这样变化。实验资料表明，有大约 56% 以上的载荷由接近支承面的第一、第二圈承受。当螺栓受拉时，螺距增大，螺母受压时，螺距减小，这种螺距的变化差主要靠旋合各圈螺纹牙的变形来补偿。图 4-24（b）表示沿螺母高度的螺纹牙受力分配，从传力算起的第一圈螺纹变形最大，受力也最大，以后逐圈递减，到第 10 圈以后，螺纹牙几乎不受力，所以采用加高螺母以增多旋合圈数对提高螺栓强度并没有多大作用。

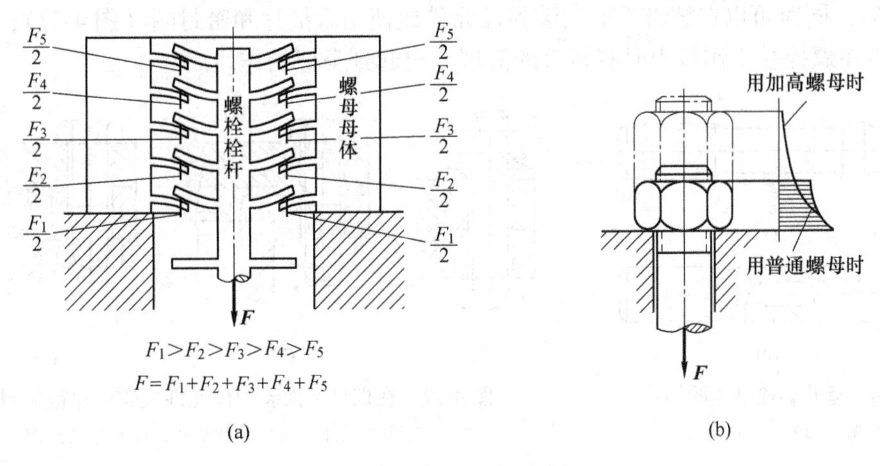

图 4-24 螺纹牙的受力
（a）螺纹牙受力和变形；（b）螺纹牙受力分配

4.6.2 降低应力幅

当最大应力一定时，应力幅愈小疲劳强度愈高。在工作拉力 F 和剩余预紧力 F'' 不变的情况下，减小螺栓的刚度 c_1 或增大被连接件的刚度 c_2，由式（4-32）可知，在 F 和 d_1 不变的情况下，σ_a 与相对刚度 $\dfrac{c_1}{c_1+c_2}$ 成正比；而保持 c_2 不变，减小 c_1，或保持 c_1 不变，增大 c_2，都使 $\dfrac{c_1}{c_1+c_2}$ 的数值减小，从而使 σ_a 降低。

由于

$$F' = F_0 - \frac{c_1}{c_1+c_2}F = F'' + \left(1 - \frac{c_1}{c_1+c_2}\right)F$$

所以当 F 和 F'' 保持不变时，减小 $\dfrac{c_1}{c_1+c_2}$，会使预紧力有所增大，但 F_0 不变，所以 σ_a 降低（见图 4-25）。

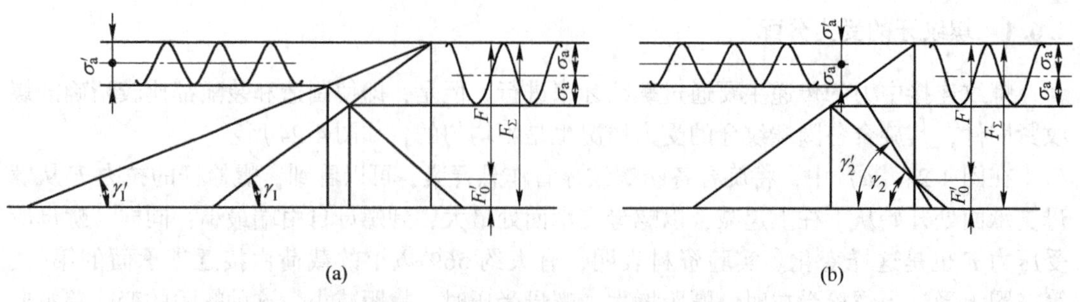

图 4-25　通过改变刚度来减小螺栓应力幅

（a）用减小螺栓刚度来减小应力幅；（b）用增加连接件刚度来减小应力幅

减小螺栓刚度的措施有：适当增大螺栓长度，部分减小栓杆直径或做成中空的螺栓杆（图 4-26）；同时可以在螺母下面安装弹性元件或使用软垫片和密封圈（图 4-27），能使被连接零件在螺栓受工作拉力时有较大的舒展，也起到类似的作用。

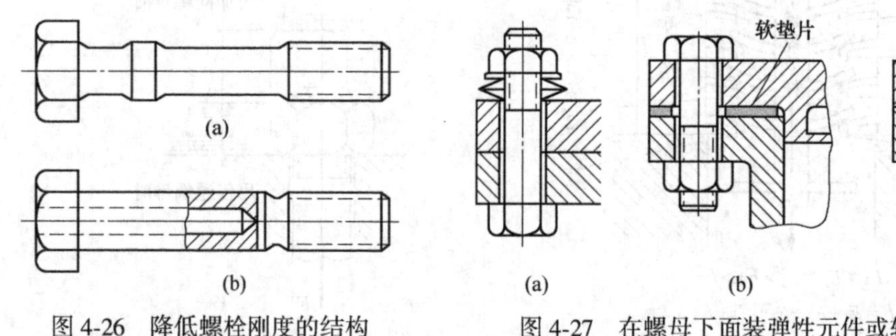

图 4-26　降低螺栓刚度的结构

（a）减小直径；（b）空心

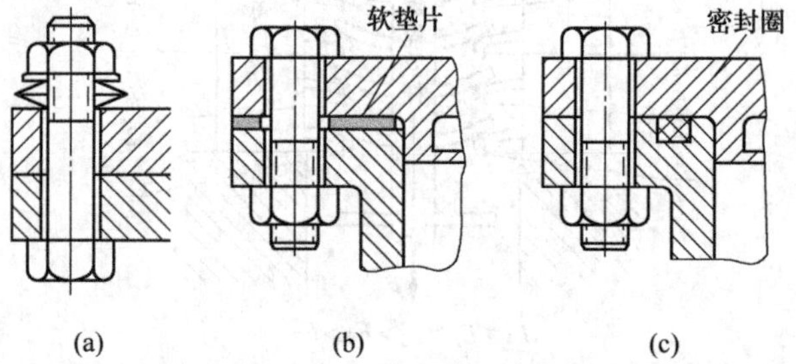

图 4-27　在螺母下面装弹性元件或软垫片密封圈

（a）装弹性元件；（b）装软垫片；（c）装密封圈

4.6.3　减小附加应力

螺栓的附加应力主要有弯曲应力。以钩头螺栓（图 4-28）为例，若力的作用线与螺栓中心线的距离为 e，则在工作载荷 F 的作用下所引起的弯曲应力为

$$\sigma_b = \frac{F \cdot e}{\frac{\pi d_1^3}{32}} = \frac{F}{\frac{\pi d_1^2}{4}} \cdot \frac{8e}{d_1} = \frac{8e}{d_1}\sigma \qquad (4\text{-}35)$$

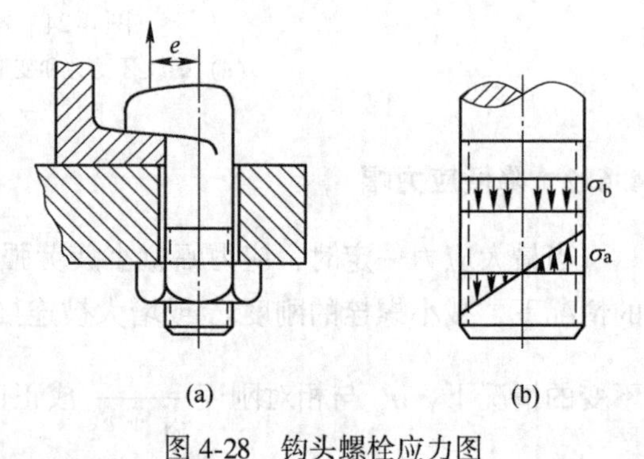

图 4-28　钩头螺栓应力图

若 $e = d_1$，则附加弯曲应力 σ_b 为拉应力 σ 的 8 倍。所以应尽量避免采用钩头螺栓，并应从结构上采取措施，以减小附加弯曲应力（图 4-29）。

［**例 4-3**］　有一气缸盖螺栓连接（参看图 4-11），已知缸内最大压强 $p = 12\text{N/mm}^2$，内腔直径 $D = 80\text{mm}$，螺栓数 $z = 8$，采用橡胶垫片，试设计螺栓直径。

解：本例属受预紧力和工作拉力的受拉螺栓连接，并且有较高紧密性的要求，设计时要根据缸内最大压强 p 求出工作拉力 F，再根据工作要求选择合适的剩余预紧力 F''，然后再计算需要施加的预紧力 F' 和螺栓所受总拉伸载荷 F_0，便可设计出所需的螺栓直径。为

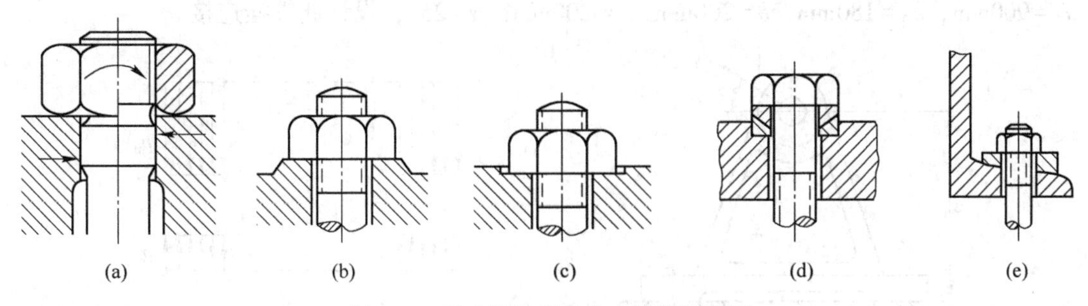

图 4-29 减小附加弯曲应力的结构举例

（a）采用环腰；（b）采用凸台；（c）采用沉头座；（d）采用球面垫圈；（e）采用斜垫圈

了保证气缸接合面有可靠的密封性，应使螺栓间保持一定的间距，即螺栓数 z 与螺栓中心分布圆直径 D_1 保持一定的关系。

（1）求每一个螺栓所受的工作拉力 F。设气缸上盖所受到的工作压力 $\frac{\pi D^2}{4}p$ 均匀传递到 8 个螺栓上，则

$$F=\frac{\frac{\pi D^2}{4}p}{z}=\frac{\pi\times 80^2\times 12}{4\times 8}=7540\text{N}$$

（2）根据工作要求选取剩余预紧力 F''。这类压力容器有紧密性要求，根据 $F''=(1.5\sim1.8)F$，取

$$F''=1.6F=1.6\times 7540=12060\text{N}$$

（3）求应该施加到每一个螺栓上的预紧力 F'。对橡胶垫片，$\frac{c_1}{c_1+c_2}=0.9$，由式（4-23），得

$$F'=F''+\frac{c_2}{c_1+c_2}F=12060+0.1\times 7540=12810\text{N}$$

（4）求单个螺栓所受到的总拉力 F_0。由式（4-22），得

$$F_0=F+F''=7540+12060=19600\text{N}$$

（5）确定许用应力。取螺栓材料为 40Cr，强度级别 10.9，$\sigma_B=1000\text{N/mm}^2$，$\sigma_s=900\text{N/mm}^2$，安装时不控制预紧力，对合金钢，则由表 4-5 可以查得安全系数 $S=4.3$，许用应力为

$$[\sigma]=\frac{\sigma_s}{S}=\frac{900}{4.3}=209.3\text{N/mm}^2$$

（6）设计螺栓危险截面直径。由式（4-27）得

$$d_1=\sqrt{\frac{4\times 1.3F_0}{\pi[\sigma]}}=\sqrt{\frac{4\times 1.3\times 19600}{\pi\times 209.3}}=12.45\text{mm}$$

（7）选择标准螺纹。查手册，选取 M16 粗牙普通螺纹，$d_2=14.701\text{mm}$，$d_1=13.835\text{mm}$，可用。

[例 4-4] 有一支架用 4 个螺栓固定在钢结构架上，如图 4-30 所示，已知 $Q_0=8000\text{N}$，

$a_1 = 900\text{mm}$，$a_2 = 180\text{mm}$，$b = 200\text{mm}$，$c = 200\text{mm}$，$\alpha = 25°$，设计此螺栓连接。

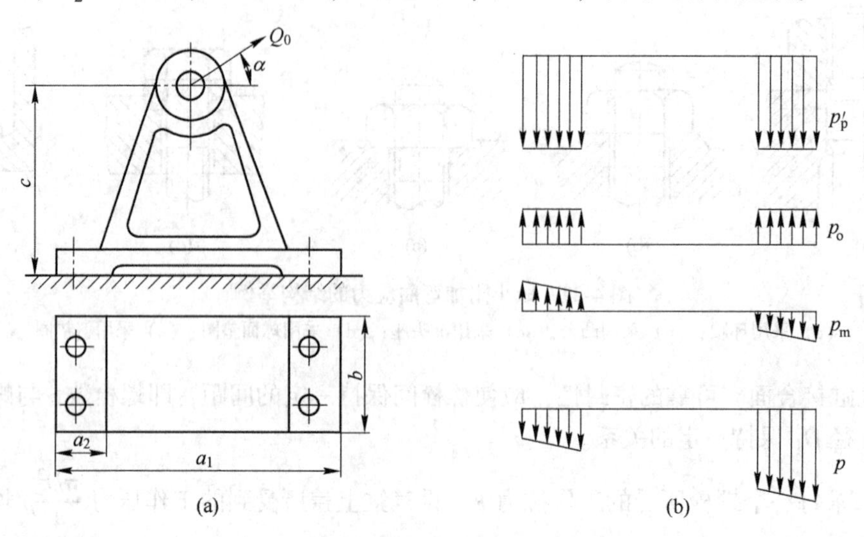

图 4-30　支架螺栓连接及其应力分析

(a) 支架的结构尺寸；(b) 应力图

解： 本例是受横向、轴向载荷和翻转力矩的螺栓组连接，这样的连接一般都采用受拉螺栓连接，其失效形式除螺栓被拉断以外，还可能出现支架沿接合面滑动，以及在翻转力矩作用下，接合面的左边可能离缝（即 $F''<0$），右边可能被压溃。计算方法大体有两种，一种是先预选 F''，从而求出 F' 和 F_0，确定螺栓直径，再验算不滑动不压溃等条件；另一种是先由不滑动条件求出 F'（也可根据其他条件求 F'），从而求出 F'' 和 F_0，确定螺栓直径，再验算不离缝不压溃等条件。本例按后一种方法计算。

(1) 计算螺栓组所受工作载荷。如图 4-30 所示，Q_0 可以分解为水平方向和垂直方向分力，其垂直分力为螺栓组的轴向载荷，其水平分力构成横向载荷并产生一个翻转力矩，其大小为

横向载荷 $R = Q_0\cos\alpha = 8000 \times \cos25° = 7250\text{N}$

轴向载荷 $Q = Q_0\sin\alpha = 8000 \times \sin25° = 3381\text{N}$

翻转力矩 $M = R \cdot c = 7250 \times 200 = 1.45 \times 10^6\text{N} \cdot \text{mm}$

(2) 计算单个螺栓所受工作载荷：

1) 横向力。由式 (4-10) 得：

$$F_s = \frac{R}{z} = \frac{7250}{4} = 1813\text{N}$$

2) 拉力。由式 (4-8) 和式 (4-17) 得：

$$F_Q = \frac{Q}{z} = \frac{3381}{4} = 845\text{N}$$

$$F_M = \frac{r_i}{\sum_{i=1}^{4} r_i^2} M = \frac{M}{z\left(\dfrac{a_1 - a_2}{2}\right)} = \frac{1.450 \times 10^6}{4 \times (450 - 90)} = 1007\text{N}$$

左边螺栓的拉力为

$$F = F_Q + F_M = 845 + 1007 = 1852\text{N}$$

(3) 根据不滑动条件求螺栓的预紧力 F'。横向力 R 使支架底板沿机架滑动，预紧力 F' 使接合面间产生摩擦力阻止底板滑动，但轴向载荷 Q 使支架与机架之间的预紧力减小，翻转力矩 M 的影响一般不考虑，因为在 M 的作用下，底板一边的压力虽然增大，但另一边却以同样程度减小。参照式（4-9）和式（4-24）可以列出不滑动的条件为

$$F' - \frac{c_2}{c_1 + c_2}F_Q = \frac{k_f R}{zf_s} \quad 得 \quad F' = \frac{k_f R}{zf_s} + \frac{c_2}{c_1 + c_2}F_Q$$

取 $k_f = 1.2$，$f_s = 0.15$，对金属垫片 $\frac{c_1}{c_1 + c_2} = 0.25$，并以 $R = 7250\text{N}$，$F_Q = 845\text{N}$ 代入，得

$$F' = \frac{1.2 \times 7250}{4 \times 0.15} + 0.75 \times 845 = 15133\text{N}$$

取 $F' = 15200\text{N}$，则

$$F_0 = F' + \frac{c_1}{c_1 + c_2}F = 15200 + 0.25 \times 1852 = 15660\text{N}$$

$$F'' = F' - \frac{c_2}{c_1 + c_2}F = 15200 - 0.75 \times 1852 = 13810\text{N}$$

根据工作条件无紧密性要求，$F'' = 0.6F$ 就可以了，但是根据不滑动的要求所求出的 F' 和 F'' 就大得多。

(4) 计算螺栓直径。若螺栓材料用 A3 钢，强度级别 4.6 级，$\sigma_s = 240\text{N/mm}^2$，不控制预紧力，由表 4-5 可以查出安全系数 $S = 3.64$，许用应力为

$$[\sigma] = \frac{\sigma_s}{S} = \frac{240}{3.64} = 65.9\text{N/mm}^2$$

螺栓直径为

$$d_1 = \sqrt{\frac{4 \times 1.3F_0}{\pi[\sigma]}} = \sqrt{\frac{4 \times 1.3 \times 15660}{\pi \times 65.9}} = 19.833\text{mm}$$

查标准选用六角头螺栓 M24，其内径 $d_1 = 20.752\text{mm}$，中径 $d_2 = 22.051\text{mm}$，可用。

(5) 验算支架底板左边不离缝，右边不压溃的条件。由上面计算结果可知，剩余预紧力已足够大，已满足不离缝的条件。也可以通过验算底板左边的比压来满足不离缝的条件。底板比压由三部分组成，即由预紧力 F' 和由轴向载荷 Q 所产生的压力 $p_{F'}$ 和 p_Q，以及由翻转力矩 M 在底板左边产生的压力 p_M（见图 4-30（b））组成，显然如果满足

$$p = p_{F'} - p_Q - p_M > 0$$

就不会出现离缝。由图 4-30 可以计算出底板与机架接合面的面积为

$$A = 2a_2 b = 2 \times 180 \times 200 = 72000\text{mm}^2 \text{（忽略螺栓孔的面积）}$$

截面抗弯模量为

$$W = \frac{b[a_1^3 - (a_1 - 2a_2)^3]}{6a_1} = \frac{200(900^3 - 540^3)}{6 \times 900} = 21.168 \times 10^6\text{mm}^3$$

这样，由预紧力 F' 产生的比压

$$p_{F'} = \frac{zF'}{A} = \frac{4 \times 15200}{72000} = 0.844\text{N/mm}^2$$

在轴向载荷 Q 的作用下，接合面上的比压将减小

$$p_Q = \frac{\frac{c_2}{c_1 + c_2}Q}{A} = \frac{0.75 \times 3381}{72000} = 0.035\text{N/mm}^2$$

在 M 的作用下，接合面左边的比压减小为

$$p_M = \frac{M}{W} = \frac{1450 \times 10^3}{21168 \times 10^3} = 0.068\text{N/mm}^2$$

总的比压为

$$p = p_{F'} - p_Q - p_M = 0.844 - 0.035 - 0.068 = 0.741\text{N/mm}^2$$

所以左边不会离缝。由于 M 对底板右边起到增大比压的作用，所以验算底板右边不压溃的条件为

$$p = p_{F'} - p_Q - p_M \leqslant [\sigma_p]$$

许用比压 $[\sigma_p]$ 可参照表 4-7 许用挤压应力计算，若机架材料也是 A3 钢，$\sigma_s = 240\text{N/mm}^2$，则当取安全系数 $S = 1.25$ 时，有

$$[\sigma_p] = \frac{\sigma_s}{S} = \frac{240}{1.25} = 192\text{N/mm}^2$$

所以

$$p = 0.844 - 0.035 + 0.068 = 0.877\text{N/mm}^2 < [\sigma_p]$$

底板右边不会压溃。根据以上计算，确定选用 4 个 M24 的螺栓。

4.7 螺旋传动

4.7.1 螺旋传动的类型与特点

螺旋传动由螺杆和螺母组成，其主要功用是将回转运动转变为直线运动（图 4-31），广泛应用于机床、起重设备、锻压机械、测量仪器等工业设备中。

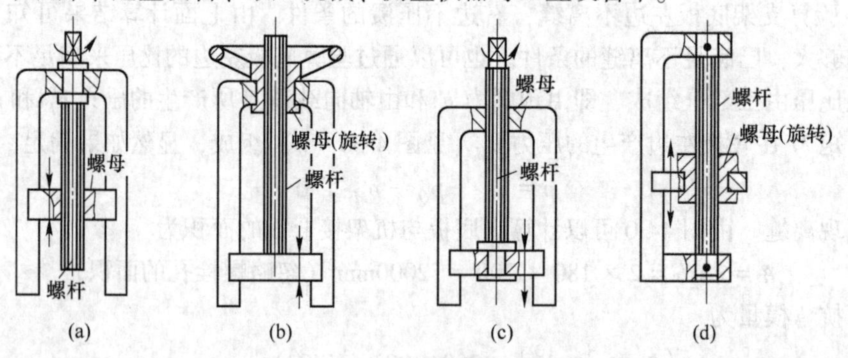

图 4-31 螺旋传动的运动转换形式

（a）螺旋传动螺母移动；（b）螺母转动螺杆移动；（c）螺母固定螺杆转动和移动；（d）螺杆固定螺母转动移动

根据螺纹副之间的摩擦状态，螺旋传动可分为：(1) 滑动螺旋传动。螺杆和螺母直接接触，为滑动摩擦状态。(2) 滚动螺旋传动。螺旋面间装有滚动体，为滚动摩擦状态，其摩擦损失比滑动螺旋传动小，故效率高，但滚动体需要一条返回通道，体积大，制造成本亦高。(3) 静压螺旋传动。螺旋面间注入静压油，为液体摩擦状态，其传动摩擦损失和磨损都很小，效率很高，但需要有一套油路装置，结构较为复杂。

根据螺旋传动的用途和受载情况，螺旋传动还可以分为：(1) 传力螺旋。主要传递动力，如螺旋压力机、螺旋举重器（千斤顶）。(2) 传导螺旋。主要传递运动，如车床的进给螺旋传动（丝杠，图 4-32）。(3) 调整螺旋。主要用以调整、固定零件的位置，如车床尾架、卡盘爪的螺旋等。(4) 测量螺旋。主要用于测量仪器，如千分尺等。

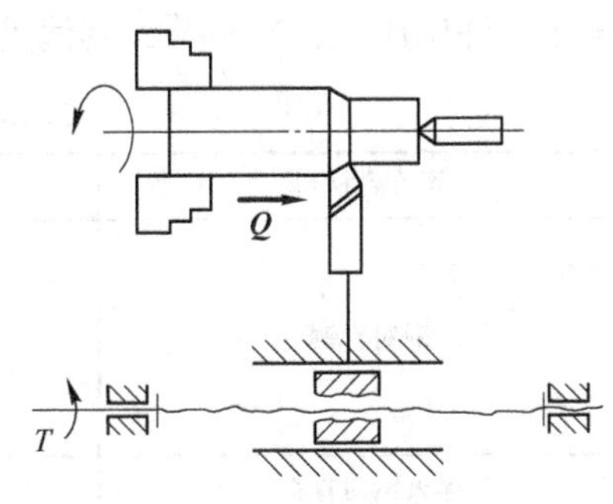

图 4-32 进给螺旋传动

在螺旋传动中，以滑动螺旋传动应用最普遍，其特点为结构简单、制造方便、传动平稳、噪声小，可以得到很大的减速比，从而能够承受较大的轴向载荷。还可以实现自锁。但磨损大、效率低。螺旋传动亦可用作微调机构。本章主要介绍滑动螺旋传动。

滑动螺旋传动常用的螺纹有：(1) 矩形螺纹。无通用标准，牙形为矩形。矩形螺纹当量摩擦系数小、效率高，但加工较难，牙根强度较弱，磨损后间隙不能调整。(2) 梯形螺纹。与矩形螺纹相比当量摩擦系数较高、效率较低，但加工容易，牙根强度高、对中性好、间隙可以调整。(3) 锯齿形螺纹。工作边牙形斜角为 3°，非工作边为 30°，所以效率与矩形螺纹相近，又兼有梯形螺纹牙根强度高、对中性好的优点，但只适用于单向载荷。

4.7.2 螺旋传动的设计计算

4.7.2.1 受力分析

螺旋传动工作时的主要受力形式是在承受扭矩的同时还受拉或压。图 4-33 所示是螺旋举重器的螺杆载荷图。当外加载荷 Q 作用在螺杆上时，主动力矩 T 使螺杆转动。此时，螺杆承受轴向压力 Q 和扭转力矩 T。主动力矩 T 与螺纹阻力矩 T_1 和支承面上的摩擦力矩 T_2 相平衡。

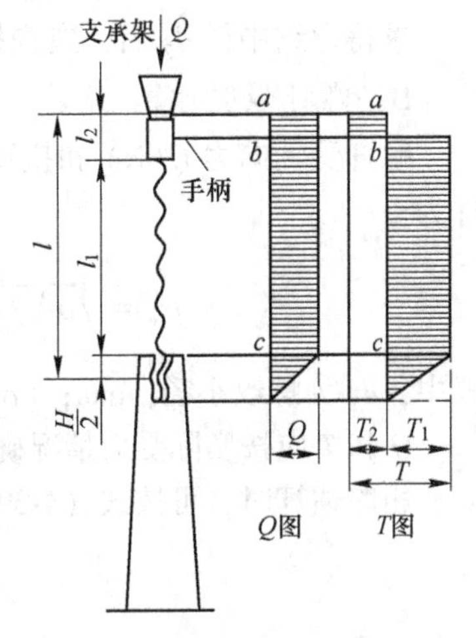

图 4-33 螺旋举重器的载荷图

4.7.2.2 设计计算

滑动螺旋传动的主要失效形式有螺纹磨损、螺杆或螺纹牙折断等。对于一般的传力螺旋，应以耐磨性计算和螺杆强度计算为主，再验算其他条件。对受压的长螺杆要验算其稳定性，有自锁要求的要验算其自锁条件，对传导螺旋则常按刚度条件确定其传动参数。

A 耐磨性计算

影响磨损的因素很多，目前还没有一种完善的计算方法，通常是采用限制螺纹工作表面的挤压应力的方法进行条件性计算，其目的在于防止因挤压应力过大润滑油被挤出而发生过量磨损。其强度条件为：

$$\sigma_p = \frac{Q}{\pi d_2 h z} \leqslant [\sigma_p] \tag{4-36}$$

式中，Q 为轴向力，N；h 为螺纹工作高度，mm；z 为螺母螺纹圈数；d_2 为螺纹中径，mm；$[\sigma_p]$ 为许用压强，N/mm^2，其值见表 4-8。

表 4-8　螺旋副材料的许用压强

螺旋副材料	速度范围/m·s^{-1}	许用挤压应力 $[\sigma_p]$/N·mm^{-2}
钢对青铜	低速 <0.05 0.1~0.2 >0.25	18~25 11~18 7~10 1~2
淬火钢对青铜	0.1~0.2	10~13
钢对耐磨铸铁	0.1~0.2	6~8
钢对铸铁	<0.04 0.1~0.2	13~18 4~7
钢对钢	低速	7.5~13

引入螺母高度系数 $\phi = H/d_2$，螺母高度 $H = zp$（p 为螺矩），可得：

$$d_2 \geqslant \sqrt{\frac{Qp}{\pi \phi h [\sigma_p]}} = A\sqrt{\frac{Q}{\phi[\sigma_p]}} \tag{4-37}$$

对于矩形、梯形螺纹 $h=0.5p$，则 $A=0.8$；对锯齿形螺纹 $h=0.75p$，则 $A=0.65$。

对整体螺母，因磨损后间隙无法调整，为使受载均匀，螺纹工作圈数不宜太多，取 $\phi=1.2\sim2.5$；对剖分螺母可取 $\phi=2.5\sim3.5$。考虑到旋合各圈螺纹牙受力的不均匀性，一般取 $z\leqslant10$，如超过 10 圈，仍按 10 圈计算。

求得螺纹中径 d_2 后，应查相应的螺纹标准，选取公称直径 d 及其他参数。

B　螺杆强度计算

螺杆受轴向力 Q(N) 和扭矩 T(N·mm) 的作用，其危险截面的合成应力及其强度条件为

$$\sigma_e = \sqrt{\sigma^2 + 3\tau^2} = \sqrt{\left(\frac{4Q}{\pi d_1^2}\right)^2 + 3\left(\frac{T}{0.2d_1^3}\right)^2} \leqslant [\sigma] \tag{4-38}$$

式中，d_1 为螺纹小径，mm；$[\sigma]$ 为许用应力，N/mm^2，其值见表 4-9。

Q 和 T 应按实际受力情况确定。

粗略估算时，可按式（4-39）计算。

$$d_1 \geqslant \sqrt{\frac{4\times1.3Q}{\pi[\sigma]}} \tag{4-39}$$

C　螺纹牙强度计算

螺杆材料通常采用碳钢（如 45 钢等）和合金钢（重要的螺杆用 65Mn 或 40Cr 等），并进行适当的热处理。为降低摩擦系数、提高耐磨性，螺母采用较软的材料，如锡青铜、

铸铝铁青铜和耐磨铸铁等。基于上述原因，螺纹牙的强度计算主要是计算螺母螺纹牙的剪切和弯曲强度。

剪切强度条件为

$$\tau = \frac{Q}{\pi d t_1 z} \leqslant [\tau] \tag{4-40}$$

弯曲强度条件为

$$\sigma_b = \frac{M}{W} = \frac{3Qh}{\pi d t_1^2 z} \leqslant [\sigma_b] \tag{4-41}$$

式中，d 为螺纹公称直径；t_1 为螺纹牙底宽度，对矩形螺纹，$t_1 = 0.5p$；对梯形螺纹，$t_1 = 0.65p$；对锯齿形螺纹，$t_1 = 0.74p$；$[\tau]$、$[\sigma_b]$ 为剪切、弯曲许用应力，查表 4-9。

表 4-9　螺旋副材料的许用应力　(N/mm^2)

材　料		许用拉应力 $[\sigma]$	许用压应力 $[\sigma_c]$	许用弯曲应力 $[\sigma_b]$	许用切应力 $[\tau]$
螺　杆	钢	$\frac{\sigma_s}{3 \sim 5}$	$\frac{\sigma_s}{3 \sim 5}$	—	—
螺纹牙	钢	—	—	$(1 \sim 1.2)[\sigma]$	$0.6[\sigma]$
	青铜	—	—	40~60	30~40
	耐磨铸铁	—	—	50~60	40
	铸铁	—	—	45~55	40
螺母体	青铜	35~45	70~80	—	—
	铸铁	20~30	60~80	—	—
	耐磨铸铁	25~30	—	—	—

螺纹牙受力分析如图 4-34 所示。

D　螺纹副自锁条件校核

螺纹副实现自锁的条件是螺纹升角 λ 小于当量摩擦角 ρ_v，但由于摩擦系数与很多因素有关，数值很不稳定，所以通常应满足

$$\lambda \leqslant \rho_v - (1° \sim 1.5°) \tag{4-42}$$

在定期润滑条件下，梯形螺纹当量摩擦系数：钢对青铜，$f_v = 0.08 \sim 0.10$；淬火钢对青铜，$f_v = 0.06 \sim 0.08$；钢对铸铁，$f_v = 0.12 \sim 0.15$；钢对耐磨铸铁，$f_v = 0.10 \sim 0.12$；钢对钢，$f_v = 0.13 \sim 0.17$。$\rho_v = \arctan f_v$。

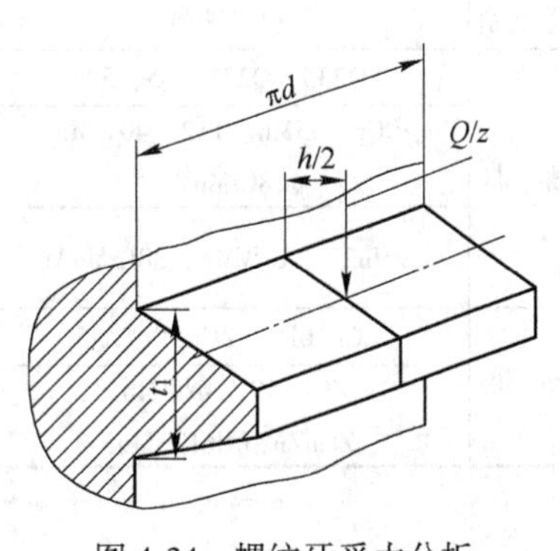

图 4-34　螺纹牙受力分析

E　螺杆的稳定性计算

螺杆在轴向压力作用下当长径比 ε 较大时可能失稳，为此应进行螺杆稳定性计算。稳定性校核计算式为

$$\frac{Q_c}{Q} \geqslant 2.5 \sim 4 \tag{4-43}$$

式中，Q_c 为螺杆失稳时的临界载荷，按表 4-10 中的公式计算。

表 4-10　临界载荷计算公式

材料	ε 值	Q_c 的计算公式	材料	ε 值	Q_c 的计算公式
淬火钢	≥85	$\dfrac{\pi^2 EI}{(\mu l)^2}$	未淬火钢	≥90	$\dfrac{\pi^2 EI}{(\mu l)^2}$
	<85	$\dfrac{385d_1^2}{1+0.0002\varepsilon^2}$		<90	$\dfrac{267d_1^2}{1+0.00013\varepsilon^2}$

注：长径比 $\varepsilon = \dfrac{4\mu l}{d_1}$。$l$ 为螺杆受压长度，mm；d_1 为螺纹小径，mm；I 为螺杆螺纹部分的截面惯性矩，mm^4，$I = \dfrac{\pi d_1^4}{64}$；$E$ 为螺杆材料的弹性模量，钢的 $E=2.1\times10^5$，N/mm^2；μ 为螺杆长度折算系数，对于一端固定、一端自由，如千斤顶，可取 $\mu=2$；对于一端固定、一端铰支，如压力机，可取 $\mu=0.7$；对于两端铰支，如传导螺旋，可取 $\mu=1$；Q 为轴向压力，N。

F　螺旋传动效率计算

螺旋传动的功率损失包括螺纹副和各支撑处相对运动的摩擦损失，所以传动效率应是这几部分效率的乘积，但主要部分是螺纹效率 η_1，即

$$\eta_1 = \frac{\tan\lambda}{\tan(\lambda + \rho_v)} \tag{4-44}$$

4.7.2.3　螺旋传动的材料

螺旋传动的主要零件是螺杆和螺母，螺杆材料应具备足够的强度、耐磨性和良好的加工性，重要的螺杆还要经过热处理。螺母材料则要求在与螺杆配合时有较低的摩擦系数和较好的耐磨性。螺旋传动常用材料见表 4-11。

表 4-11　螺旋传动常用的材料

螺旋副	材料牌号	应用范围
螺　杆	Q235、Q275、45、50	材料不经热处理，适用于经常运动、受力不大、转速较低的传动
	40Cr、65Mn、T12、40WMn、18CrMnTi	材料需经热处理，以提高其耐磨性，适用于重载、转速较高的重要传动
	9Mn2V、CrWMn、38CrMoAl	材料需经热处理，以提高其尺寸的稳定性，适用于精密传导螺旋传动
螺　母	ZCu10P1、ZCu5Pb5Zn5	材料耐磨性好，适用于一般传动
	ZCuA19Fe4Ni4Mn2 ZCuZn25Al6Fe3Mn3	材料耐磨性好、强度高，适用于重载、低速的传动。对于尺寸较大或高速传动，螺母可采用钢或铸铁制造，内孔浇注青铜或巴氏合金

本 章 小 结

本章主要介绍了螺纹及螺纹连接的基本知识，重点分析了螺栓组连接的设计计算方法（包括单个螺栓连接的预紧、强度计算、螺栓组结构设计、受力分析），阐述了提高螺栓连接强度的措施等方面的内容，并同时阐述了螺旋传动的类型与特点及滑动螺旋传动的设计计算方法等。

思考题

4-1 连接螺纹的主要特点是什么?

4-2 螺纹的主要参数有哪些?螺距与导程，牙型角与牙型斜角有何不同?

4-3 从结构上分，螺纹连接有几种主要类型?在应用上有何特点?

4-4 什么是松连接?什么是紧连接?为什么一般的螺纹连接都用紧连接?

4-5 什么是受拉螺栓连接和受剪螺栓连接?

4-6 螺纹连接为什么要防松?防松装置有几种?

4-7 螺栓连接的预紧力是怎样选择的?

4-8 受轴向载荷的紧螺栓连接中，预紧力 F' 与剩余预紧力 F'' 有何重要意义?

4-9 螺栓总的拉力 F_0 为什么不等于预紧力 F' 和工作载荷 F 之和?

4-10 螺旋传动设计计算有哪些内容?

习　题

4-1 在图 4-11 所示的气缸盖连接中，已知容器内部工作压强 p 从 $0\sim1.6\text{N/mm}^2$ 之间变化，气缸内径 $D=300\text{mm}$，螺栓中心分布圆直径 $D_1=400\text{mm}$，试设计此螺栓连接（橡胶垫片或铜片，石棉垫片）。

4-2 如图 4-35 所示为一方形盖板用 4 个螺钉与箱体连接，盖板中心吊环受拉力 $F_N=10000\text{N}$。(1) 若取 $F''=0.6F$，求螺钉所受总拉力 F_0；(2) 如因制造误差，吊环由 O 点移到 O' 点，$\overline{OO'}=5\sqrt{2}\text{mm}$，求受力最大螺钉的总拉力 F_0。

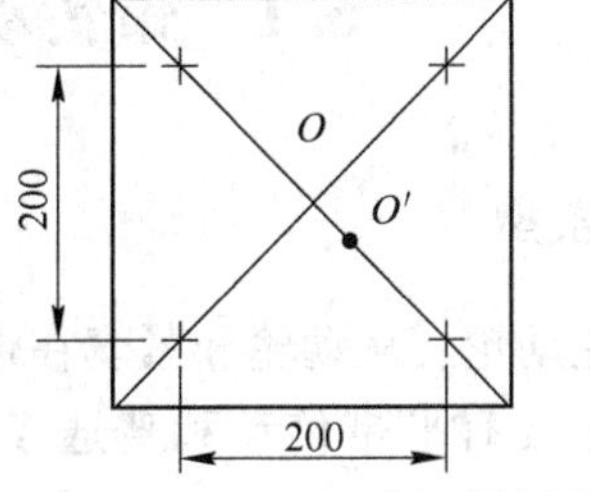

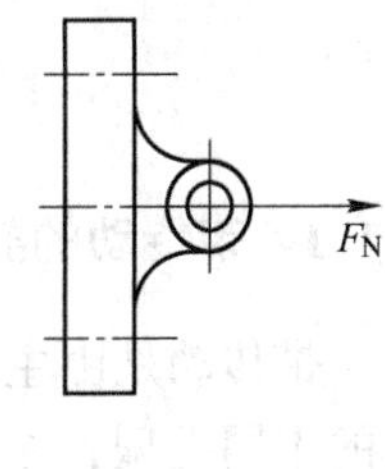

图 4-35　方形盖板螺栓连接

4-3 图 4-36 为起重机导轨托架的螺栓连接。托架由两块边板和一块承重板焊接而成，螺栓数目 $z=8$，$Q=10000\text{N}$，试计算所需螺栓直径：(1) 当用受剪螺栓连接时；(2) 当用受拉螺栓连接时。螺栓和边板材料均为 45 钢，边板厚 25mm。

4-4 图 4-37 为四辊轧机地脚螺栓连接。已知工作力矩 $T=42000\text{N}\cdot\text{m}$，张力 $R=50000\text{N}$，轧机总重量 $Q=234000\text{N}$，螺栓数目 $z=4$，其他尺寸 $l=1.6\text{m}$，$a=1.3\text{m}$，试计算所需螺栓直径，机架和基础板的材料均为钢 $\left(\dfrac{c_1}{c_1+c_2}\text{可取 }0.3\right)$，两块底板面积均为 $0.4\times1.2\text{m}^2$。

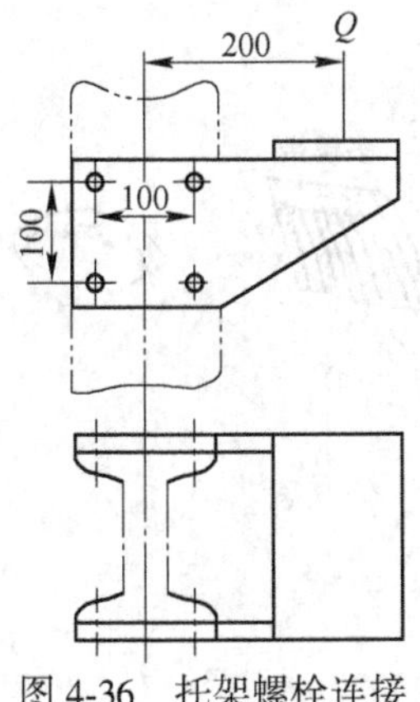

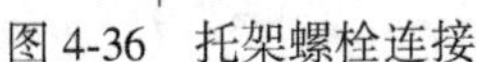
图 4-36　托架螺栓连接

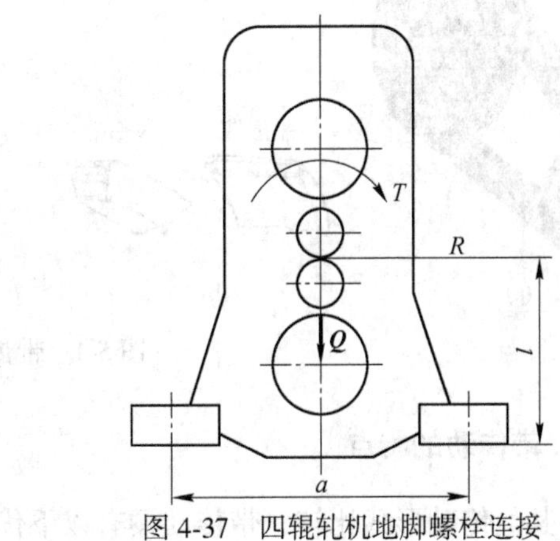

图 4-37　四辊轧机地脚螺栓连接

5 带 传 动

内 容 提 要

带传动是一种靠摩擦力来传递运动和动力的机械传动，在主动轮与从动轮之间，通过中间挠性件——传动带来实现传动，因此它的工作特点、工作原理和工作能力都与摩擦有关。本章重点说明带传动的工作原理、受力分析、应力分析以及由此得到的普通V带传动的设计方法和步骤。由于普通V带为标准化的传动零件，因此，普通V带传动的设计要求主要是根据工作条件合理确定传动尺寸、参数；选择普通V带的型号、长度和根数；确定带轮的材料、结构、尺寸以及确定安装时预拉力的大小和张紧装置。

5.1 带传动的类型和特点

5.1.1 带传动的类型

带传动是由主动轮、从动轮和紧套在带轮上的传动带组成（图5-1（a））。根据传动带的不同类型，主要有平带传动和普通V带传动两类（图5-1（b））。此外还有圆形带（图5-1（c））、多楔带（图5-1（d））和同步齿形带（图5-1（e））等。在机械设备中普通V带传动应用最广，如带式运输机、圆锥破碎机、剪切机和压力机、车床、空气压缩机、水泵等机器中，都广泛采用普通V带传动。同步齿形带（图5-1（e））是一种新型带，其内侧有齿与带轮面上的凹槽嵌合，传动比准确，但制造安装要求较高。

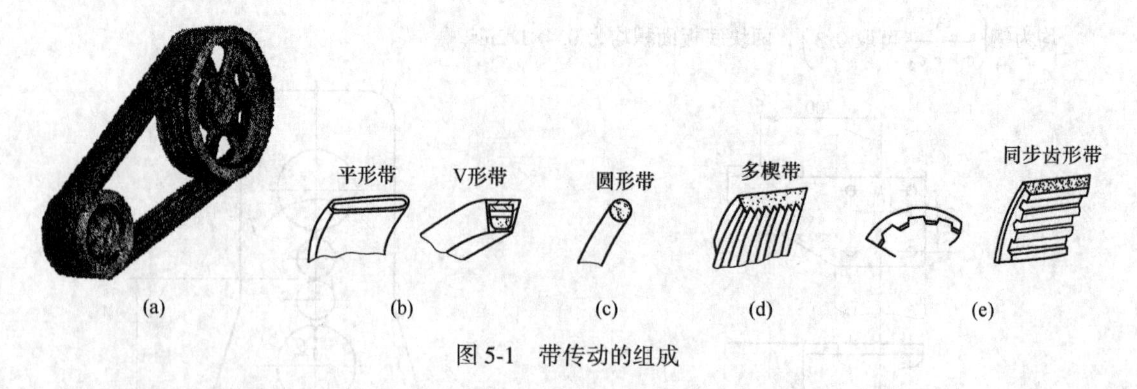

图5-1 带传动的组成

5.1.2 带传动的特点

与其他传动形式比较，带传动具有以下优点：

（1）传动带为具有良好弹性的挠性零件，有缓冲和吸振作用，因而传动平稳、噪声较小。

（2）过载时，传动带与带轮之间将产生打滑，使其他零件不会损坏，能起到安全保护作用。

（3）只需改变传动带的长度就能满足两轴中心距的不同要求，特别适用于两轴中心距较大的场合。

（4）结构简单，制造、安装和维护比较方便。

带传动的主要缺点是：带与带轮之间存在滑动，不能保证固定不变的传动比；传动外廓尺寸较大；传动效率较低；传动带寿命较短；轴和轴承受力较大；带与带轮之间可能产生摩擦放电现象，因而不适合于有易燃或易爆危险的场合。

带传动常用于传递40kW以下的功率。普通V带的速度一般在5~25m/s，平带传动一般不超过30m/s。普通V带传动的传动比一般小于8，平带传动比小于5。V带传动效率为94%~97%，平带传动则为96%~98%。

5.1.3　带传动的标准

普通V带已标准化，按截面尺寸分为Y、Z、A、B、C、D、E七种型号（表5-1），其相对高度约为0.7；帘布芯V带制造方便，绳芯V带柔韧性、挠曲性好；窄V带的相对高度约为0.9，使用合成纤维绳作抗拉体的新型V带，相同高度的窄V带比普通V带宽度减小约1/3，承载能力却可提高1.5~2.5倍，窄V带也已标准化，按截面尺寸分为SPZ、SPA、SPB、SPC四种型号（表5-1）。在传递功率大且要求结构紧凑的场合，常采用多楔带或联组V带。

表5-1　V带的界面尺寸和特性数据（摘自GB/T 11544—1997）

类型		节宽	顶宽	高度	截面面积	顶高	单位长度质量
普通V带	窄V带	b_p/mm	b/mm	h/mm	A/mm^2	h_a/mm	$q/kg \cdot m^{-1}$
Y		5.3	6	4	18	1.6	0.02
Z		8.5	10	6	47	2.0	0.06
	（SPZ）	（8）		（8）	（57）		（0.07）
A		11.0	13	8	81	2.75	0.1
	（SPA）			（10）	（94）		（0.12）
B		14.0	17	11	138	3.5	0.17
	（SPB）			（14）	（167）		（0.20）
C		19.0	22	14	230		0.3
	（SPC）			（18）	（278）	4.8	（0.37）
D		27.0	32	19	476	8.1	0.62
E		32.0	38	23	692	9.6	0.90

5.2　带传动的工作原理

安装传动带时，按一定的拉力F_0。（称为预拉力）将传动带紧套在两个带轮上，使带与带轮相互压紧，在接触面间作用有正压力（图5-2（a）），工作时，主动轮转动，带与带轮的接触面间便产生摩擦力（$\sum F$），作用在传动带接触表面上的摩擦力方向与主动轮接触表面的运动方向相同（图5-2（b）），因此，主动轮通过此摩擦力带动传动带运动。作用在从动轮的接触表面上的摩擦力方向则与传动带的运动方向相同，传动带通过此摩擦力克服阻力矩而带动从动轮转动，从而达到传递运动和动力的目的。

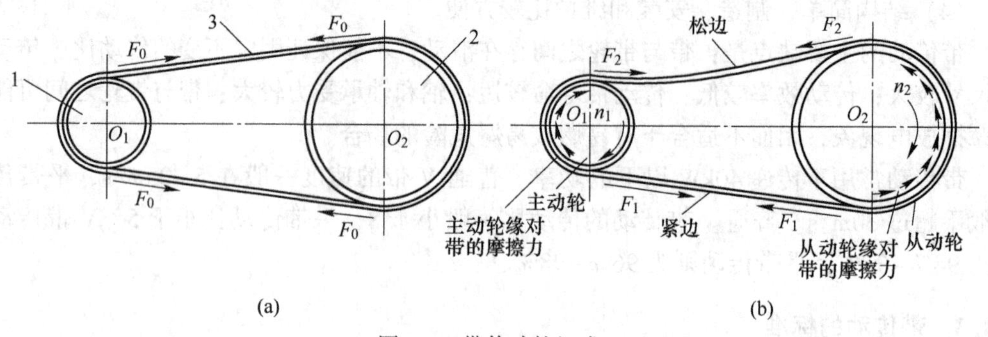

图5-2 带传动的组成

5.3 带传动的工作情况分析

5.3.1 带传动的受力分析

5.3.1.1 *有效拉力和传递功率*

传动带安装在带轮上以后，在带轮两边所受的拉力都是预拉力 F_0（图5-2（a））。工作时，由于摩擦力的作用使传动带绕入主动轮的一边被拉得更紧，拉力由 F_0 增大到 F_1，而另一边则相应被放松，拉力由 F_0 减少到 F_2（图5-2（b））。拉力增大的一边称为紧边，F_1 为紧边拉力；拉力减小的一边称为松边，F_2 称为松边拉力。由力的平衡条件

$$T = F_1 \cdot \frac{d}{2} - F_2 \cdot \frac{d}{2} = (F_1 - F_2)\frac{d}{2} = F_t \cdot \frac{d}{2}$$

而 $F_t = F_1 - F_2$，即两边拉力之差为 F_t，称为带传动的有效拉力，也就是带所传递的圆周力和带与带轮之间的摩擦力的总和相等（摩擦力并不是集中作用力），即

$$F_t = F_1 - F_2 = \sum F_f \tag{5-1}$$

由于工作前和工作时传动带的长度可以认为是相同的，即受力后传动带伸长量与缩短量相同，因而紧边的拉力由 F_0 增至 F_1 的增加量和松边的拉力由 F_0 减小到 F_2 的减小量应该相同，因此可得

$$F_1 = F_0 + \frac{F_t}{2} \tag{5-2}$$

$$F_2 = F_0 - \frac{F_t}{2} \tag{5-3}$$

可见
$$F_1 + F_2 = 2F_0$$

当传动带的速度为 v(m/s) 时，带传动所传递的功率为

$$P=\frac{F_t\cdot v}{1000}\quad(\text{kW})\tag{5-4}$$

5.3.1.2 柔性体摩擦的欧拉公式

由于带传动是通过摩擦力传递运动和动力的，而在一定的预拉力情况下，摩擦力有一极限值，因此，当需要传递的圆周力超过这一极限值时，带将在带轮上打滑，使传动失效。在将要打滑时（即在极限条件下），紧边拉力与松边拉力之间的关系可以从下面的分析中得到。

图 5-3 所示为一平带绕过带轮的情况。为了分析各力的关系，取一微段胶带，长度为 dl，所对应的包角为 $d\alpha$。下面为紧边，则微段下端的拉力为 $F+dF$，上端拉力为 F。若带轮对带的正压力为 dN，则传动时带轮给胶带微段的摩擦力为 fdN，f 为摩擦系数，dN 与 fdN 的合力为 dR，dN 与 dR 的夹角 ρ 则为摩擦角。这一微段胶带在 F、$F+dF$ 和 dR 三个力的作用下平衡，其力的多边形如图 5-3（b）所示。

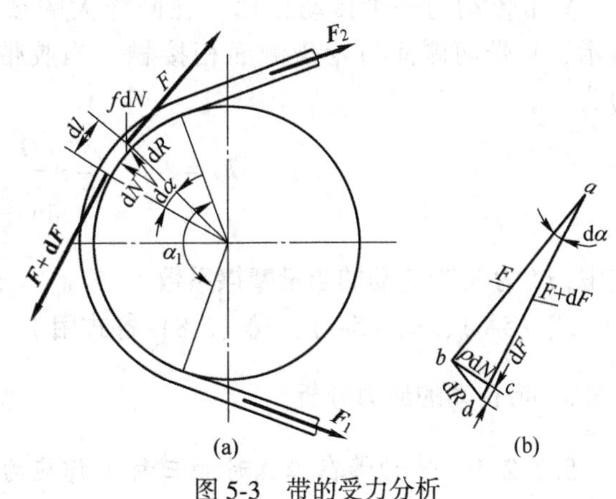

图 5-3 带的受力分析

由 $\triangle abc$ 可得（由于 $d\alpha$ 很小）

$$bc\approx Fd\alpha$$

由 $\triangle bcd$ 可得

$$\angle bcd=90°+\frac{d\alpha}{2}\approx 90°\qquad bc=dF/\tan\rho\qquad(\tan\rho=f)$$

所以

$$dF=Fd\alpha\cdot\tan\rho\qquad\frac{dF}{F}=f\cdot d\alpha\tag{5-5}$$

两边积分得

$$\int_{F_2}^{F_1}\frac{dF}{F}=\int_0^{a}f\cdot d\alpha\qquad \ln F_1-\ln F_2=f\alpha$$

因此

$$\frac{F_1}{F_2}=e^{f\alpha}\quad 或\quad F_1=F_2e^{f\alpha}\tag{5-6}$$

式中，e 为自然对数的底，e=2.718。

式（5-6）为柔性体摩擦的基本公式，也称欧拉公式，它反映了紧边和松边拉力之间的关系。代入式（5-1）可得紧边和松边拉力与有效拉力之间的关系为

$$F_t=F_1-F_2=F_1\left(1-\frac{1}{e^{f\alpha}}\right)\ 或\ F_1=F_t\frac{e^{f\alpha}}{e^{f\alpha}-1}\qquad F_2=F_t\frac{1}{e^{f\alpha}-1}\tag{5-7}$$

以式（5-2）代入则

$$F_t=2F_0\frac{e^{f\alpha}-1}{e^{f\alpha}+1}\tag{5-8}$$

5.3.1.3 影响带传动工作能力的因素

由式（5-8）可以看出，带传动的最大有效拉力即处于将要打滑时的极限摩擦力 F_{tmax}，与预拉力 F_0 的大小成正比，且随着包角 α 和带与带轮间的摩擦系数 f 的增加而增加，因此，要保证带传动的工作能力，对预拉力应有一定要求。当传动比不等于1时，由于小带轮的包角 α_1 较小，打滑将首先在小带轮与传动带间发生，因此对 α_1 的大小应有一定的要求。为改善带传动的工作情况、增大带传动的工作能力，可以采取增大中心距、限制传动比等措施，以增大 α_1；也可以采取增大摩擦系数的措施，如合理选用带的材料及带轮材料和表面光洁度等。

V带传动与平带传动相比，在同样大的预拉力下能传递较大的圆周力。如图5-4所示，V带两侧面与轮槽侧面相接触，当胶带给带轮的压紧力为 Q 时，其极限摩擦力为

$$F_f = F_n \cdot f = \frac{Q}{\sin\frac{\varphi}{2}} \cdot f = Qf'$$

式中，f' 为V带传动的当量摩擦系数。

式（5-6）、式（5-7）、式（5-8）各式用于V带传动时应以当量摩擦系数 f' 代替 f。

5.3.2 带传动的应力分析

5.3.2.1 传动带在工作时的三种工作应力

（1）由紧边拉力和松边拉力所产生的拉应力。紧边拉力所产生的应力为

$$\sigma_1 = \frac{F_1}{A} \quad (\mathrm{N/mm^2}) \tag{5-9}$$

松边拉力所产生的应力为

$$\sigma_2 = \frac{F_2}{A} \quad (\mathrm{N/mm^2}) \tag{5-10}$$

式中，F_1、F_2 分别为紧边和松边拉力，N；A 为传动带截面面积，$\mathrm{mm^2}$，见表5-1。

（2）由离心力产生的拉应力 σ_c。传动带在绕过带轮时作圆周运动时，将产生离心力并引起拉力 F_c。如图5-5所示，当带速为 v(m/s) 时，在微小弧段 dl 上的离心力为 F_c'，则由力学公式可得

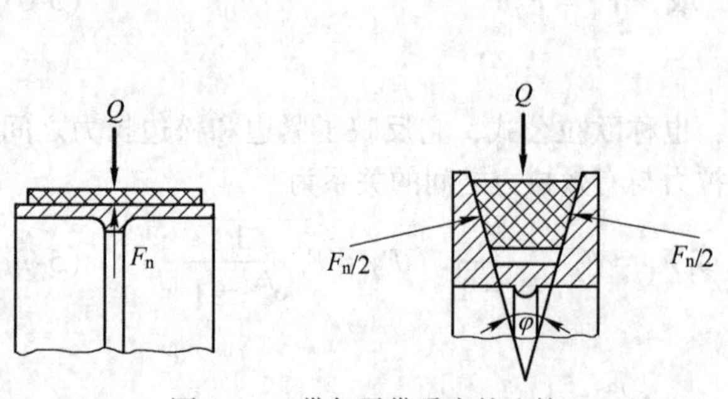

图5-4 V带与平带受力的比较

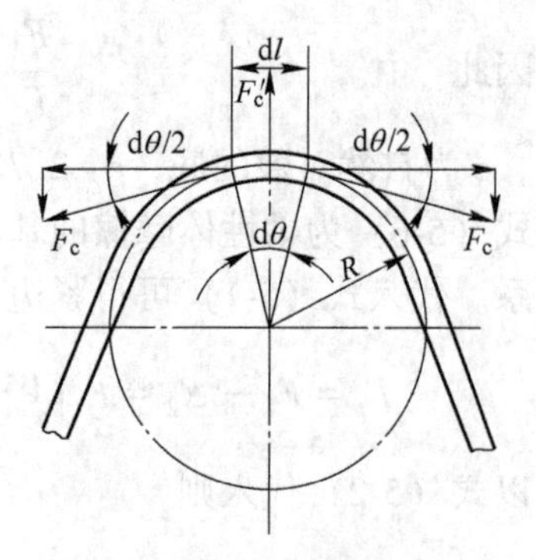

图5-5 传动带的离心拉力

$$F'_c = \frac{Adl \cdot \gamma}{g} \cdot \frac{v^2}{R} = \frac{A\gamma v^2}{g} d\theta \quad (N)$$

式中，γ 为带的密度，N/cm³；R 为带轮半径，m；g 为重力加速度，m/s²；$d\theta$ 为弧段 dl 所对中心角，rad；A 为传动带的截面积，mm²。

取 dl 弧段进行分析，由力的平衡条件可求得传动带因离心力作用而产生的拉力为

$$F_c = F'_c / 2\sin\frac{d\theta}{2}$$

将 F'_c 代入上式，并取 $\sin\frac{d\theta}{2} \approx \frac{d\theta}{2}$，则得

$$F_c = \frac{A\gamma v^2}{g} = \frac{qv^2}{g} \quad (N) \tag{5-11}$$

式中，$q = A \cdot \gamma$ 为每米带长的质量。

离心力 F'_c 虽然只产生于带作圆周运动的部分，但它产生的拉力 F_c 则作用于带的全长。

由离心力产生的拉应力为

$$\sigma_c = \frac{F_c}{A} = \frac{qv^2}{Ag} = \rho v^2 \quad (N/mm^2) \tag{5-12}$$

式中，$\rho = \frac{q}{Ag}$ (kg/cm²)，为传动带的密度。

（3）带绕过带轮时产生的弯曲应力。传动带具有一定厚度，在绕过带轮时，因弯曲而产生弯曲应力（图 5-6）。若近似地认为传动带的材料服从虎克定律，则由材料力学可得弯曲应力的大小为

$$\sigma_b = 2E_b \frac{h_a}{d} \tag{5-13}$$

式中，h_a 为带的最外层至中性层的距离，mm，见表5-1；d 为带轮节圆直径，mm；E_b 为带的抗弯弹性模量，N/mm²。

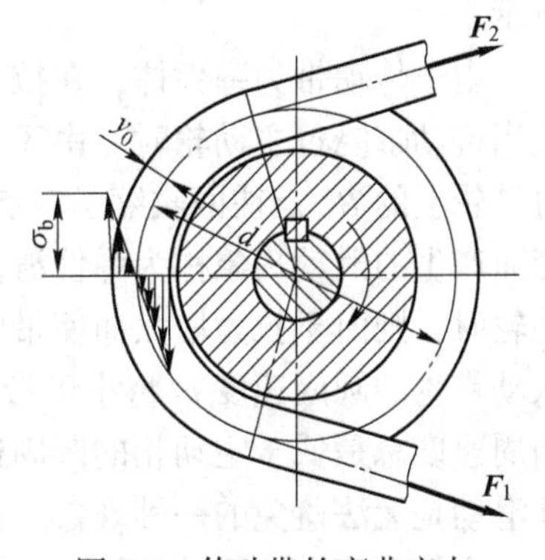

图 5-6 传动带的弯曲应力

弯曲应力只在绕于带轮上的那一段传动带中产生，其大小与带的厚度和带轮直径有关。两个带轮直径不同时，绕在小轮上那一段的弯曲应力 σ_{b1} 较大。为了避免过大的弯曲应力，设计时对小带轮的直径要加以限制，即不应小于该型号传动带所规定的带轮最小直径 d_{min}，见表 5-2。

表 5-2 V 带轮的最小基准直径 d_{min} (mm)

截型	Y	Z (SPZ)	A (SPA)	B (SPB)	C (SPC)	D	E
d_{min}	20	50 (63)	75 (90)	125 (140)	200 (224)	355	500

5.3.2.2 带的总应力

带的总应力为上述 3 种应力的总和。整根传动带各个截面的总应力分布情况如图 5-7 所示，可见随着各段所处位置不同，其应力大小也不同。在紧边进入小带轮处（即图中 a 点）的应力最大，其值为

$$\sigma_{max} = \sigma_1 + \sigma_c + \sigma_{b1} \tag{5-14}$$

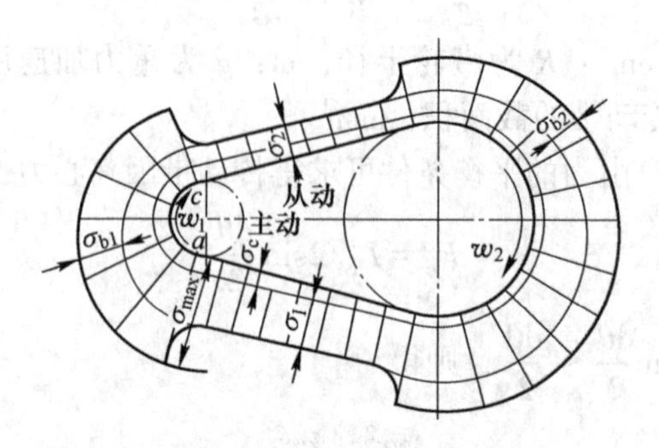

图 5-7　带的应力分布

5.4　带传动的运动特性

5.4.1　带传动的弹性滑动

传动带在工作时紧边拉力 F_1 和松边拉力 F_2 不相等，因此传动带绕过主动轮时带所受拉力由 F_1 减小到 F_2；绕过从动轮时，则由 F_2 增加至 F_1。其拉力变化情况如图 5-8 所示。

由于传动带为弹性体，在拉力作用下产生弹性伸长，其伸长量随拉力大小而改变，因此当传动带绕过主动轮时，由于拉力减小而使伸长量减少。如图 5-9 所示，带上 B_1' 点相对带轮上的 B_1 点往回收缩了一点，带与带轮间出现微量局部滑动。这种由弹性变形量改变而产生的滑动现象称为弹性滑动，带速 v 将小于主动轮的圆周速度 v_1。当传动带绕过从动轮时，则由于拉力增大而使带的伸长量增大，同样在带与带轮间出现弹性滑动，这时则从动带轮的圆周速度 v_2 将小于带速 v。可见由于弹性滑动的存在，$v_2 < v < v_1$，即从动轮的圆周速度总是低于主动轮的圆周速度。带传动工作时必然是紧边和松边拉力不等，因此弹性滑动是无法避免的一种现象。紧边拉力与松边拉力相差愈大，即有效拉力愈大时，弹性滑动愈严重。弹性滑动使带传动不能保证固定的传动比，并且将引起带的磨损和传动效率的降低。

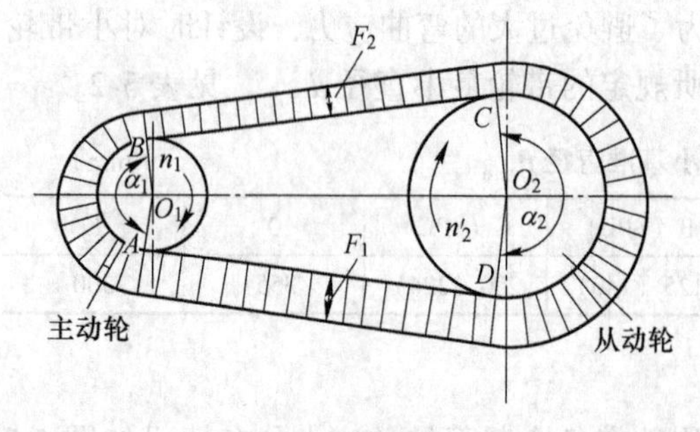

图 5-8　传动带的拉力变化

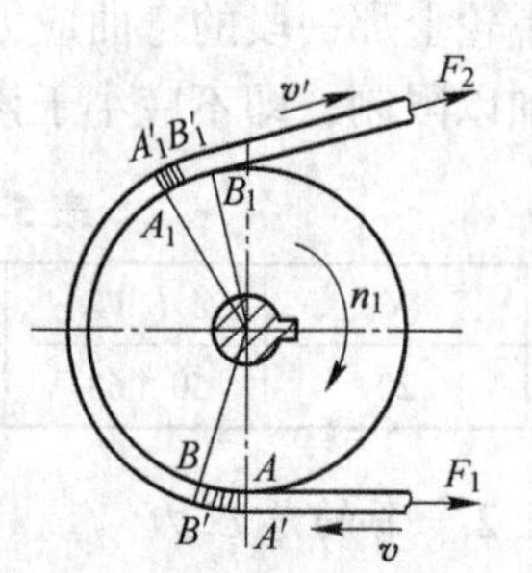

图 5-9　弹性滑动

从动带轮与主动带轮圆周速度的相对降低率称为滑动系数 ε，即

$$\varepsilon = \frac{v_1 - v_2}{v_1} = \frac{\pi d_1 n_1 - \pi d_2 n_2}{\pi d_1 n_1} = \frac{n_1 - i n_2}{n_1} \tag{5-15}$$

式中，$i = \dfrac{d_2}{d_1}$，为理想传动比。

在一般情况下，由手弹性滑动引起的滑动系数为1%~2%，可以不考虑其对传动比的影响；但需要精确计算从动轮转速时则应考虑，这时从动轮转速为

$$n_2 = \frac{n_1(1 - \varepsilon)}{i} \tag{5-16}$$

考虑弹性滑动时，带传动的实际传动比为

$$i' = \frac{n_1}{n_2} = \frac{d_2}{d_1(1 - \varepsilon)} \tag{5-17}$$

有时为了尽可能保持从动轮所要求的转数 n_2，在设计时考虑到弹性滑动的影响，在选定主动轮直径 d_1 之后，d_2 按式（5-18）定出

$$d_2 = i(1 - \varepsilon)d_1 = \frac{n_1}{n_2}(1 - \varepsilon)d_1 \tag{5-18}$$

式中，i 为所要求的传动比；n_2 为所要求的从动轮转数。

当然这时的 d_2 就不能采用标准直径。

5.4.2 带传动的打滑现象

带传动靠摩擦力工作，由式（5-8）可知，在一定条件下带传动有一最大摩擦力，其大小与 F_0、α 和 f 有关。当工作时的有效拉力超过最大摩擦力时，传动带将因过载而出现打滑，无法正常工作。

5.5 带传动的失效形式和计算准则

5.5.1 带传动的失效形式

如前所述，带传动主要失效形式有两种：

（1）过载打滑。当工作负载超过了带传动的最大承载能力时，即有效拉力超过最大摩擦力时，传动带将因过载而出现打滑，使传动失效。

（2）带的疲劳破坏。由传动带的应力分析可知，带在工作时受循环变应力，在一定大小的变应力作用下，经一定循环次数，传动带会产生疲劳破坏。开始时在局部产生疲劳裂纹脱层，然后形成松散，最后断裂，使传动失效。

5.5.2 带传动的计算准则

为了保证带传动正常工作，在设计时既要保证传动带有充分的传动能力，不会发生打滑现象；又要保证传动带有足够的疲劳强度，使其具有一定的使用寿命。

带传动的设计准则就是要满足式（5-7）不出现打滑的临界条件和保证寿命的疲劳强度条件。

根据式（5-14），可得到保证一定疲劳寿命条件下，传动带的最大紧边拉应力应为

$$\sigma_1 \leqslant [\sigma] - \sigma_c - \sigma_{b1} \tag{5-19}$$

不发生打滑时的有效拉力 F_t 与紧边拉力的关系如式（5-7）所示为

$$F_t = F_1\left(1 - \frac{1}{e^{f'\alpha_1}}\right) = \sigma_1 A\left(1 - \frac{1}{e^{f'\alpha_1}}\right) \tag{5-20}$$

将有效拉力与带传动所传递功率 P(kW) 和带速 v(m/s) 的关系代入，则得

$$P = \frac{\sigma_1 A\left(1 - \frac{1}{e^{f'\alpha_1}}\right)}{1000} \cdot v$$

根据保证疲劳寿命的条件，将式（5-19）代入则可以得到传动带既不打滑又有一定疲劳寿命时所能传递的最大功率为

$$p_0 = \frac{([\sigma] - \sigma_c - \sigma_{b1})\left(1 - \frac{1}{e^{f'\alpha_1}}\right)A}{1000} \cdot v \tag{5-21}$$

实际应用的带传动，其计算功率 P_{ca} 若小于或等于 P_0，则可以满足其正常工作而不产生失效的要求。

5.5.3 传动带允许传递的功率

由式（5-21），并由实验求得 $[\sigma]$ 后，可以得到各种传动带所能传递的功率 P_0。如标准普通 V 带传动，将式（5-12）、式（5-13）等代入式（5-21），可以得出单根普通 V 带所能传递功率的计算公式为

$$P_0 = 10^{-3}\left(\sqrt[11.1]{\frac{Cl}{7200T}} \cdot v^{-0.09} - \frac{2E_b y_0}{d_1} - \frac{qv^2}{Ag}\right) \cdot A\left(1 - \frac{1}{e^{f'\alpha_1}}\right) \cdot v \tag{5-22}$$

由此式可知，在一定条件下（如一定的带的材质和结构），$i = 1$（$\alpha_1 = \alpha_2 = 180°$），特定长度 l、规定寿命 T 和平稳工作时，单根 V 带所能传递的功率 P_0 只随小带轮直径 d_1 和带速 v 而变化。表 5-3 列出了根据式（5-22）求出的规定条件下各种型号（材质为人造丝和棉，结构为帘布和线绳）的单根普通 V 带所能传递的功率 P_0。

表 5-3 单根普通 V 带的基本额定功率 P_0 (kW)

带型	小带轮基准直径 d_1/mm	小带轮转速 n_1/r·min^{-1}									
		400	700	800	950	1200	1450	1600	2000	2400	2800
Z	50	0.06	0.09	0.10	0.12	0.14	0.16	0.17	0.20	0.22	0.26
	56	0.06	0.11	0.12	0.14	0.17	0.19	0.20	0.25	0.30	0.33
	63	0.08	0.13	0.15	0.18	0.22	0.25	0.27	0.32	0.37	0.41
	71	0.09	0.17	0.20	0.23	0.27	0.30	0.33	0.39	0.46	0.50
	80	0.14	0.20	0.22	0.26	0.30	0.35	0.39	0.44	0.50	0.56
	90	0.14	0.22	0.24	0.28	0.33	0.36	0.40	0.48	0.54	0.60

续表 5-3

带型	小带轮基准直径 d_1/mm	小带轮转速 n_1/r·min^{-1}									
		400	700	800	950	1200	1450	1600	2000	2400	2800
A	75	0.26	0.40	0.45	0.51	0.60	0.68	0.73	0.84	0.92	1.00
	90	0.39	0.61	0.68	0.77	0.93	1.07	1.15	1.34	1.50	1.64
	100	0.47	0.74	0.83	0.95	1.14	1.32	1.42	1.66	1.87	2.05
	112	0.56	0.90	1.00	1.15	1.39	1.61	1.74	2.04	2.30	2.51
	125	0.67	1.07	1.19	1.37	1.66	1.92	2.07	2.44	2.74	2.98
	140	0.78	1.26	1.41	1.62	1.96	2.28	2.45	2.87	3.22	3.48
	160	0.94	1.51	1.69	1.95	2.36	2.73	2.54	3.42	3.80	4.06
	180	1.09	1.76	1.97	2.27	2.74	3.16	3.40	3.93	4.32	4.54
B	125	0.84	1.30	1.44	1.64	1.93	2.19	2.33	2.64	2.85	2.96
	140	1.05	1.64	1.82	2.08	2.47	2.82	3.00	3.42	3.70	3.85
	160	1.32	2.09	2.32	2.66	3.17	3.62	3.86	4.40	4.75	4.89
	180	1.59	2.53	2.81	3.22	3.85	4.39	4.68	5.30	5.67	5.76
	200	1.85	2.96	3.30	3.77	4.50	5.13	5.46	6.13	6.47	6.43
	224	2.17	3.47	3.86	4.42	5.26	5.97	6.33	7.02	7.25	6.95
	250	2.50	4.00	4.46	5.10	6.04	6.82	7.20	7.87	7.89	7.14
	280	2.89	4.61	5.13	5.85	6.90	7.76	8.13	8.60	8.22	6.80
C	200	2.41	3.69	4.07	4.58	5.29	5.84	6.07	6.34	6.02	5.01
	224	2.99	4.64	5.12	5.78	6.71	7.45	7.75	8.06	7.57	6.08
	250	3.62	5.64	6.23	7.04	8.21	9.04	9.38	9.62	8.75	6.56
	280	4.32	6.76	7.52	8.49	9.81	10.72	11.06	11.04	9.50	6.13
	315	5.14	8.09	8.92	10.05	11.53	12.46	12.72	12.14	9.43	4.16
	355	6.05	9.50	10.46	11.73	13.31	14.12	14.19	12.59	7.98	—
	400	7.06	11.02	12.10	13.48	15.04	15.53	15.24	11.95	4.34	—
	450	8.20	12.63	13.80	15.23	16.59	16.47	15.57	9.64	—	—
D	355	9.24	13.70	16.15	17.25	16.77	15.63	—	—	—	—
	400	11.45	17.07	20.06	21.20	20.15	18.31	—	—	—	—
	450	13.85	20.63	24.01	24.84	22.02	19.59	—	—	—	—
	500	16.20	23.99	27.50	26.71	23.59	18.88	—	—	—	—
	560	18.95	27.73	31.04	29.67	22.58	15.13	—	—	—	—
	630	22.05	36.68	34.19	30.15	18.06	6.25	—	—	—	—
	710	25.45	35.59	36.35	27.88	7.99	—	—	—	—	—
	800	29.08	39.14	36.76	21.32	—	—	—	—	—	—

表 5-3 中的 P_0 是在 $i=1$ 时得到的，当 $i \neq 1$ 时，带在绕过大轮时的弯曲应力比绕过小轮时的小，因此在具有相同疲劳寿命时，带能传递更大的功率，ΔP_0 为 $i \neq 1$ 时单根 V 带的基本额定功率增量，功率增量 ΔP_0 可根据传动比 i 和小带轮转速 n_1 由表 5-4 查得。

表 5-4　单根普通 V 带的额定功率增量 ΔP_0　(kW)

型号	传动比 i	小带轮转速 n_1/r · min^{-1}													
		400	730	800	980	1200	1460	1600	2000	2400	2800	3200	3600	4000	5000
Z	1.52~1.99	0.01	0.01	0.02	0.02	0.02	0.02	0.03	0.03	0.04	0.04	0.04	0.05	0.05	0.06
	≥2	0.01	0.02	0.02	0.02	0.03	0.03	0.03	0.04	0.04	0.04	0.05	0.05	0.06	0.06
A	1.52~1.99	0.04	0.08	0.09	0.10	0.13	0.15	0.17	0.22	0.26	0.30	0.34	0.39	0.43	0.54
	≥2	0.05	0.09	0.10	0.11	0.15	0.17	0.19	0.24	0.29	0.34	0.39	0.44	0.48	0.60
B	1.52~1.99	0.11	0.20	0.23	0.26	0.34	0.40	0.45	0.56	0.62	0.79	0.90	1.01	1.13	1.42
	≥2	0.13	0.22	0.25	0.30	0.38	0.46	0.51	0.63	0.76	0.89	1.01	1.14	1.27	1.60
C	1.52~1.99	0.31	0.55	0.63	0.74	0.94	1.14	1.25	1.57	1.88	2.19	2.44	—		
	≥2	0.35	0.62	0.71	0.83	1.06	1.27	1.41	1.76	2.12	2.47	2.75	—		

实际传动中，包角大小、带长和强力层材质、结构以及载荷变化情况，都与试验条件不同，因此还要引入包角系数 K_α，长度系数 K_L，强力层材质系数 K 和工作情况系数 K_A 影响。

5.6　普通 V 带传动的设计计算

设计普通 V 带传动的主要内容是确定普通 V 带的型号；选择合理的传动参数，计算带传动的几何尺寸；根据工作能力准则确定普通 V 带的根数；确定预拉力对轴的压力；以及决定带轮的结构、尺寸和带传动的张紧装置等。

5.6.1　普通 V 带的规格

普通 V 带由承受载荷的强力层、用橡胶填满的伸张层和压缩层以及包在外面的包布层等部分组成。按强力层的结构可分为线绳和帘布结构两种（图 5-10）。线绳结构比较柔软，可用于较小的带轮。为了提高拉拽能力，近年来开始使用尼龙丝绳和钢丝绳。普通 V 带的规格尺寸、性能和使用要求等已有国家标准，按截面尺寸由小到大有 Y、Z、A、B、C、D、E 七种型号，各型号截面尺寸见表 5-1。普通 V 带以内周长度 L_i 作为带的公称长度，计算时则用通过截面中性层的周长，即节线长度 L_p，普通 V 带的基准长度系列见表 5-5。

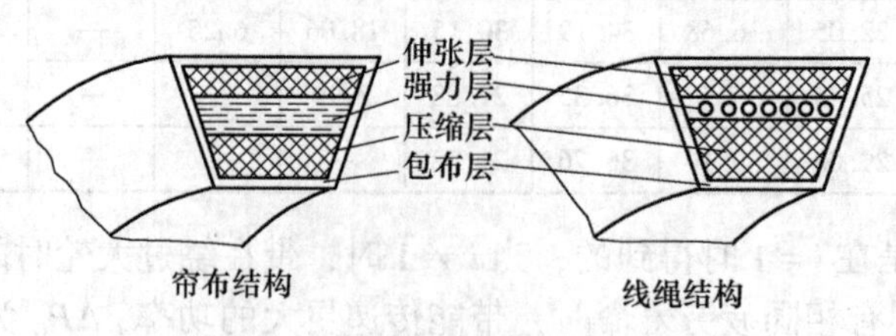

图 5-10　普通 V 带的结构

表 5-5 普通 V 带基准长度（摘自 GB/T 11544—1997） （mm）

型号						型号						型号					
Z	A	B	C	D	E	Z	A	B	C	D	E	Z	A	B	C	D	E
405	630	930	1565	2740	4660	1080	1430	1950	3080	6100	12230		2300	3600	7600	15200	
475	700	1000	1760	3100	5040	1330	1550	2180	3520	6840	13750		2480	4060	9100		
530	790	1100	1950	3330	5420	1420	1640	2300	4060	7620	15280		2700	4430	10700		
625	890	1210	2195	3730	6100	1540	1750	2500	4600	9140	16800			4820			
700	990	1370	2420	4080	6850		1940	2700	5380	10700				5370			
780	1100	1560	2715	4620	7650		2050	2870	6100	12200				6070			
820	1250	1760	2880	5400	9150		2200	3200	6815	13700							

5.6.2 普通 V 带传动的几何计算

普通 V 带传动设计中需要进行的主要几何计算为求带长、中心距和包角。

（1）传动带节线长度。由图 5-11 可得到

$$L_p = \widehat{AB} + \widehat{CD} + \overline{AD} + \overline{BC} = \frac{a_1 d_1}{2} + \frac{a_2 d_2}{2} + 2\,\overline{BC}$$

$$= (\pi - 2\beta)\frac{d_1}{2} + (\pi + 2\beta)\frac{d_2}{2} + 2a\cos\beta = \frac{\pi}{2}(d_1 + d_2) + \beta(d_2 - d_1) + 2a\sqrt{1 - \sin^2\beta} \tag{5-23}$$

取 $\beta \approx \sin\beta = \dfrac{d_2 - d_1}{2a}$，代入式（5-23）得：

$$L_p \approx 2a + \frac{\pi}{2}(d_1 + d_2) + \frac{(d_2 - d_1)^2}{4a} \quad (\text{mm}) \tag{5-24}$$

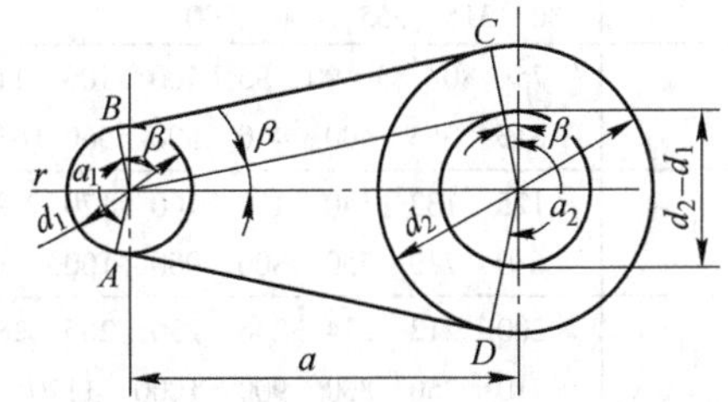

图 5-11 带传动几何计算简图

（2）中心距 a。如果中心距未给定，一般可按下式初选中心距：

$$0.7(d_1 + d_2) \leqslant a_0 \leqslant 2(d_1 + d_2)$$

然后根据式（5-24）初算带的基准长度 L_{p0}，根据初算带长 L_{p0} 由表 5-5 选取相近的标准基准带长 L_p，再根据 L_p 计算实际中心距 a。

$$a \approx a_0 + \frac{L_p - L_{p0}}{2} \tag{5-25}$$

考虑安装调整和补偿预紧力的需要，中心距的变动范围为

$$a_{\min} = a - 0.015L_p \qquad a_{\max} = a + 0.03L_p$$

（3）包角 α。传动带与带轮接触弧长所对的中心角为包角，是带传动的一个重要参数。小带轮的包角可按式（5-26）计算：

$$\alpha_1 \approx 180° - \frac{(d_2 - d_1)}{a} \times 57.3° \tag{5-26}$$

一般要求 $\alpha_1 \geqslant 120°$，如果 α_1 小于此值，则应增大中心距 a 或加张紧轮。

5.6.3 传动参数的选择

为使带传动能有较高的传动工作能力和使用寿命，应合理选择确定其传动参数，主要包括以下几个：

（1）传动比 i。在中心距 a 一定时，传动比 i 愈大则带轮直径差（d_2-d_1）也愈大，因此，由式（5-26）可知小带轮上包角 α_1 将减小，降低了传动工作能力。同时由于小带轮直径有最小值的限制，因此传动比过大则大带轮直径过大，使传动装置外廓尺寸增大。一般普通 V 带的传动比 $i\leqslant7$，特殊情况下可达 $i=10$，推荐的传动比范围为 $i=2\sim5$。

（2）带轮直径。V 带轮以通过轮槽水平宽度为 b_p 处的节圆直径为公称直径，简称 V 带轮直径。为了减小弯曲应力、延长传动带的寿命，应选取较大的小带轮直径 d_1。带轮直径增大时圆周力也减小，带根数也较少，但整个传动结构尺寸将较大。一般选取比 d_{min} 略大些，d_{min} 值见表 5-2。

大带轮的直径可以由 $d_2=id_1$ 求得。大小带轮的直径 d_2、d_1 都应该按推荐的带轮直径系列（表 5-6）进行圆整。

表 5-6 普通 V 带轮的基准直径系列（摘自 GB/T 10412—2002） （mm）

带型	基准直径 d
Y	20 22.4 25 28 31.5 35.5 40 45 50 56 63 67 71 80 90 100 112 132
Z	50 56 63 71 75 80 90 100 112 118 125 132 140 150 160 180 200 224 250 280 315 355 400 500
A	75 80 85 90 95 100 106 112 118 125 132 140 150 160 180 200 224 250 280 315 355 400 450 500 560 630 710 750 800
B	125 132 140 150 160 170 180 200 224 250 280 315 355 400 450 500 560 600 630 710 750 800 900 1000 1120
C	200 212 224 236 250 265 280 300 315 335 355 375 400 450 500 560 600 630 710 750 800 900 1000 1120 1250 1400 1800 2000
D	355 375 400 425 450 475 500 560 600 630 710 750 800 900 1000 1060 1120 1250 1400 1500 1600 1800 2000
E	500 530 560 630 670 710 800 900 1000 1120 1250 1400 1500 1600 1800 1900 2000 2240 2500

（3）带速 v。

$$v=\frac{\pi d_1 n_1}{60\times1000}\quad(\mathrm{m/s})\tag{5-27}$$

式中，n_1 为小带轮转速，min^{-1}。

由于功率 $P=F_t\cdot v/1000$，因此传递一定功率时，带速越高有效拉力可以越小，传动带所受的拉力较小，可以使胶带根数较少。但带速过大时，单位时间内长度一定的传动带绕过带轮的次数较多，应力循环变化次数较多，会使带的工作寿命（小时数）减少。此外，带速的增加也使传动带绕过带轮时的离心力增大，降低带和带轮间的正压力，减少了摩擦力，使传动工作能力降低。因此一般带速在 $v=5\sim25\mathrm{m/s}$ 内为宜；最有利的带速为 $v=20\sim25\mathrm{m/s}$。

5.6.4 普通 V 带的根数计算

已知单根普通 V 带所能传递的功率 P_0 和传动比 $i>1$ 时的允许传递功率的增量 Δp_0 以后，根据所设计普通 V 带传动的计算功率 P_{ca}，可以求得所需普通 V 带的根数为

$$z \geqslant \frac{P_{ca}}{(P_0 + \Delta P_0)K_\alpha \cdot K_L} \tag{5-28}$$

式中，P_{ca} 为计算功率，kW；$P_{ca} = K_A \cdot P$，P 为需要传递的名义功率，K_A 为工作情况系数，见表 5-7；K_α 为包角系数，见表 5-8；K_L 为长度系数，见表 5-9。

表 5-7 工作情况系数 K_A

载荷性质	工　作　机	原　动　机					
		空、轻载起动			重载起动		
		每天工作时间/h					
		<10	10~16	>16	<10	10~16	>16
载荷变动微小	液体搅拌机、通风机和鼓风机（≤7.5kW）、离心式水泵和压缩机、轻型输送机	1.0	1.1	1.2	1.1	1.2	1.3
载荷变动小	带式输送机（不均匀载荷）、通风机（>7.5kW）、旋转式水泵和压缩机（非离心式）、发电机、金属切削机床、旋转筛、锯木机和木工机械	1.1	1.2	1.3	1.2	1.3	1.4
载荷变动较大	制砖机、斗式提升机、往复式水泵和压缩机、起重机、磨粉机、冲剪机床、橡胶机械、振动筛、纺织机械、重载输送机	1.2	1.3	1.4	1.4	1.5	1.6
载荷变动很大	破碎机（旋转式、颚式等）、磨碎机（球磨、棒磨、管磨）	1.3	1.4	1.5	1.5	1.6	1.8

表 5-8 包角系数 K_α

小带轮包角/(°)	180	175	170	165	160	155	150	145	140	135	130	125	120
K_α	1	0.99	0.98	0.96	0.95	0.93	0.92	0.91	0.89	0.88	0.86	0.84	0.82

表 5-9 长度系数 K_L（摘自 GB/T 13575.1—1992）

基准长度 L_d/mm	普通 V 带							窄 V 带			
	Y	Z	A	B	C	D	E	SPZ	SPA	SPB	SPC
400	0.96	0.87									
450	1.00	0.89									
500	1.02	0.91									
560		0.94									
630		0.96	0.81					0.82			
710		0.99	0.83					0.84			
800		1.00	0.85					0.86	0.81		
900		1.03	0.87	0.82				0.88	0.83		
1000		1.06	0.89	0.84				0.90	0.85		
1120		1.08	0.91	0.86				0.93	0.87		
1250		1.11	0.93	0.88				0.94	0.89	0.82	
1400		1.14	0.96	0.90				0.96	0.91	0.84	

求得带的根数 z 应圆整为整数，并且为使各根带受力比较均匀，带轮宽度及轴和轴承尺寸不至过大，根数不宜过多。一般 $z<10$，否则应改选带的型号，重新计算。

5.6.5　预拉力和压轴力的计算

由式（5-8）可知，带传动的有效拉力 F_t 是与预拉力 F_0 的大小密切相关的。预拉力不足，摩擦力小，可能出现打滑；预拉力过大，则胶带工作应力大，寿命将降低。由 $\sigma^m N=C$ 可知，工作应力降低10%，带的寿命可提高1~2倍；同时预拉力过大也会使轴和轴承所受压力增大。因此对于普通 V 带传动，能保证传动功率要求而又不出现打滑时的单根胶带最适当的预拉力 F_0 可由式（5-29）确定：

$$F_0 = 500\frac{P_{ca}}{vz}\left(\frac{2.5-K_\alpha}{K_\alpha}\right)+qv^2 \tag{5-29}$$

式中，q 为每米胶带重量，其值见表 5-1；其他符号意义见前。

预拉力的检查，一般在带与带轮切点跨距中点处加一垂直于带的载荷 G，然后测量带的挠度（图 5-12），若跨距每 100mm 长的挠度为 1.6mm，则其预拉力合适。G 值见表 5-10。

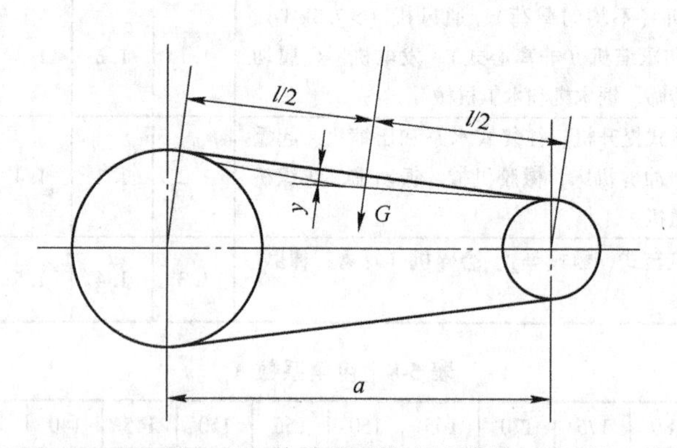

图 5-12　传动带预拉力的检查

表 5-10　普通 V 带初拉力测试载荷 G　　（N/根）

带型	小带轮直径 d_1/mm	带速 v/m·s^{-1}		
		0~10	10~20	20~30
Z	50~100	5~7	4.2~6	3.5~5.5
	>100	7~10	6~8.5	5.5~7
A	75~140	9.5~14	8~12	6.5~10
	>140	14~21	12~18	10~15
B	125~200	18.5~28	15~22	12.5~18
	>200	28~42	22~33	18~27
C	200~400	36~54	30~45	25~38
	>400	54~85	45~70	38~56
D	355~600	74~108	62~94	50~75
	>600	108~162	94~140	75~108
E	500~800	145~217	124~186	100~150
	>800	217~325	186~280	150~225

对有张紧装置的带传动，需要求出张紧胶带时对张紧装置应加多大的力；在设计支承带轮的轴和轴承时，也需要计算普通V带给轴的压力，因此要求出传动带对轴的压力 F_Q ，由图5-13可知压轴力 F_Q 应等于V带两边拉力的合力，一般按预拉力近似求得为

$$F_Q = 2zF_0\sin\frac{\alpha_1}{2} \tag{5-30}$$

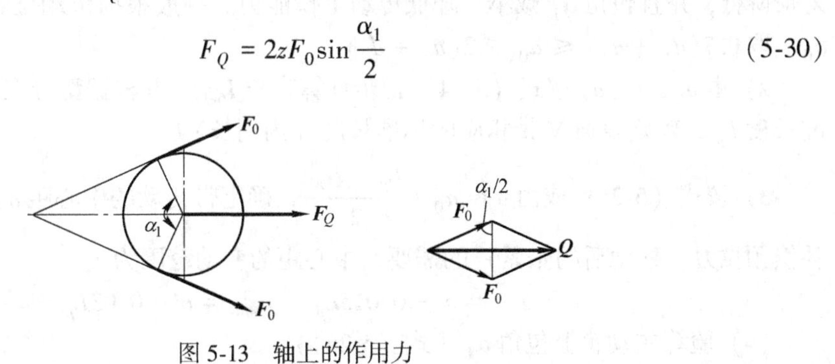

图5-13 轴上的作用力

5.6.6 普通V带传动的设计步骤

设计普通V带传动时，一般给定的原始数据应包括传递功率 P，转速 n_1、n_2（或传动比 i），传动位置要求，原动机和工作机类型以及工作条件等。设计步骤大体如下。

（1）选择普通V带型号。根据计算功率 P_{ca} 和转速 n_1，由图5-14选择普通V带的型号。在两种型号界线附近时，可按两种型号同时计算。

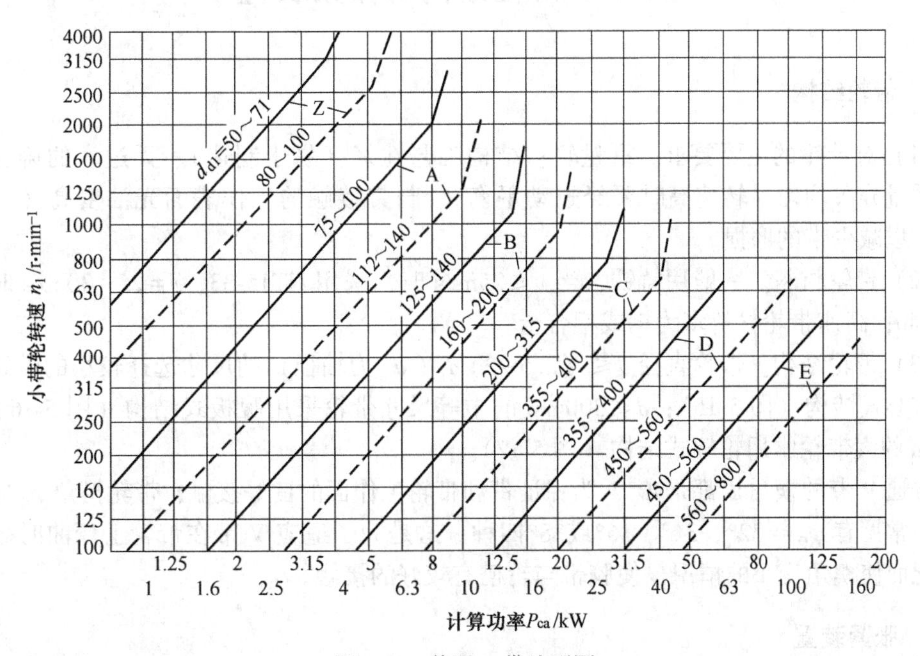

图5-14 普通V带选型图

（2）选取带轮节圆直径：

1）根据普通V带型号由表5-2初选主动带轮的节圆直径 $d_1 \geqslant d_{min}$ ；

2）由式（5-27）验算V带速度 v，应使 v 在5~25m/s内为宜；

3）由 $d_2 = id_1$ 计算从动带轮节圆直径，并按表5-6进行圆整。

（3）确定带传动中心距 a 和V带长度 L_p：

1）初选中心距 a_0。中心距过大会引起带的颤动，过小则单位时间绕过带轮次数多，寿命降低，并且包角 α_1 减小，降低传动工作能力。一般根据传动位置需要，初选中心距 a_0，取 $0.7(d_1 + d_2) \leqslant a_0 \leqslant 2(d_1 + d_2)$。

2）由 a_0、d_1、d_2 按式（5-24）初步计算带长 L_{p0}，并根据型号在表5-5中选取节线标准长度 L_p，确定普通V带相应的标准长度（内周长）L_i。

3）按式（5-25）或由 $a \approx a_0 + \frac{L_p - L_{p0}}{2}$，确定带传动的中心距 a，考虑安装、调整和补偿预拉力（松弛后的张紧）的需要，中心距的变动范围为

$$a_{\min} = a - 0.015L_p \qquad a_{\max} = a + 0.03L_p$$

（4）验算主动轮上包角 α_1（式（5-26））。

（5）确定V带根数 z（式（5-28））。

（6）确定预拉力 F_0（式（5-29））。

（7）计算压轴力 F_Q（式（5-30））。

（8）设计带轮（见5.7节）。

（9）选取张紧装置的形式（见5.7节）。

5.7 V带轮结构与张紧装置

5.7.1 带轮结构

（1）对带轮的主要要求。重量轻；结构工艺性好（易于制造）、无过大的铸造内应力；质量分布均匀（转速高时要经过动平衡）；与带接触的工作表面光洁度高（一般为∇6），以减少带的磨损。

（2）带轮材料。一般用铸铁，当 $v \leqslant 25\text{m/s}$ 时，采用HT15-33；$v = 25 \sim 30\text{m/s}$ 时，用HT20-40；高速带轮材料多为钢或铝合金。

（3）带轮结构。带轮直径 $d \leqslant (2.5 \sim 3)d_s$（$d_s$ 为轴径）的尺寸选择较小的带轮，一般用实心式结构（图5-15）；$d \leqslant 300\text{mm}$ 的中等尺寸带轮采用腹板式结构（图5-16）；$d > 300\text{mm}$ 的大带轮常用轮辐式结构（图5-17）。

普通V带的楔角 ψ 都是40°，为保证带和带轮工作面的良好接触，带轮槽角 φ_0 应适当减小，常见有 $\varphi_0 = 32°$、34°、36°或38°四种。这是为了适应V带在带轮上弯曲时截面形状变化而使楔角变小的情况，使胶带与轮槽有较好的接触。

5.7.2 张紧装置

传动带不是完全弹性体，因此工作一段时间以后由于带的伸长变形会有松弛现象，即预拉力会减小，传动能力下降。为了保证传动正常工作，应该经常检查并定期重新张紧或采用自动张紧，使预拉力保持一定大小。常用的张紧方法有以下几种。

（1）定期张紧装置。如图5-18所示，电动机装在滑轨上，以调整螺钉推动电动机而

改变带传动的中心距，实现控制预紧力的要求，这种张紧方法只能定期张紧传动带。

（2）自动张紧装置。如图5-19所示，将电动机安装在浮动的摇摆架上，利用电动机的自重，自动保持传动带张紧。

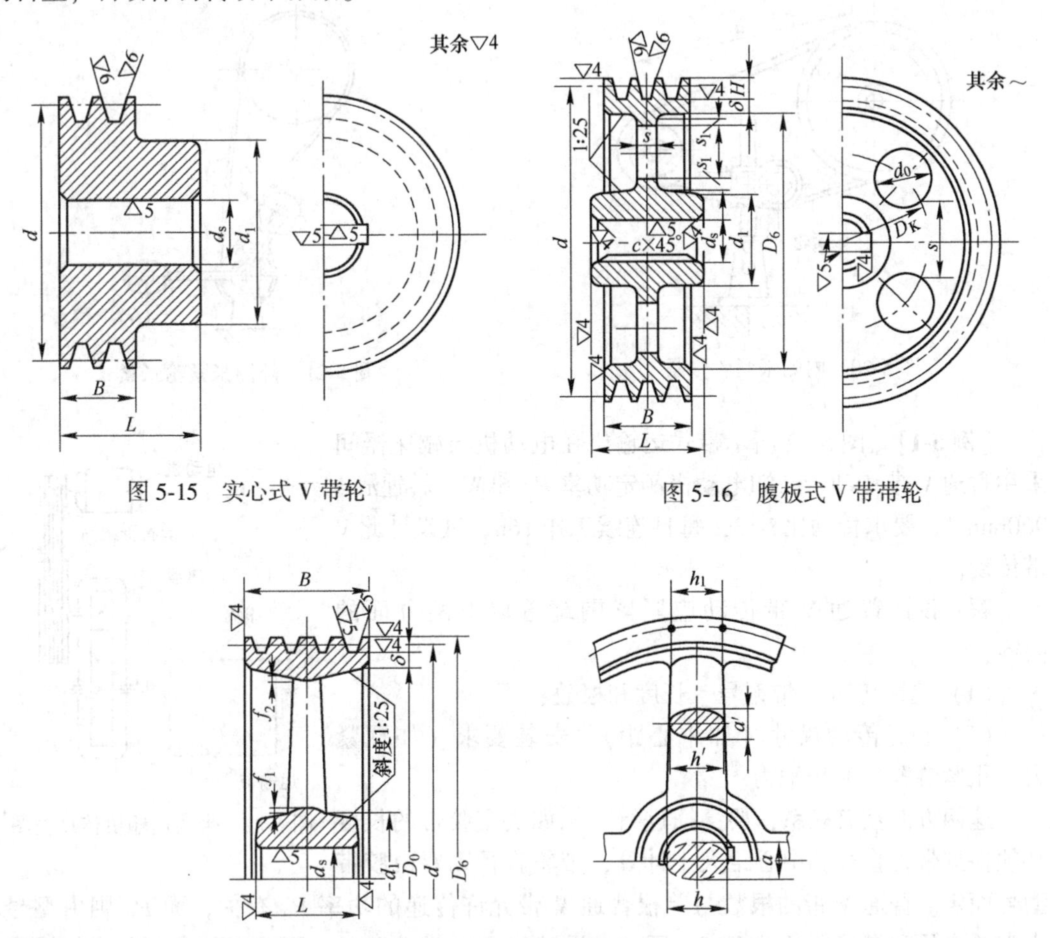

图5-15　实心式V带轮　　　图5-16　腹板式V带带轮

图5-17　轮辐式V带带轮

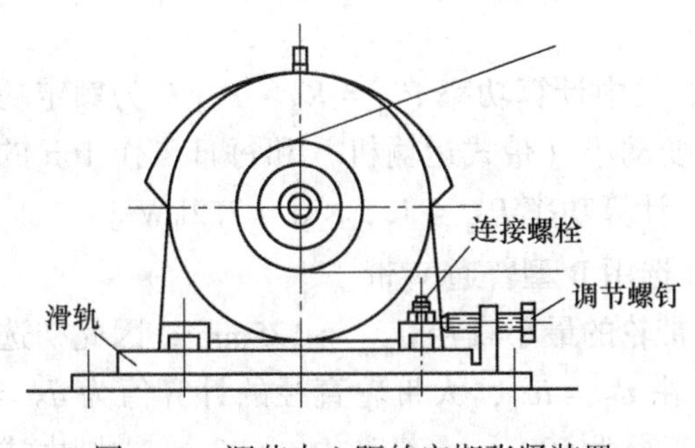

图5-18　调节中心距的定期张紧装置

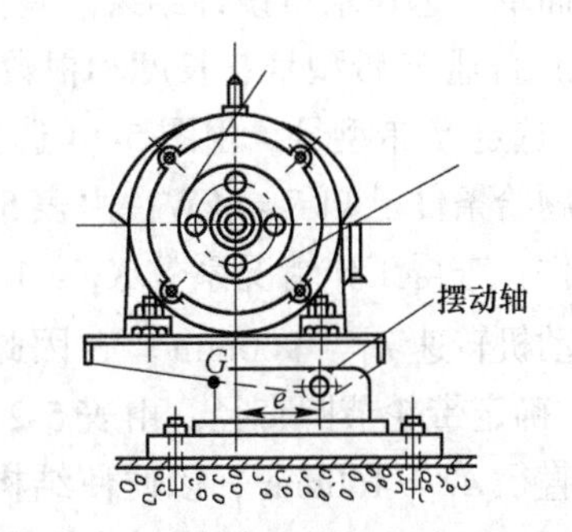

图5-19　利用电动机重量的自动张紧装置

（3）用张紧轮的张紧装置。当带传动的中心距因结构限制而不可能调整时，要用张紧轮将传动带张紧。图5-20为压在松边内侧的张紧轮，胶带只受单向弯曲。张紧轮尽量靠近大带轮，以免过分影响小带轮上的包角；张紧轮轮槽尺寸与带轮相同，直径则小于小带轮直径。图 5-21 所示为外侧张紧轮张紧。张紧轮压在松边外侧，常用在需要增大包角的平带传动中，并且是一种自动张紧装置。

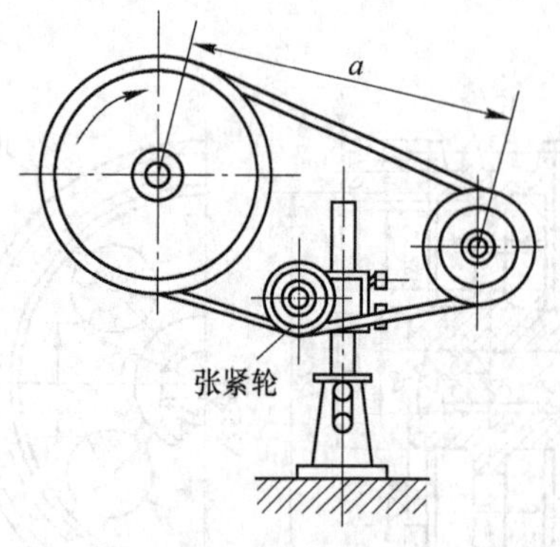

图 5-20　内侧张紧轮张紧

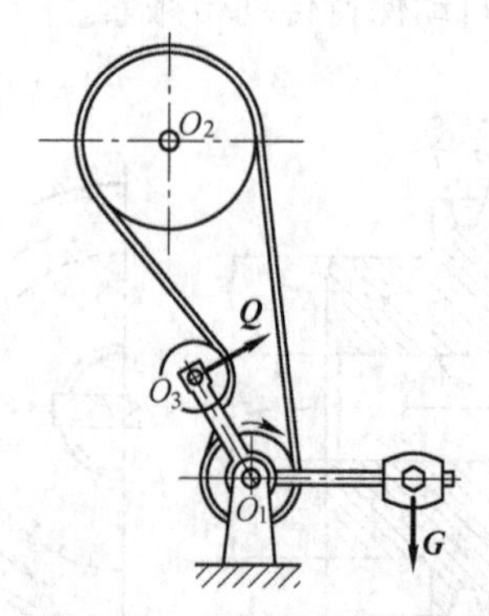

图 5-21　外侧张紧轮张紧

［**例 5-1**］　图 5-22 所示带式运输机在电动机与减速器间采用普通 V 带传动。已知电动机额定功率 $P=6\text{kW}$，转速 $n=960\text{min}^{-1}$，要求传动比 $i=3$，每日连续工作 16h，试设计此 V 带传动。

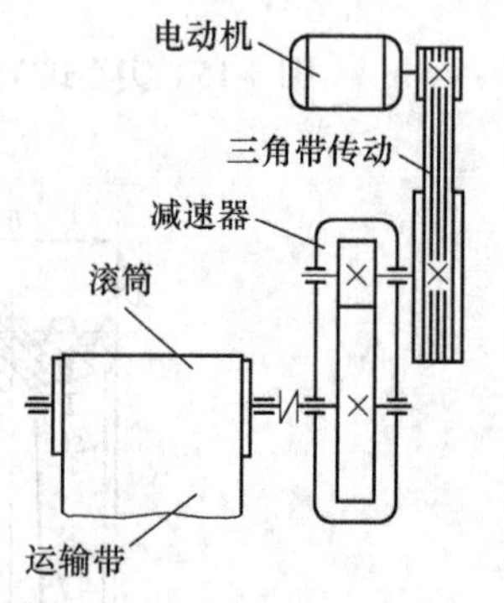

图 5-22　带式运输机传动简图

解：设计普通 V 带传动应紧紧围绕着以下两方面的内容：

（1）选择普通 V 带型号、长度和根数；

（2）确定传动尺寸（如中心距）、安装要求（如预紧力、张紧装置）和压轴力。

这两方面互有联系，要穿插进行，例如决定胶带的长度必须根据带轮直径和中心距大小计算，带轮直径则要由胶带型号而定。普通 V 带的根数与单根普通 V 带允许传递的功率 P_0 有关，而 P_0 则由型号、小带轮直径和带速等条件而定。因此在设计普通 V 带传动时，要注意其合理的设计顺序，以便能简单、迅速求得设计结果。具体设计步骤如下。

（1）普通 V 带型号、长度和根数：

1）选定 V 带型号。由图 5-14 选型图选定。其中计算功率 $P_{ca}=K_A\cdot P$，P 为额定功率，由题给条件已知 $P=6\text{kW}$；由表 5-7 按载荷变动小（带式运输机）和每日工作 16h 的工作条件，查得工作情况系数 $K_A=1.2$，因此，计算功率 $P_{ca}=1.2\times6=7.2\text{kW}$。

电动机转速 $n_1=960\text{min}^{-1}$，因此由图 5-14 选用 B 型普通 V 带。

2）确定带轮节圆直径。由表 5-2 查得 B 型带轮的最小直径 $d_{min}=125\text{mm}$，因此初选小带轮直径 $d_1=160\text{mm}$，以便使结构较紧凑。由 $d_2=id_1$，大带轮直径的计算值为 $d_2=3\times160=480\text{mm}$，可查得接近此值的带轮标准直径为 500mm，若取 $d_2=500\text{mm}$，则由式（5-17）可求得考虑弹性滑动后带传动的实际传动比为 $i'=\dfrac{d_2}{d_1(1-\varepsilon)}=\dfrac{500}{160(1-0.01)}=3.15$，与题给要求 $i=3$ 的误差为 $\dfrac{3-3.15}{3}=-0.05=-5\%$，符合要求（$\leqslant\pm5\%$）。因此取

$d_1 = 160\text{mm}$，$d_2 = 500\text{mm}$。V带速度

$$v = \frac{\pi d_1 n_1}{60 \times 1000} = \frac{\pi \times 160 \times 960}{60 \times 1000} = 8.04\text{m/s}$$

带速在5~25m/s范围内，带轮直径合适。

3）中心距a和带长L：

①初选：

$$a_0 = 0.7(d_1 + d_2) \sim 2(d_1 + d_2) = 0.7(160 + 500) \sim 2(160 + 500) = 462 \sim 1320\text{mm}$$

取$a_0 = 600\text{mm}$

②计算带长。由式（5-24）

$$L_{P0} = 2a_0 + \frac{\pi}{2}(d_1 + d_2) + \frac{(d_2 - d_1)^2}{4a_0}$$

$$= 2 \times 600 + \frac{\pi}{2}(160 + 500) + \frac{(500 - 160)^2}{4 \times 600} = 2284.9\text{mm}$$

由表5-5，根据B型，接近此值的标准长度为$L_P = 2300\text{mm}$。

③由 $a \approx a_0 + \frac{L_P - L_{P0}}{2} = 600 + \frac{2300 - 2284.9}{2} = 607.6\text{mm}$

考虑安装、调整需要，中心距变动范围为

$$a_{\min} = 607.55 - 0.015 \times 2300 = 573.1\text{mm}$$

$$a_{\max} = 607.55 + 0.03 \times 2300 = 676.6\text{mm}$$

4）验算主动轮上的包角。由式（5-26）

$$\alpha_1 = 180° - \frac{d_2 - d_1}{a} \times 57.3° = 180° - \frac{500 - 160}{607.6} \times 57.3° = 147.9° > 120°$$

合适。

5）确定带的根数。由式（5-28）

$$z \geqslant \frac{P_{ca}}{(P_0 + \Delta P_0)K_\alpha K_L}$$

①已知$P_{ca} = 7.2\text{kW}$。

②由表5-3，根据B型，$d_1 = 160\text{mm}$，$n_1 = 960\text{min}^{-1}$，由表5-3查得单根带能传递的功率$P_0 = 2.7\text{kW}$。

③根据传动比$i = 3.15$，小带轮转速$n_1 = 960\text{min}^{-1}$，由表5-4查得额定功率增量$\Delta P_0 = 0.30\text{kW}$。

④由表5-8，按$\alpha_1 \approx 150°$，包角系数$K_\alpha = 0.92$。

⑤由表5-9得B型带长度系数$K_L = 1$。

则

$$z \geqslant \frac{7.2}{(2.7 + 0.3) \times 0.92 \times 1} = 2.61$$

取普通V带根数$z = 3$根。因此，最后选定3根长度为2300mm的B型带。

（2）安装要求：

1）中心距$a = 607.6\text{mm}$。

2）计算单根 V 带的预拉力 F_0。由式（5-29）

$$F_0 = 500\frac{P_{ca}}{vz}\left(\frac{2.5 - K_\alpha}{K_\alpha}\right) + qv^2$$

由表 5-1，B 型带 $q = 0.17\text{kg/m}$

$$F_0 = 500 \times \frac{7.2}{8.04 \times 3} \times \left(\frac{2.5 - 0.92}{0.92}\right) + 0.17 \times (8.04)^2 = 267.3\text{N}$$

3）张紧形式。采用定期张紧，用改变电动机位置来调整中心距大小，以保持预紧力（参见图 5-19）。

4）计算压轴力 F_Q。由式（5-30）

$$F_Q = 2zF_0 \cdot \sin\frac{\alpha_1}{2} = 2 \times 3 \times 267.3 \times \sin\frac{150°}{2} = 1549.2\text{N}$$

本章小结

本章主要介绍了带传动的类型、特点和标准，带传动的工作原理、带传动的工作受力情况、应力分析、带传动的弹性滑动和打滑现象，带传动的失效形式和计算准则，普通 V 带传动的设计计算及参数选择方法，并同时阐述了带轮的结构与张紧装置等。

思考题

5-1 传动带工作中受哪些力？

5-2 有效拉力的大小与传动功率有什么关系？

5-3 带传动有哪些特点？它的工作原理是什么？

5-4 允许传递的最大有效拉力与哪些因素有关？

5-5 V 带传动为什么比平带传动能传递更大的功率？

5-6 带传动的预紧力大小对工作有什么影响？设计时如何确定预紧力大小？安装时如何测定预紧？怎样保持一定大小的预紧力？

5-7 传动带工作时有哪些应力？影响这些应力大小的因素有哪些？最大应力产生在什么位置？

5-8 保证传动带具有一定疲劳寿命的条件是什么？

5-9 什么叫弹性滑动？带传动为什么会产生弹性滑动现象？

5-10 弹性滑动能不能避免？弹性滑动对带传动的工作有什么影响？

5-11 带传动的主要失效形式有哪些？它的设计准则是什么？

5-12 单根普通 V 带所能传递的功率与哪些条件有关？如何确定？

5-13 为什么要考虑单根普通 V 带允许传递功率的增量 ΔP？它与哪些条件有关？

5-14 普通 V 带传动设计的主要要求和内容有哪些？其设计步骤大致怎样？

5-15 试分析普通 V 带传动参数 α、d_1、i、v、L_p 和 α_1 对传动工作的影响。

5-16 如何计算 V 带所需的根数？如果求出的根数过多或太少应如何处理？

5-17 如果设计中计算的包角 α_1 太小，或速度太大，应采取哪些措施来解决？

5-18 对带轮的要求有哪些？带轮的结构形式有哪些？根据什么来选定带轮结构？

5-19 常用的传动带的张紧装置有哪些类型？各适用在哪些场合？

5-20 求出普通 V 带对轴的压力有什么用处？

习 题

5-1 一颚式破碎机采用普通 V 带传动，已知电动机工作功率 $P = 4\text{kW}$，转速为 $n_1 = 1440\text{min}^{-1}$，电动机类型为鼠笼式交流感应电动机，从动轴转速要求为 $n_2 = 590\text{min}^{-1}$，两班制工作，试设计此普通 V 带传动。

5-2 C618 车床的电动机和床头箱之间采用垂直布置的普通 V 带传动。已知电动机功率为 $P = 4.5\text{kW}$，转速 $n_1 = 1440\text{min}^{-1}$，胶带传动比 $i = 2.1$，二班制工作，根据机床结构，带轮中心距 a 应为 900mm 左右，试求：

(1) 胶带的型号，长度和根数；

(2) 带轮中心距 a；

(3) 两带轮轴上的压力 Q；

(4) 带传动的张紧措施。

5-3 有一普通 V 带传动，今测得 $n_1 = 1450\text{min}^{-1}$，$a = 370\text{mm}$，$d_1 = 140\text{mm}$，$d_2 = 400\text{mm}$，用 3 根 B 型带，预拉力按规定条件给定，试求此传动所能传递的功率和带轮上所受的压力（载荷平稳、电动机驱动、单班制工作）。

5-4 设计一压力机上的普通 V 带传动。已知胶带由功率为 55kW 的交流异步电动机驱动，主动轮转速为 $n_1 = 730\text{min}^{-1}$，要求从动轮转速为 300min^{-1}，大带轮直径不超过 1000mm，中心距不超过 1200mm，单班制工作。

6 链 传 动

内 容 提 要

链传动是具有中间挠性零件（链条）的啮合传动，能比带传动传递更大的功率，并且可以适应比较恶劣的工作条件（如高温、多尘、淋水和淋油等），但因瞬时传动比是变化的，冲击动载比较严重，因此不适用于高速条件。一般机械中常用的是套筒滚子链，这种链条已有国家标准，设计时按工作要求选用。链条为多元件组成的标准件，其失效形式依工作情况而不同，选用链条规格时按许用功率曲线进行，许用功率曲线则由实验作出，综合考虑了各元件的可能失效形式。链传动的参数（链轮齿数、传动比、中心距、链节数等）要合理选择。链轮齿形有标准，可用标准刀具加工，本章重点说明套筒滚子链传动的设计方法。

6.1 链传动的组成、特点和应用

6.1.1 链传动的组成

链传动是由安装在平行轴上的两个或多于两个的链轮和链条组成（图 6-1），以链条作为中间挠性件，靠链节与链轮轮齿的啮合来传递运动和动力。按照工作性质的不同，有传动链、起重链和牵引链三种，本章只介绍用于传递动力的传动链。

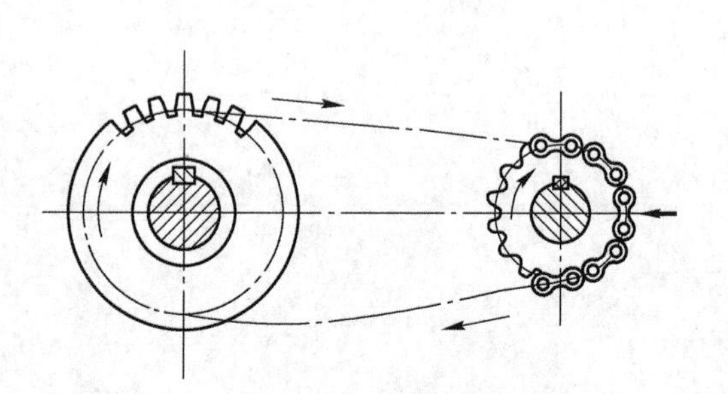

图 6-1 链传动简图

6.1.2 链传动的特点

与带传动和齿轮传动对比，链传动有以下优点和缺点。

（1）与带传动类似，可以根据需要来选择链条的长度，以适应轴间距离较大的工作要求。

（2）与带传动相比，链传动是啮合传动，因此没有滑动，平均传动比准确，传递的动力大小相同时，链传动结构比较紧凑；此外不需要很大的预拉力，因此作用在轴上的载荷较小，效率也较带传动高（$\eta \approx 98\%$）；链传动能在温度较高、湿度较大、灰尘较多的恶劣环境中工作。

（3）由于链节是刚性的，所以链条以折线形状绕在链轮上，即使主动链轮转速不变，链速和从动链轮瞬时转速也是变化的，因此链传动不如带传动和齿轮传动平稳，工作时有噪声，不适于用在要求精确传动比的场合和高速、载荷变化大以及急促反向的传动中。

（4）只能用于平行轴间的传动。

（5）链传动对安装精度要求较高，制造成本也较带传动高。

6.1.3 链传动的应用

由于链传动比较简单、经济和可靠，并可在恶劣条件下工作，所以广泛应用在农业、采矿、冶金、建筑、起重、运输、石油、化工和纺织等各种机械中。一般传动功率小于100kW，传动比 $i \leqslant 8$，链速 $v \leqslant 12 \sim 15\text{m/s}$，效率 $\eta = 0.95 \sim 0.97$。目前最大传递功率可达3600kW，最高速度达40m/s，最大传动比达15，最大中心距达8m。

6.2 传动链的类型、结构和标准

按结构的不同，传动链主要有套筒滚子链和齿形链两种。

6.2.1 套筒滚子链

套筒滚子链的结构如图6-2所示。它是由外链板1、轴销2、内链板3、套筒4和滚子5组成。内链板与套筒，外链板与轴销分别以过盈配合套紧，组成内链节和外链节。相邻滚子外圆中心的距离称为链节距 p，它是链条的主要参数之一。轴销与套筒、套筒与滚子间为间隙配合，可以自由转动。链条就是由一些内链节和外链节依次铰接组成。相邻的内链节和外链节可以相对转动，滚子在套筒上也可以自由转动，因此链节在进入链轮啮合或离开链轮时，滚子与轮齿形成滚动摩擦；轴销与套筒以及套筒与滚子之间则在有较大的承压面积下相对滑动，因而在传递动力时，啮合部分和铰链部分的摩擦和磨损都能减小。为减轻链条的质量，将链板做成8字形。

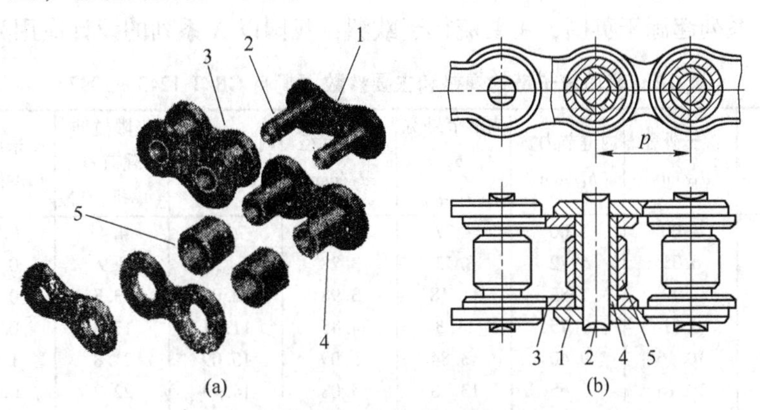

图6-2 套筒滚子链

传递较大的动力时，可以用几根相同节距 p 的链条组成多排链。图6-3所示为用一个长销轴联接成的双排链。国产多排链的排数为双排至六排，其承载能力随排数按一定比例增长。由于制造精度不易保证，容易受载不均，因此一般用双排链比较多，四排以上的用得更少。传递的载荷很大，需要用排数较多的链条时，可以用两根或两根以上的双排链或三排链，使链条受载能比较均匀。

为形成首尾相接的封闭形链条，应用连接链节将首尾连接。链节数为偶数时，连接链节形状与外链节相同，只是为了便于装配，其中一侧的外链板与轴销不采用过盈配合，而用开口销或弹簧夹（或钢丝卡簧）将活动销轴固定（图 6-4（a）、图 6-4（b））。由于开口销强度较低，在重要动力传动中已少用。当链节数为奇数时，则应采用过渡链节（图 6-4（c））。由于过渡链节的链板在工作时还受有附加弯曲应力，强度只是普通链节的 80%左右，因此，一般尽量不用奇数链节。

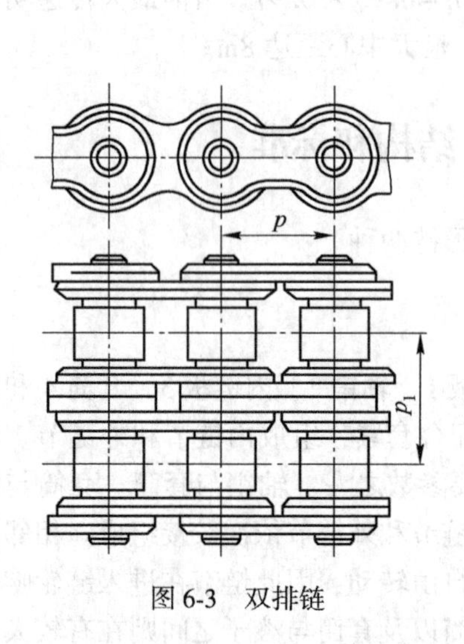

图 6-3 双排链

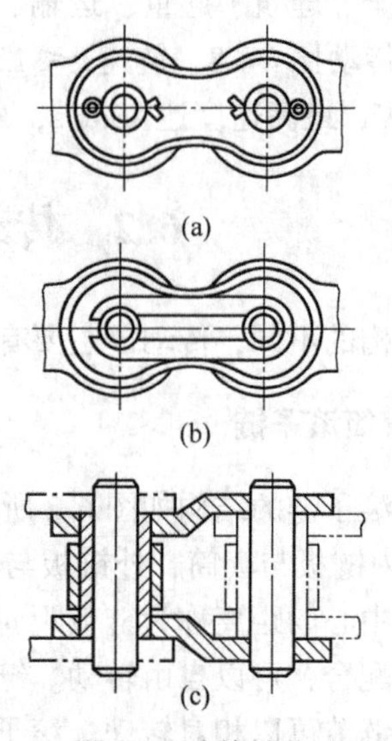

图 6-4 连接链节

（a）开口销；（b）弹簧夹；（c）过渡链节

套筒滚子链已标准化，其规格系列和主要参数见表 6-1。A 系列起源于美国，流行于世界各国；B 系列起源于英国，主要流行于欧洲；我国以 A 系列的设计应用为主，B 系列

表 6-1 套筒滚子链的规格和主要参数（摘自 GB/T 1243—1997）

链号	节距 p /mm	滚子外径 d_1/mm	内链节内宽 b_1/mm	内链节外宽 b_2 /mm	销轴直径 d_2/mm	内链板高度 h_2/mm	极限拉伸载荷 Q（单排）/kN	每米质量 q（单排）/kg	排距 p_t /mm
05B	8.00	5.00	3.00	4.77	2.31	7.11	4.4	0.18	5.64
06B	9.525	6.35	5.72	8.53	3.28	8.26	8.9	0.40	10.24
08A	12.70	7.92	7.85	11.18	3.98	12.07	13.8	0.60	14.38
08B	12.70	8.51	7.75	11.3	4.45	11.81	17.8	0.70	13.92
10A	15.875	10.16	9.40	13.84	5.09	15.09	21.8	1.00	18.11
10B	15.875	10.16	9.65	13.28	5.08	14.73	22.2	0.95	16.59
12A	19.05	11.91	12.57	17.75	5.96	18.08	31.1	1.50	22.78
12B	19.05	12.07	11.68	15.62	5.72	16.13	28.9	1.25	19.46
16A	25.4	15.88	15.75	22.61	7.94	24.13	55.6	2.60	29.29
16B	25.4	15.88	17.02	25.45	8.28	21.08	60.0	2.70	31.88
20A	31.75	19.05	18.90	27.46	9.54	30.18	86.7	3.80	35.76
20B	31.75	19.05	19.56	29.01	10.19	26.42	95.0	3.60	36.45
24A	38.10	22.23	25.22	35.46	11.11	36.20	124.6	5.60	45.44
24B	38.10	25.4	25.4	37.92	14.63	33.4	160.0	6.70	48.36

主要供维修与出口。表6-1为GB/T 1243—1997规定的部分套筒滚子链的主要尺寸和极限拉伸载荷，节距p为链条的主要参数，节距越大则链条各部尺寸也越大，承载能力和重量也增大。

6.2.2　齿形链

齿形链由各组齿形链片交错排列，用铰链互相连接组成（图6-5）。链板的两侧工作面为直边，两工作面夹角一般为60°。为防止齿形链工作时从链轮上脱落，链条上有导板，导板形式有内导板和外导板两种，一般用内导板。

齿形链有多种不同的结构形式，目前应用较多的是衬瓦铰链式齿形链（图6-6）。这种齿形链，在链板销孔两侧有长、短扇形槽各一条，并且在同一轴线上。相邻链板左右相间排列，因而长短扇形槽也是相间排列。在销孔中装入销轴后，在销轴左右的短槽中嵌入衬瓦，使相邻链节在作相对转动时左右衬瓦将各在其长槽中摆动，同时衬瓦内表面则沿销轴表面滑动。相邻链节的最大转角为60°。这种齿形链由于其衬瓦长度与销轴长度一样，因此工作时铰链上的比压较小，磨损也就较小。

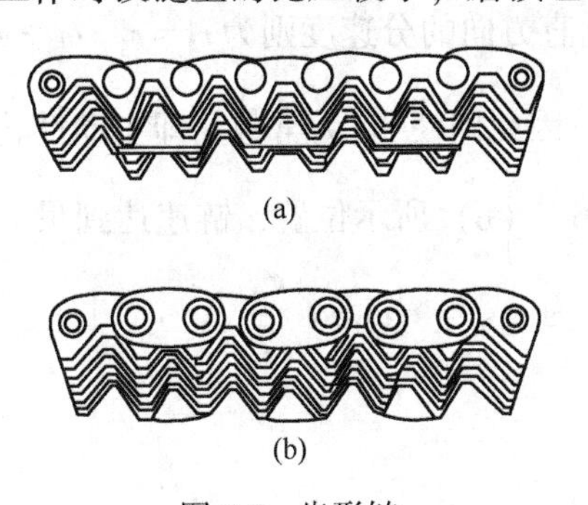

图6-5　齿形链

(a) 内导板齿形链；(b) 外导板齿形链

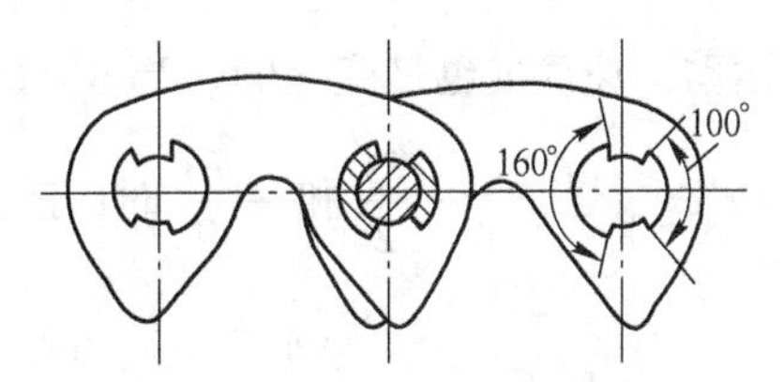

图6-6　衬瓦铰链式齿形链

与套筒滚子链相比，齿形链工作时链节进入链轮是逐渐啮入的，因此，具有工作比较平稳、噪声较小、允许链速较高（可达40m/s）、承受冲击能力较强和链轮齿受力较均匀等优点。由于链条是多链片组成，不会因为一两个链片损坏而导致传动失效，铰链磨损也比较小，因此工作可靠、寿命较长。但齿形链的结构比套筒滚子链复杂，价格较贵、重量较大，对维护和安装要求也较高，因而应用较少。本章只介绍套筒滚子链传动的设计。

6.3　链传动的运动特性

6.3.1　链传动的运动不均匀性

由于链节是刚性的，当链条与链轮啮合时，链条呈一多边形分布在链轮上，链轮回转一周，链条移动的距离与多边形的周长相同，而多边形的边长就是链条的节距p，边数就是链轮的齿数z，因此链轮每回转一周时，链条移过的距离就等于zp，所以链条的速度为

$$v = \frac{n_1 z_1 p}{60 \times 1000} = \frac{n_2 z_2 p}{60 \times 1000} \tag{6-1}$$

式中，n_1，n_2 分别为主动链轮和从动链轮的转速，r/min；z_1，z_2 分别为主动链轮和从动链轮的齿数；p 为链条节距，mm。

因此链传动的传动比为

$$i = \frac{n_1}{n_2} = \frac{z_2}{z_1} \tag{6-2}$$

由上述计算式求得的 v、i 值，都是以链轮转动的周数计算的，因此都是平均值。实际上由于链节绕在链轮上呈多边形，因此即使主动链轮的角速度 ω_1 为常数，链传动的瞬时链速 v、从动链轮的瞬时角速度 ω_2 和瞬时传动比 i 等都将是变化的。

如图 6-7 所示，假定链传动的主动边总是处在水平位置，当主动链轮转动带动链条进入链轮时，轮齿将与链条的铰链相啮合，因此销轴的位置随链轮转动而不断变化。当销轴 A 的瞬时位置如图 6-7（a）所示时，主动链轮带动销轴的速度，即链轮圆周速度为 $v_1 = r_1'\omega_1$，r_1' 为主动链轮的节圆半径。而瞬时链速 v 应等于 v_1 的水平方向分速度，即 $v = v_1\cos\beta = r_1'\omega_1\cos\beta$，$\beta$ 为 A 点圆周速度与水平线的夹角。垂直方向的分速度则为 $v_1' = r_1' \cdot \omega_1 \cdot \sin\beta$。由于 β 角是在 $-\frac{\varphi_1}{2}$ 到 $+\frac{\varphi_1}{2}$ 之间变化$\left(\varphi_1 = \frac{360°}{z_1}\right)$，因此即使 ω_1 为常数，即主动链轮为匀角速运动，速度 v 也是变化的。当 $\beta = 0$ 时，如图 6-7（b）所示位置，链速达到最大，为 $v_{\max} = r_1'\omega_1$；当 $\beta = -\frac{\varphi_1}{2}$ 和 $+\frac{\varphi_1}{2}$ 时，链速为最小，为 $v_{\min} = r_1'\omega_1\cos\frac{\varphi_1}{2}$。

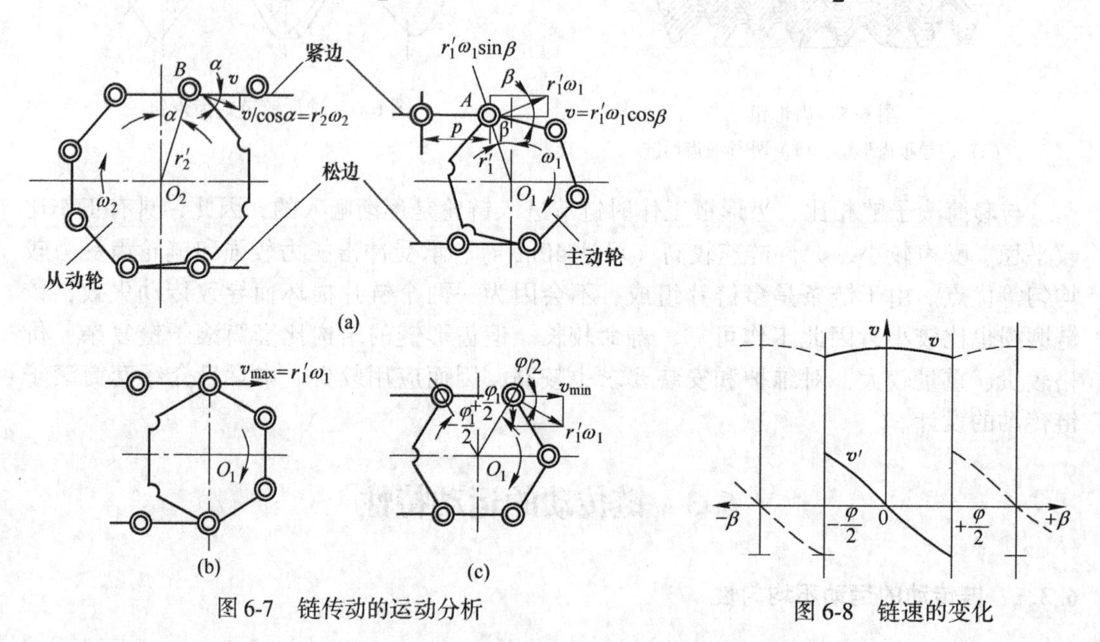

图 6-7 链传动的运动分析

图 6-8 链速的变化

由上述可知，链轮每转过一齿，链速由小到大又由大到小周期变化一次，如图 6-8 所示。由于链条瞬时速度是变化的，因而链传动具有运动不均匀的特性。当 ω_1 一定时，链速变化的幅度与 φ_1 和 r_1' 有关，因此与链轮齿数 z_1 和链节距 p 的大小有关，链轮齿数愈少和链节距愈大，链传动运动不均匀性也就愈严重。由这种多边形啮合传动带来的运动不均匀性，也称为链传动的多边形效应。

从动链轮是由链条带动的，而链速 v 不是常数，同时，与从动链轮啮合的销轴位置也是不断改变的，因此从动链轮的圆周速度为 $v_2 = \frac{v}{\cos\alpha} = \frac{r_1'\omega_1\cos\beta}{\cos\alpha} = r_2'\omega_2$，$\alpha$ 为从动链轮上 B 点瞬时位置的水平速度与圆周速度的夹角（图 6-7a），r_2' 为从动链轮的节圆半径。

链传动的瞬时传动比为

$$i = \frac{\omega_1}{\omega_2} = \frac{r_2'\cos\alpha}{r_1'\cos\beta} \tag{6-3}$$

由于 α、β 都随时间而变化，瞬时传动比不是定值。只有当两轮的齿数相同，紧边链长是链节距的整数倍时，α 和 β 的大小和变化随时相等，链传动的传动比 i 才可能是定值。因而只有在这种情况下，当 ω_1 为一定值时，从动链轮的瞬时角速度 ω_2 才是定值。

由上述可知，链传动的工作不平稳和瞬时传动比不是常数，是链传动本身固有的性能。设计时可以采用较多的链轮齿数（相应减小链节距，以使链轮直径不至于过大）来提高传动的平稳性。

6.3.2 链传动的动载荷

链传动产生动载荷的原因主要有三个方面。

（1）链速周期性变化产生的动载荷。由于链速 v 的变化，链条的加速度为

$$a_c = \frac{dv}{dt} = -r_1'\omega_1\sin\beta\frac{d\beta}{dt} = -r_1'\omega_1^2\sin\beta$$

式中，t 为时间，r_1' 为主动链轮节圆半径。

$$r_1' = \frac{p}{2\sin\frac{180°}{z_1}}$$

销轴位于 $\beta = \pm\frac{\varphi_1}{2}$ 时，加速度达最大，为

$$a_{cmax} = \pm r_1'\omega_1^2\sin\frac{\varphi_1}{2} = r_1'\omega_1^2\sin\frac{180°}{z_1} = \pm\frac{\omega_1^2 p}{2}$$

由此可见，链轮转速越高，节距越大（即齿数越少）时，加速度愈大，因而动载荷越大。

（2）链条上下垂直运动速度的变化引起的横向振动所产生的动载荷。如图 6-7（a）所示，链条还有上下垂直运动，其速度为 $v' = v_1\sin\beta = r_1'\omega_1\sin\beta$，因此瞬时速度也是随销轴位置而改变的，它使链条产生规律性的横向振动，导致链条的张力变化，产生动载荷，并且也是链传动产生共振的主要原因。

（3）链条与链轮轮齿啮合时的冲击和动载荷。当链节进入链轮的瞬间，链节和轮齿以一定的相对运动速度相啮合（图 6-9），从而使链条和轮齿受到冲击并产生动载荷。由于链节对轮齿的连续冲击将使传动产生振动和噪声，并

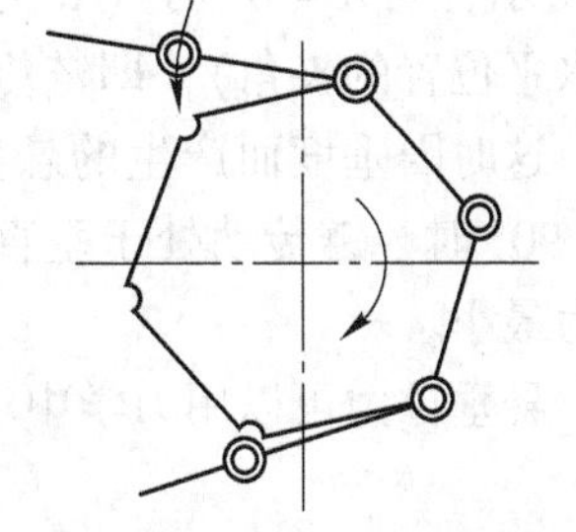
图 6-9　链节和链轮啮合时的冲击

将加速链条的损坏和轮齿的磨损，同时也增加了能量的消耗。

此外，链条松弛，在启动、制动、反转、突然超载或卸载时的惯性冲击也将对链条产生很大的动载荷。动载荷过大，必然产生噪声、振动，降低寿命，因此，设计中应尽可能采用较小的链节距、较多的链轮齿数、适宜的齿形角和限制链轮转速，以及采用自动张紧装置等来减少动载荷。

6.4 链传动的受力分析

链传动工作时，主动链轮通过轮齿带动链条，因此链条受到工作拉力 F；此外链条绕着两个链轮回转时产生离心力，使链条受到离心拉力 F_c；链条为挠性件，由于本身的重量而产生悬垂，因而链条还受悬垂拉力 F_y 的作用。

工作中，链条紧边拉力和松边拉力的大小不同。如果不考虑动载荷，则紧边所受拉力为

$$F_1 = F_e + F_c + F_y \tag{6-4}$$

松边所受拉力为

$$F_2 = F_c + F_y \tag{6-5}$$

有效圆周力 F_e 由传动功率和速度定，它等于链轮上作用的圆周力的大小，为

$$F_e = \frac{1000P}{v} N \tag{6-6}$$

式中，P 为传动功率，kW；v 为链速，m/s。

离心拉力的计算方法与带传动相同，即可以利用式（5-11）求得

$$F_c = qv^2/2 \tag{6-7}$$

式中，q 为单位长度链条的质量，kg/m，v 为链速，m/s。

悬垂拉力的大小则与下列因素有关：链条单位长度的重量 g；链条悬空部分的长度（可以近似地取为中心距 a）；链条的下垂度 y，一般推荐 $y = (0.01 \sim 0.02)a$，垂度过大则链条与链轮的啮合情况不好，垂度过小则拉力增大，会使轴承所受载荷增加，并加速链条的磨损。此外悬垂拉力的大小还与链传动的布置形式有关，如图 6-10 所示，当 $\alpha = 0°$ 时（α 为两链轮中心线与水平位置的夹角），即链传动处于水平位置，这时因垂度而产生的悬垂拉力为最大；$\alpha = 90°$ 时，链传动处于垂直位置，悬垂拉力为最小。

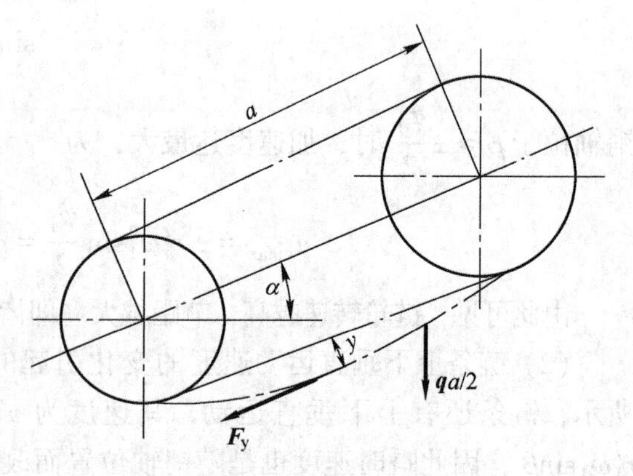

图 6-10 悬垂拉力

悬垂拉力可以用力学中求悬索拉力的方法近似求得，其公式为

$$F_y = K_y qga \tag{6-8}$$

式中，a 为链传动的中心距，mm；g 为重力加速度，$g = 9800\text{mm/s}^2$；K_y 为垂度系数，即下

垂度 $y = 0.02a$ 时，因 α 角不同而取的数值不同，对水平传动 $\alpha = 0°$，$K_y \approx 6$；当 $\alpha < 40°$ 时，$K_y \approx 4$；对垂直传动 $\alpha = 90°$，$K_y \approx 1$。

链条对链轮轴的作用力，可以按式（6-9）求得

$$F_Q \approx K_Q F_e \tag{6-9}$$

式中，F_e 为有效圆周力，N；K_Q 为压轴力系数。

对水平传动或倾斜传动 $K_Q = (1.15 \sim 1.20) K_A$；对垂直传动 $K_Q = 1.05K_A$，K_A 为工作情况系数，详见表 6-2。

表 6-2 工作情况系数 K_A

从动机械特性		主动机械特性		
		电动机、汽轮机和燃气轮机、带有液力耦合器的内燃机	六缸或六缸以上带机械式联轴器的内燃机、经常起动的电动机（一日两次以上）	少于六缸带机械式联轴器的内燃机
平稳运转	离心泵、压缩机、印刷机械、均匀加料的带式输送机、自动扶梯、液体搅拌机和混料机、风机	1.0	1.1	1.3
中等冲击	三缸或三缸以上的泵和压缩机、混凝土搅拌机、载荷非恒定的输送机	1.4	1.5	1.7
严重冲击	刨煤机、电铲、轧机、球磨机、压力机、剪床、石油钻机、橡胶加工机械	1.8	1.9	2.1

6.5 滚子链传动的设计计算

链条是标准件，因此，设计链传动的主要内容是：根据传动要求选择链条的类型并决定链条的型号（即确定链节距和排数），合理选择参数（包括链轮齿数、传动比、中心距和链节数等），以及确定润滑方式等。链条的类型要考虑工作条件的要求和不同类型链条的特点来确定。一般套筒滚子链传动用得较多，因此只介绍这种链传动的设计方法，其他链条的设计方法也和它类似，可在一些专门资料中查得。

6.5.1 滚子链传动的失效形式

链传动由链条及链轮组成，一般情况下，链轮轮齿在工作中产生的少量磨损或塑性变形对传动的工作影响不大，链轮寿命常在链条寿命的 2~3 倍以上，所以链传动的失效主要取决于链条。链条是多元件组成的，因此其失效形式由各个元件在不同工作条件下可能的失效而定，其主要失效形式有以下几种。

（1）链的疲劳破坏。链条在工作中所受的载荷大小是变化的，因此链条各元件受变应力作用，如链板受拉伸和弯曲变应力，滚子、套筒受冲击和接触变应力等。经过一定工作时间，在较大的变应力下，作用一定循环次数之后，链条的元件将产生疲劳破坏。在中、低转速时，一般是链板首先发生疲劳断裂；高转速时则由于冲击载荷较大，滚子会先于链

板产生疲劳破坏。因此，对于有充分润滑，设计、安装正确的链传动，疲劳强度是决定链传动工作能力的主要因素。

(2) 链条铰链的磨损。铰链在进入链轮与轮齿啮合和离开链轮脱离啮合时，相邻的链节将产生相对转动，致使轴销与套筒和套筒与滚子间有相对滑动。在润滑不充分或载荷过大的条件下，将使铰链磨损的很快。磨损将造成链节的实际节距变大，在达到一定程度时(在标准试验条件下，允许整根链条的平均伸长率为3%)，将使链条与链轮的啮合点向顶圆移动，破坏正常啮合，甚至造成脱链而使传动失效。磨损还会使链条的实际节距的不均匀性增大，引起传动更不平稳。

铰链磨损曾经是链传动的最主要失效形式，并作为链传动工作能力的主要判据。但近年来，由于制造链条和链轮的材料和热处理工艺的改进（主要是采用较高的硬度)，以及提高了表面光洁度，加强了防护和润滑措施，磨损失效在很多情况下已退居次要地位。只有比较恶劣的工作条件，或防护装置不良、润滑不能保证的链传动，磨损才成为主要失效形式，并且按磨损的限制条件进行链传动的设计计算，如目前在一些矿山设备中应用的链传动，就是这种情况。

(3) 多次冲击破断和过载拉断。链传动在工作中如果经常启动，制动、反转或受重复冲击载荷，链条受到较大的动载荷，经过多次冲击，滚子、套筒和销轴将会产生冲击破断，而这时的应力变化总循环次数一般不超过 10^4 次。在低速（$v < 0.6$m/s）重载的链传动中，突然的巨大过载，可能使链条元件所受应力超过静强度极限，因而将链条拉断。

(4) 胶合。在速度很高时，如果载荷很大，销轴与套筒之间的承载油膜会被破坏而使金属表面直接接触，由于摩擦而产生的热量将使销轴与套筒的工作表面产生胶合，使链传动迅速失效。胶合在一定程度上限定了链轮的极限转速。

由上述可知，在不同的工作情况下，链传动的主要失效形式也不同。在一定寿命下和润滑良好时，链传动的工作能力可以由各种失效形式限定的极限功率来反映，它与小链轮的转速有关，一般用极限功率曲线（图6-11）来表达。为保证链传动可靠地工作，其许用功率曲线应在极限功率曲线的范围内。对于润滑不良、工作环境恶劣的链传动，它所能传递的功率则低得多，如图中虚线所示位置。目前链传动的选择计算，就是依据许用功率曲线来进行的。

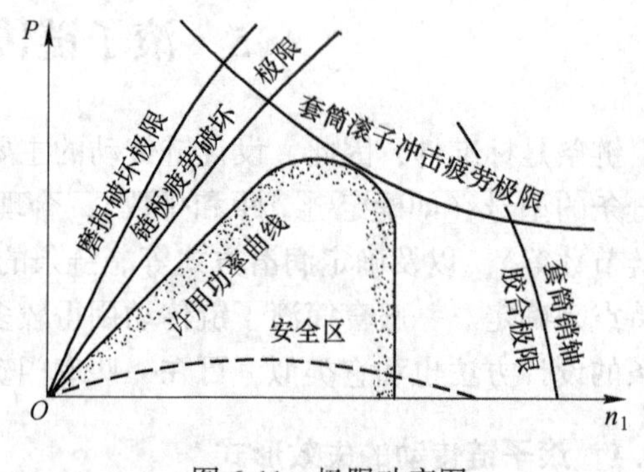

图6-11　极限功率图

6.5.2　链传动的主要参数及其选择原则

在满足工作能力的前提下，链传动的参数也可以有各种选择方案，选得是否合适，对传动工作的性能、尺寸和寿命等都有影响。主要的参数和选择原则如下。

(1) 传动比。传动比过大时，将使链条在小链轮上的包角过小，因而同时啮合的齿数太少，加速链轮齿的磨损；传动比太大，会使传动尺寸过大。因此一般套筒滚子链的传动比不宜大于 8，推荐传动比 $i=2\sim3.5$（小链轮包角不小于 120°）。在速度较低（$v<3\text{m/s}$）、载荷平稳，并且传动的外廓尺寸不受限制时，允许 i 达到 10。

（2）链轮齿数 z_1 和 z_2。链轮齿数对传动平稳性和工作寿命影响很大。齿数不宜过少也不能过多。小链轮齿数 z_1 较小时，可以减少传动外廓尺寸，但是如果过少，就会引起下列一些问题：1）由链传动的运动分析可知，齿数愈少，链传动运动不均匀性愈严重，动载荷也愈大；2）链条进入和离开链轮时，相邻链节的相对回转角 φ 增大，加快铰链的磨损和增加功率损耗；3）在相同的链节距下，齿数少则链轮直径小，因而传递同样大的动力时链轮圆周力比较大，链条工作拉力增大，增加铰链承压面上的压强，从而会加速链条和链轮的磨损，增加轴和轴承所受的载荷。

增加小链轮齿数 z_1 是有利于改善传动工作情况的。在动力传动中，套筒滚子链传动的小链轮齿数可以由表 6-3 根据链速来选取。

表 6-3　小链轮齿数 z_1 的选择

链速 $v/\text{m}\cdot\text{s}^{-1}$	0.6~3	3~8	>8	>25
齿数 z_1	≥15~17	≥19~21	≥23~25	≥35

链轮齿数也不能过多，齿数多除了使传动尺寸增大和重量增加外，还会由于脱链问题而缩短链条的使用寿命。因为链节铰链磨损时，轴销直径变小，套筒内径变大，从而使实际啮合的节距 p 增大了 Δp，链节将如图 6-12 所示沿齿廓向链轮齿顶方向外移，链条滚子外圆中心位置将沿链轮径向外移 $\dfrac{\Delta d'}{2}$，由几何关系可得

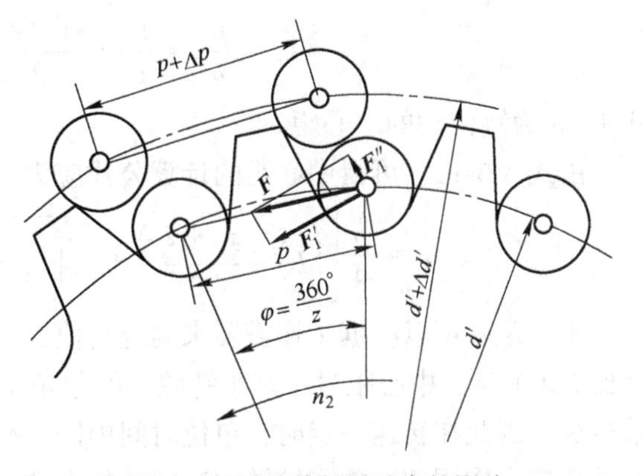

图 6-12　链节伸长对啮合的影响

$$d'+\Delta d'=\frac{p+\Delta p}{\sin\dfrac{180^\circ}{z}}$$

而链轮分度圆直径

$$d'=\frac{p}{\sin\dfrac{180^\circ}{z}}\qquad \Delta d'=\frac{\Delta p}{\sin\dfrac{180^\circ}{z}}$$

可见在链节距增长量 Δp 的许可值相同时，齿数愈多则 $\Delta d'$ 越大，即链节越接近齿顶，因而链条从链轮上脱落下来的可能性就越大。也就是说，齿数越多，不发生脱链的允许增长量 Δp 就越小，因而允许的链节磨损量就越小，链条的使用寿命就越短。在一般情况下，套筒滚子链的链轮最大齿数可取为 $z_{\max}=120$。

选择链轮齿数时，还要考虑轮齿和链条的均匀磨损问题，应该尽量避免同一轮齿周期性地固定与某几个链节啮合，即尽可能使同一轮齿轮流与所有的链节啮合。由于一般为便于连接而选取链节数为偶数，因此，链轮齿数最好选用与链节数互为质数的奇数。

（3）链节距 p 和排数。链节距 p 的大小反映了链节和链轮的各部尺寸大小。由前述可知，在一定条件下，链节距愈大，传动工作能力愈高，但传动平稳性差，动载荷和噪声越严重，传动尺寸也越大。链传动的工作能力还和链条的排数有关，在同样的工作条件下，如果选用多排链，当然就可以用较小的链节距，因此，选取链节距应该和选定排数同时考虑。一般要考虑以下一些原则：1）在满足承载能力要求的条件下，尽量选用较小节距的单排链，并且取较大的小链轮齿数；2）在高速重载的链传动中，应优先选用小节距的多排链，以满足传动平稳性和工作能力的要求；3）传递载荷比较大，传动比也比较大，而又要求中心距小些时，可以选用小节距的多排链，并选取较大的小链轮齿数；4）中心距要求较大，传动比又较小，或低速重载传动，宜采用节距较大但排数较少的链条。

（4）链轮的中心距和链条的长度（或链节数）。链条的长度 L 除了与链轮直径有关外，还与中心距有关。由于链节距 p 为标准值，而链条长度又应是 $L = L_p \cdot p$，L_p 为链节数。因此常以链节数来表示链条的长度，即 $L_p = \frac{L}{p}$。与带传动求带长的方法相同，链节数应为

$$L_p = \frac{L}{p} \approx \frac{2a}{p} + \frac{z_1 + z_2}{2} + \left(\frac{z_2 - z_1}{2\pi}\right)^2 \frac{p}{a} \tag{6-10}$$

式中，a 为链传动的中心距。

由式（6-10）可得中心距的计算公式应为

$$a \approx \frac{p}{4}\left[\left(L_p - \frac{z_1 + z_2}{2}\right) + \sqrt{\left(L_p - \frac{z_1 + z_2}{2}\right)^2 - 8\left(\frac{z_2 - z_1}{2\pi}\right)^2}\right] \tag{6-11}$$

中心距 a 可以根据工作需要来确定初值，它的大小对传动工作性能有很大影响。在传动比 $i \neq 1$ 时，中心距过小则小链轮上的包角小、啮合的链节和轮齿少；同时链条的链节数也少。因此在转速一定时，单位时间内同一链节绕过链轮的次数当然就比较多，因而链节受变应力作用的次数和铰链相对转动的次数就会比较多，从而降低链条的使用寿命。中心距大一些则链条较长、弹性较好、吸振能力高，并且磨损速度较慢，使用寿命较长。但是中心距如果过大，除了会加大结构尺寸外，还会使链条的松边在运转中发生上下颤动的现象，从而使传动运行不平稳。

根据以上的一些考虑，设计时如无特殊结构要求，一般可以初选中心距为 $a_0 = (30 \sim 50)p$，最大可取 $a_{max} = 80p$，当有张紧装置或托板时，则可以大于 $80p$。最小中心距 a_{min} 则以小轮包角不小于 120° 为限制条件，可取为

$i \leqslant 3$ 时，

$$a_{min} = \frac{d_{a1} + d_{a2}}{2} + (30 \sim 50) \tag{6-12}$$

$i > 3$ 时，

$$a_{min} = \frac{d_{a1} + d_{a2}}{2} \cdot \frac{9 + i}{10} \tag{6-13}$$

式中，d_{a1}，d_{a2} 分别为小链轮和大链轮的顶圆直径，mm。

根据初选的中心距 a_0 和链轮齿数 z_1、z_2，链节距 p，可以由式（6-10）求出所需的链节数 L_p，显然计算得到的链节数应圆整为相近的整数，并且最好为偶数，以免使用过渡

链节。

确定链节数后，则可以由式（6-11）求出链传动相应的中心距 a。为了便于链条的安装，保证合理的松边下垂量，使链条能顺利进入链轮轮齿啮合，因此应使安装中心距小于计算中心距，一般减少 $(0.002 \sim 0.004)a$，水平布置的链传动，最小安装初垂度可取为 $0.02a$。实际应用的链传动，中心距常常是可调节的，以便在链节增长后能调整链条的张紧程度。

6.5.3 滚子链选择计算方法

（1）套筒滚子链的额定功率曲线。图 6-13 为 A 系列各种规格套筒滚子链的额定功率曲线。这些曲线是在一些特定条件下通过试验作出的。这些条件是：1）单排链传动；2）两链轮轴在水平位置布置；3）小链轮齿数 $z_1 = 19$，链长 $L_p = 120$ 节；4）载荷平稳，工作环境正常，按推荐的润滑方式润滑；5）工作寿命为 15000h，在此期限内平均节距伸长量不超过 3%。

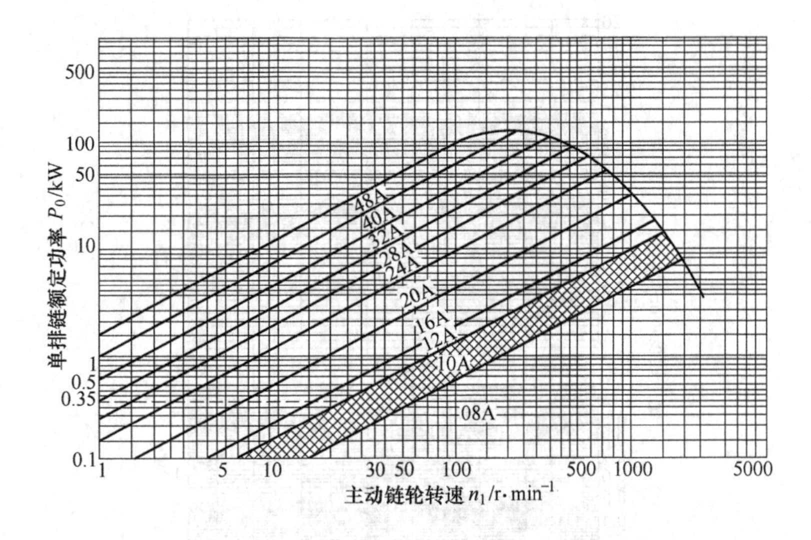

图 6-13 A 系列单排套筒滚子链的额定功率曲线

（2）根据额定功率曲线选择链条型号。根据设计条件，由传递的功率和小链轮转速，可以在图 6-13 中查出适用的链条型号（也就是确定了链条的节距）。如果是已有链条型号，则可以由图 6-13 初步核验其工作能力是否满足要求。

由于设计要求不可能与额定功率曲线的特定条件完全相同，因此，还必须根据实际情况对额定功率进行修正。考虑了各种具体条件以后，链传动传递的功率应满足式（6-14）要求：

$$P_{ca} = K_A P \leqslant K_z K_p P_0 \tag{6-14}$$

式中，P_0 为额定功率，kW，即在上述实验条件下，单排链传递的功率，可由图 6-13 查得；P 为名义功率，kW；P_{ca} 为计算功率，kW；K_A 为工作情况系数（表 6-2）；K_z 为小链轮齿数系数（表 6-4）；K_p 为多排链系数（表 6-5）。

按图 6-13 确定的许用功率 P_0 都和一定的润滑方式有关，图 6-14 为推荐润滑方式，如果不能实现推荐的润滑方式而使润滑不良，P_0 值应降低。

表 6-4　小链轮齿数系数 K_z

z_1	9	10	11	12	13	14	15	16	17	18	19	20	21	22	23
K_z	0.446	0.500	0.554	0.609	0.664	0.719	0.775	0.831	0.887	0.943	1.00	1.06	1.11	1.17	1.23
K'_z	0.326	0.382	0.441	0.502	0.566	0.633	0.701	0.773	0.846	0.922	1.00	1.08	1.16	1.25	1.33

注：当链传动工作在图 6-13 中高峰值左侧时，主要失效形式为链板疲劳破坏，取 $K_z=(z_1/19)^{1.08}$。

当链传动工作在图 6-13 中高峰值右侧时，主要失效形式为冲击疲劳破坏，取 $K'_z=(z_1/19)^{1.5}$。

表 6-5　多排链的排数系数 K_p

排数 m	1	2	3	4	5	6
排数系数 K_p	1	1.7	2.5	3.3	4.0	4.6

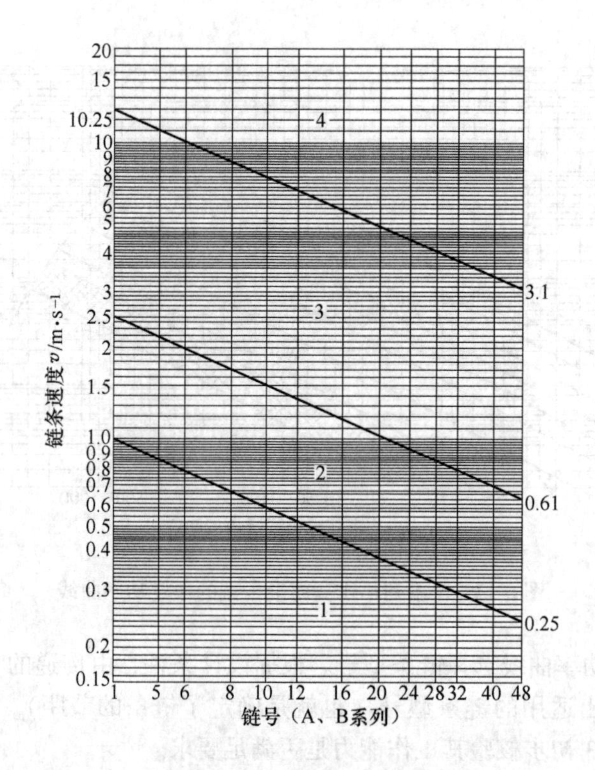

图 6-14　推荐的润滑方式

1—定期人工润滑；2—滴油润滑；3—油池润滑或油盘飞溅润滑；4—压力供油润滑

（3）低速链传动的静力强度计算。$v<0.6\text{m/s}$ 的链传动要按静强度计算。考虑到工作载荷的性质会有不同，引入工作状况系数 K_A，则静强度安全系数 S 应满足

$$S=\frac{Q}{K_A F_1}\geqslant 4\sim 8 \tag{6-15}$$

式中，Q 为链的极限拉伸载荷，N，见表 6-1；K_A 为工作情况系数，查表 6-2；F_1 为紧边总拉力 N。

6.6 链传动的布置、张紧和润滑

6.6.1 链传动的布置

链传动的布置要考虑以下几点：

(1) 两链轮的回转平面，必须布置在同一垂直平面内（即两个链轮的轴线都在水平位置），不能布置在水平面或倾斜平面内，否则将引起脱链或不正常磨损。

(2) 一般应使链条的紧边在上，松边在下（图 6-15（a）），以免链条的垂度较大时出现链条与轮齿干扰或两链边相碰。

(3) 两链轮中心的连线尽量布置在水平面上，或者夹角 α 小于 45°（图 6-15（b））的位置上。尽量避免垂直位置传动，以免链条垂度增大，使链条与下链轮啮合不良或脱离啮合。必须采用垂直布置时，应使上下链轮偏移一段距离（图 6-15（c）），避免 α 成 90°。

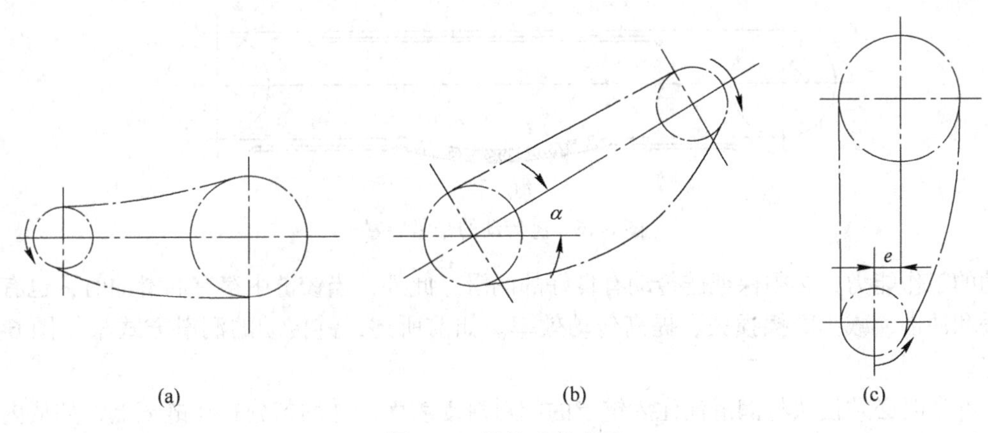

图 6-15 链传动的布置

6.6.2 链传动的张紧

链传动是啮合传动，因此一般情况下不需要特殊张紧，只是在因垂度过大会引起啮合不良和产生链条振动而影响传动性能时，才采取张紧措施。$\alpha > 60°$ 时则必须有张紧装置。张紧的方法有以下几种。

(1) 调整中心距。一般套筒滚子链传动中心距调整的范围为 $\Delta a \geqslant 2p$，调整后松边的下垂量一般控制在 $y = (0.01 \sim 0.02)a$。

(2) 张紧轮张紧。如图 6-16（a）、图 6-16（b）所示，张紧轮应装在松边上，一般靠近从动链轮处。张紧轮可以用带齿的链轮或不带齿的辊轮，其直径与小链轮直径相近。张紧力可用弹簧（图 6-16（a））或挂重（图 6-16（b））来产生。

(3) 压板或托板张紧。压板张紧（图 6-16（c））可以用于多排链传动，一般装在松边上。托板（图 6-16（d））则只在链速 $v \leqslant 1\text{m/s}$ 时使用。

6.6.3 链传动的润滑

铰链磨损是链传动的主要失效形式之一，因此，为减少磨损、延长使用寿命、提高链

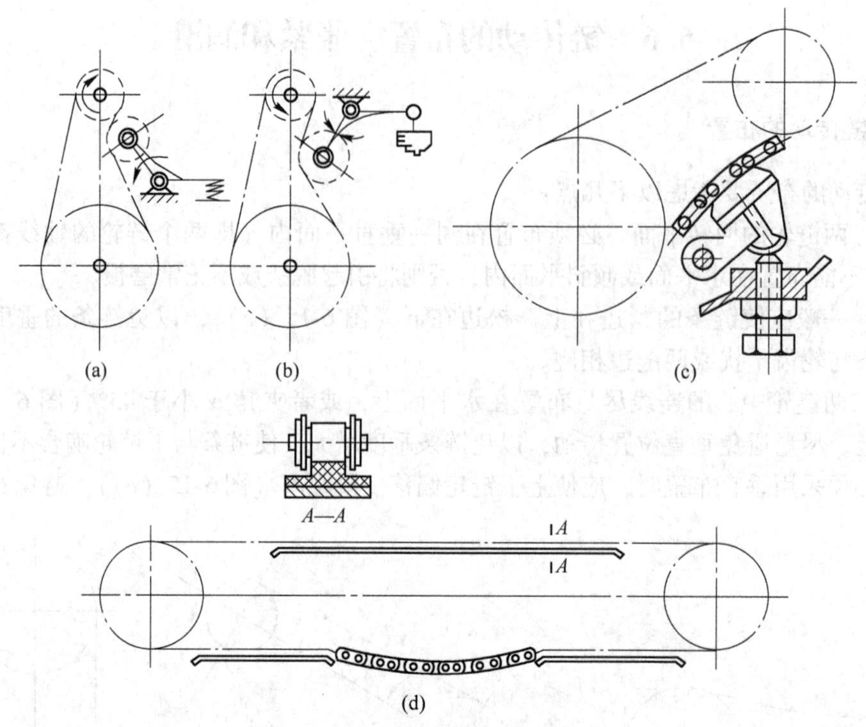

图 6-16　链传动的张紧装置

传动的工作能力，必须保证链传动有良好的润滑。此外，当铰链中存有润滑油时，也有利于缓和冲击、减小摩擦损失、提高传动效率。如前所述，链传动的润滑方式根据图 6-14 选定。

润滑时必须设法将润滑油注入链节的相对滑动表面，并均匀分布在链宽上，如从内外链板之间和内链板与滚子之间的缝隙中注入。润滑油应加在松边上，因为松边的链节处在松弛状态，润滑油比较容易进入到各滑动表面。

链传动常用的润滑油牌号为 32、46 和 68 等机械油。只有在转速很低又无法供油处，才采用润滑脂。

[**例 6-1**]　试设计一螺旋输送机的套筒滚子链传动（图 6-17），已知电动机功率 P = 4kW，转速 n_1 = 965r/min，要求链传动的传动比 i = 2.8，传动装置近似水平布置，工作载荷平稳。

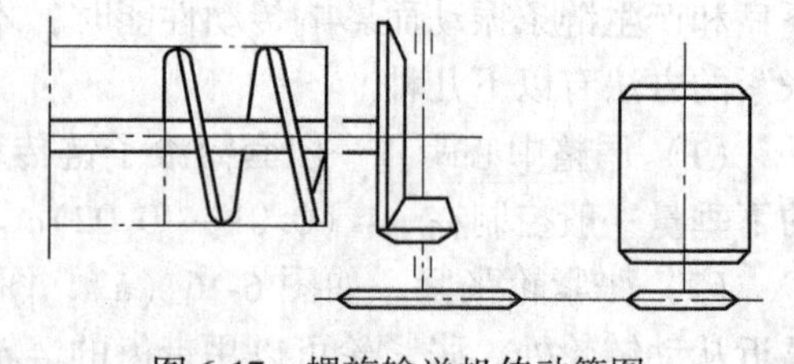
图 6-17　螺旋输送机传动简图

解：链传动由链条和链轮组成，因此它的设计内容主要是：选定链轮齿数 → 按额定功率曲线选链条型号 → 计算中心距和链节数 → 计算链轮尺寸。

（1）选择链条型号。按照许用功率曲线（图 6-13），由功率和小链轮转速 n_1 选取链条型号。由式（6-14）可以求出所选链条应满足的额定功率 P_0 为

$$P_0 = \frac{K_A P}{K_z K_p}$$

式中的各参数，除传动功率 P 已知外，由载荷情况可以确定工作状况系数 K_A，K_z、K_p 不能由已知条件直接得出，要先选定链轮齿数，确定中心距和链条的排数后才能确定，因此，需要按以下步骤进行。

1）确定链轮齿数 z_1 和 z_2。由表 6-3，根据已知条件，先估计链速 v 在 3 ~ 8m/s，因此取 $z_1 = 19$，则 $z_2 = iz_1 = 2.8 \times 19 = 53.2$，取 $z_2 = 53$，以利于与偶数链节数互质，则实际传动比为 $i = \dfrac{53}{19} = 2.79$，与要求的传动比 2.8 的误差为 0.36%，可以满足使用要求。

由 $z_1 = 19$，在表 6-4 中查得 $K_z = 1.0$。

2）初选中心距。一般可以初选中心距为 $a_0 = (30 \sim 50)p$，现取 $a_0 = 40p$。

3）初定排数。虽然排数较多时节距可以小些，但是由于传递的功率不大，速度也不高，因此可以先用单排链试算，如果不符合要求，再选用多排链。由表 6-5，单排链时，$K_p = 1$。

4）工作状况系数 K_A。由表 6-2，根据已知条件，用电动机驱动并且载荷平稳时，$K_A = 1$。

5）要求的许用功率 P_0。将各参数代入前式

$$P_0 \geqslant \frac{PK_A}{K_z K_p} = \frac{4 \times 1}{1 \times 1} = 4\text{kW}$$

由求得的 P_0 和小链轮转速 $n_1 = 965\text{r/min}$，在图 6-13 中查出可以满足工作要求的链条型号为 10A，即链节距 $p = 15.875\text{mm}$。

6）验算链速和检查中心距。由于按 $v = 3 \sim 8\text{m/s}$ 选链轮齿数，并初选中心距 $a_0 = 40p$，因此，选定链节距后，应验算 v 是否与原设范围相符，并检查中心距大小是否满足题给条件。

链速
$$v = \frac{z_1 p n_1}{60 \times 1000} = \frac{19 \times 15.875 \times 965}{60 \times 1000} = 4.85\text{m/s}$$

符合原估计范围。

初定中心距
$$a_0 = 40p = 40 \times 15.875 = 635\text{mm}$$

因此，选用 10A 单排链条可以满足传动工作要求。

（2）传动尺寸和参数计算：

1）链节数 L_p。由初选中心距 $a_0 = 40p = 635\text{mm}$ 和链轮齿数，用式（6-10）可求得要求的链节数为

$$L_p \approx \frac{2a_0}{p} + \frac{z_1 + z_2}{2} + \left(\frac{z_2 - z_1}{2\pi}\right)^2 \frac{p}{a_0} = \frac{2 \times 635}{15.875} + \frac{19 + 53}{2} + \left(\frac{53 - 19}{2\pi}\right)^2 \times \frac{15.875}{635} = 116.73$$

取 $L_p = 116$ 节，因此中心距与初选中心距有一些差别。

2）理论中心距。根据取定的链节数 $L_p = 116$，利用式（6-11）求得链传动中心距为

$$\begin{aligned} a &\approx \frac{p}{4}\left[\left(L_p - \frac{z_1 + z_2}{2}\right) + \sqrt{\left(L_p - \frac{z_1 + z_2}{2}\right)^2 - 8\left(\frac{z_2 - z_1}{2\pi}\right)^2}\right] \\ &= \frac{15.875}{4} \times \left[\left(116 - \frac{19 + 53}{2}\right) + \sqrt{\left(116 - \frac{19 + 53}{2}\right)^2 - 8 \times \left(\frac{53 - 19}{2\pi}\right)^2}\right] \\ &= 629.14\text{mm} \end{aligned}$$

(3) 作用在链轮轴上的压力。由式 (6-9) $F_Q \approx K_Q F_e$，水平传动，取 $K_Q = 1.2K_A = 1.2 \times 1.0 = 1.2$。由式 (6-6) $F_e = \dfrac{1000P}{v} = \dfrac{1000 \times 4}{4.85} = 824.74\text{N}$，所以 $F_Q \approx K_Q F_e = 1.2F_e = 1.2 \times 824.74 = 989.69\text{N}$。

本章小结

本章主要介绍了链传动的类型、结构、标准、特点和应用，链轮和链条的基本常识，链传动的运动不均匀性、动载荷及受力情况，分析了链传动的失效形式、主要参数及其选择原则和滚子链选择计算方法，并同时阐述了链传动的布置、张紧和润滑。

思考题

6-1 链传动产生运动不均匀性的原因是什么？怎样才能减小运动不均匀性？

6-2 与带传动比较，链传动有哪些特点？链传动适合于用在哪些场合？

6-3 链传动产生动载荷的原因是什么？减少动载荷的措施有哪些？

6-4 链传动工作中，链条受到哪些作用力？

6-5 设计套筒滚子链传动时，其设计步骤大体怎样？

6-6 套筒滚子链传动的主要失效形式有哪些？

6-7 链传动的传动比取得太大时有什么问题？一般推荐的传动比范围是多少？

6-8 选择链轮齿数时要考虑哪些问题？小链轮齿数如何选取？

6-9 链节距的大小对传动工作有什么影响？选择链节距和排数时应考虑哪些问题？

6-10 链节数为什么常取偶数？它与中心距的关系怎样？

6-11 中心距的大小受什么条件限制？初选中心距和实际的安装中心距有什么不同？

6-12 怎样根据许用功率曲线来选取链条的型号？

6-13 为什么润滑不良时要降低许用功率？

6-14 低速链传动根据什么条件来选择链条型号？

6-15 链传动的合理布置要考虑哪些问题？

6-16 链传动的润滑方式是怎样确定的？

6-17 链传动的张紧方法有哪些？

习 题

6-1 已知一套筒滚子链传动，链条型号为10A双排，小链轮齿数 $z_1 = 23$，大链轮齿数 $z_2 = 67$，主动链轮转速 $n_1 = 333\text{r/min}$，链节数 $L_p = 120$，水平传动，载荷平稳，两班制工作。

(1) 试求此链传动的许用传递功率；

(2) 计算其中心距；

(3) 求出作用在链轮轴上的力。

6-2 试设计一带式运输机的套筒滚子链传动，已知传动功率 $p = 5.5\text{kW}$，$n_1 = 720\text{r/min}$，电动机驱动，传动比 $i = 2.5$，按规定条件润滑，水平传动，工作平稳，一班制工作。

6-3 试验算铸工车间中抛丸清理滚筒的套筒滚子链传动的工作能力。已知：$z_1 = 16$，$z_2 = 40$，$p = 19.05$mm，$L_p = 74$节，传动功率$p = 0.8$kW，小链轮转速$n_1 = 48$r/min。由电动机驱动，工作中有中等冲击、振动，中心连线倾斜角$\alpha = 40°$。

6-4 试设计一压气机用的链传动，已知电动机功率$p = 22$kW，转速$n_1 = 730$r/min，压气机转速$n_2 = 250\text{min}^{-1}$，中心距不得超过600mm，载荷平稳，两班制工作，水平传动。

6-5 一单列套筒滚子链传动，已知：需传递的功率$p = 1.5$kW，主动链轮转速$n_1 = 150$r/min，中心距$a \approx 820$mm，水平传动，从动链轮转速$n_2 = 50$r/min，链速$v < 0.6$m/s，静强度安全系数许用值为$S = 7$，电动机驱动，工作状况系数$K_A = 1.2$。试选出合适的链节距p，确定链节数L_p，链轮齿数z_1、z_2和链轮节圆直径d'_1、d'_2。

7 齿 轮 传 动

内 容 提 要

齿轮传动是应用最广的一种机械传动，是本书的重点之一。由于它的内容广泛，也较为复杂，因此，也是学习本书的难点之一。本章着重说明广泛应用的渐开线齿轮传动的设计，特别是齿轮承载能力的计算。要求理解和掌握齿轮传动的失效形式及设计依据，齿轮传动载荷的性质、大小和方向，以及影响载荷诸因素的物理意义及改善这些影响的措施，齿轮的实际应力和极限应力以及影响它们的因素，齿轮传动主要参数的合理选择；根据齿轮传动的工作条件和设计依据及相应的强度计算公式，计算出齿轮传动的尺寸并确定其结构。

7.1 齿轮传动的特点和分类

7.1.1 齿轮传动的特点

齿轮是机械产品的重要基础零件，与其他几种传动类型相比，它具有传递功率范围大、允许工作转速高、传递效率高、传动比准确、使用寿命长、安全可靠和结构紧凑等优点。对低速重载齿轮传动，传递扭矩可高达 14×10^5N · m；对高速齿轮传动，传递功率可达 50000kW 甚至更大。工作时的节线速度可从 0.1m/s 到 200m/s 或更高，单级传动效率可达 99%~99.5%。齿轮的直径自数毫米到十几米。齿轮传动也存在一些缺点：工作中有振动、冲击和噪声，并产生动载荷；无过载保护功能；制造和安装精度要求较高、成本高等。

7.1.2 齿轮传动的分类

从不同的角度考虑，齿轮传动有不同的分类方法。如按轮齿齿线方向分，有直齿轮、斜齿轮、人字齿轮；按齿轮传动轴线的相对位置分，有平行轴齿轮传动、不平行轴齿轮传动，等等。这些分类方法在机械原理课程中已有叙述。在此仅讨论两种分类。

（1）按工作条件分类。可分为闭式齿轮传动（齿轮传动封闭在箱体内，润滑条件良好，能防尘）、开式齿轮传动（齿轮外露，润滑情况差，不能防尘）、半开式齿轮传动（齿轮浸在油池中，润滑情况较好，上装护罩，但不完全封闭，不能完全防尘）。

（2）按齿面硬度分类。可分为软齿面齿轮传动（齿面硬度≤350HBW）、硬齿面齿轮传动（齿面硬度>350HBW）。

7.2 齿轮传动的失效形式和设计准则

7.2.1 齿轮传动的失效形式

齿轮传动是靠齿与齿的啮合进行工作的，轮齿是齿轮直接参与工作的部分，所以齿轮的失效主要发生在轮齿上。主要的失效形式有轮齿折断、齿面点蚀、齿面磨损、齿面胶合以及塑性变形等。

(1) 轮齿折断

轮齿折断通常有两种情况：一种是由于多次重复的弯曲应力和应力集中造成的疲劳折断；另一种是由于突然产生严重过载或冲击载荷作用引起的过载折断。尤其是脆性材料(铸铁、淬火钢等) 制成的齿轮更容易发生轮齿折断。两种折断均起始于轮齿受拉应力的一侧，如图 7-1 所示。增大齿根过渡圆角半径、改善材料的力学性能、降低表面粗糙度以减小应力集中，以及对齿根处进行强化处理（如喷丸、滚挤压）等，均可提高轮齿的抗折断能力。

(2) 齿面点蚀

轮齿工作时，齿面啮合处在交变接触应力的多次反复作用下，在靠近节线的齿面上会产生若干小裂纹。随着裂纹的扩展，将导致小块金属剥落，这种现象称为齿面点蚀，如图 7-2 所示。齿面点蚀的继续扩展会影响传动的平稳性，并产生振动和噪声，导致齿轮不能正常工作。点蚀是润滑良好的闭式齿轮传动常见的失效形式。开式齿轮传动，由于齿面磨损较快，其主要失效形式是齿面磨损，轮齿不断减薄，次要失效形式是轮齿折断。提高齿面硬度和降低表面粗糙度值，均可提高齿面的抗点蚀能力。

(3) 齿面磨损

轮齿啮合时，由于相对滑动，特别是外界硬质微粒进入啮合工作面之间时，会导致轮齿表面磨损。齿面逐渐磨损后，齿面将失去正确的齿形（图 7-3)，严重时导致轮齿过薄而折断，齿面磨损是开式齿轮传动的主要失效形式。为了减少磨损，重要的齿轮传动应采用闭式传动，并注意润滑。

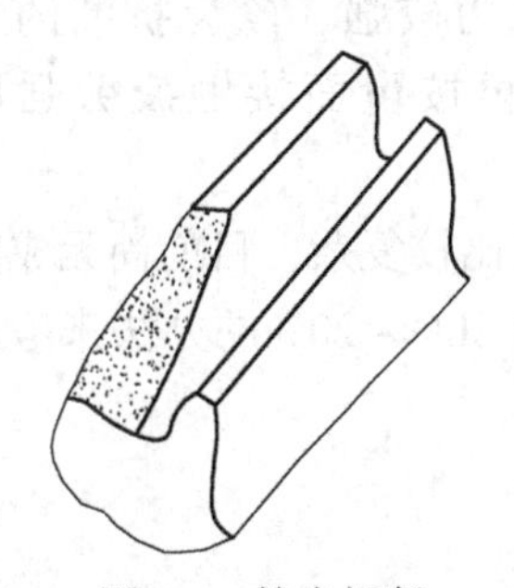

图 7-1 轮齿折断

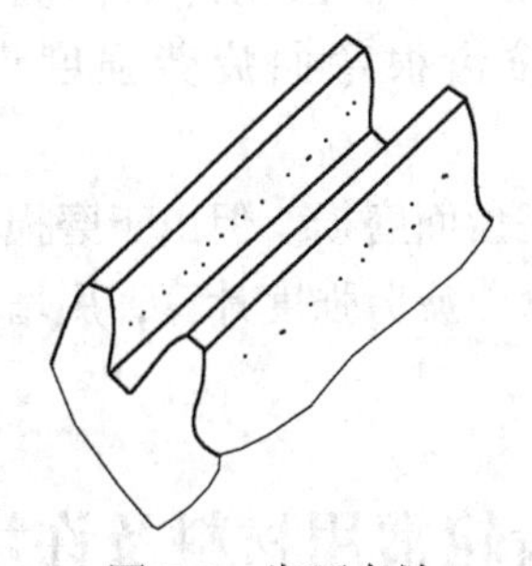

图 7-2 齿面点蚀

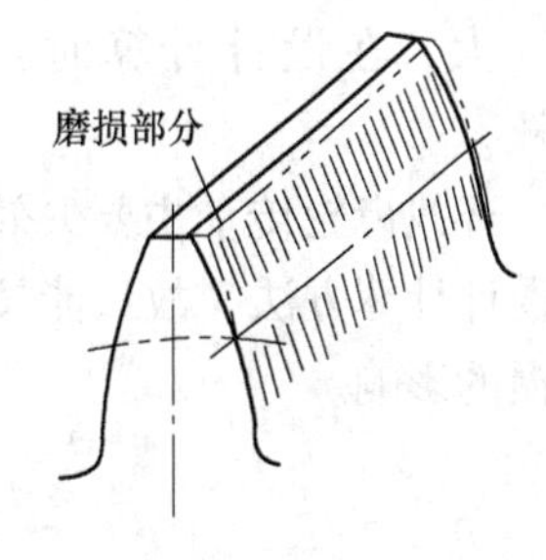

图 7-3 齿面磨损

(4) 齿面胶合

在高速重载的齿轮传动中，齿面间的压力大、温升高、润滑效果差，当瞬时温度过高时，将使两齿面局部熔融、金属相互粘连，当两齿面作相对运动时，粘住的地方被撕破，从而在齿面上沿着滑动方向形成带状或大面积的伤痕（图 7-4），低速重载的传动不易形成油膜，摩擦发热虽不大，但也可能因重载而出现冷胶合。采用黏度较大或抗胶合性能好的润滑油，降低表面粗糙度以形成良好的润滑条件；提高齿面硬度等均可增强齿面的抗胶合能力。

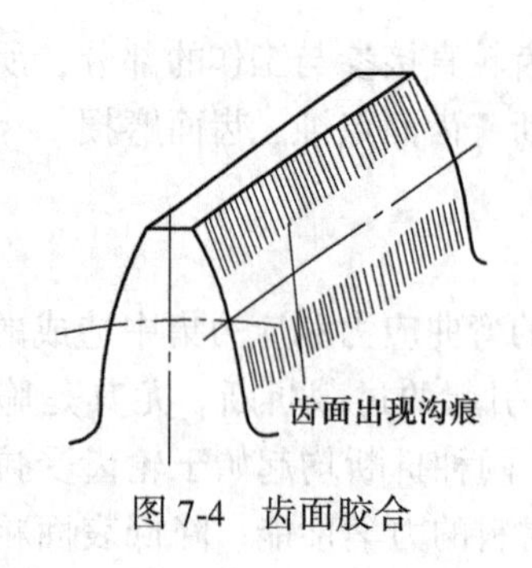

图 7-4　齿面胶合

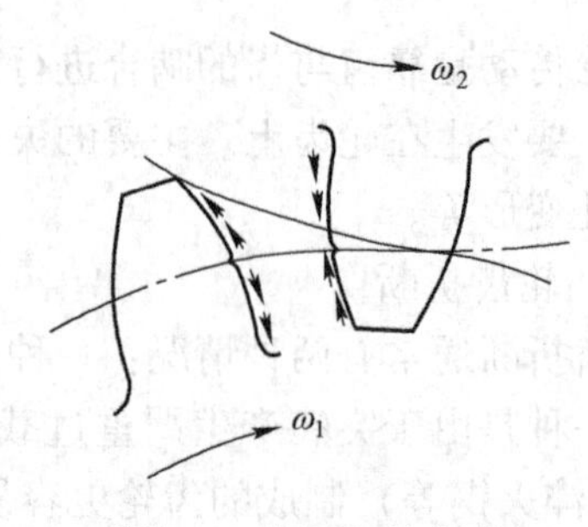

图 7-5　齿面塑性变形

（5）齿面塑性变形

硬度较低的软齿面齿轮，在低速重载时，由于齿面压力过大，在摩擦力作用下，齿面金属会因产生塑性流动而失去原来的齿形（图 7-5）。提高齿面硬度和采用黏度较高的润滑油，均有助于防止或减轻齿面塑性变形。

7.2.2　齿轮传动的设计准则

齿轮传动的失效形式不大可能同时发生，但却是互相影响的。例如齿面的点蚀会加剧齿面的磨损，而严重的磨损又会导致轮齿折断。在一定条件下，由于上述第 1、2 种失效形式是主要的，因此，设计齿轮传动时，应根据实际工作条件分析其可能发生的主要失效形式，以确定相应的设计准则。

对于闭式软齿面（硬度≤350HBW）齿轮传动，润滑条件良好，齿面点蚀将是主要的失效形式，在设计时通常按齿面接触疲劳强度设计，再按齿根弯曲疲劳强度校核。

对于闭式硬齿面（硬度>350HBW）齿轮传动，抗点蚀能力较强，轮齿折断的可能性大，在设计计算时，通常按齿根弯曲疲劳强度设计，再按齿面接触疲劳强度校核。

开式齿轮传动主要失效形式是齿面磨损。但由于磨损的机理比较复杂，目前尚无成熟的设计计算方法，故只能按齿根弯曲疲劳强度计算，用增大模数 10%~20%的办法来考虑磨损的影响。

7.3　齿轮常用材料及许用应力

7.3.1　齿轮常用材料及热处理

由轮齿失效形式可知，选择齿轮材料时应考虑以下要求：轮齿的表面应有足够的硬度和耐磨性，在循环载荷和冲击载荷作用下，应有足够的弯曲强度。即齿面要硬、齿芯要韧，并具有良好的加工性和热处理性。制造齿轮的材料主要是各种钢材，其次是铸铁，还有其他非金属材料。

（1）钢。钢材可分为锻钢和铸钢两类，只有尺寸较大（d>400~600mm）、结构形状复杂的齿轮宜用铸钢外，一般都用锻钢制造齿轮。软齿面齿轮多经调质或正火处理后切齿，常用45、40Cr等。因齿面硬度不高、容易制造、成本较低，故应用广泛，常用于对尺寸和重量无严格限制的场合。

由于在啮合过程中，小齿轮的轮齿接触次数比大齿轮多，因此，若两齿轮的材料和齿面硬度都相同，则一般小齿轮的寿命较短。为了使大小齿轮的寿命接近，应使小齿轮的齿面硬度比大齿轮的高出30~50HBW。对于高速、重载或重要的齿轮传动，可采用硬齿面齿轮组合，齿面硬度可大致相同。

（2）铸铁。由于铸铁的抗弯和耐冲击性能都比较差，因此主要用于制造低速、不重要的开式传动、功率不大的齿轮。常用材料有HT250、HT300等。

（3）非金属材料。对高速、轻载而又要求低噪声的齿轮传动，也可采用非金属材料，加夹布胶木、尼龙等。常用的齿轮材料的热处理方法、硬度、应用举例见表7-1。

表7-1 常用的齿轮材料、热处理硬度和应用举例

材 料	牌号	热处理方法	硬 度		应 用 举 例
			齿 芯 HBW	齿面 HRC	
优质碳素钢	35	正火	150~180		低速轻载的齿轮或中速中载的大齿轮
	45		162~217		
	50		180~220		
	45	调质	217~255		
合金钢	35SiMn		217~269		
	40Cr		241~286		
优质碳素钢	35	表面淬火	180~210	40~45	高速中载、无剧烈冲击的齿轮。如机床变速箱中的齿轮
	45		217~255	40~50	
合金钢	40Cr		241~286	48~55	
	20Cr	渗碳淬火		56~62	高速中载、承受冲击载荷的齿轮。如汽车、拖拉机中的重要齿轮
	20CrMnTi			56~62	
	38CrMoAlA	氮化	229	>850HV	载荷平稳、润滑良好的齿轮
铸 钢	ZG45	正火	163~197		重型机械中的低速齿轮
	ZG55		179~207		
球墨铸铁	QT700-2		225~305		可用来代替铸钢
	QT600-2		229~302		
灰 铸 铁	HT250		170~241		低速中载、不受冲击的齿轮。如机床操纵机构的齿轮

7.3.2 许用应力

在齿轮强度设计中需要考虑两类许用应力，分别为许用接触疲劳应力和许用弯曲疲劳应力。两者是根据试验齿轮的接触疲劳极限和弯曲疲劳极限确定的，试验齿轮的疲劳极限又是在一定试验条件下获得的。当设计齿轮的工作条件与试验条件不同时，需加以修正。

齿面许用接触疲劳应力

$$[\sigma_{H}] = \frac{\sigma_{Hlim}}{S_{Hmin}} Z_N \tag{7-1}$$

齿根许用弯曲疲劳应力

$$[\sigma_{F}] = \frac{\sigma_{Flim}}{S_{Fmin}} Y_{ST} Y_N = \frac{\sigma_{FE}}{S_{Fmin}} Y_N \tag{7-2}$$

式中，σ_{Hlim}、σ_{Flim} 分别为失效概率为1%时，试验齿轮的接触疲劳极限和弯曲疲劳极限，MPa；Z_N、Y_N分别为接触强度和弯曲强度计算的寿命系数，设计时以 $\sigma_{FE} = \sigma_{Flim} Y_{ST}$ 进行计算，其中 Y_{ST} 为试验齿轮的应力校正系数，一般取 $Y_{ST} = 2$；S_{Hmin}、S_{Fmin}分别为接触强度和弯曲强度计算的安全系数。

7.3.2.1 试验齿轮的疲劳极限 σ_{Hlim}、σ_{Flim}

试验齿轮的疲劳极限 σ_{Hlim}、σ_{Flim} 由图 7-6、图 7-7 中可查出。图中，ME、MQ、ML 分别表示对齿轮的材料冶金和热处理质量有优、中、低要求时的疲劳极限，MX 表示对淬透性及金相组织有特殊考虑的调质合金钢取值。对于弯曲疲劳极限，由于实验时应力为脉动循环，若实际齿轮应力为对称循环，应将极限应力乘以 0.7，双向运转时，应将极限应力乘以 0.8。

7.3.2.2 寿命系数 Z_N、Y_N

因图 7-6、图 7-7 中的疲劳极限是按无限寿命试验得到的数据，当要求所设计的齿轮为有限寿命时，其疲劳极限还会有所提高，应进行修正。齿轮受稳定载荷作用时，Z_N按轮齿经受的循环次数 N 由图 7-8（a）查取，Y_N按 N 由图 7-8（b）查取。转速不变时，N 可由式（7-3）计算：

$$N = 60\gamma n t_h \tag{7-3}$$

式中，n 为齿轮转速，r/min；γ 为齿轮每转一转，轮齿同侧齿面啮合次数；t_h 为齿轮总工作时间，h。

7.3.2.3 最小安全系数 S_{Hmin}、S_{Fmin}

选择最小安全系数时，应考虑齿轮的载荷数据和计算方法的正确性以及对齿轮的可靠性要求等。S_{Hmin}、S_{Fmin} 值可按表 7-2 查取。若计算数据的准确性较差、计算方法粗糙，失效后可能造成严重后果等情况下，二者均应取大值。

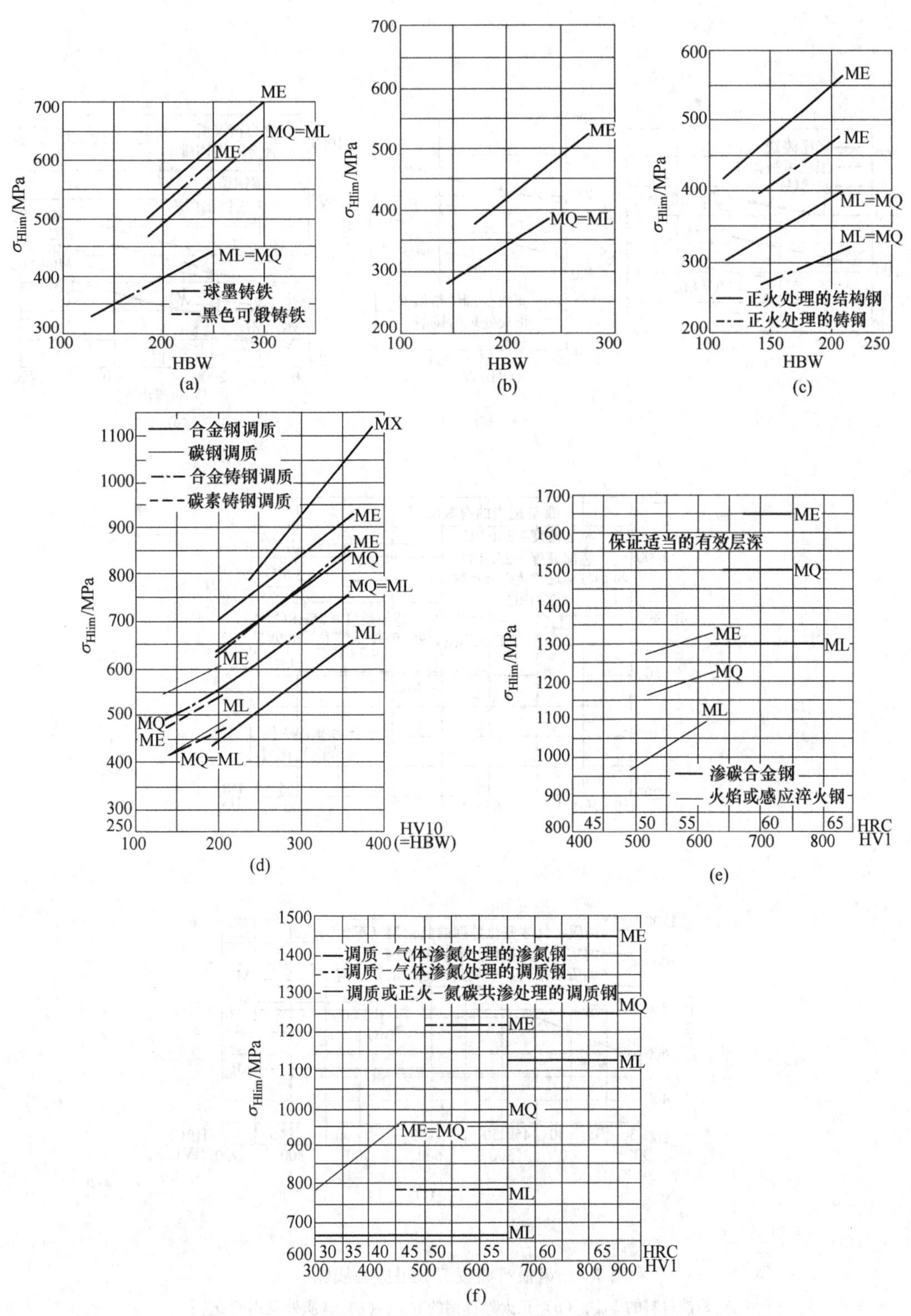

图 7-6　轮齿接触疲劳极限应力线图

（a）铸铁材料的 σ_{Hlim}；（b）灰铸铁的 σ_{Hlim}；（c）正火处理的结构钢和铸钢的 σ_{Hlim}；（d）调质处理钢的 σ_{Hlim}；（e）渗碳淬火钢和表面硬化（火焰或感应淬火）钢的 σ_{Hlim}；（f）渗氮和氮碳共渗钢的 σ_{Hlim}

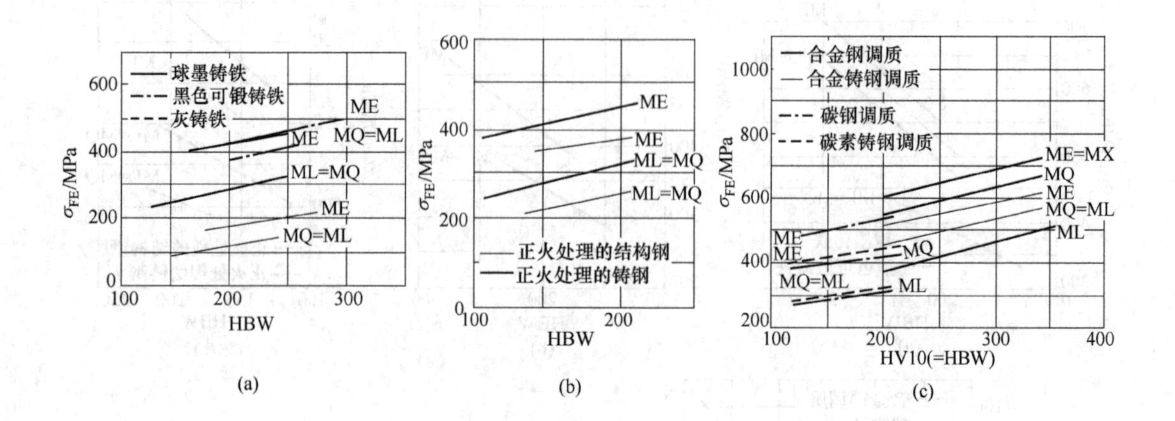

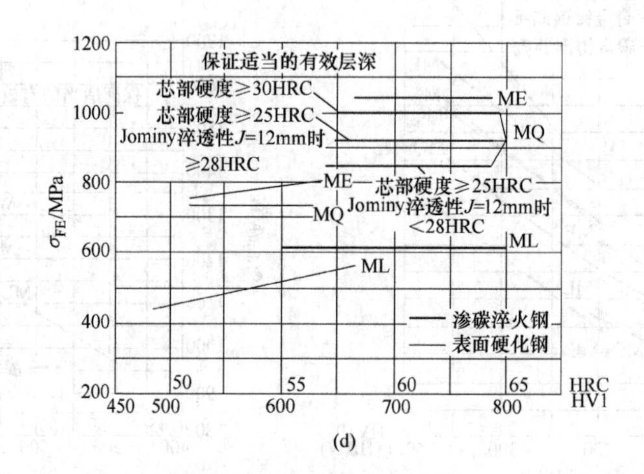

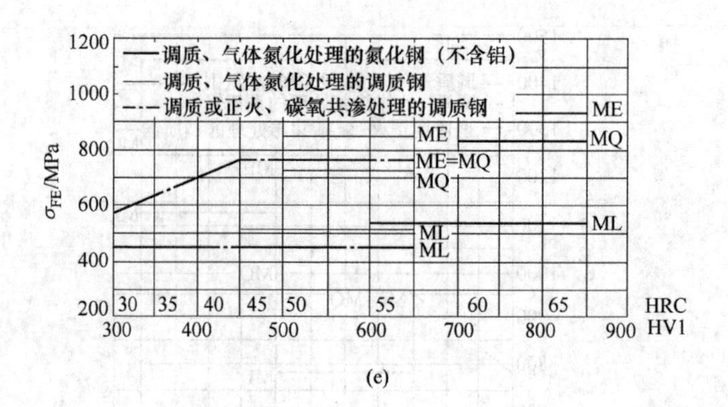

图 7-7　齿根弯曲疲劳极限应力线图

（a）铸铁材料的 σ_{FE}；（b）正火处理钢的 σ_{FE}；（c）调质处理钢的 σ_{FE}；

（d）渗碳淬火钢和表面硬化（火焰或感应淬火）钢的 σ_{FE}；（e）氮化及碳氮共渗钢的 σ_{FE}

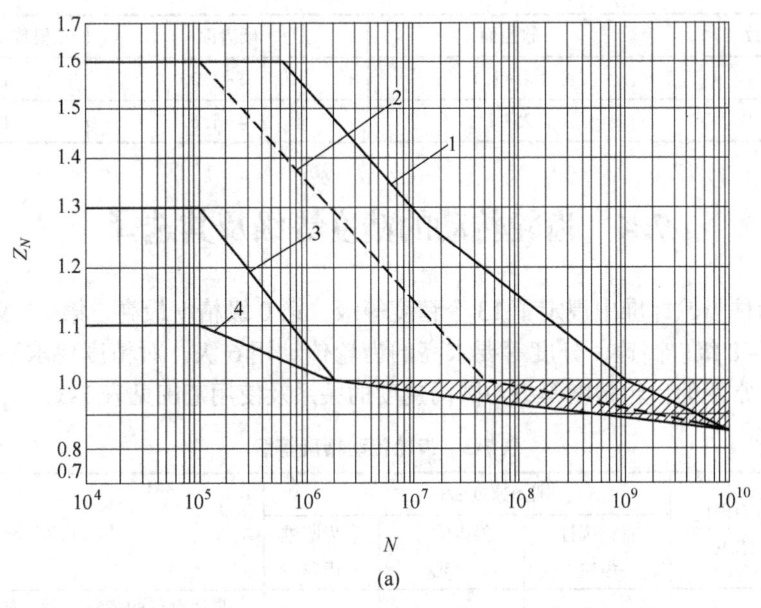

(a)

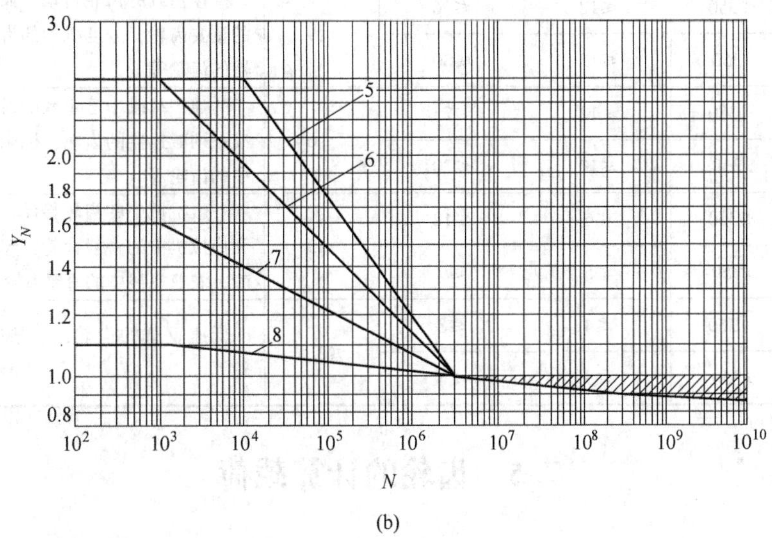

(b)

图 7-8　寿命系数

（a）轮齿接触疲劳寿命系数（当 $N>N_c$ 时可根据经验在阴影区内取 Z_N值）；

（b）齿根弯曲疲劳寿命系数（当 $N>N_c$ 时可根据经验在阴影区内取 Y_N值）

1—结构钢，调质钢，珠光体、贝氏体球墨铸铁，珠光体黑色可锻铸铁，渗碳淬火钢。允许有扩展性点蚀；

2—材料同 1，不允许有扩展性点蚀；

3—铁素体球墨铸铁，灰铸铁，氮化的调质钢或氮化钢；

4—碳氮共渗的调质钢；

5—调质钢，珠光体、贝氏体球墨铸铁，珠光体黑色可锻铸铁；

6—渗碳淬火钢，火焰或感应表面淬火钢；

7—氮化的调质钢或氮化钢，铁素体球墨铸铁，结构钢，灰铸铁；

8—碳氮共渗的调质钢

表 7-2 最小安全系数

安全系数	软齿面	硬齿面	重要传动（$R \geqslant 0.999$）
S_{Hmin}	1.0~1.1	1.1~1.2	1.3~1.6
S_{Fmin}	1.25~1.4	1.4~1.6	1.6~2.2

7.4 齿轮传动的精度等级及其选择

渐开线圆柱齿轮标准中规定了 13 个精度等级，第 0 级精度最高，第 12 级最低。一般机械中常用 7~8 级。高速、分度等要求高的齿轮传动用 6 级，对精度要求不高的低速齿轮可用 9 级，常用的齿轮精度等级与圆周速度的关系及使用范围见表 7-3。

表 7-3 齿轮传动精度等级

精度等级	齿面硬度 HBW	圆周速度 v/m·s^{-1}			应 用 举 例
		直齿圆柱齿轮	斜齿圆柱齿轮	直齿圆锥齿轮	
6	≤350	≤18	≤36	≤9	高速重载的齿轮传动，如机床、汽车中的重要齿轮，分度机构的齿轮，高速减速器的齿轮等
	>350	≤15	≤30		
7	≤350	≤12	≤25	≤6	高速中载或中速重载的齿轮传动，如标准系列减速器的齿轮，机床和汽车变速箱中的齿轮等
	>350	≤10	≤20		
8	≤350	≤6	≤12	≤3	一般机械中的齿轮传动，如机床、汽车和拖拉机中的一般齿轮，起重机械中的齿轮，农业机械中的重要齿轮等
	>350	≤5	≤9		
9	≤350	≤4	≤8	≤2.5	低速重载的齿轮，低精度机械中的齿轮等
	>350	≤3	≤6		

7.5 齿轮的计算载荷

齿轮所受到的载荷公式为：

$$T_1 = 9.55 \times 10^6 \frac{P_1}{n_1} \tag{7-4}$$

式中，P_1 为主动齿轮传递的功率，kW；n_1 为主动齿轮的转速，r/min。

按式（7-4）计算的 T_1 是作用在轮齿上的名义载荷（在此为转矩），为了考虑工作时不同因素对齿轮受载的影响，应将名义载荷乘以载荷系数，修正为计算载荷。进行齿轮强度计算时，应按计算载荷进行计算。

计算载荷（转矩）：

$$T_{1\text{c}} = KT_1 = K_{\text{A}} K_{\alpha} K_{\beta} K_{\text{v}} T_1 \tag{7-5}$$

式中，K 为载荷系数；K_{A} 为使用系数；K_{α} 为齿间载荷分配系数；K_{v} 为动载系数；K_{β} 为齿向载荷分布系数。

(1) 使用系数 K_A。用来考虑原动机和工作机的工作特性等引起的动载荷对轮齿受载的影响，见表 7-4。

表 7-4 使用系数 K_A

原动机特性	均匀平稳	轻微冲击	中等冲击	严重冲击
工作机特性	电动机	汽轮机、液压马达	多缸内燃机	单缸内燃机
均匀平稳	1.00	1.10	1.25	1.50
轻微冲击	1.25	1.35	1.50	1.75
中等冲击	1.50	1.60	1.75	2.00
严重冲击	1.75	1.85	2.00	2.25

注：表中所列 K_A 值仅适用于减速传动，若为增速传动，K_A 值为表值的 1.1 倍。

(2) 动载系数 K_v。用来考虑齿轮副在啮合过程中，因啮合误差（基节误差、齿形误差和轮齿变形等）所引起的内部附加动载荷对轮齿受载的影响，如图 7-9 所示。

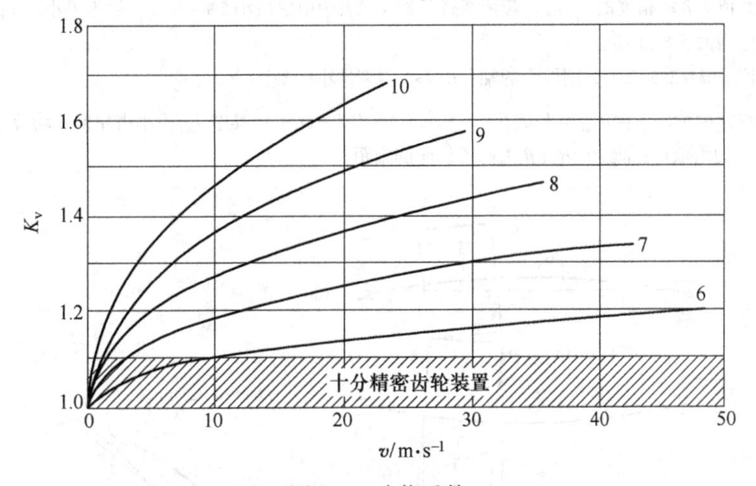

图 7-9 动载系数

轮齿啮合时，只有啮合轮齿的基节完全相等才能保证瞬时传动比相等。而由于弹性变形和制造误差，轮齿的基节不可能完全相等，这样轮齿啮合时瞬时速比将发生变化而产生冲击和动载。齿轮的速度越高、加工精度越低，齿轮动载荷越大。

对齿轮进行适当的齿顶修形，也可达到降低动载荷的目的。斜齿圆柱齿轮传动因传动平稳 K_v 取值可比直齿圆柱齿轮传动小。

(3) 齿向载荷分布系数 K_β。用以考虑由于轴的变形和齿轮制造误差等引起载荷沿齿宽方向分布不均匀的影响。见表 7-5。

如图 7-10 所示，齿轮受载后，轴产生弯曲变形，两齿轮随之偏斜，使得作用在齿面上的载荷沿接触线分布不均匀（图 7-10（a）），当齿轮相对轴承布置不对称时，偏载更严重。轴因受转矩作用而发生扭转变形，同样会产生载荷沿齿宽分布不均匀。为了使小齿轮扭转变形能补偿弯曲变形引起的齿轮偏载，应将齿轮布置在远离转矩输入端。此外，齿宽、齿轮制造和安装误差、齿面跑合、轴承及箱体的变形等对载荷集中均有影响。

表 7-5　齿向载荷分布系数 K_β

布置形式		小齿轮齿面硬度 \ $\varphi_d=b/d_1$	0.2	0.4	0.6	0.8	1.0	1.2	1.4	1.6	1.8	2.0
对称布置		≤350HBS	—	1.01	1.02	1.03	1.05	1.07	1.09	1.13	1.17	1.22
		>350HBS	—	1.00	1.03	1.06	1.10	1.14	1.19	1.25	1.34	1.44
非对称布置	轴的刚性较大	≤350HBS	1.00	1.02	1.04	1.06	1.08	1.12	1.14	1.18	—	—
		>350HBS	1.00	1.04	1.08	1.13	1.17	1.23	1.28	1.35	—	—
	轴的刚性较小	≤350HBS	1.03	1.05	1.08	1.11	1.14	1.18	1.23	1.28	—	—
		>350HBS	1.05	1.10	1.16	1.22	1.28	1.36	1.45	1.55	—	—
悬臂布置		≤350HBS	1.08	1.11	1.16	1.23	—	—	—	—	—	—
		>350HBS	1.15	1.21	1.32	1.45	—	—	—	—	—	—

注：1. 表中数值为8级精度的 K_β 值。若精度高于8级，表中值应减小5%~10%，但不得小于1；若低于8级，表中值应增大5%~10%。

2. 跨径比 $L/d\approx 2.5\sim3$，为刚性大的轴；$L/d>3$ 为刚性小的轴。

3. 对于圆锥齿轮，$\varphi_d=\varphi_{dm}=b/d_{m1}=\varphi_R\sqrt{u^2+1}/(2-\varphi_R)$，其中 d_{m1} 为小齿轮的平均分度圆直径，单位为mm；u 为齿数比；$\varphi_R=b/R$（R 为圆锥齿轮的锥距）。

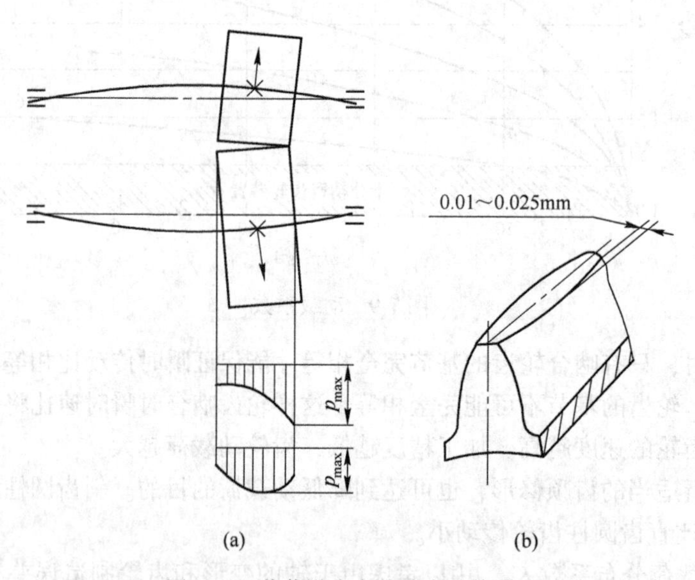

图 7-10　载荷沿齿向的分布及修形

提高齿轮的制造和安装精度以及轴承和箱体的刚度、合理选择齿宽、合理布置齿轮在轴上的位置、将齿侧沿齿宽方向进行修形使齿面制成鼓形（图 7-10（b））等，均可降低轮齿上的载荷集中。当两轮之一为软齿面，宽径比 b/d 较小、齿轮在两支承中间对称布置、轴的刚性大时，K_β取小值；反之取大值。

（4）齿间载荷分配系数 K_α。用以考虑同时啮合的各对轮齿间载荷分配不均匀的影响。齿轮在啮合过程中，重合度为 $\varepsilon>1$，在实际啮合线上，存在单对齿啮合区和双对齿啮合区。在双对齿啮合区啮合时，由于轮齿的弹性变形和制造误差，载荷在两对齿上分配是不均匀的。这是因为轮齿从齿根到齿顶啮合过程中，齿面上载荷作用点随轮齿在啮合线上位置的不同而改变。由于齿面上力作用点位置的改变，轮齿在啮合线上不同位置的变形及刚度不同，刚度大者承担载荷大，因此在同时啮合的两对轮齿间，载荷的分配是不均匀的。此外，基节误差、齿轮的重合度、齿面硬度、齿顶修缘等对齿间载荷分配也有影响。斜齿圆柱齿轮传动，K_α取值可比直齿圆柱齿轮传动小。当齿轮制造精度低、硬齿面时，取大值；反之取小值。见表 7-6。

表 7-6　齿间载荷分配系数 K_α

$K_A F_t/b$	≥100N/mm				<100N/mm
精度等级	5	6	7	8	5 级及更低
经表面硬化的直齿轮	1.0		1.1	1.2	≥1.2
经表面硬化的斜齿轮	1.0	1.1	1.2	1.4	≥1.4
未经表面硬化的直齿轮	1.0			1.1	≥1.2
未经表面硬化的斜齿轮	1.0		1.1	1.2	≥1.4

注：1. 对修形齿，取 $K_\alpha=1$。
2. 如大小齿轮精度等级不同时，按精度等级较低者取值。

总之，载荷系数 K 的取值的影响因素很多，需综合考虑。初步设计时可按表 7-7 查取；验算时，再精确查取和计算。

表 7-7　齿轮传动载荷系数的初略值（初步计算参考）

原动机特性	均匀平稳	轻微冲击	中等冲击	严重冲击
工作机特性	电动机	汽轮机、液压马达	多缸内燃机	单缸内燃机
均匀平稳	1.2~1.4	1.4~1.6	1.6~1.8	1.8~2.0
轻微冲击	1.4~1.6	1.6~1.8	1.8~2.0	2.0~2.2
中等冲击	1.6~1.8	1.8~2.0	2.0~2.2	2.2~2.4
严重冲击	1.8~2.0	2.0~2.2	2.2~2.4	2.4~2.6

7.6　标准直齿圆柱齿轮传动的强度计算

7.6.1　轮齿的受力分析

图 7-11 所示为齿轮啮合传动时主动齿轮的受力情况，不考虑摩擦力时，轮齿所受总作用力 F_n 将沿着啮合线方向，F_n 称为法向力。F_n 在分度圆上可分解为切于分度圆的切向力 F_t 和沿半径方向并指向轮心的径向力 F_r。

$$\begin{cases} \text{圆周力} \quad F_t = \dfrac{2T_1}{d_1} \\ \text{径向力} \quad F_r = F_t \tan\alpha \\ \text{法向力} \quad F_n = \dfrac{F_t}{\cos\alpha} \end{cases} \tag{7-6}$$

式中，d_1为主动轮分度圆直径，mm；α为分度圆压力角，标准齿轮$\alpha=20°$。

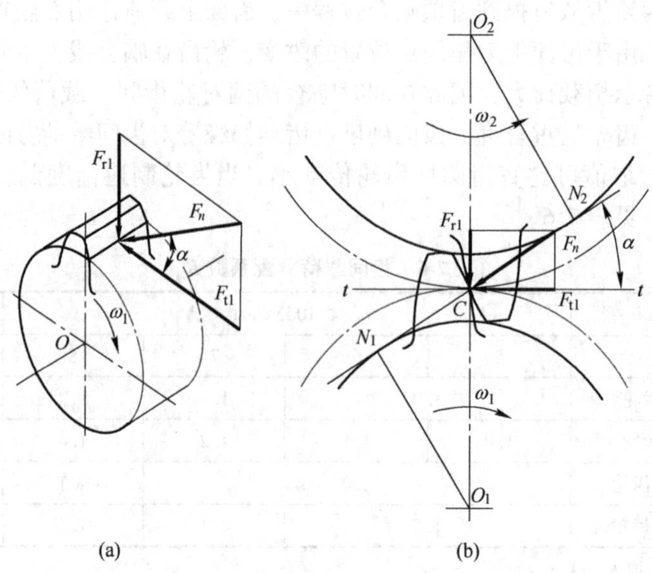

图 7-11 直齿圆柱齿轮传动的受力分析

设计时可根据主动轮传递的功率P_1(kW)及转速n_1(r/min)，由式（7-7）求主动轮力矩

$$T_1 = 9.55 \times 10^6 \times \frac{P_1}{n_1} \tag{7-7}$$

根据作用力与反作用力原理，$F_{t1}=-F_{t2}$，F_{t1}是主动轮上的工作阻力，故其方向与主动轮的转向相反，F_{t2}是从动轮上的驱动力，其方向与从动轮的转向相同。同理，$F_{r1}=-F_{r2}$，其方向指向各自的轮心。

7.6.2 齿面接触疲劳强度计算

由于齿轮工作过程中，轮齿工作表面所承受的是变接触应力的作用，为保证齿轮有足够的齿面接触强度，以防止齿面点蚀等齿面疲劳失效，需要进行齿面疲劳强度的计算。齿面疲劳与齿面接触应力大小有关，设计准则是限制齿面接触应力，以避免发生齿面疲劳。两轮齿面接触时如图7-12所示，采用的简化模型是用轴线平行的两圆柱体的接触代替一对轮齿的接触，两齿在接触处的曲率半径等于圆柱体的半径。

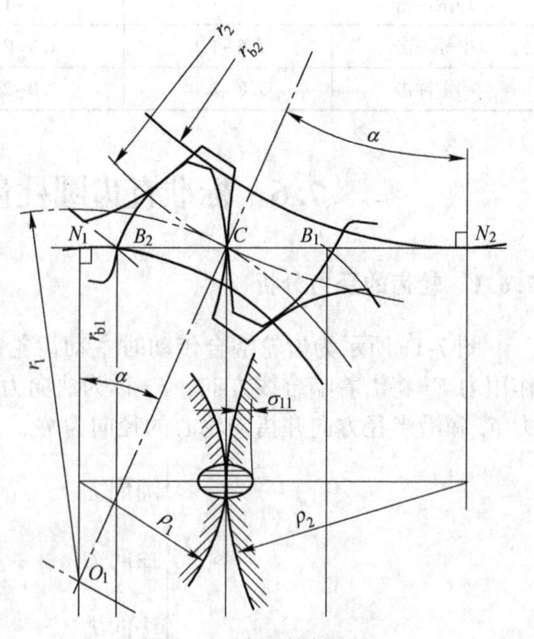

图 7-12 齿面接触应力

由此得到为了防止齿面出现疲劳点蚀，齿面接触疲劳强度条件为

$$\sigma_H = \sqrt{\frac{F_{tc}\left(\frac{1}{\rho_1} \pm \frac{1}{\rho_2}\right)}{\pi\left[\left(\frac{1-\mu_1^2}{E_1}\right)+\left(\frac{1-\mu_2^2}{E_2}\right)\right]b}} \leqslant [\sigma_H] \tag{7-8}$$

式中，σ_H 为接触应力，MPa；$[\sigma_H]$ 为许用接触应力，MPa，ρ_1、ρ_2 为两轮齿接触点曲率半径，“+”号用于外啮合，“-”号用于内啮合；μ_1、μ_2、E_1、E_2 为两齿轮材料的泊松比及弹性模量；b 为齿轮工作宽度。

轮齿在啮合过程中，齿廓接触点是不断变化的，因此，齿廓的曲率半径也将随着啮合位置的不同而变化。对于重合度 $1 \leqslant \varepsilon \leqslant 2$ 的渐开线直齿圆柱齿轮传动，在双齿对啮合区，载荷将由两对齿承担；在单齿对啮合区，全部载荷由一对齿承担。节点 P 处的应力值虽不是最大，但该点一般为单对齿啮合，且根据实际情况点蚀也往往先在节线附近的表面出现。因此，接触疲劳强度计算通常以节点为计算点。

在节点 P 处： $\rho_1 = PN_1 = \frac{d_1}{2}\sin\alpha \quad \rho_2 = PN_2 = \frac{d_2}{2}\sin\alpha$

则

$$\frac{1}{\rho_1} \pm \frac{1}{\rho_2} = \frac{2}{d_1\sin\alpha}\frac{u \pm 1}{u}$$

代入式（7-8）得

$$\sigma_H = \sqrt{\frac{F_n\frac{2}{d_1\sin\alpha}\frac{u \pm 1}{u}}{\pi\left[\left(\frac{1-\mu_1^2}{E_1}\right)+\left(\frac{1-\mu_2^2}{E_2}\right)\right]b}} = \sqrt{\frac{\frac{F_t}{\cos\alpha}\frac{2}{d_1\sin\alpha}\frac{u \pm 1}{u}}{\pi\left[\left(\frac{1-\mu_1^2}{E_1}\right)+\left(\frac{1-\mu_2^2}{E_2}\right)\right]b}} \leqslant [\sigma_H]$$

令 $Z_E = \sqrt{\frac{1}{\pi\left[\left(\frac{1-\mu_1^2}{E_1}\right)+\left(\frac{1-\mu_2^2}{E_2}\right)\right]}}$，为弹性系数（见表 7-8）；$Z_H = \sqrt{2/\sin\alpha\cos\alpha}$，为区域系数（图 7-13），$\alpha$ 为齿轮压力角，将上面两个系数代入，并将 F_t 用 KF_t 代入，得

$$\sigma_H = Z_H Z_E \sqrt{\frac{KF_t}{bd_1}\frac{u \pm 1}{u}} \leqslant [\sigma_H] \tag{7-9}$$

式（7-8）为直齿圆柱齿轮传动齿面接触承载能力的验算公式。

再取齿宽系数 $\varphi_d = b/d_1$，$F_t = 2T_1/d_1$，代入式（7-9），则可得：

$$d_1 \geqslant \sqrt[3]{\frac{2KT_1}{\varphi_d}\left(\frac{u \pm 1}{u}\right)\left(\frac{Z_H Z_E}{[\sigma_H]}\right)^2} \tag{7-10}$$

对于标准齿轮，取 $Z_H = 2.5$，则式（7-9）可写为：

$$d_1 \geqslant 2.32\sqrt[3]{\frac{KT_1}{\varphi_d}\left(\frac{u \pm 1}{u}\right)\left(\frac{Z_E}{[\sigma_H]}\right)^2} \tag{7-11}$$

式（7-11）为保证齿面接触承载能力的直齿圆柱齿轮传动的设计公式。

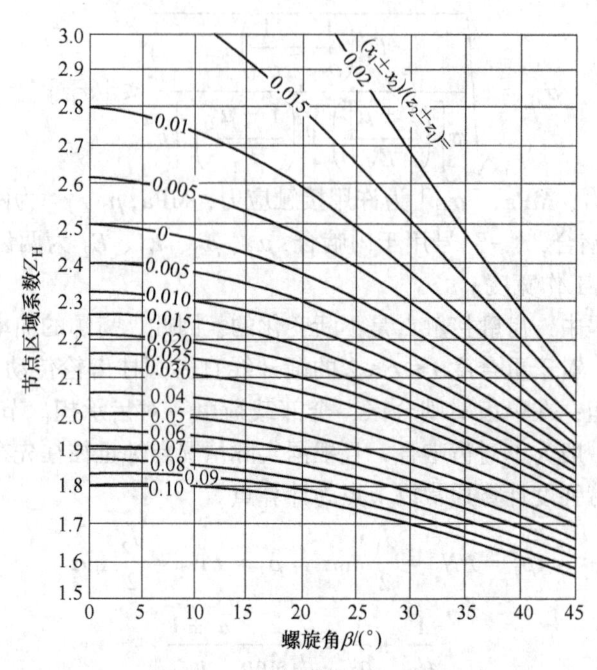

图 7-13　区域系数（$\alpha=20°$）

x_1，x_2—轮齿的变位系数

表 7-8　弹性系数

弹性模量 E/MPa \ 齿轮材料	配对齿轮材料				
	灰铸铁	球墨铸铁	铸钢	锻钢	夹布塑胶
	11.8×10^4	17.3×10^4	20.2×10^4	20.6×10^4	0.785×10^4
锻　钢	162.0	181.4	188.9	189.8	56.4
铸　钢	161.4	180.5	188.0		
球墨铸铁	156.6	173.9		—	—
灰铸铁	143.7	—	—		

注：表中所列夹布塑胶的泊松比μ为 0.5，其余材料的μ约为 0.3。

由式（7-9）可知，一对相啮合的大小齿轮的齿面接触应力相等，而大小齿轮的材料和热处理方法不尽相同，即两轮的许用齿面接触疲劳应力不同。因此，在运用式（7-10）和式（7-11）时，应取两轮中较小的许用接触疲劳应力进行计算。

由式（7-9）可知，载荷和材料一定时影响齿轮接触强度的几何参数主要有直径 d、齿宽 b、齿数比 u 和啮合角 α。采用正变位，增大齿轮的变位系数 x_1、x_2，可使 Z_H 减小，也可提高齿轮接触疲劳强度。在直径 d 确定后，齿宽 b 过大会造成偏载严重，齿数比 u 过大会使两齿轮寿命差过大，因此，齿轮接触强度主要取决于齿轮的 d，而与齿数多少及模数大小无关。d 越大，σ_H 越小。提高齿轮精度等级、改善齿轮材料和热处理方式，均可提高齿轮接触疲劳强度。

7.6.3　齿根弯曲疲劳强度计算

齿轮的失效不能仅仅是齿面疲劳一种，当齿根强度不能满足需要时，有可能发生轮齿折断等失效形式。所以齿轮弯曲强度的计算在齿轮设计中也是必不可少的。齿根弯曲强度与弯曲应力有关。计算轮齿弯曲应力时，要确定齿根危险截面和作用在轮齿上的载荷作用点。

齿根危险截面。一般用30°切线法确定，即作与轮齿对称中线成30°并与齿根过渡曲线相切的切线，通过两切点作平行于齿轮轴线的截面，此截面即为齿根危险截面（图7-14）。

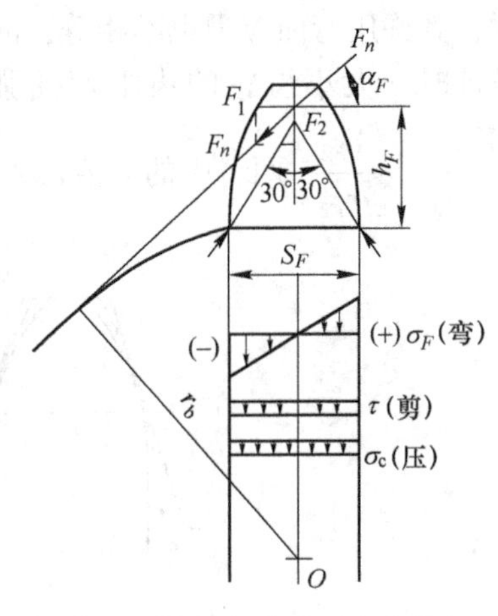

图7-14 齿根危险截面应力状态

载荷作用点。啮合过程中，轮齿上的载荷作用点是变化的，应将其中使齿根产生最大弯矩者作为计算时的载荷作用点。当在齿顶啮合时，力臂最大，但此时为双齿对啮合区，有两对轮齿共同承担载荷，齿根所受弯矩不是最大；轮齿在单齿对啮合区最上点啮合时，力臂虽较前者稍小，但仅有一对轮齿承担总载荷，因此，齿根所受弯矩最大，应以该点作为计算时的载荷的作用点。但由于按此点计算较为复杂，为简化计算，对一般精度齿轮可将齿顶作为载荷的作用点，且认为载荷为一对齿承担。

为了计算方便，将作用于齿顶的法向力 F_n 移至轮齿的对称线上，如图7-14所示。将 F_n 分解为水平分力 $F_1 = F_n\cos\alpha_F$ 和垂直分力 $F_2 = F_n\sin\alpha_F$。F_1 使齿根截面产生弯曲应力和剪切应力；F_2 使齿根截面产生压缩应力。由于剪应力和压应力比弯曲应力小得多，且齿根弯曲疲劳裂纹首先发生在轮齿的拉伸侧，故齿根弯曲疲劳强度校核时应按危险截面拉伸侧的弯曲应力进行计算。弯曲力臂为 h_F。于是齿根危险截面上最大弯曲应力为

$$\sigma_F = \frac{M}{W} = \frac{F_n\cos\alpha_F h_F}{(bS_F^2)/6} = \frac{6F_n\cos\alpha_F h_F}{bS_F^2} = \frac{6F_t\cos\alpha_F h_F}{bS_F^2\cos\alpha} = \frac{F_t}{bm}\frac{6\cos\alpha_F(h_F/m)}{(S_F/m)^2\cos\alpha} \tag{7-12}$$

式中，S_F 为齿根危险截面厚度；b 为齿宽。

令 $Y_{Fa} = \dfrac{6\cos\alpha_F(h_F/m)}{(S_F/m)^2\cos\alpha}$，称为齿形系数；考虑齿根应力集中和危险截面上的压应力和剪应力的影响，引入应力修正系数 Y_{Fs}，并令复合齿形系数 $Y_F = Y_{Fa}\cdot Y_{Fs}$；得轮齿弯曲疲劳强度验算式为：

$$\sigma_F = \frac{KF_t}{bm}Y_F \leqslant [\sigma_F] \tag{7-13}$$

式中，$[\sigma_F]$ 为许用弯曲疲劳应力，MPa。

取齿宽系数 $\varphi_d = b/d_1$，$F_t = 2T_1/d_1$，代入式（7-13），则可得设计式

$$m \geqslant \sqrt[3]{\frac{2KT_1}{\varphi_d z_1^2}\frac{Y_F}{[\sigma_F]}} \tag{7-14}$$

齿形系数 Y_{Fa} 为无量纲量，只与轮齿齿廓形状有关，与轮齿大小（模数 m）无关。标准齿轮，齿形主要与齿数 z 和变位系数 x 有关。如图7-15所示，齿数少、齿根厚度薄 Y_{Fa} 大，弯曲强度低。正变位齿轮（$x>0$），齿根厚度大，使 Y_{Fa} 减小，可提高齿根弯曲

强度。应力修正系数 Y_{Fs} 同样主要与 z、x 有关。复合齿形系数 Y_F 可根据 z 和 x 由图 7-16 查得。

因大小齿轮的 z 不相等，所以它们的弯曲应力是不相等的。材料或热处理方式不同时，其许用弯曲应力也不相等，故进行轮齿弯曲强度校核时，大小齿轮应分别计算。而在设计时，大小齿轮的齿根弯曲强度可能不同，应取弯曲疲劳强度较弱的计算，即以 $\frac{Y_{F1}}{[\sigma_{F1}]}$、$\frac{Y_{F2}}{[\sigma_{F2}]}$ 两者中的大值代入计算。求得 m 后，应圆整为标准模数。

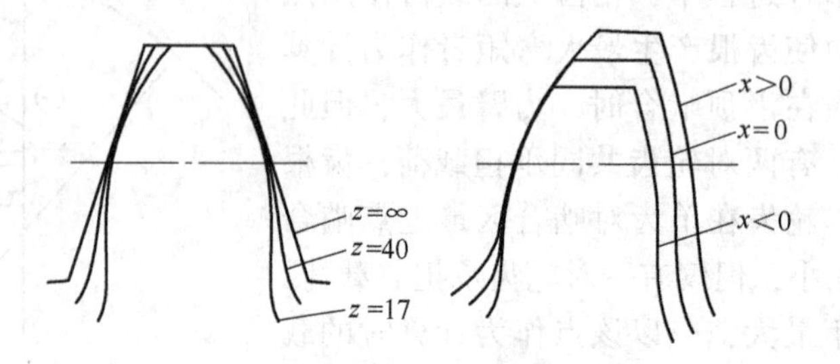

图 7-15　齿数及变位系数对齿形的影响

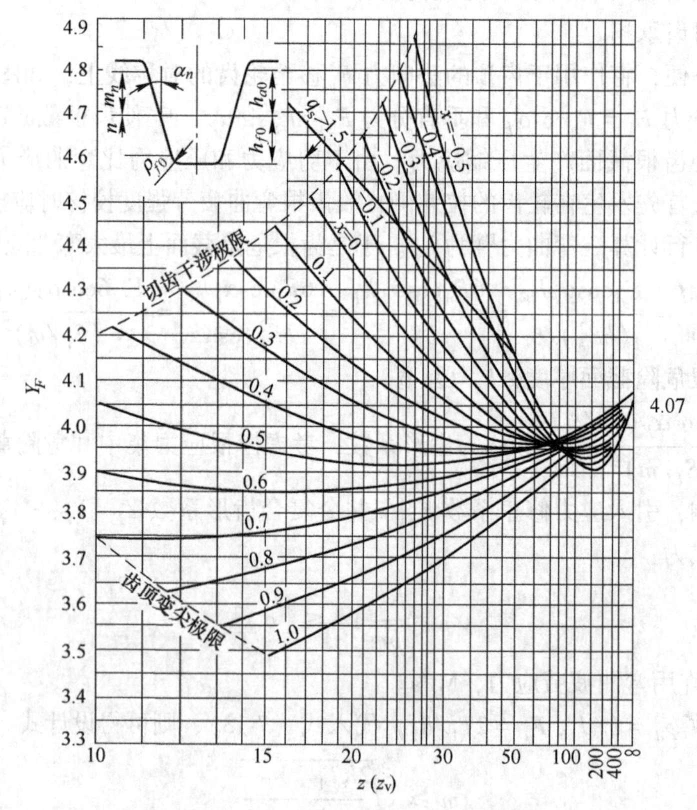

α_n=20°; h_{a0}/m_n=1; h_{f0}/m_n=1.25; ρ_{f0}/m_n=0.38

(a)

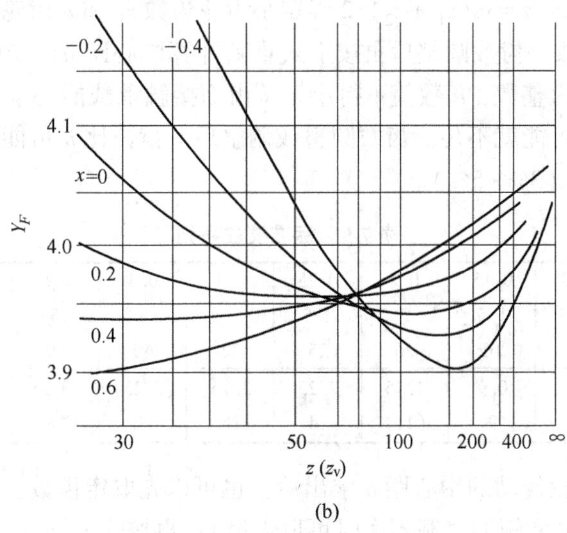

(b)

图 7-16 外齿轮复合齿形系数

7.6.4 齿轮传动主要参数的选择

通过以上强度计算可知，影响齿轮传动齿面接触承载能力的主要参数，除了齿轮材质外，就是直径 d（中心距 a）。直径越大，齿轮传动齿面接触承载能力越高。因此，从齿面接触承载能力出发进行设计时，首先按式（7-10）求出小齿轮直径，然后确定其他参数，并验算轮齿弯曲承载能力。

同样，影响轮齿弯曲承载能力的主要参数是模数 m。因此，从轮齿弯曲承载能力出发进行设计时，首先按式（7-14）求出齿轮模数，然后再确定其他参数，并验算齿轮传动的齿面接触承载能力。

此外，参数的选择不仅要满足承载能力的要求，而且要考虑减少切削加工量、金属消耗和设备体积、降低成本以及安装测量方便等，即应合理选择，必要时进行调整。

7.6.4.1 中心距 a、齿数 z 与模数 m

中心距 a 按承载能力要求算得后，应尽可能圆整成整数，最好尾数为 0 或 5。

齿轮齿数多，齿轮传动的重合度大，传动平稳；同时，当中心距 a 一定时，齿数增多则模数减小，因而齿顶圆直径减小，可节约材料、减轻重量；模数小则齿槽小，可减少切削加工量、节省工时、降低成本；并且模数越小，在同样的加工条件下，可获得较高的精度。但模数又是影响轮齿弯曲承载能力的主要因素，模数过小，轮齿弯曲强度可能不足，因此，一般是在满足轮齿弯曲承载能力的前提下，齿数适当取多些，模数取小些。但是，并非齿数越多越好，因为现代研究已证明，齿数过多反而会增加齿轮传动的附加动载荷，亦即使载荷系数 K 增大。

通常对于闭式软齿面齿轮传动按齿面接触疲劳承载能力求出中心距 a 后，可按经验式初步确定模数，即取 $m=(0.007\sim0.02)a$。载荷平稳或中心距 a 较大时取小值；有冲击载荷或中心距 a 较小时取大值。为了防止轮齿在意外严重冲击时折断，凡传递动力的齿轮，应取 $m\geqslant1.5\sim2$mm。按经验式估算出的模数必须取靠近的标准模数值（标准模数系列见

表 7-9），然后再按公式 $a=m(z_1+z_2)/2$ 确定小齿轮齿数 z_1 和大齿轮齿数 z_2。两轮的齿数 z_1、z_2 必须圆整成整数。齿数圆整后再按上式重新计算中心距 a。如中心距不为整数，最好调整齿数使中心距为整数，a 数值不得小于按齿面接触承载能力求出的中心距数值，否则齿面接触承载能力可能就不足。齿数圆整或调整后，齿数比 u 可能与要求的有出入，一般允许其误差不超过±(3%~5%)。

表 7-9　标准模数系列

第一系列	0.1 1 10	0.12 1.25 12	0.15 1.5 16	0.2 2 20	0.25 2.5 25	0.3 3 32	0.4 4 40	0.5 5 50	0.6 6	0.8 8	
第二系列	0.35 (6.5)	0.7 7	0.9 9	1.75 (11)	2.25 14	2.75 18	(3.25) 22	3.5 28	(3.75)	4.5 36	5.5 45

当闭式软齿面齿轮传动的中心距 a 求出后，也可以先取定齿数，后确定模数，即取 $z_1 \geqslant 18 \sim 30$（载荷较平稳和短期过载不大时可取大值）；再按式 $z_1=uz_2$，取定 z_2，然后按式 $m=2a/(z_1+z_2)$ 计算模数并选取标准模数值。

对于闭式硬齿面齿轮传动，按轮齿弯曲疲劳承载能力求出模数 m 并取标准值后，亦可取 $z_1 \geqslant 18 \sim 30$，一般为减小齿轮尺寸，尤其在没有较大过载的情况下，应取小值。

对于开式齿轮传动，不论是硬齿面还是软齿面，为保证有足够轮齿弯曲强度，除按轮齿弯曲疲劳承载能力求出应有的模数值外，还应加大 5%~15%，并取标准值；而为了开式齿轮传动尺寸不致过大，z_1应在 18~30 范围内取小值；载荷平稳、不重要的或手动机械中开式齿轮，甚至可取 $z_1=13 \sim 14$（有轻微切齿干涉）。

对于高速齿轮传动，不论闭式还是开式，软齿面还是硬齿面，应取 $z_1 \geqslant 25$。

7.6.4.2　齿数比 u

齿数比与传动比 i 的含义不同，齿数比 u=大齿轮齿数/小齿轮齿数，不小于 1。传动比 $i=n_1/n_2$，n_1为主动齿轮转速，n_2为从动齿轮转速。对于减速齿轮传动，$u=i$；对于增速齿轮传动，$u=1/i$。单级齿轮传动齿数比不宜过大，否则大小齿轮尺寸悬殊，总体尺寸也会过大，通常取单级齿轮传动齿数比 $u \leqslant 5 \sim 7$。

7.6.4.3　齿宽系数 φ_d

适当增加齿宽系数 φ_d，则计算所得齿轮直径较小，结构紧凑，但由于制造误差、安装误差以及受力时的弹性变形等原因，使得载荷沿轮齿接触线分布不均匀的现象严重，φ_d的取值见表 7-10。

表 7-10　齿宽系数

齿轮相对于轴承的位置	齿面硬度	
	软齿面	硬齿面
对称布置	0.8~1.4	0.4~0.9
非对称布置	0.2~1.2	0.3~0.6
悬臂布置	0.3~0.4	0.2~0.25

注：直齿圆柱齿轮宜取小值，斜齿圆柱齿轮可取大值；载荷稳定、轴刚度大时可取大值，变载荷、轴刚度小时应取较小值。

考虑到圆柱齿轮传动安装时可能需要在轴向作些调整，为保证齿轮传动有足够的啮合宽度，一般取小齿轮的齿宽 $b_1=b+(5\sim10)$，取大齿轮的齿宽 $b_2=b$。b 为啮合宽度。

7.6.4.4　变位系数 x

变位齿轮通过选取不同的变位系数 x，可避免根切，得到非标准的齿厚。正变位齿厚增加，承载能力增加；负变位齿厚变薄，承载能力减小。一对齿轮选择不同的变位系数，可提高承载能力，使两齿轮等强度及可调凑中心距等。但变位系数过大会使齿轮齿顶变尖，重合度减小，影响正常传动，因而选择时应全面考虑。

设计时可按图 7-17 选择。图 7-17 用于小齿轮齿数 $z_1\geqslant12$，其右侧部分线图的横坐标为一对齿轮的齿数和 z_Σ，纵坐标为一对齿轮的总变位系数 x_Σ，图中阴影线为许用区，许用区内各射线为同一啮合角时总变位系数 x_Σ 与齿数和 z_Σ 的函数关系。使用时可根据齿数和 z_Σ 的大小及其他具体条件，在许用区内选择总变位系数 x_Σ，再按该线图左侧的 5 条斜线分配变位系数 x_1 和 x_2。该部分线图的纵坐标仍为总变位系数 x_Σ，而横坐标表示小齿轮的变位系数 x_1。根据 x_Σ 及齿数比 $u=z_2/z_1$，即可确定 x_1，从而得到 $x_2=x_\Sigma-x_1$。

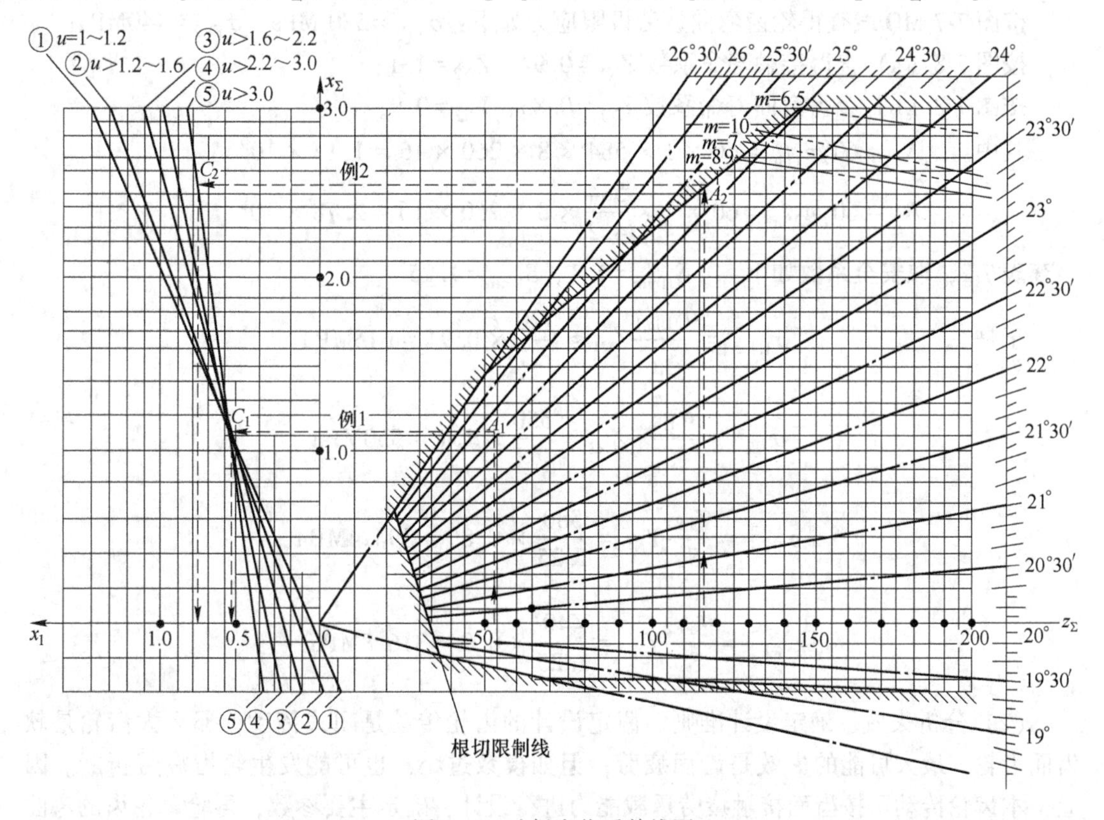

图 7-17　选择变位系数线图

[例 7-1]　设计一带式运输机用减速器中的单级标准直齿圆柱齿轮传动。已知：小齿轮传递功率 $P_1=9.5\text{kW}$，小齿轮转速 $n_1=584\text{r/min}$，传动比 $i=u=4.2$，两班制工作，设计工作寿命 8 年（每年按 260 个工作日计算）。运输机由电动机驱动，单向运转，工作中有轻微冲击，但无严重过载。对传动尺寸不做严格限制，小批量生产，允许齿面出现少量点蚀。

解：本题要求根据具体的工作要求和条件设计一对齿轮。首先应进行的是材料的选择。由于传动尺寸不做严格限制，小批量生产，故齿轮材料可以选择为中碳钢或是合金钢进行调质或正火处理，由于得出的齿轮为软齿面，应注意使大小齿轮齿面存在一定的硬度差。

由于为软齿面传动，按前述的设计准则可知：应先由接触疲劳强度初步确定主要传动参数，并对接触疲劳强度做精确计算；再进一步胶合弯曲疲劳强度。因为工作中无严重过载，无需进行静强度计算。

(1) 选择齿轮材料、热处理方法并确定许用应力。

参考表 7-1 初选材料：

小齿轮：40Cr，调质处理，品质中等，齿面硬度 241~286HBW。

大齿轮：45 钢，调质处理，品质中等，齿面硬度 217~255HBW。

根据小齿轮齿面硬度 260HBW 和大齿轮齿面硬度 230HBW，按图 7-6 MQ 线查得齿面接触疲劳极限应力如下：$\sigma_{\mathrm{Hlim1}}=720\mathrm{MPa}$，$\sigma_{\mathrm{Hlim2}}=550\mathrm{MPa}$；

按图 7-7 MQ 线查得轮齿弯曲疲劳极限应力如下：$\sigma_{\mathrm{FE1}}=580\ \mathrm{MPa}$，$\sigma_{\mathrm{FE2}}=440\mathrm{MPa}$；

按图 7-8（a）查得接触寿命系数 $Z_{\mathrm{N1}}=0.94$，$Z_{\mathrm{N2}}=1.1$；

按图 7-8（b）查得弯曲寿命系数 $Y_{\mathrm{N1}}=0.85$，$Y_{\mathrm{N2}}=0.9$；

其中：

$$N_1=60\gamma n_1 t_{\mathrm{h}}=60\times 1\times 584\times 8\times 260\times 16=1.17\times 10^9$$

$$N_2=60\gamma n_2 t_{\mathrm{h}}=60\times 1\times \frac{584}{4.2}\times 8\times 260\times 16=2.78\times 10^8$$

再查表 7-2，取安全系数如下：　$S_{\mathrm{Hmin}}=1.1$，$S_{\mathrm{Fmin}}=1.25$

于是

$$[\sigma_{\mathrm{H1}}]=\frac{\sigma_{\mathrm{Hlim1}}}{S_{\mathrm{H}}}Z_{\mathrm{N1}}=\frac{720}{1.1}\times 0.94=615\mathrm{MPa}$$

$$[\sigma_{\mathrm{H2}}]=\frac{\sigma_{\mathrm{Hlim2}}}{S_{\mathrm{H}}}Z_{\mathrm{N2}}=\frac{550}{1.1}\times 1.1=550\mathrm{MPa}$$

$$[\sigma_{\mathrm{F1}}]=\frac{\sigma_{\mathrm{FE1}}}{S_F}Y_{\mathrm{N1}}=\frac{580}{1.25}\times 0.85=394.4\mathrm{MPa}$$

$$[\sigma_{\mathrm{F2}}]=\frac{\sigma_{\mathrm{FE2}}}{S_F}Y_{\mathrm{N2}}=\frac{440}{1.25}\times 0.9=316.8\mathrm{MPa}$$

(2) 分析失效、确定设计准则。假定设计的齿轮传动是闭式传动，那么大齿轮是软齿面齿轮，最大可能的失效是齿面疲劳；但如模数过小，也可能发生轮齿疲劳折断。因此，本齿轮传动可按齿面接触疲劳承载能力进行设计，确定主要参数，再验算轮齿的弯曲疲劳承载能力。

(3) 按齿面接触疲劳承载能力计算齿轮主要参数。根据式（7-10）设计式为：

$$d_1\geqslant\sqrt[3]{\frac{2KT_1}{\varphi_d}\frac{u\ \pm 1}{u}\left(\frac{Z_{\mathrm{H}}Z_{\mathrm{E}}}{[\sigma_{\mathrm{H}}]}\right)^2}$$

因属减速传动，$u=i=4.2$。

确定计算载荷：

小齿轮转矩 $T_1 = 9.55 \times 10^6 \dfrac{P_1}{n_1} = 9.55 \times 10^6 \dfrac{9.5}{584} = 155.35\text{N} \cdot \text{m}$

$$KT_1 = K_A K_\alpha K_\beta K_v T_1$$

初查表 7-7，取载荷系数 $K=1.5$；

$$KT_1 = K_A K_\alpha K_\beta K_v T_1 = 1.5 \times 155.35 = 233\text{N} \cdot \text{m}$$

区域系数查图 7-13，标准齿轮 $Z_H = 2.5$，弹性系数查表 7-8，$Z_E = 189.8\sqrt{\text{MPa}}$，齿宽系数查表 7-10，软齿面取 $\varphi_d = b/d_1 = 1$；因大齿轮的许用齿面接触疲劳应力值较小，故将 $[\sigma_{H2}] = 550\text{MPa}$ 代入，于是：

$$d_1 \geqslant \sqrt[3]{\frac{2 \times 233 \times 10^3}{1} \frac{4.2+1}{4.2} \left(\frac{2.5 \times 189.8}{550}\right)^2} = 75\text{mm}$$

$$a = (1+u)d_1/2 = (1+4.2) \times 75/2 = 192\text{mm} \quad \text{取} \quad a = 195\text{mm}$$

按经验式 $m = (0.007 \sim 0.02)a$，取 $m = 0.015a = 0.015 \times 195 = 2.925\text{mm}$，取标准模数 $m=3\text{mm}$，$z_1 = \dfrac{2a}{m(1+u)} = \dfrac{2 \times 195}{3(1+4.2)} = 25$，考虑传动比精确及中心距以 0、5 结尾，取 $z_1 = 25$，$z_2 = 105$。反算中心距 $a = \dfrac{m}{2}(z_1 + z_2) = \dfrac{3}{2}(25+105) = 195\text{mm}$ 符合要求。检验传动比 $u = z_2/z_1 = 105/25 = 4.2$ 符合要求。

（4）选择齿轮精度等级。

$$d_1 = mz_1 = 3 \times 25 = 75\text{mm}$$

齿轮圆周速度 $v = \dfrac{\pi d_1 n_1}{60 \times 1000} = \dfrac{\pi \times 75 \times 584}{60 \times 1000} \approx 2.29\text{m/s}$

查表 7-3，并考虑该齿轮传动的用途，选择 8 级精度。

（5）精确计算载荷。

$$KT_1 = K_A K_\alpha K_\beta K_v T_1$$
$$K = K_A K_\alpha K_\beta K_v$$

查表 7-4 $K_A = 1.25$；查图 7-9，$K_v = 1.15$；齿轮传动啮合宽度 $b = \varphi_d d_1 = 1 \times 75 = 75\text{mm}$，查表 7-6，$K_A F_t/b = \dfrac{1.25 \times 2 \times 155.35}{75 \times 10^{-3} \times 75} = 69\text{N/mm} < 100\text{N/mm}$，$K_\alpha = 1.2$；查表 7-5，$\varphi_d = 1.0$，减速器轴刚度较大，$K_\beta = 1.05$。

$$K = K_A K_\alpha K_\beta K_v = 1.25 \times 1.2 \times 1.05 \times 1.15 = 1.81$$
$$KT_1 = K_A K_\alpha K_\beta K_v T_1 = 1.81 \times 155.35 = 281.18\text{N} \cdot \text{m}$$
$$KF_{t1} = \frac{2KT_1}{d_1} = \frac{2 \times 281.18 \times 10^3}{75} = 7.5\text{kN}$$

（6）验算轮齿弯曲疲劳承载能力。

由 $z_1 = 25$、$z_2 = 105$，查图 7-16，得两轮复合齿形系数为 $Y_{F1}=4.21$，$Y_{F2}=3.95$。于是

$$\sigma_{F1} = \frac{7.5 \times 10^3}{75 \times 3} \times 4.21 = 141\text{MPa} \leqslant [\sigma_{F1}] = 394.4\text{MPa}$$

$$\sigma_{F2} = \frac{7.5 \times 10^3}{75 \times 3} \times 3.95 = 131.7\text{MPa} \leqslant [\sigma_{F2}] = 316.8\text{MPa}$$

轮齿弯曲疲劳承载能力足够。

（7）综上所述，可得所设计齿轮的主要参数为

$m = 3\text{mm}$，$z_1 = 25$，$z_2 = 105$，$i = 4.2$，$a = 195\text{mm}$，$b_1 = 85\text{mm}$，$b_2 = 75\text{mm}$。

7.7 标准斜齿圆柱齿轮传动的强度计算

7.7.1 斜齿轮轮齿的受力分析

图 7-18（a）所示为斜齿圆柱齿轮传动的受力情况，当主动齿轮上作用转矩 T_1时，若忽略接触面的摩擦力，齿轮上的法向力 F_n作用在垂直于齿面的法向平面，将 F_n在分度圆上分解为相互垂直的 3 个分力，即圆周力 F_t、径向力 F_r和轴向力 F_a，各力的大小为

$$\begin{cases} F_t = 2T_1/d_1 \\ F_r = F_t\tan\alpha_n/\cos\beta \\ F_a = F_t\tan\beta \\ F_n = F_t/(\cos\alpha_n\cos\beta) \end{cases} \tag{7-15}$$

式中，β 为分度圆螺旋角；α_n 为法向压力角，标准齿轮 $\alpha_n = 20°$。

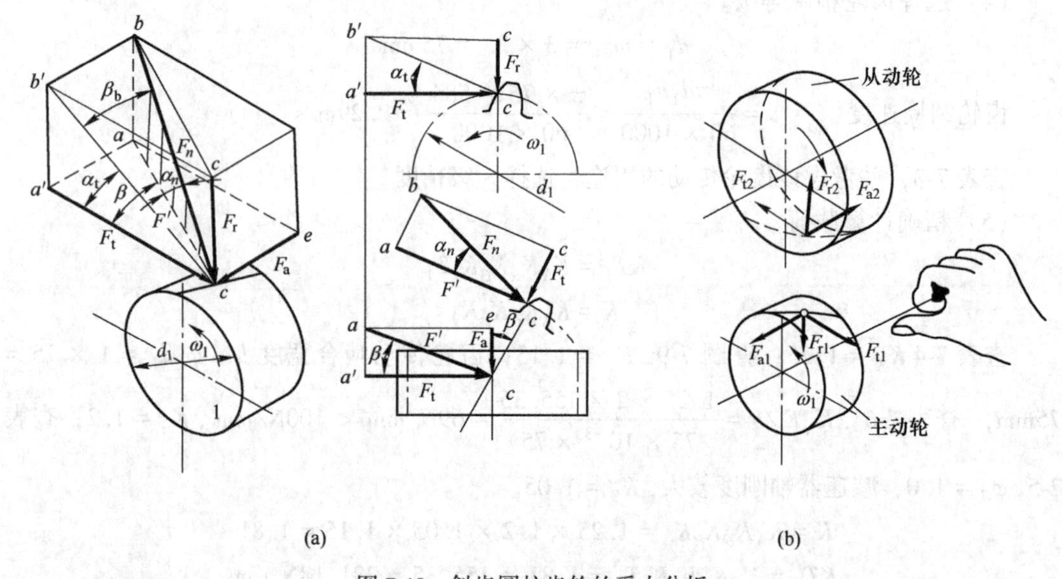

图 7-18　斜齿圆柱齿轮的受力分析

圆周力和径向力方向的判断与直齿圆柱齿轮相同。轴向力 F_a的方向取决于齿轮的回转方向和轮齿的旋向，可用"主动轮左、右手定则"来判断。即当主动轮是右旋时所受轴向力的方向用右手判断，四指沿齿轮旋转方向握轴，伸直大拇指，大拇指所指即为主动轮所受轴向力的方向。从动轮所受轴向力与主动轮的大小相等、方向相反（图 7-18（b））。

7.7.2 齿面接触疲劳强度计算

斜齿圆柱齿轮传动接触应力计算的出发点，与直齿圆柱齿轮相同，可参照直齿圆柱齿轮传动接触应力的计算公式，按当量齿轮参数，即法面参数计算。由于斜齿圆柱齿轮啮合的接触线是倾斜的，有利于提高接触疲劳强度，引入螺旋角系数 $Z_\beta=\sqrt{\cos\beta}$，则斜齿圆柱齿轮传动齿面接触疲劳强度验算式为：

$$\sigma_H = Z_H Z_E Z_\beta \sqrt{\frac{KF_t}{bd_1}\frac{u\pm 1}{u}} \leqslant [\sigma]_H \tag{7-16}$$

式中各参数意义与直齿轮相同，但 $Z_H=\sqrt{2\cos\beta_b/\sin\alpha_t'\cos\alpha_t'}$，其值可由图 7-13 查得，$\alpha_t'$ 为齿轮端面啮合角，β_b 为齿轮基圆螺旋角。

取 $\varphi_d=b/d_1$ 代入上式，可得齿面接触疲劳强度设计式：

$$d_1 \geqslant \sqrt[3]{\frac{2KT_1}{\varphi_d}\frac{u\pm 1}{u}\left(\frac{Z_H Z_E Z_\beta}{[\sigma]_H}\right)^2} \tag{7-17}$$

由于斜齿圆柱齿轮的 Z_H 小于直齿圆柱齿轮，$Z_\beta<1$，在同样条件下，斜齿圆柱齿轮传动的接触疲劳强度比直齿圆柱齿轮传动高。

7.7.3 齿根弯曲疲劳强度计算

斜齿轮的弯曲强度计算思想与直齿轮相似，但是由于斜齿圆柱齿轮的接触线是倾斜的，所以轮齿往往局部折断，而且，啮合过程中，其接触线和危险截面的位置都在不断变化，其齿根应力近似按当量直齿圆柱齿轮，利用式（7-12）进行简化计算。同样，考虑到斜齿圆柱齿轮倾斜的接触线对提高弯曲强度有利，引入螺旋角系数 Y_β 对齿根应力进行修正，并以法向模数 m_n 代替 m，可得斜齿圆柱齿轮的弯曲疲劳强度验算式为

$$\sigma_F = \frac{KF_t}{bm}Y_F Y_\beta \leqslant [\sigma_F] \tag{7-18}$$

式中，Y_β 为螺旋角系数，β 角大时，取小值；反之，取大值。Y_F 按当量齿数 $z_v=z/\cos^3\beta$，由图 7-16 查得；Y_β 如图 7-19 所示；其他参数与直齿圆柱齿轮的相同。

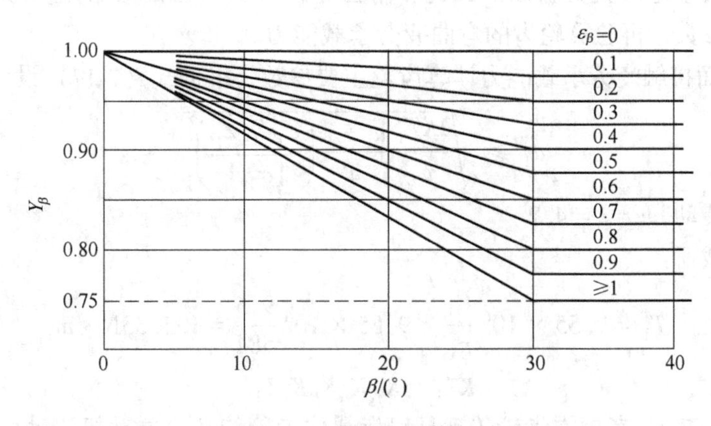

图 7-19 螺旋角系数 Y_β

取 $\varphi_d = b/d_1$ 代入上式，并取 $Y_\beta = 1$，可得弯曲疲劳强度设计式为：

$$m_n \geqslant \sqrt[3]{\frac{2KT_1 \cos^2\beta}{\varphi_d z_1^2} \frac{Y_F}{[\sigma_F]}} \tag{7-19}$$

由于 $z_v>z$，$Y_\beta<1$，可知在相同条件下，斜齿圆柱齿轮传动的轮齿弯曲疲劳强度比直齿圆柱齿轮传动的高。

7.7.4 参数选择

斜齿圆柱齿轮传动的参数选择与直齿圆柱齿轮传动基本相同，只是由于有螺旋角 β，略有不同。β 角过大，轴向力大，易对轴及轴承造成损伤；β 角过小，斜齿轮的特点显示不明显，一般取 $\beta=8°\sim20°$，常用为 $\beta=8°\sim15°$，近年来设计中 β 角有增大趋势，有的达到 25°；双斜齿轮的螺旋角 β 可选大些。在设计时应先初选 β 角，在其他参数确定后，再精确计算。

由于 β 角取值有一定范围，还可用来调整中心距：

因为 $a = \dfrac{m_n(z_1 + z_2)}{2\cos\beta}$，所以 $\beta = \arccos\dfrac{m_n(z_1 + z_2)}{2a}$。

可先将中心距直接圆整，再将圆后的中心距代入反求 β 角，满足要求即可。

[**例 7-2**]　将例 7-1 中的标准直齿圆柱齿轮传动设计改为标准斜齿圆柱齿轮设计，其余条件均不变。

解：

(1) 齿轮材料和热处理方法的选择及许用应力的确定

与直齿圆柱齿轮的选择计算相同，由题 7-1 可得：

$$[\sigma_{H1}] = \frac{\sigma_{Hlim1}}{S_H} Z_{N1} = \frac{720}{1.1} \times 0.94 = 615\text{MPa} \quad [\sigma_{H2}] = \frac{\sigma_{Hlim2}}{S_H} Z_{N2} = \frac{550}{1.1} \times 1.1 = 550\text{MPa}$$

$$[\sigma_{F1}] = \frac{\sigma_{FE1}}{S_F} Y_{N1} = \frac{580}{1.25} \times 0.85 = 394.4\text{MPa} \quad [\sigma_{F2}] = \frac{\sigma_{FE2}}{S_F} Y_{N2} = \frac{440}{1.25} \times 0.9 = 316.8\text{MPa}$$

(2) 分析失效、确定设计准则。由题意可知，最大可能的失效是齿面疲劳；但如模数过小也可能发生轮齿疲劳折断。因此，本齿轮传动可按齿面接触疲劳承载能力进行设计，确定主要参数，再验算轮齿的弯曲疲劳承载能力。

(3) 按齿面接触疲劳承载能力计算齿轮主要参数。根据式 (7-17) 设计式为

$$d_1 \geqslant \sqrt[3]{\frac{2KT_1}{\varphi_d} \frac{u \pm 1}{u} \left(\frac{Z_H Z_E Z_\beta}{[\sigma_H]}\right)^2}$$

因属减速传动，$u = i = 4.2$。

确定计算载荷：

小齿轮转矩　$T_1 = 9.55 \times 10^6 \dfrac{P_1}{n_1} = 9.55 \times 10^6 \dfrac{9.5}{584} = 155.35\text{N} \cdot \text{m}$

$$KT_1 = K_A K_\alpha K_\beta K_v T_1$$

初选，查表 7-7，考虑本齿轮传动是斜齿圆柱齿轮传动、电动机驱动、载荷有中等冲击、轴承相对齿轮不对称布置，取载荷系数 $K=1.5$，得

$$KT_1 = K_A K_\alpha K_\beta K_v T_1 = 1.5 \times 155.35 = 233\text{N} \cdot \text{m}$$

初选 $\beta = 15°$，$Z_\beta = \sqrt{\cos\beta} = 0.983$，区域系数查图7-13，标准齿轮 $Z_H = 2.41$，弹性系数查表7-8，$Z_E = 189.8\sqrt{\text{MPa}}$，齿宽系数查表7-10，软齿面取 $\varphi_d = b/d_1 = 1$；因大齿轮的许用齿面接触疲劳应力值较小，故将 $[\sigma_{H2}] = 550\text{MPa}$ 代入，于是：

$$d_1 \geqslant \sqrt[3]{\frac{2 \times 233 \times 10^3}{1} \frac{4.2 + 1}{4.2} \left(\frac{2.41 \times 189.8 \times 0.983}{550}\right)^2} = 72.47\text{mm}$$

$$a = (1 + u)d_1/2 = (1 + 4.2) \times 72.47/2 = 188.42\text{mm} \quad \text{取} \quad a = 190\text{mm}$$

按经验式 $m_n = (0.007 \sim 0.02)a$，取 $m_n = 0.015a = 0.015 \times 190 = 2.85\text{mm}$，取标准模数 $m_n = 3\text{mm}$，$z_1 = \dfrac{d_1\cos\beta}{m_n} = \dfrac{72.47 \times \cos 15°}{3} = 23.33$，取 $z_1 = 23$，$z_2 = 23 \times 4.2 = 94.38$，取 $z_2 = 95$。检验传动比 $u = z_2/z_1 = 95/23 = 4.13$，则传动比误差 $\dfrac{i - i'}{i} = \dfrac{4.2 - 4.13}{4.2} = 1.67\%$ 符合要求。求螺旋角 β，由 $\cos\beta = \dfrac{m_n(z_1 + z_2)}{2a}$，则

$$\beta = \arccos\frac{m_n(z_1 + z_2)}{2a} = \arccos\left[\frac{3 \times (23 + 95)}{2 \times 190}\right] = 21.32°$$

(4) 选择齿轮精度等级

$$d_1 = \frac{m_n z_1}{\cos\beta} = \frac{3 \times 23}{\cos 21.32°} = 75.00\text{mm}$$

齿轮圆周速度：$v = \dfrac{\pi d_1 n_1}{60 \times 1000} = \dfrac{\pi \times 75.00 \times 584}{60 \times 1000} \approx 2.29\text{m/s}$。查表7-3，并考虑该齿轮传动的用途，选择8级精度。

(5) 精确计算载荷

$$KT_1 = K_A K_\alpha K_\beta K_v T_1$$
$$K = K_A K_\alpha K_\beta K_v$$

查表7-4，$K_A = 1.25$；查图7-9，$K_v = 1.15$；齿轮传动啮合宽度 $b = \varphi_d d_1 = 1 \times 75 = 75\text{mm}$，查表7-6，$K_A F_t/b = \dfrac{1.25 \times 2 \times 155.35}{75 \times 10^{-3} \times 75} = 69.04\text{N/mm} < 100\text{N/mm}$，$K_\alpha = 1.2$；查表7-5，$\varphi_d = 1.0$，减速器轴刚度较大，$K_\beta = 1.05$；

$$K = K_A K_\alpha K_\beta K_v = 1.25 \times 1.2 \times 1.05 \times 1.15 = 1.81$$
$$KT_1 = K_A K_\alpha K_\beta K_v T_1 = 1.81 \times 155.35 = 281.18\text{N} \cdot \text{m}$$
$$KF_{t1} = \frac{2KT_1}{d_1} = \frac{2 \times 281.18 \times 10^3}{75} = 7.5\text{kN}$$

(6) 验算轮齿弯曲疲劳承载能力。由 $z_1 = 23$，$z_2 = 95$，$Y_\beta = 0.75$，由 $z_v = z/\cos^3\beta$，得到 $z_{v1} = 28.45$，$z_{v2} = 117.51$，查图7-16，得两轮复合齿形系数为 $Y_{F1} = 4.15$，$Y_{F2} = 3.93$。于是

$$\sigma_{F1} = \frac{7.5 \times 10^3}{75 \times 3} \times 4.15 \times 0.75 = 103.75\text{MPa} \leqslant [\sigma_{F1}] = 394.4\text{MPa}$$

$$\sigma_{F2} = \frac{7.5 \times 10^3}{75 \times 3} \times 3.93 \times 0.75 = 98.25\text{MPa} \leqslant [\sigma_{F2}] = 334.4\text{MPa}$$

轮齿弯曲疲劳承载能力足够。

（7）综上所述，可得所设计齿轮的主要参数为

$m_n = 3\text{mm}$，$z_1 = 23$，$z_2 = 95$，$i = 4.13$，$a = 190\text{mm}$，$b_1 = 85\text{mm}$，$b_2 = 75\text{mm}$，$\beta = 21.32°$。

7.8 标准直齿圆锥齿轮传动的强度计算

7.8.1 锥齿轮轮齿受力分析

一对直齿圆锥齿轮啮合传动时，如果不考虑摩擦力的影响，轮齿间的作用力可以近似简化为作用于齿宽中点节线的集中载荷 F_n，其方向垂直于工作齿面。如图 7-20 所示主动锥齿轮的受力情况，轮齿间的法向作用力 F_n 可分解为 3 个互相垂直的分力：圆周力 F_{t1}、径向力 F_{r1} 和轴向力 F_{a1}。各力的大小为

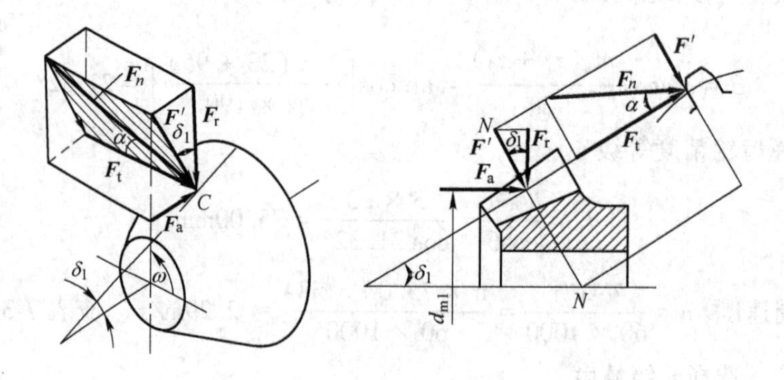

图 7-20　直齿圆锥齿轮的受力分析

$$\begin{cases} F_{t1} = \dfrac{2T_1}{d_{m1}} = -F_{t2} \\ F_{r1} = F'\cos\delta_1 = F_{t1}\tan\alpha\cos\delta_1 = -F_{a2} \\ F_{a1} = F'\sin\delta_1 = F_{t1}\tan\alpha\sin\delta_1 = -F_{r2} \\ F_n = \dfrac{F_{t1}}{\cos\alpha} \end{cases} \tag{7-20}$$

式中，δ_1 为锥顶角；d_{m1} 为主动锥齿轮分度圆锥上齿宽中点处的直径，也称分度圆锥的平均直径，可根据锥距 R、齿宽 b 和分度圆直径 d_1 确定，即

$$d_{m1} = (1 - 0.5\varphi_R)d_1 \tag{7-21}$$

式中，$\varphi_R = b/R$ 称为齿宽系数。

圆周力的方向在主动轮上与回转方向相反，在从动轮上与回转方向相同；径向力的方向分别指向各自的轮心；轴向力的方向分别指向大端。根据作用力与反作用力的原理得主、从动轮上 3 个分力之间的关系：$F_{t1} = -F_{t2}$、$F_{r1} = -F_{a2}$、$F_{a1} = -F_{r2}$，负号表示方向相反。

7.8.2 计算载荷

与圆柱齿轮相同，直齿锥齿轮传动的计算圆周力为：

$$F_{tc} = KF_t = K_A K_v K_\alpha K_\beta F_t \tag{7-22}$$

式中，K_A、K_v、K_α、K_β 的意义与圆柱齿轮相同，一般精度要求时，K 可按表 7-7 查取；如需精确计算，可参照国家标准。

7.8.3 齿面接触疲劳强度计算

由于圆锥齿轮的轮齿大小沿齿宽方向是变化的，其应力状态很是复杂，所以一般齿面接触疲劳强度的计算，是按齿宽中点处的当量直齿圆柱齿轮进行计算，即以其平均直径处的参数代入直齿圆柱齿轮的计算公式，简化后得齿面接触疲劳强度计算式。

验算式：

$$\sigma_H = Z_E Z_H \sqrt{\frac{4KT_1}{0.85\frac{b}{R}\left(1-0.5\frac{b}{R}\right)^2 d_1^3 u}} \leqslant [\sigma_H] \tag{7-23}$$

设计式：

$$d_1 \geqslant \sqrt[3]{\frac{4KT_1}{0.85\varphi_R(1-0.5\varphi_R)^2 u}\left(\frac{Z_E Z_H}{[\sigma_H]}\right)^2} \tag{7-24}$$

式中，Z_E、Z_H、u 与直齿圆柱齿轮传动相同；φ_R 为齿宽系数，$\varphi_R = b/R$，R 为锥顶距。

7.8.4 齿根弯曲疲劳强度计算

考虑出发点与齿面接触疲劳强度计算相同，按齿宽中点的当量直齿圆柱齿轮进行计算，以平均直径处的参数代入直齿圆柱齿轮的计算公式，简化后得齿面弯曲疲劳强度计算式。

验算式：

$$\sigma_F = \frac{4KT_1 Y_F}{\frac{b}{R}\left(1-0.5\frac{b}{R}\right)^2 m^3 z_1^2 \sqrt{1+u^2}} \leqslant [\sigma_F] \tag{7-25}$$

设计式：

$$m \geqslant \sqrt[3]{\frac{4KT_1}{\varphi_R(1-0.5\varphi_R)^2 z_1^2 \sqrt{1+u^2}} \frac{Y_F}{[\sigma_F]}} \tag{7-26}$$

式中，Y_F 为复合齿形系数，按当量齿数 $z_v = z/\cos\delta$ 查图 7-16；m 为大端模数，其标准值与直齿圆柱齿轮相同，按式（7-26）计算时，应取 $\frac{Y_{F1}}{[\sigma_{F1}]}$、$\frac{Y_{F2}}{[\sigma_{F2}]}$ 两者中的大值代入。

7.8.5 参数选择

直齿圆锥齿轮传动的参数选择与直齿圆柱齿轮传动基本相同，由于圆锥齿轮加工精度较低，尤其大直径齿轮精度更难于保证，因此，取齿数比 $u=1\sim3$；φ_R 通常取 $\varphi_R=0.2\sim0.35$。

［**例 7-3**］ 设计一圆锥-圆柱齿轮减速器中的标准直齿锥齿轮传动。已知轴交角为 $\Sigma = 90°$。小齿轮悬臂，大齿轮两端支撑。小圆锥齿轮传递功率为 $P_1 = 5\text{kW}$，转速 $n_1 =$

720r/min，传动比 $i = u = 2.4$。电动机驱动，单向运转，工作载荷平稳，要求工作寿命为24000h。允许齿面出现少量点蚀。

解：由于直齿圆锥齿轮的加工多为刨齿，故较少采用硬齿面。选材时应予以考虑。由此可知设计准则为：按接触疲劳强度初步确定主要传动参数，再校核弯曲疲劳强度并最后确定参数。在使用接触疲劳公式设计前，必须做一些预先的估计，根据常用精度等级粗估平均分度圆处圆周速度，设计后计算值应与预先估计相符。

（1）选择材料和热处理方法，确定许用应力。参照表7-1初选材料。小齿轮：45钢，调质，217-255HBW；大齿轮：45钢，调质，162-217HBW。

根据小齿轮齿面硬度240HBW和大齿轮齿面硬度200HBW，按图7-6查得齿面接触疲劳极限应力：$\sigma_{\mathrm{Hlim1}} = 580\mathrm{MPa}$，$\sigma_{\mathrm{Hlim2}} = 540\mathrm{MPa}$；按图7-7查得轮齿弯曲疲劳极限应力 $\sigma_{\mathrm{FE1}} = 320\mathrm{MPa}$，$\sigma_{\mathrm{FE2}} = 310\mathrm{MPa}$。又由

$$N_1 = 60\gamma n t_{\mathrm{h}} = 60 \times 1 \times 720 \times 24000 = 1.04 \times 10^9$$

$$N_2 = 60\gamma n t_{\mathrm{h}} = 60 \times 1 \times 720/2.4 \times 24000 = 0.43 \times 10^9$$

查图7-8得：$Z_{N1} = 1.0$，$Z_{N2} = 1.05$；$Y_{N1} = 0.89$，$Y_{N2} = 0.91$，查表7-2，取最小安全系数：$S_{\mathrm{Hlim}} = 1.05$，$S_{F\mathrm{lim}} = 1.25$。则

$$[\sigma_{\mathrm{H1}}] = \frac{\sigma_{\mathrm{Hlim1}}}{S_{\mathrm{Hlim}}} Z_{N1} = \frac{580}{1.05} \times 1 = 550\mathrm{MPa} \quad [\sigma_{\mathrm{H2}}] = \frac{\sigma_{\mathrm{Hlim2}}}{S_{\mathrm{Hlim}}} Z_{N2} = \frac{540}{1.05} \times 1.1 = 540\mathrm{MPa}$$

$$[\sigma_{F1}] = \frac{\sigma_{\mathrm{FE1}}}{S_{F\mathrm{lim}}} Z_{N1} = \frac{320}{1.25} \times 0.89 = 228\mathrm{MPa} \quad [\sigma_{F2}] = \frac{\sigma_{\mathrm{FE2}}}{S_{F\mathrm{lim}}} Z_{N2} = \frac{310}{1.25} \times 0.91 = 226\mathrm{MPa}$$

（2）分析失效，确定设计准则。

由于设计的齿轮传动为闭式传动，且为软齿面传动。最大可能的失效形式是齿面接触疲劳；但是如果模数过小也可能发生轮齿弯曲折断。因此本齿轮传动按齿面接触疲劳进行设计确定主要参数，再校核轮齿的弯曲疲劳承载能力。

（3）按齿面接触疲劳强度计算齿轮主要参数。根据式（7-24）得

$$d_1 \geqslant \sqrt[3]{\frac{4KT_1}{0.85\varphi_R (1 - 0.5\varphi_R)^2 u}\left(\frac{Z_{\mathrm{E}} Z_{\mathrm{H}}}{[\sigma_{\mathrm{H}}]}\right)^2}$$

因属于减速传动，$u = i = 2.4$。

确定计算载荷：

小齿轮转矩 $T_1 = 9.55 \times 10^6 \dfrac{P_1}{n_1} = 9.55 \times 10^6 \dfrac{5}{720} = 66.32\mathrm{N \cdot m}$

$$K = K_{\mathrm{A}} K_{\alpha} K_{\beta} K_{\mathrm{v}}$$

查表7-7得 $K = 1.4$。

$$KT_1 = K_{\mathrm{A}} K_{\alpha} K_{\beta} K_{\mathrm{v}} T_1 = 1.4 \times 66.32 = 92.85\mathrm{N \cdot m}$$

查图7-13得标准齿轮的区域系数 $Z_{\mathrm{H}} = 2.5$，弹性系数查表7-8，$Z_{\mathrm{E}} = 189.8\sqrt{\mathrm{MPa}}$，齿宽系数 $\varphi_R = b/R = 0.25$；因大齿轮的许用齿面接触疲劳应力值较小，故将 $[\sigma_{\mathrm{H2}}] = 540\mathrm{MPa}$ 代入，于是

$$d_1 \geqslant \sqrt[3]{\frac{4 \times 92.85 \times 10^3}{0.85 \times 0.25 (1 - 0.5 \times 0.25)^2 \times 2.4}\left(\frac{189.8 \times 2.5}{540}\right)^2} = 90.2\text{mm}$$

取 $z_1 = 25$, $z_2 = iz_1 = 25 \times 2.4 = 60$，则

$$m = \frac{d_1}{z_1} = \frac{90.2}{25} = 3.6\text{mm}$$

取标准模数 $m = 4\text{mm}$。

$$d_1 = mz_1 = 4 \times 25 = 100\text{mm}$$

$$\delta_1 = \arctan\frac{1}{i} = \arctan\frac{1}{2.4} = 22.62° \qquad \delta_2 = \arctan i = \arctan 2.4 = 67.38°$$

$$R = \frac{d_1}{2\sin\delta_1} = \frac{100}{2\sin 22.62°} = 130\text{mm} \qquad d_{\text{m1}} = (1 - 0.5\varphi_R)d_1 = 87.5\text{mm}$$

(4) 选择齿轮精度等级。齿轮圆周速度 $v = \dfrac{\pi d_{\text{m1}} n_1}{60 \times 1000} = \dfrac{\pi \times 87.5 \times 720}{60 \times 1000} \approx 3.297\text{m/s}$。

查表 7-3，选用 8 级精度。

(5) 精确计算载荷。

$$KT_1 = K_A K_\alpha K_\beta K_v T_1 \qquad K = K_A K_\alpha K_\beta K_v$$

$$F_t = \frac{2T_1}{d_{\text{m1}}} = \frac{2 \times 66.32}{87.5} = 1.516\text{kN}$$

查表 7-4, $K_A = 1$；查图 7-9, $K_v = 1.15$。

齿轮传动啮合宽度 $b = \varphi_R R = 0.25 \times 130 = 32.5\text{mm}$，取 $b = 35\text{mm}$。

查表 7-6 得 $K_A F_t / b = \dfrac{1 \times 1.516 \times 10^3}{35} = 43.3\text{N/mm} < 100\text{N/mm}$，$K_\alpha = 1.3$；

查表 7-5, $\varphi_d = \dfrac{b}{d_{\text{m1}}} = \dfrac{35}{87.5} = 0.40$，轴悬臂布置, $K_\beta = 1.11$; $K = K_A K_\alpha K_\beta K_v = 1 \times 1.3 \times 1.11 \times 1.15 = 1.67$; $KT_1 = K_A K_\alpha K_\beta K_v T_1 = 1.67 \times 66.32 = 110.75\text{N} \cdot \text{m}$；$KF_t = \dfrac{2KT_1}{d_{\text{m1}}} = \dfrac{2 \times 110.75 \times 10^3}{87.5} = 2.53\text{kN}$。

(6) 验算轮齿弯曲疲劳承载能力。

$$\sigma_F = \frac{4KT_1 Y_F}{\frac{b}{R}\left(1 - 0.5\frac{b}{R}\right)^2 m^3 z_1^2 \sqrt{1 + u^2}} \leqslant [\sigma_F]$$

由 $z_1 = 25$, $z_2 = 60$, $z_v = z/\cos\delta$，得到 $z_{v1} = 27$，$z_{v2} = 156$，查图 7-16，得两轮复合齿形系数为 $Y_{F1} = 4.2$, $Y_{F2} = 3.98$，于是

$$\sigma_{F1} = \frac{4 \times 110.75 \times 10^3 \times 4.2}{0.27 \times (1 - 0.5 \times 0.27)^2 \times 4^3 \times 25^2 \times \sqrt{1 + 2.4^2}}$$

$$= 88.6\text{MPa} \leqslant [\sigma_{F1}] = 228\text{MPa}$$

$$\sigma_{F2}=\frac{4\times110.75\times10^3\times3.98}{0.27\times(1-0.5\times0.27)^2\times4^3\times25^2\times\sqrt{1+2.4^2}}$$

$$=83.9\mathrm{MPa}\leqslant[\sigma_{F2}]=226\mathrm{MPa}$$

轮齿弯曲疲劳承载能力足够。

（7）综上所述，可得所设计齿轮的主要参数为

$m=4\mathrm{mm}$，$z_1=25$，$z_2=60$，$i=2.4$，$b_1=35\mathrm{mm}$，$b_2=40\mathrm{mm}$，$\delta_1=22.62°$，$\delta_2=67.38°$。

7.9　齿轮的结构设计

通过齿轮传动的强度计算，确定齿数、模数、螺旋角、分度圆直径等主要参数和尺寸后，还要通过结构设计确定齿圈、轮辐、轮毂等的结构形式及尺寸大小。齿轮的结构形式主要依据齿轮的尺寸、材料、加工工艺、经济性等因素而定，各部分尺寸由经验公式求得。

7.9.1　齿轮轴和实心齿轮

较小的钢制圆柱齿轮，其齿根圆至键槽底部的距离 $\delta\leqslant2m$（m 为模数），或圆锥齿轮小端齿根圆至键槽底部的距离 $\delta\leqslant1.6m$（m 为大端模数）时（图 7-21），齿轮和轴做成一体，称为齿轮轴（图 7-22）。

齿轮轴的刚度较好，但制造较复杂，齿轮损坏时轴将同时报废。故直径较大的齿轮应把齿轮和轴分开制造。

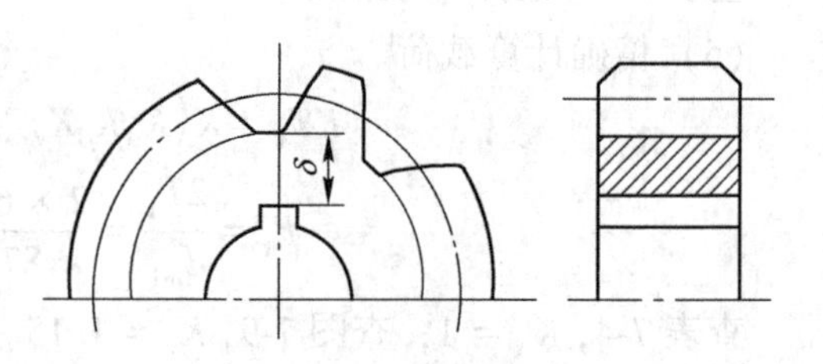

图 7-21　齿轮结构尺寸 δ

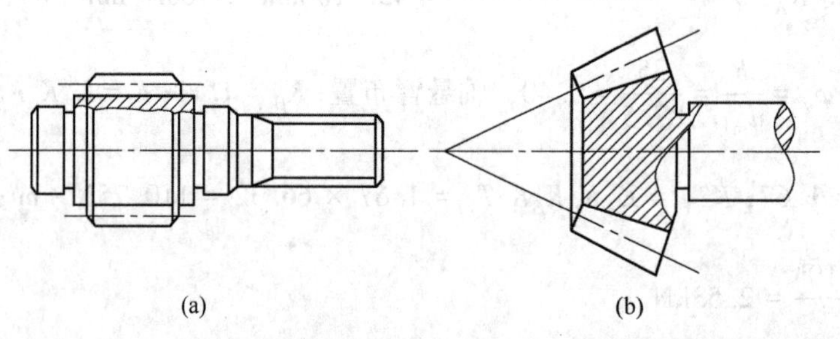

图 7-22　齿轮轴

（a）圆柱齿轮轴；（b）圆锥齿轮轴

当齿顶圆直径 $d_a\leqslant200\mathrm{mm}$，且 δ 超过上述尺寸，可作成实心结构的齿轮，如图 7-23 所示。

7.9.2　腹板式和轮辐式齿轮

齿顶圆直径 $d_a\leqslant500\mathrm{mm}$ 的较大尺寸的齿轮，为减轻重量、节省材料，可做成腹板式的结构，如图 7-24 所示。

齿顶圆直径 $d_a\geqslant400\mathrm{mm}$ 时常用铸铁或铸钢制成轮辐式，如图 7-25 所示。

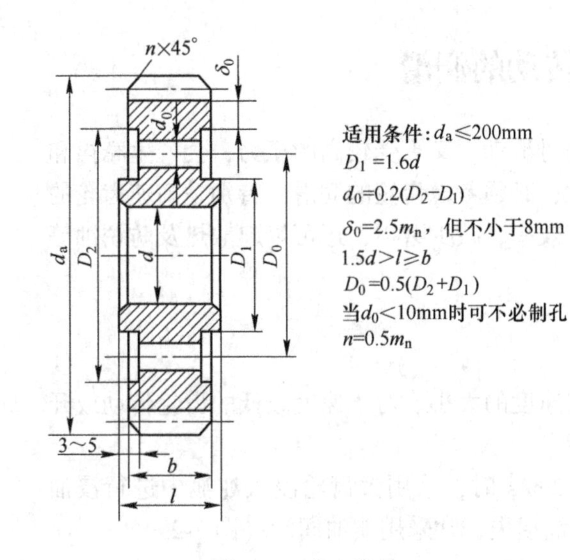

图 7-23　实心齿轮

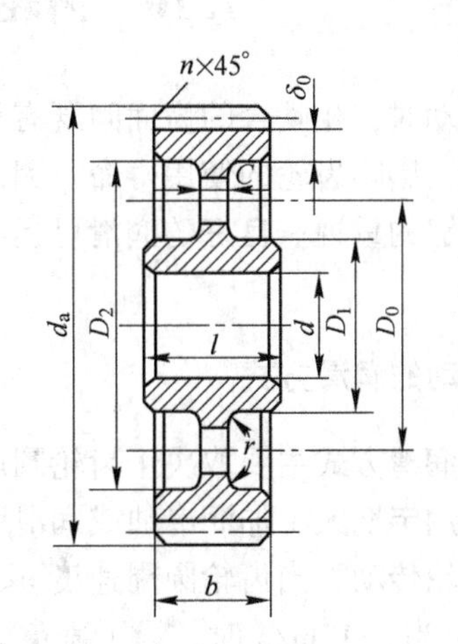

适用条件：$d_a \leqslant$ 500mm锻钢
$\delta_0=(2.5\sim4)m_n$，但不小于8mm
$d_0=0.25(D_2-D_1)$
$D_0=0.5(D_2+D_1)$
$C=0.3b$（自由锻）
$C=0.2b$（模锻），但不小于 8mm
$r\approx0.5C$
$n=0.5m_n$

图 7-24　腹板式齿轮

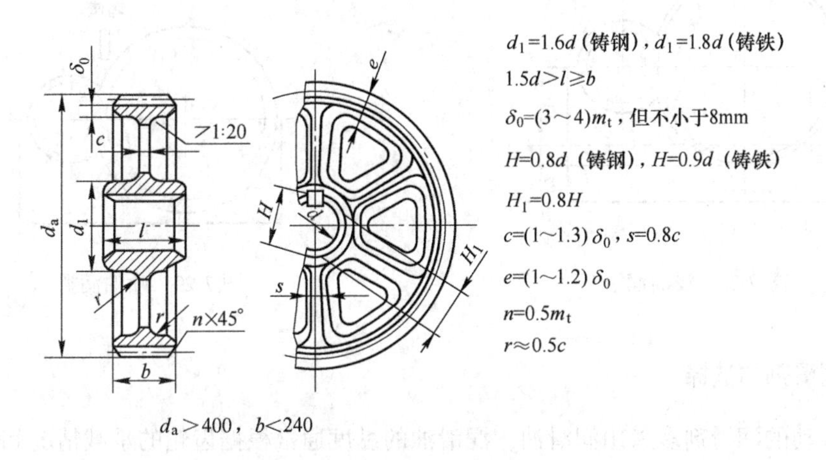

图 7-25　轮辐式齿轮

7.9.3　组合式的齿轮结构

为了节省贵重钢材，便于制造、安装，直径很大的齿轮（d_a>600mm）常采用组装齿圈式结构的齿轮。如图 7-26 所示为镶圈式齿轮，图 7-27 所示为焊接式齿轮。

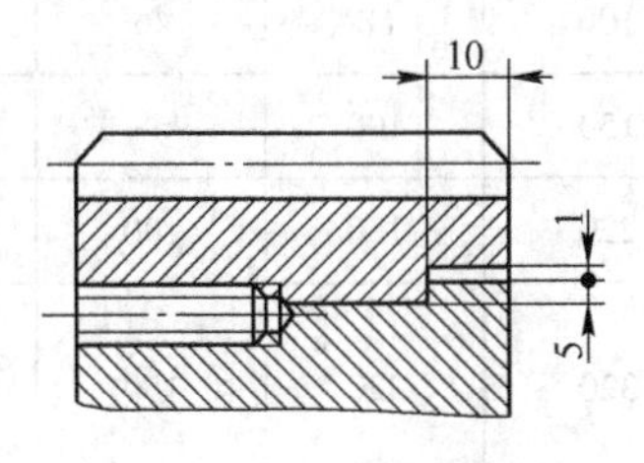

图 7-26　镶圈式齿轮结构

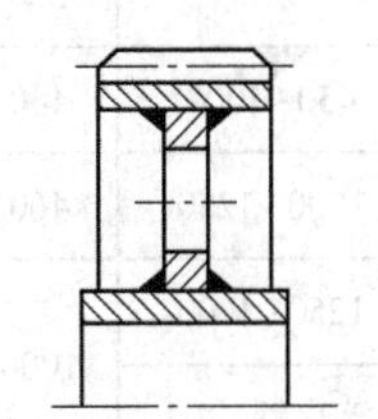

图 7-27　焊接式齿轮结构

7.10 齿轮传动的润滑

齿轮啮合传动时，相啮合的齿面间既有相对滑动，又承受较高的压力，会产生摩擦和磨损，造成发热，影响齿轮的使用寿命。因此，必须考虑齿轮的润滑，特别是高速齿轮的润滑更应给予足够的重视。良好的润滑可提高效率、减少磨损，还可以起散热及防锈蚀等作用。

7.10.1 齿轮传动的润滑方式

齿轮传动的润滑方式主要取决于齿轮圆周速度的大小。对于速度较低的齿轮传动或开式齿轮传动，采用定期人工加润滑油或润滑脂。

对于闭式齿轮传动，当齿轮圆周速度 $v<12\text{m/s}$ 时，采用大齿轮浸入油池中进行浸油润滑（图 7-28）；当 $v>12\text{m/s}$ 时，为了避免搅油损失，常采用喷油润滑（图 7-29）。

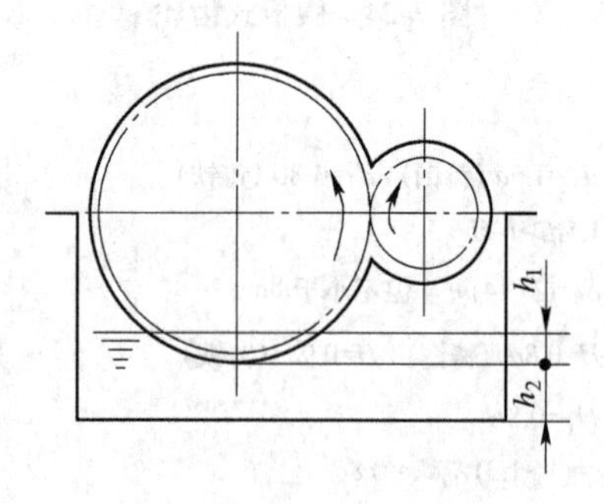

图 7-28 浸油润滑

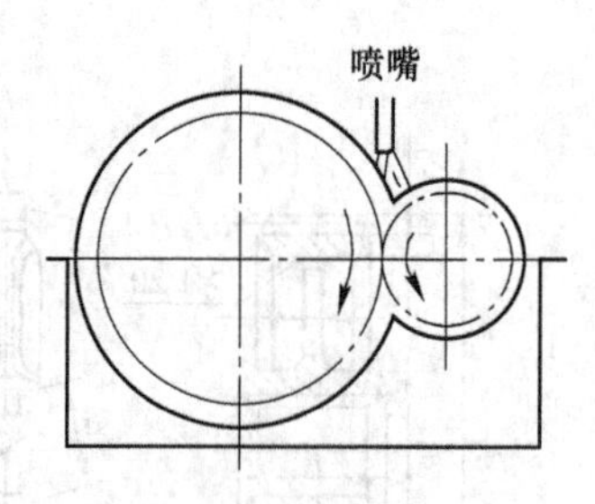

图 7-29 喷油润滑

7.10.2 润滑剂的选择

齿轮传动的润滑剂多采用润滑油，润滑油的黏度通常根据齿轮的承载情况和圆周速度来选取（表 7-11）。速度不高的开式齿轮也可采用脂润滑。按选定的润滑油黏度即可确定润滑油的牌号。

表 7-11 齿轮润滑油黏度选择 （mm^2/s）

<table>
<tr><th rowspan="2">齿轮材料</th><th>强度极限 σ_b</th><th colspan="7">圆周速度 $v/\text{m}\cdot\text{s}^{-1}$</th></tr>
<tr><th>$/\text{N}\cdot\text{mm}^{-2}$</th><th>$<0.5$</th><th>0.5~1</th><th>1~2.5</th><th>2.5~5</th><th>5~12.5</th><th>12.5~25</th><th>>25</th></tr>
<tr><td>铸铁、青铜</td><td>—</td><td>320</td><td>320</td><td>150</td><td>100</td><td>68</td><td>46</td><td>—</td></tr>
<tr><td rowspan="3">钢</td><td>450~1000</td><td>460</td><td>320</td><td>220</td><td>150</td><td>100</td><td>68</td><td>46</td></tr>
<tr><td>1000~1250</td><td>460</td><td>460</td><td>320</td><td>220</td><td>150</td><td>100</td><td>68</td></tr>
<tr><td>1250~1600</td><td rowspan="2">1000</td><td rowspan="2">460</td><td rowspan="2">460</td><td rowspan="2">320</td><td rowspan="2">220</td><td rowspan="2">150</td><td rowspan="2">100</td></tr>
<tr><td colspan="2">渗碳或表面淬火钢</td></tr>
</table>

本章小结

本章主要介绍了齿轮传动的类型及特点，齿轮传动的主要失效形式和设计准则，齿轮常用材料及许用应力，齿轮传动的精度等级及其计算载荷，直齿轮、斜齿轮和锥齿轮传动的受力分析及强度计算方法，并同时阐述了齿轮的结构设计和齿轮传动的润滑等。

思考题

7-1 齿轮传动的主要损伤和失效形式有哪些？

7-2 齿轮传动有何特点？分为哪些类型？

7-3 齿轮材料及其热处理方式选择时，为什么应使小齿轮齿面硬度大于大齿轮的齿面硬度？

7-4 齿轮接触疲劳计算一般以何处为计算点？为什么？

7-5 齿轮传动的设计计算准则是根据什么来确定的？目前常用的计算方法有哪些？它们分别针对何种失效形式？针对其余失效形式的计算方法怎样？在工程设计实践中，对于一般使用的闭式硬齿面、闭式软尺面和开式齿轮传动的设计计算准则是什么？

7-6 影响齿轮接触疲劳强度和弯曲疲劳强度的主要参数是什么？

7-7 齿轮传动设计时，哪些参数应取标准值？哪些参数应圆整？哪些参数应取精确值？

7-8 应主要根据哪些因素来决定齿轮的结构形式？常见的齿轮结构形式有哪几种？它们分别应用于何种场合？

习　题

7-1 如图 7-30 所示为一两级斜齿圆柱齿轮减速器，动力由Ⅰ轴输入，Ⅲ轴输出，螺旋线方向及Ⅲ轴转向如图，求：

（1）为使载荷沿齿向分布均匀，应以何端输入、何端输出。

（2）为使轴Ⅱ轴承所受轴向力最小，各齿轮的螺旋线方向。

（3）齿轮 2、3 所受各分力的大小和方向。

7-2 如图 7-31 所示为一圆锥-圆柱齿轮减速器，动力由Ⅰ轴输入，Ⅲ轴输出，Ⅰ轴转向如图，求：

（1）为使轴Ⅱ轴承所受轴向力最小，各圆柱齿轮的螺旋线方向。

（2）齿轮 2、3 所受各分力的大小和方向。

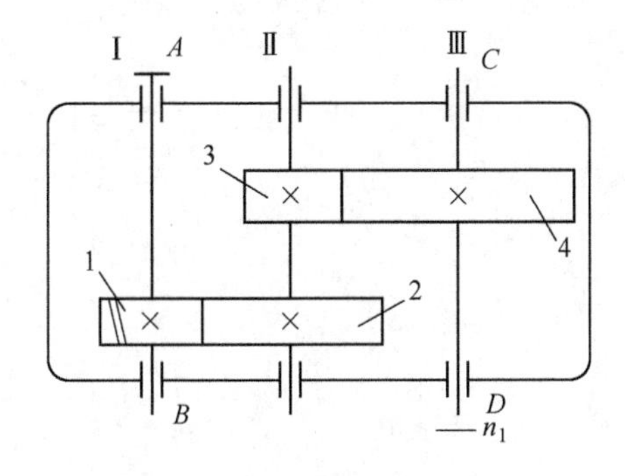

图 7-30　题 7-1 图

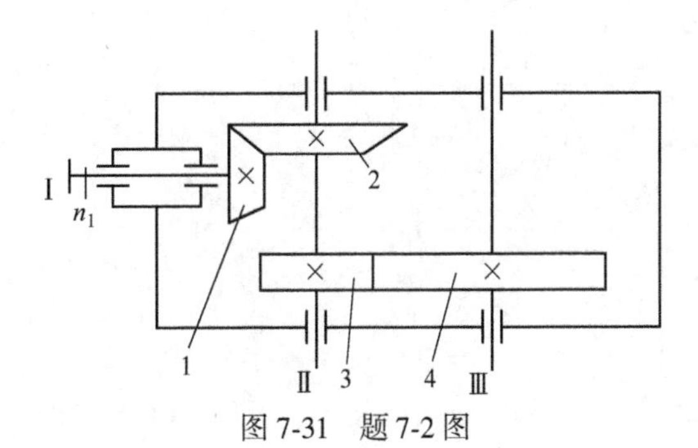

图 7-31　题 7-2 图

7-3 一对直齿圆柱齿轮传动，已知模数 $m=3\text{mm}$，齿数 $z_1=21$，$z_2=63$，两齿轮材料和热处理相同。按无限寿命考虑，哪个齿轮抗弯强度高？若对两齿轮变位，变位系数为 $x_1=0.3$，$x_2=-0.3$，则两齿轮的抗弯强度如何变化？接触强度有无变化？

7-4 一用于螺旋输送机的单级直齿圆柱齿轮减速器，已知：大齿轮轴输出功率 $P_2=10\text{kW}$，转速 $n_2=360\text{r/min}$，齿轮相对两支承对称布置，经过一定时间运转后已不能正常工作，现欲更换一对齿轮，但又无原设计样图，通过测绘得知原齿轮传动参数为：中心距 $a=200\text{mm}$，齿数 $z_1=20$，$z_2=80$，齿宽 $b_1=85\text{mm}$，$b_2=80\text{mm}$，若按制造精度 8 级，工作寿命 50000h 考虑，试选择适宜的齿轮材料和热处理。

7-5 设计图 7-32 所示卷扬机用闭式二级直齿圆柱齿轮减速器中的高速齿轮传动。已知：传递功率$P_1=7.5\text{kW}$，转速 $n_1=960\text{r/min}$，高速传动比 $i=3.5$，每天工作 8h，使用寿命 20 年。

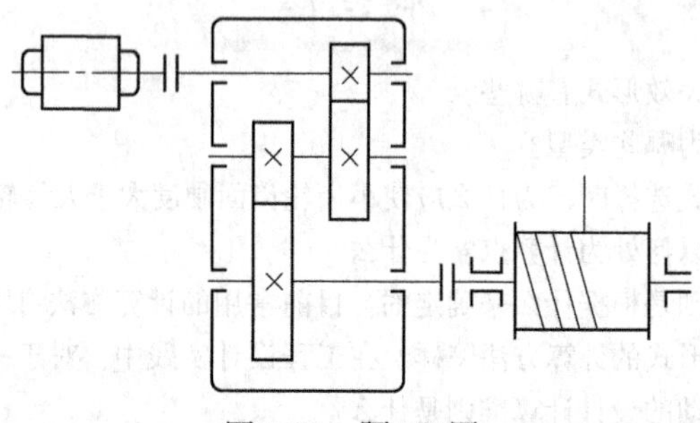

图 7-32　题 7-5 图

7-6 设计一用于带式运输机的单级齿轮减速器中的斜齿圆柱齿轮传动。已知：传递功率 $P_1=10\text{kW}$，转速 $n_1=1450\text{r/min}$，$n_2=360\text{r/min}$，允许转速误差±3%，电动机驱动，单向转动，载荷有中等振动，两班制工作，要求使用寿命 10 年。

7-7 设计一用于螺旋输送机的开式正交直齿锥齿轮传动。已知：传递功率 $P_1=1.8\text{kW}$，转速 $n_1=250\text{r/min}$，传动比 $i=2.3$，允许传动比误差±3%，电动机驱动，单向转动，大齿轮悬臂布置，每天两班制工作，使用寿命 10 年。

7-8 设计机床进给系统中的直齿锥齿轮传动。已知：要求传递功率 $P_1=0.72\text{kW}$，转速 $n_1=320\text{r/min}$，小齿轮悬臂布置，使用寿命 $t_h=12000\text{h}$，已选定齿数 $z_1=20$，$z_2=25$。

8 蜗 杆 传 动

内 容 提 要

由于蜗杆传动具有螺旋及齿轮传动的特点，因此，其传动特性与螺旋传动大致相似，其几何关系及强度计算除与齿轮传动基本相同外，特点是在几何参数中引入了蜗杆直径系数的概念。通过本章学习，从蜗杆运动特点出发，要求设计时能合理选择传动的参数，计算传动的主要几何尺寸，根据工作条件能分析传动的受力情况、失效形式，从而合理选择蜗杆蜗轮的材料，并进行强度计算，对某些蜗杆传动要考虑散热措施，并需进行热平衡计算。

8.1 蜗杆传动的特点及类型

8.1.1 蜗杆传动的特点

蜗杆传动由蜗杆 1 和蜗轮 2 组成，如图 8-1 所示，用于传递空间交错轴间的运动和动力，两轴在空间的交错角为 90°，通常以蜗杆 1 为主动件，蜗轮 2 为从动件。

由于蜗杆传动具有传动比大、工作平稳、噪声低、结构紧凑、可以实现自锁等优点，因此，在各种机械和仪器中得到了广泛的应用。它的主要缺点是蜗杆齿与蜗轮齿相对滑动速度大、发热大和磨损严重，传动效率低（一般为 0.7~0.9）。为了减摩和散热，蜗轮齿圈常采用青铜等减磨性良好的材料，故成本较高。

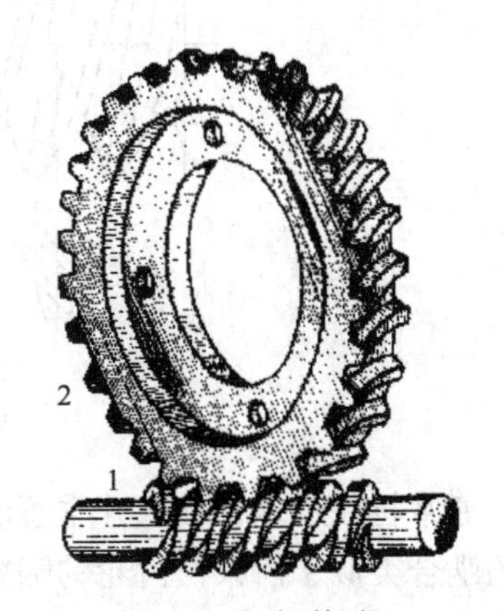

图 8-1　蜗杆传动

8.1.2 蜗杆传动的类型

根据蜗杆形状的不同，蜗杆传动可分为圆柱蜗杆传动、环面蜗杆传动以及锥蜗杆传动三种类型，如图 8-2 所示。圆柱蜗杆传动又分为普通圆柱蜗杆传动和圆弧齿圆柱蜗杆传动，在普通圆柱蜗杆传动中，又有多种形式，其中阿基米德蜗杆传动制造简单，在机械传动中应用广泛，而且也是认识其他类型蜗杆传动的基础，故本节以阿基米德蜗杆传动为例，介绍蜗杆传动的一些基本知识和设计计算问题。

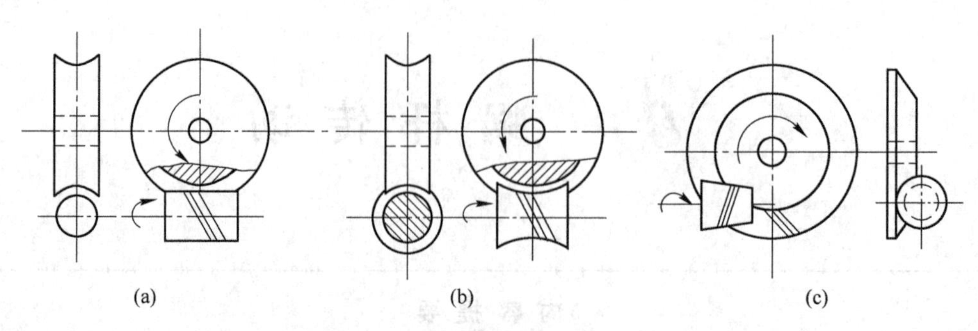

图 8-2　蜗杆传动的类型
（a）圆柱蜗杆传动；（b）环面蜗杆传动；（c）锥蜗杆传动

8.2　普通圆柱蜗杆传动的主要参数和几何尺寸计算

图 8-3 所示为阿基米德蜗杆的加工。当车削阿基米德蜗杆时，刀刃顶平面通过蜗杆轴线，切成的蜗杆齿廓是：蜗杆轴线平面内为齿条形直线齿廓，齿廓与垂直于蜗杆轴线平面的交线为阿基米德螺旋线。这种蜗杆加工测量方便；缺点是齿面不易磨削，不能采用硬齿面，传动效率低。

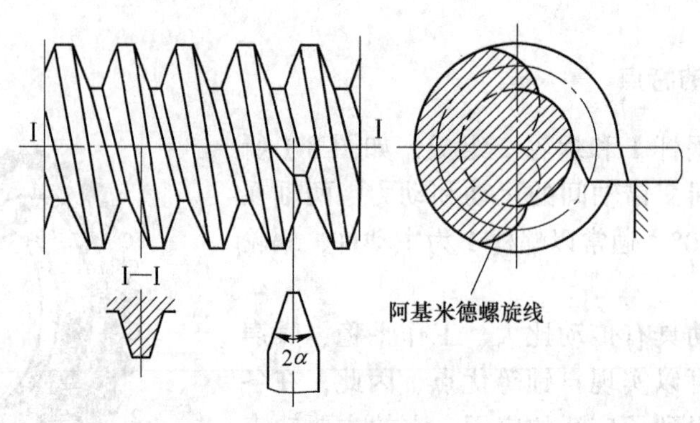

图 8-3　阿基米德蜗杆的加工

通常将通过蜗杆轴线并垂直于蜗轮轴线的平面称为中间平面。在此平面上，蜗杆与蜗轮的啮合类似于齿条与齿轮的啮合，如图 8-4 所示。所以，蜗杆传动的主要参数和几何尺寸计算以及承载能力计算都与齿条、齿轮传动类似。

8.2.1　模数 m 和压力角 α

由于在中间平面蜗杆与蜗轮的啮合情况类似齿条和齿轮的啮合，故不难推知，蜗杆传动的正确啮合条件是

$$\begin{cases} m_{x1} = m_{t2} = m \\ \alpha_{x1} = \alpha_{t2} = \alpha = 20° \\ \gamma = \beta \end{cases} \tag{8-1}$$

式中，m_{x1} 为蜗杆的轴面模数；m_{t2} 为蜗轮的端面模数；m 为标准模数；α_{x1} 为蜗杆的轴面

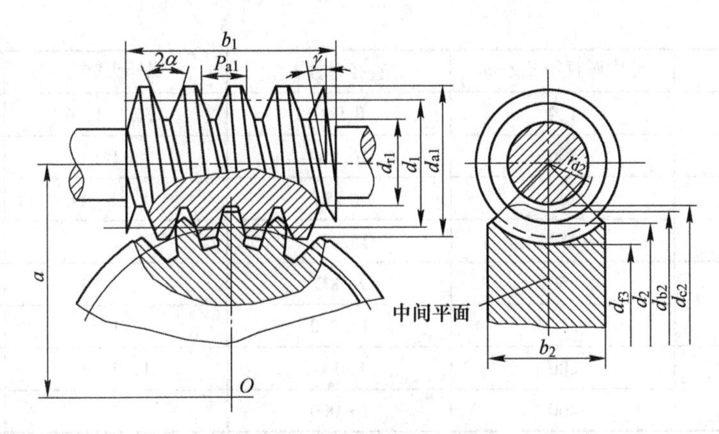

图 8-4 阿基米德蜗杆传动

压力角；α_{t2} 为蜗轮的端面压力角；α 为标准压力角；γ 为蜗杆的导程角；β 为蜗轮的螺旋角；γ 与 β 必须大小相等且旋向相同。

标准规定压力角 $\alpha = 20°$，模数 m 的标准值见表 8-1。

表 8-1 蜗杆传动的基本尺寸和参数

模数 m/mm	分度圆直径 d_1/mm	直径系数 q	蜗杆头数 z_1	m^2d_1/mm^3
1	18	18.000	1	18
1.25	20	16.000	1	31.25
	22.4	17.920	1	35
1.6	20	12.500	1，2，4	51.2
	28	17.500	1	71.68
2	22.4	11.200	1，2，4，6	89.6
	35.5	17.750	1	142
2.5	28	11.200	1，2，4，6	175
	45	18.000	1	281.3
3.15	35.5	11.270	1，2，4，6	352.3
	56	17.778	1	555.7
4	40	10.000	1，2，4，6	640
	71	17.750	1	1136
5	50	10.000	1，2，4，6	1250
	90	18.000	1	2250
6.3	63	10.000	1，2，4，6	2500
	112	17.778	1	4445
8	80	10.000	1，2，4，6	5120
	140	17.500	1	8960
10	90	9.000	1，2，4，6	9000
	160	16.000	1	16000

续表 8-1

模数 m/mm	分度圆直径 d_1/mm	直径系数 q	蜗杆头数 z_1	m^2d_1/mm^3
12.5	112	8.960	1, 2, 4, 6	17500
	200	16.000	1	31250
16	140	8.750	1, 2, 4	35840
	250	15.625	1	64000
20	160	8.000	1, 2, 4	64000
	315	15.750	1	126000
25	200	8.000	1, 2, 4	125000
	400	16.000	1	250000

8.2.2 蜗杆分度圆直径 d_1

当用滚刀加工蜗轮时，为了保证蜗杆与该蜗轮的正确啮合，所用蜗轮滚刀的直径及齿形参数必须与相啮合的蜗杆相同。如果不做必要的限制，滚刀的规格数量势必太多，这将给设计和制造带来困难。因此，为了限制滚刀的规格数量，便于滚刀标准化，规定蜗杆分度圆直径 d_1 为标准值，且与模数 m 相匹配，q 为导出值，$q = d_1/m$ 。其对应关系见表 8-1。

8.2.3 蜗杆导程角 γ

蜗杆螺旋面和分度圆柱的交线是螺旋线。设蜗杆分度圆柱上的螺旋线导程角为 γ ，其头数为 z_1，轴面齿距为 p_x ，螺旋线的导程为 p_z ，则蜗杆导程角 γ 可表示为

$$\begin{cases} p_z = z_1 p_x = z_1 \pi m \\ \tan\gamma = \dfrac{z_1 p_x}{\pi d_1} = \dfrac{z_1 m}{d_1} \end{cases} \tag{8-2}$$

8.2.4 蜗杆的头数 z_1、蜗轮齿数 z_2 和传动比 i

蜗杆头数 z_1，即蜗杆螺旋线的线数，通常 $z_1 = 1 \sim 4$，最多到 6。单线蜗杆容易切削，升角 γ 小，自锁性好，但效率低；多线蜗杆则相反。当要求传动比大时，z_1 取小值；当要求传递功率大，传动效率高，传动速度大时，z_1 取大值，一般可按表 8-2 选取。

表 8-2 不同传动比时荐用的蜗杆头数 z_1 值

传动比 i	5~8	7~16	15~32	30~80
蜗杆头数 z_1	6	4	2	1

蜗轮齿数 $z_2 = i \cdot z_1$，i 为传动比。为提高传动平稳性，一般取 $z_2 \geqslant 28$；但 z_2 也不宜过大，因当 m 一定时，z_2 愈大则蜗轮直径愈大，蜗杆支承跨距也愈大，蜗杆易发生挠曲而使啮合情况恶化，所以通常 $z_2 \leqslant 80$。

蜗杆传动比 i 是蜗杆转速 n_1 与蜗轮转速 n_2 之比，亦是蜗轮齿数 z_2 与蜗杆头数 z_1 之比，即

$$i = \frac{n_1}{n_2} = \frac{z_2}{z_1} \tag{8-3}$$

8.2.5 变位系数 x

为了配凑中心距和传动比，使之符合荐用值，或提高蜗杆传动的承载能力及传动效率，常采用变位蜗杆传动。由于蜗杆的齿廓形状和尺寸与加工配偶的蜗轮的滚刀形状和尺寸相同，为了保持刀具不变，蜗杆的尺寸是不能变动的。因此变位的只是蜗轮。变位的方法是在滚切蜗轮时，利用滚刀相对蜗轮毛坯的径向移动来实现。变位后蜗杆的尺寸虽保持不变，但节圆位置有所改变；蜗轮的尺寸变动了，但其节圆与分度圆始终重合。蜗杆传动的变位示意图如图 8-5 所示。

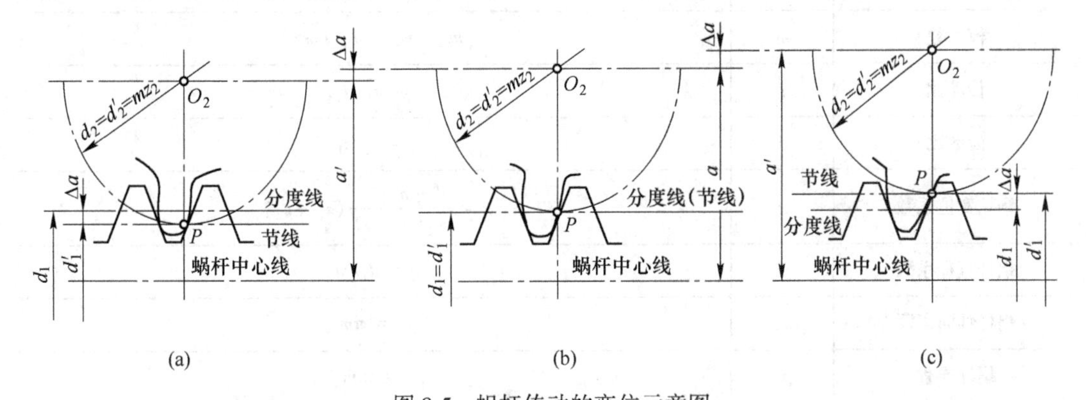

图 8-5 蜗杆传动的变位示意图

(a) 变位传动 $x<0$，$z_2'=z_2$，$a'<a$；(b) 标准传动 $x=0$，$z_2'=z_2$，$a'=a$；

(c) 变位传动 $x>0$，$z_2'=z_2$，$a'>a$

若传动比 i 保持不变，只配凑中心距，变位系数 x 的计算如下：

未变位时的标准中心距 a 为

$$a = \frac{1}{2}(d_1' + d_2') = \frac{1}{2}(d_1 + d_2) = \frac{1}{2}(d_1 + mz_2) \tag{8-4}$$

为凑中心距 a'，进行变位，变位后的蜗杆分度圆直径 d_1' 和蜗轮分度圆直径 d_2' 为

$$d_1' = d_1 \qquad d_2' = d_2 + 2mx = mz_2 + 2mx$$

因此有

$$a' = \frac{1}{2}(d_1' + d_2') = \frac{1}{2}(d_1 + mz_2 + 2mx) = a + mx \tag{8-5}$$

由此可得

$$x = \frac{a' - a}{m} \tag{8-6}$$

8.2.6 几何尺寸计算

阿基米德圆柱蜗杆传动的几何尺寸计算与齿轮传动类似，但亦有所不同，其计算式列于表 8-3。

表 8-3 蜗杆传动的几何尺寸计算

名 称	代号	公式与说明
中心距	a	$a = (d_1 + d_2)/2 = m(q + z_2)/2$
	a'	$a' = (d_1 + d_2 + 2xm)/2$
蜗杆头数	z_1	一般为 1、2、4、6
蜗轮齿数	z_2	按传动比由表 10-1、表 10-2 选取
齿型角	α	对于 ZA 阿基米德蜗杆，$\alpha_a = 20°$；对于 ZN 法向直廓蜗杆、ZI 渐开线蜗杆、ZK 锥面包络蜗杆 $\alpha_n = 20°$，$\tan\alpha_n = \tan\alpha_a \cos\gamma$
模 数	m	$m = m_a = m_n/\cos\gamma$
传动比	i	$i = n_1/n_2$
齿数比	u	$u = z_2/z_1$
蜗轮变位系数	x	$x = \dfrac{a' - a}{m} + \dfrac{1}{2}(z_2' - z_2)$
蜗杆直径系数	q	$q = d_1/m$
蜗杆轴向齿距	p_a	$p_a = \pi m$
蜗杆导程	p_z	$p_z = \pi m z_1$
蜗杆分度圆直径	d_1	$d_1 = mq$
蜗杆齿顶圆直径	d_{a1}	$d_a = d_1 + 2h_{a1} = d_1 + 2h_a^* m$
蜗杆齿根圆直径	d_{f1}	$d_{f1} = d_1 - 2h_{f1} = d_1 - 2(h_a^* + c^*)m$
蜗杆节圆直径	d_1'	$d_1' = d_1 + 2mx = (q + 2x)m$
蜗杆分度圆导程角	γ	$\tan\gamma = mz_1/d_1 = z_1/q$
蜗杆节圆导程角	γ'	$\tan\gamma' = z_1/(q + 2x)$
蜗杆螺旋部分长度	b_1	建议 $b_1 \approx 2m\sqrt{z_2 + 1}$
渐开线蜗杆基圆直径	d_b	$d_b = d_1\tan\gamma/\tan\gamma_b = mz_1/\tan\gamma_b$，$\cos\gamma_b = \cos\alpha_n\cos\gamma$
蜗轮分度圆直径	d_2	$d_2 = mz_2 = 2a' - d_1 - 2xm$
蜗轮喉圆直径	d_{a2}	$d_{a2} = d_2 + 2(h_a^* + x_2)m$
蜗轮齿根圆直径	d_{f2}	$d_{f2} = d_2 - 2(h_a^* + c^* - x_2)m$
蜗轮外径	d_{e2}	$d_{e2} \approx d_{a2} + m$
蜗轮咽喉母圆半径	r_{g2}	$r_{g2} = a' - d_{a2}/2$
蜗轮齿宽	b_2	$b_2 = (0.67 \sim 0.75)d_{a1}$，$z_1$ 大时取小值，z_1 小时取大值
蜗轮齿宽角	θ	$\theta = 2\arcsin(b_2/d_1)$

8.3 蜗杆传动的失效形式和材料选择

8.3.1 蜗杆传动的失效形式

蜗杆传动的主要失效形式有胶合、点蚀、磨损和轮齿断裂等。蜗杆传动在齿面间有较大的相对滑动、发热量大，会使润滑油温度升高而变稀，其中闭式传动容易产生齿面胶合，开式传动容易产生齿面磨损，一般主要是蜗轮轮齿失效。

8.3.2 蜗杆传动的材料选择

由于蜗杆传动的特点，蜗杆副的材料不仅要有足够的强度，更重要的是要有良好的减摩性、耐磨性和抗胶合能力。因此常采用碳钢或合金钢并经热处理。蜗轮材料选择要考虑齿面相对滑动速度，对于高速而重要的蜗杆传动，蜗轮常用锡青铜，如 ZCuSn10P1、ZCuSn5Pb5Zn5 等。这些材料抗胶合和减摩、耐磨性能较好，但价格较昂贵。当相对滑动速度较低时，可用价格较低的铸铝铁青铜 ZCuAl10Fe3。这种材料强度较高、耐冲击；但抗胶合性能、铸造和切削性能均低于锡青铜。对于低速轻载传动可采用球墨铸铁、灰铸铁等材料。

8.4 蜗杆传动的强度计算

8.4.1 蜗杆传动的受力分析

蜗杆传动的作用力方式与斜齿圆柱齿轮相似，如图 8-6 所示，作用在工作面节点 C 处的法向力 F_n 可以分解为 3 个互相垂直的分力，即圆周力 F_t、径向力 F_r 和轴向力 F_a。由于蜗杆和蜗轮轴线相互垂直，根据力的相互作用原理可知，各力的大小计算公式如下：

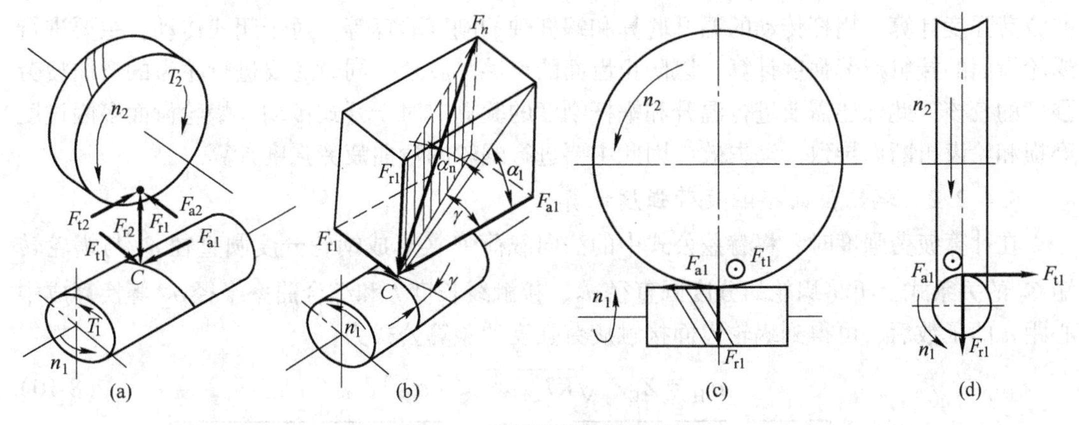

图 8-6 蜗杆传动的受力分析

蜗杆上的圆周力 F_{t1}（其大小等于蜗轮上的轴向力 F_{a2}）

$$F_{t1} = F_{a2} = 2T_1/d_1 \tag{8-7}$$

蜗杆上的轴向力 F_{a1}（其大小等于蜗轮上的圆周力 F_{t2}）

$$F_{a1} = F_{t2} = 2T_2/d_2 \tag{8-8}$$

蜗杆上的径向力 F_{r1}（其大小等于蜗轮上的径向力 F_{r2}）

$$F_{r1} = F_{r2} = F_{t2} \cdot \tan\alpha \tag{8-9}$$

式中，T_1，T_2 为蜗杆及蜗轮上的转矩，$T_2 = T_1 \cdot i_{12} \cdot \eta$；$\eta$ 为蜗杆传动效率；d_1，d_2 为蜗杆和蜗轮的分度圆直径。估算效率值见表 8-4。

表 8-4　估算效率值

蜗杆头数	1	2	4	6
传动效率 η	0.7~0.75	0.75~0.82	0.87~0.92	0.95

一般情况下蜗杆为主动，则 F_{t1} 的方向与蜗杆在啮合点处的运动方向相反，F_{t2} 的方向与蜗轮在啮合点处的运动方向相同；F_{r1}、F_{r2} 的方向各自指向自己的轴心；F_{a1}、F_{a2} 的方向可用左右手定则来判断。

根据蜗杆、蜗轮所受 3 个分力的方向可得如下结果：

（1）蜗杆上的圆周力起阻力作用，与回转方向相反；蜗轮上的圆周力起驱动力的作用，与回转方向相同。

（2）蜗杆和蜗轮上的径向力分别指向各自的轮心。

（3）蜗杆上的轴向力按“左、右手定则”来判定，轴向力 F_{a1} 的方向是由蜗杆螺旋线的旋向和蜗杆的转向来决定的。同斜齿轮一样，用左右手定则判定主动蜗杆轴向力 F_{a1} 的方向。即左旋蜗杆用左手，右旋蜗杆用右手，手握蜗杆使四指与蜗杆转向相同，拇指平伸，拇指指向即为蜗杆轴向力 F_{a1} 的方向，F_{a1} 方向指向左端，且与蜗杆的轴线平行。

8.4.2　蜗轮蜗杆的强度计算

8.4.2.1　蜗杆传动的强度计算准则

蜗杆传动的强度计算准则包括蜗轮齿面的接触疲劳（点蚀）强度计算、蜗轮轮齿弯曲疲劳强度计算、蜗杆传动的温升验算和蜗杆轴的刚度验算等。对于闭式传动，主要进行蜗轮齿面的接触疲劳强度计算，以防止齿面的点蚀和胶合，同时还要进行轮齿的弯曲疲劳强度的校核，此外还需要进行温升和蜗杆刚度的验算。对于开式传动，蜗轮齿面多因过度磨损和轮齿折断而导致传动失效，因此主要进行蜗轮的弯曲疲劳强度计算。

8.4.2.2　蜗轮齿面接触疲劳强度计算

在计算疲劳强度时，将赫兹公式中的法向载荷 F 换算成蜗轮分度圆直径 d_2 与蜗轮转矩 T_2 的关系式，再将蜗轮的分度圆直径 d_2、接触线长度 L 和综合曲率半径 ρ_Σ 等换算成中心距 a 的函数后，可得到蜗轮齿面接触疲劳强度的验算公式为：

$$\sigma_H = Z_E Z_\rho \sqrt{KT_2/a^3} \leqslant [\sigma_H] \tag{8-10}$$

并且：$$Z_E = \sqrt{\frac{1}{\pi\left(\frac{1-\mu_1{}^2}{E_1} + \frac{1-\mu_2^2}{E_2}\right)}} \qquad Z_\rho = \sqrt{9.47\cos\gamma\,\frac{a}{d_1}\,\frac{1}{\left(2-\frac{d_1}{a}\right)^2}}$$

式中，Z_E 为材料的弹性影响系数，$\sqrt{\text{MPa}}$，一般地，当钢制蜗杆与铸锡青铜蜗轮配对时，取 $Z_E = 150\sqrt{\text{MPa}}$，与铸铝青铜和灰铸铁蜗轮配对时，取 $Z_E = 160\sqrt{\text{MPa}}$；$Z_\rho$ 为考虑齿面曲率和接触线长度影响的系数，简称接触系数可由图 8-7 中查出。ZI 为渐开线蜗杆，ZA 为阿基米德蜗杆，ZN 为法向直廓蜗杆，ZC 为圆弧圆柱蜗杆。K 为载荷系数，可由表 8-5 查取；σ_H 、$[\sigma_H]$ 分别为蜗轮齿面的接触应力与许用接触应力，MPa。

表 8-5　载荷系数 K

工作类型	Ⅰ		Ⅱ		Ⅲ	
载荷性质	均匀、无冲击		不均匀、小冲击		不均匀、大冲击	
每小时启动次数	<25		25~50		>50	
启动载荷	小		较大		大	
蜗轮圆周速度 $v_2/\text{m}\cdot\text{s}^{-1}$	≤3	>3	≤3	>3	≤3	>3
K	1.05	1.15	1.5	1.7	2	2.2

当蜗轮的材料为灰铸铁或高强度青铜（$\sigma_b \geqslant 300\text{MPa}$）时，蜗轮传动的主要失效形式是胶合失效。通常胶合失效主要与齿面间的滑动速度有关，而与应力循环次数 N 无关。由于目前尚无完善的胶合强度计算公式，故通常采用接触疲劳强度计算来作为胶合强度的条件性计算。$[\sigma_H]$ 的值可由表 8-6 中查出。当蜗轮材料为锡青铜（$\sigma_b < 300\text{MPa}$）时，蜗轮主要为接触疲劳失效，此时 $[\sigma_H]$ 的值与应力循环次数 N 有关，可由表 8-7 查取。

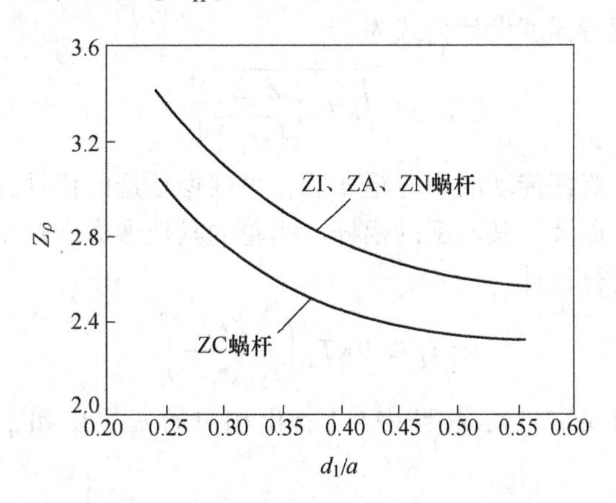

图 8-7　圆柱蜗杆传动的接触系数 Z_ρ

表 8-6　灰铸铁、铸铝铁青铜蜗轮的许用接触应力 $[\sigma_H]$　　(MPa)

材料		滑动速度 $v_s/\text{m}\cdot\text{s}^{-1}$						
蜗杆	蜗轮	<0.25	0.25	0.5	1	2	3	4
20 或 20Cr 渗碳、淬火，45 钢淬火，齿面硬度大于 45HRC	灰铸铁 HT150	206	166	150	127	95	—	—
	灰铸铁 HT200	250	202	182	154	115	—	—
	铸铝铁青铜 ZGuAl10Fe3	—	—	250	230	210	180	160

续表 8-6

材料		滑动速度 $v_s/m \cdot s^{-1}$						
蜗杆	蜗轮	<0.25	0.25	0.5	1	2	3	4
45 钢，Q275	灰铸铁 HT150	172	139	125	106	79	—	—
	灰铸铁 HT200	208	168	152	128	96	—	—

表 8-7 铸锡青铜蜗轮的许用接触应力 [σ_H] (MPa)

蜗轮材料	铸造方法	蜗杆齿面硬度≤45HRC			蜗杆齿面硬度>45HRC		
		$N<2.6\times10^5$	$2.6\times10^5\leqslant N\leqslant25\times10^7$	$N>25\times10^7$	$N<2.6\times10^5$	$2.6\times10^5\leqslant N\leqslant25\times10^7$	$N>25\times10^7$
铸锡磷青铜 ZCuSn10P1	砂型	238	$150\sqrt[8]{10^7/N}$	100	284	$180\sqrt[8]{10^7/N}$	120
	金属型	347	$220\sqrt[8]{10^7/N}$	147	423	$268\sqrt[8]{10^7/N}$	179
铸锡锌铅青铜 ZCuSn5Pb5Zn5	砂型	178	$113\sqrt[8]{10^7/N}$	76	213	$135\sqrt[8]{10^7/N}$	90
	金属型	202	$128\sqrt[8]{10^7/N}$	86	221	$140\sqrt[8]{10^7/N}$	94

注：应力循环次数 $N = 60jn_2L_h$，n_2 为蜗轮转速，r/min；L_h 为工作寿命（h）；j 为蜗轮每转一转，每个轮齿同一齿面啮合的次数。

蜗杆传动的接触疲劳强度设计公式为

$$a \geqslant \sqrt[3]{KT_2\left(\frac{Z_E Z_\rho}{[\sigma_H]}\right)^2} \tag{8-11}$$

由式（8-11）算出蜗杆传动的中心距 a 后，可根据预选的传动比 i 从机械设计手册中选择一个合适的 a 值，以及与其匹配的蜗杆、蜗轮的其他参数。对于非标准蜗杆减速装置也可以用式（8-12）进行设计

$$m^2 d_1 \geqslant 9KT_2\left(\frac{ZE}{z_2[\sigma_H]}\right)^2 \tag{8-12}$$

由式（8-12）求出 m^2d_1 后，按照表 8-1 查出相应的 m、d_1 和 q 值，作为蜗杆的设计参数。

8.4.2.3 蜗轮齿根弯曲疲劳强度计算

当蜗轮的齿数较多（如 $z_2 > 80$ 时）或开式传动时，容易出现蜗轮轮齿因弯曲强度不够而失效的情况。与齿轮传动相类似，蜗轮轮齿的弯曲疲劳强度也取决于轮齿模数的大小。由于蜗轮轮齿的齿形要比圆柱渐开线轮齿复杂得多，要精确地计算齿根的弯曲应力是比较困难的，通常是把蜗轮近似成斜齿圆柱齿轮来考虑，进行条件性计算，其近似公式为

$$\sigma_F = \frac{1.53KT_2}{d_1 d_2 m\cos\gamma} Y_{Fa2} Y_\beta \leqslant [\sigma_F] \tag{8-13}$$

式中，σ_F 为蜗轮齿根弯曲应力，MPa；Y_{Fa2} 为蜗轮齿形系数，可由蜗轮的当量齿数 $z_{v2} = z_2/\cos^3\gamma$ 及蜗轮的变位系数 x_2 从图 8-8 中查取；Y_β 为螺旋角影响系数，$Y_\beta = 1 - \gamma/120°$；$[\sigma_F]$ 为蜗轮的许用弯曲应力，MPa，由表 8-8 中选取。

由式（8-13）可推导出蜗轮轮齿按弯曲疲劳强度条件下的设计公式，即

$$m^2 d_1 \geqslant \frac{1.53KT_2}{z_2[\sigma_F]\cos\gamma} Y_{\mathrm{Fa2}} Y_\beta \tag{8-14}$$

计算出 m^2d_1 后，按照表 8-1 查出相应的配对参数。

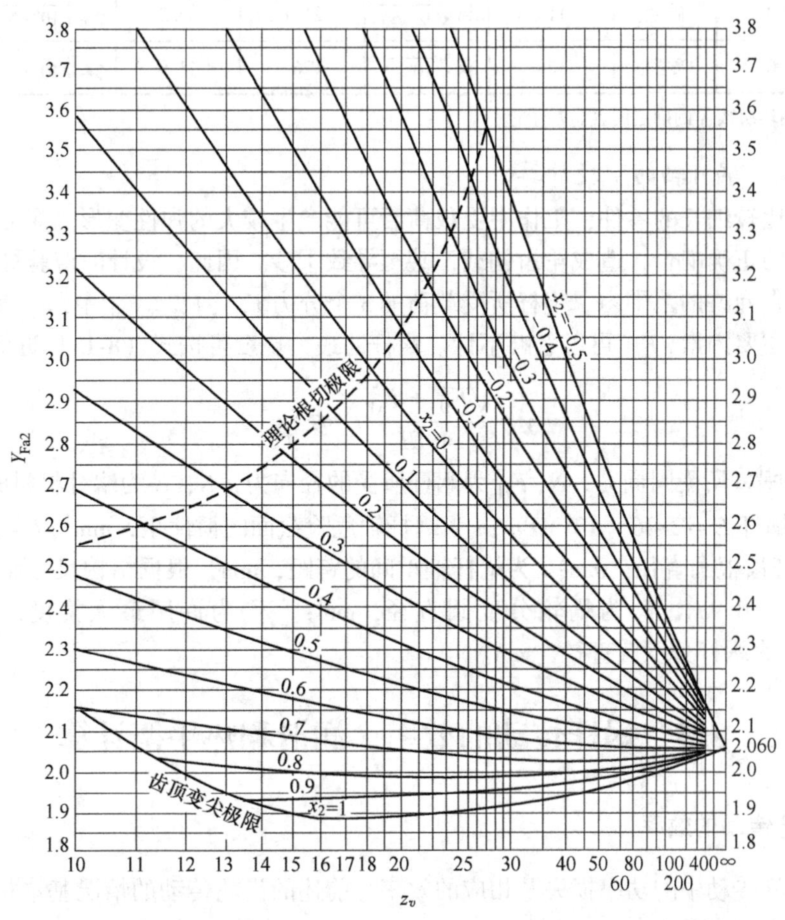

图 8-8 蜗轮的齿形系数 Y_{Fa2}（$\alpha = 20°$，$h_a^* = 1$，$\rho_{a0} = 0.3m_n$）

表 8-8 蜗轮的许用弯曲应力 $[\sigma_F]$ （MPa）

蜗轮材料	铸造方法	单侧工作 $[\sigma_{0F}]$			双侧工作 $[\sigma_{-1F}]$		
		$N < 10^5$	$10^5 \leqslant N \leqslant 25\times10^7$	$N > 25\times10^7$	$N < 10^5$	$10^5 \leqslant N \leqslant 25\times10^7$	$N > 25\times10^7$
铸锡磷青铜 ZGuSn10P1	砂型	51.7	$40\sqrt[9]{10^6/N}$	21.7	37.5	$29\sqrt[9]{10^6/N}$	15.7
	金属型	72.3	$56\sqrt[9]{10^6/N}$	30.3	51.7	$40\sqrt[9]{10^6/N}$	21.7
铸锡锌铅青铜 ZGuSn5Pb5Zn5	砂型	33.6	$26\sqrt[9]{10^6/N}$	14.1	28.4	$22\sqrt[9]{10^6/N}$	11.9
	金属型	41.3	$32\sqrt[9]{10^6/N}$	17.3	33.6	$26\sqrt[9]{10^6/N}$	14.1
铸铝铁青铜 ZGuAl10Fe3	砂型	103	$80\sqrt[9]{10^6/N}$	43.3	73.6	$57\sqrt[9]{10^6/N}$	30.9
	金属型	116	$90\sqrt[9]{10^6/N}$	48.7	82.7	$64\sqrt[9]{10^6/N}$	34.6

续表 8-8

蜗轮材料		铸造方法	单侧工作 $[\sigma_{0F}]$			双侧工作 $[\sigma_{-1F}]$		
			$N<10^5$	$10^5 \leqslant N \leqslant 25\times10^7$	$N>25\times10^7$	$N<10^5$	$10^5 \leqslant N \leqslant 25\times10^7$	$N>25\times10^7$
灰铸铁	HT150	砂型	113	$40\sqrt[9]{10^6/N}$	21.7	36.2	$28\sqrt[9]{10^6/N}$	15.2
	HT200	砂型	128	$48\sqrt[9]{10^6/N}$	26	43.9	$34\sqrt[9]{10^6/N}$	18.4

注：应力循环次数 N 的确定同表 8-7 的注。

8.4.2.4　蜗杆轴的刚度计算

蜗杆是比较细长的零件，工作中受载荷后可能产生较大的弹性变形。变形过大将影响蜗杆、蜗轮的正确啮合，造成轮齿偏载，甚至导致干涉。因此，设计时应验算受载后的最大挠度是否在允许的范围内。蜗杆所受载荷的 3 个分力 F_{t1}、F_{r1}、F_{a1} 中，F_{t1} 和 F_{r1} 是引起挠曲变形的主要因素，F_{a1} 可以忽略不计。蜗杆的最大挠度可按式（8-15）近似计算

$$y = \frac{\sqrt{F_{t1}^2 + F_{r1}^2}}{48EI} l^3 \leqslant [y] \tag{8-15}$$

式中，F_{t1} 为蜗杆所受圆周力，N；F_{r1} 为蜗杆所受的径向力，N；E 为蜗杆材料的弹性模量，MPa，钢制蜗杆 $E = 2.06\times10^5$MPa；I 为蜗杆轴危险截面的惯性矩，mm^4，$I = \pi d_{f1}^4/64$，其中 d_{f1} 为蜗杆齿根圆直径，mm；l 为蜗杆轴承间的跨距，mm，根据结构尺寸而定，初步计算时可取 $l = 0.9d_2$，d_2 为蜗轮分度圆直径，mm；$[y]$ 为许用最大挠度，mm，$[y] = d_1/1000$，d_1 为蜗杆分度圆直径，mm。

8.5　蜗杆传动的效率、润滑和热平衡计算

8.5.1　蜗杆传动的效率

闭式蜗杆传动中的功率损失及相应的效率与前述的齿轮传动的情况基本相同，包括 3 部分，总效率可表示为

$$\eta = \eta_1\eta_2\eta_3 \tag{8-16}$$

式中，η_1 为啮合效率；η_2 为搅油及溅油效率，近似可以取 $\eta_2 \approx 0.96 \sim 0.99$；$\eta_3$ 为轴承效率，每对滚动轴承可取 $\eta_3 \approx 0.99 \sim 0.995$，滑动轴承可取 $\eta_3 \approx 0.97 \sim 0.98$。

啮合效率 η_1 可按螺旋副的效率公式近似计算。

蜗杆主动时：

$$\eta_1 = \tan\gamma/\tan(\gamma + \varphi_v) \tag{8-17}$$

蜗轮主动时：

$$\eta_1 = \tan(\gamma - \varphi_v)/\tan\gamma \tag{8-18}$$

式中，γ、φ_v 分别为导程角和当量摩擦角。

在三部分效率中，蜗杆传动的总效率主要取决于 η_1。η_1 主要受 γ 和 φ_v 的影响，导程角 γ 越大，η_1 越高。由导程角计算公式可知：z_1 越大，γ 越大，故在大功率传动及要求传动效率较高的场合，宜用多头蜗杆。但头数越多，γ 越大，蜗杆的制造越困难。工程实践中，一般 $\gamma < 27°$。当量摩擦角 φ_v 越大，η_1 越低，而 φ_v 与蜗杆蜗轮材料相对滑动速度 v_s 等因素有关，可由表 8-9 查得。由图 8-9 可知，蜗杆传动的相对滑动速度 v_s 为

$$v_s = \frac{v_1}{\cos\gamma} = \frac{\pi d_1 n_1}{60 \times 1000\cos\gamma} \tag{8-19}$$

式中，v_1 为蜗杆分度圆处线速度，m/s；n_1 为蜗杆转速，r/min 。

表 8-9 普通圆柱蜗杆传动的当量摩擦角 φ_v 的值

蜗杆齿圈材料	锡青铜		无锡青铜	灰铸铁	
蜗杆齿面硬度	≥45HRC	<45HRC	≥45HRC	≥45HRC	<45HRC
滑动速度 $v/\mathrm{m \cdot s^{-1}}$	当量摩擦角 φ_v				
0.25	3°43′	4°17′	5°43′	5°43′	6°51′
0.50	3°09′	3°43′	5°09′	5°09′	5°43′
1.0	2°35′	3°09′	4°00′	4°00′	5°09′
1.5	2°17′	2°52′	3°43′	3°43′	4°34′
2.0	2°00′	2°35′	3°09′	3°09′	4°00′
2.5	1°43′	2°17′	2°52′		
3.0	1°36′	2°00′	2°35′		
4.0	1°22′	1°47′	2°17′		
5.0	1°16′	1°40′	2°00′		
8.0	1°02′	1°29′	1°43′		
10	0°55′	1°22′			
15	0°48′	1°09′			
24	0°45′				

注：1. 如果滑动速度与表中数值不一致，可利用插值法求得当量摩擦角 φ_v 。

2. 硬度 ≥ 45HRC 的蜗杆，其当量摩擦角的值系指齿面经过磨削或抛光，并仔细磨合、正确安装、采用黏度合适的润滑油进行充分润滑时的情况。

蜗杆的效率一般范围为：自锁蜗杆，0.40~0.45；单头蜗杆，0.70~0.75；双头蜗杆，0.75~0.82。对于变位的蜗杆传动，应为蜗杆节圆直径处的圆周速度，由于轴承摩擦和搅油的功率损失不大，一般取 $\eta_2\eta_3 \approx 0.95 \sim 0.97$，则蜗杆主动时的总效率为

$$\eta = \eta_1\eta_2\eta_3 \approx (0.95 \sim 0.97)\tan\gamma/\tan(\gamma + \varphi_v) \tag{8-20}$$

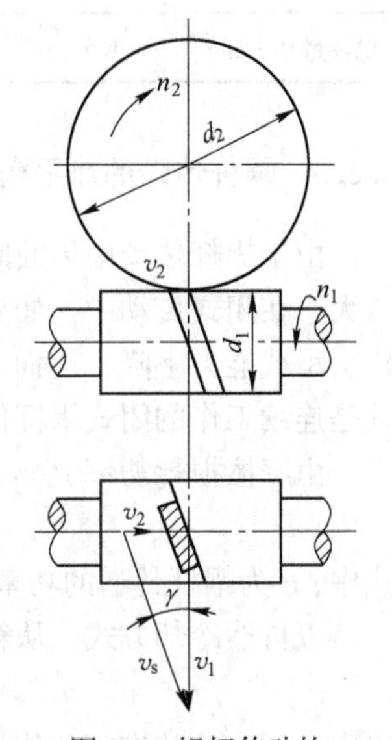

图 8-9 蜗杆传动的相对滑动速度

8.5.2 蜗杆传动的润滑

由于蜗杆传动的传动效率低、发热量大，若润滑不当，容易引起过度磨损和胶合。因此，润滑是蜗杆传动中必须考虑的至关重要的问题。

为保证蜗杆传动中良好的润滑，必须合理地选择和确定润滑剂、润滑方法及润滑油的供油量。

（1）润滑剂及添加剂。为提高蜗杆传动的抗胶合性能，常采用黏度较大的矿物油，或在润滑油中加入适量的添加剂，如

抗氧化剂、抗磨剂、油性极压添加剂等。表 8-10 中列出了在不同的相对滑动速度和载荷时推荐选用的润滑油的运动黏度值。

表 8-10 蜗杆传动常用的润滑油黏度推荐值

滑动速度 v_s/m·s^{-1}	≤1	1~2.5	>2.5~5	>5~10	>10~15	>15~25	>25
工作条件	重载	重载	中载	—	—	—	—
运动黏度 $\nu_{40℃}$/mm^2·s^{-1}	1000	680	320	220	150	100	68
润滑方法	浸油润滑			浸油或喷油润滑	压力喷油润滑，喷油压力/N·mm^{-2}		
					0.07	0.2	0.3

注：美国 AGMA 推荐使用 460 和 680 号极压油或复合油（复合油是指除含有极压添加剂外，还含有其他添加剂的润滑油）。前者用于环境温度为-10~10℃的工况；后者用于 10~50℃的工况，但蜗轮转速较高的也推荐用 460 号油。

（2）润滑方法。闭式蜗杆传动的润滑方法主要有油池浸油润滑和喷油润滑两种。主要根据齿面相对滑动速度 v_s 选择，压力喷油润滑时，应注意控制一定的油压，具体选择可参考表 8-10。

（3）润滑油供油量。采用油池浸油润滑时，蜗杆最好下置，浸油深度以蜗杆一个齿高为宜；若因结构限制蜗杆不得已上置时，浸油深度可取蜗轮半径的 1/6~1/3。为避免蜗杆工作时泛起油池沉渣并有助于散热，油池容量以蜗杆（或蜗轮）与油池底距离应适当大些。

喷油润滑时的供油量可参考表 8-11。

表 8-11 喷油润滑时的供油量

中心距/mm	80	100	125	160	200	250	315	400	500
供油量/L·min^{-1}	1.5	2	3	4	6	10	15	20	20

8.5.3 蜗杆传动的热平衡

由于蜗杆传动中齿面间以滑动为主，且相对滑动速度较大，因而传动效率较低、发热量大。在闭式传动中，如果热量不能及时散发，将使箱体内润滑油温度不断升高、黏度下降、承载能力下降，进而导致润滑失效、磨损加剧，甚至胶合。因此，对蜗杆传动（尤其是连续工作的闭式蜗杆传动）必须进行热平衡计算。

由摩擦损耗功率 $P_f = P(1-\eta)$ 产生的热量为

$$Q_1 = P(1-\eta) \tag{8-21}$$

式中，P 为蜗杆传递的功率，kW。

以自然冷却方式，从箱体外壁散发到周围空气中热流量 Q_2(W) 为

$$Q_2 = \alpha_d A(t_0 - t_a) \tag{8-22}$$

式中，α_d 为箱体表面的传热系数，可取 $\alpha_d = (12 \sim 18)$W/(m^2·℃)，箱体周围空气流通良好时可取偏大值；A 为箱体的散热面积，m^2，箱体有良好的散热肋片时，可近似取 $A \approx$

$9\times10^{-5}a^{1.85}$，散热肋片较少时，可近似取$A\approx9\times10^{-5}a^{1.5}$，其中$a$为蜗杆传动中心距，mm；$t_0$为油的工作温度，一般限制在60~70℃，最高不超过80℃；t_a为周围空气的温度，常温下可取为20℃。

即定工作条件下的油温t_0可按热平衡条件（$Q_1=Q_2$）求出，即

$$t_0=t_a+\frac{1000P(1-\eta)}{\alpha_d A} \tag{8-23}$$

保持传动能在正常工作温度下工作所需要的散热面积A（m^2）为

$$A=\frac{1000P(1-\eta)}{\alpha_d(t_0-t_a)} \tag{8-24}$$

在t_0超过80℃或有效散热面积不足时，可采取下述措施：

（1）在箱体上增加散热片，如图8-10所示。

（2）在蜗杆轴端加装风扇以加速空气流动，如图8-10所示。

（3）采用循环强迫冷却，如油池内加装冷却蛇形管，如图8-11所示。

（4）改变设计，加大箱体尺寸。

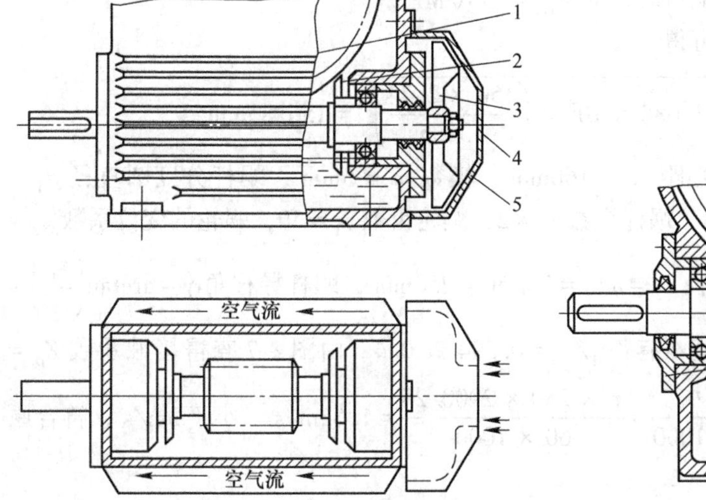

图8-10　加散热肋片和风扇的蜗杆减速器

1—散热片；2—溅油轮；3—风扇；4—过滤网；5—集气罩

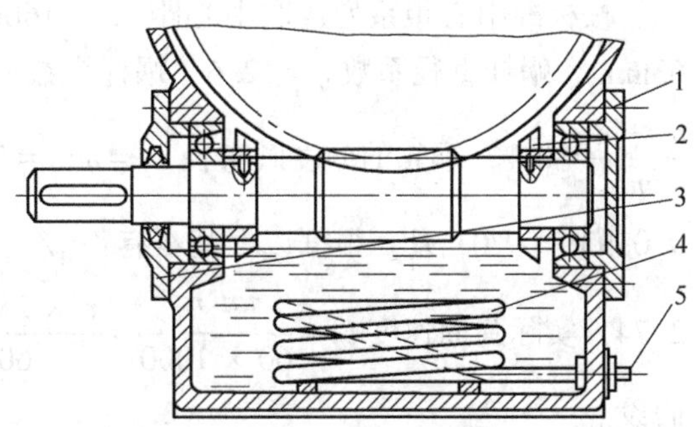

图8-11　加装冷却蛇形管的蜗杆减速器

1—闷盖；2—溅油轮；3—透盖；4—蛇形管；5—冷却水出口、入口

［例8-1］　设计一单级蜗杆减速器中的阿基米德蜗杆传动。已知蜗杆传递功率为P_1=5.6kW，转速n_1=2900r/min，传动比$i=u=25$。电动机驱动，单向运转，工作载荷平稳，设计使用寿命为8年，每年按260个工作日计算，单班制工作，蜗杆下置，润滑良好。

解：由于是减速器中的蜗杆传动，故为闭式传动。根据设计准则，应按接触疲劳强度确定主要尺寸，并校核弯曲疲劳强度。此外为防止油温过高，应进行热平衡计算；为保证蜗杆刚度，还应对其弹性变形进行验算。

（1）选择蜗杆传动类型及精度等级。根据题意，采用阿基米德蜗杆，7级精度。

（2）材料选择。蜗杆选用45钢，淬火处理，表面硬度为45~55HRC；蜗轮采用铸造锡青铜（ZCuSn10P1），砂型铸造。

（3）按齿面接触疲劳强度进行设计。设计公式 $a \geqslant \sqrt[3]{KT_2\left(\frac{Z_E Z_\rho}{[\sigma_H]}\right)^2}$

假定 $v_2 < 3\text{m/s}$，空载启动，由表8-5查得载荷系数 $K = 1.05$。

根据传动比由表8-2取 $z_1 = 2$，由表8-4初选 $\eta = 0.8$，则

$$T_2 = T_1 i\eta = 9.55 \times 10^6 \frac{P_1}{n_1} i\eta = 9.55 \times 10^6 \times \frac{5.6}{2900} \times 25 \times 0.8 = 3.688 \times 10^5 \text{N} \cdot \text{mm}$$

初取 $d_1/a = 0.4$，由图8-7查得 $Z_\rho = 2.74$。

应力循环次数

$$N = 60jn_2L_h = 60 \times 1 \times 2900/25 \times 8 \times 260 \times 8 = 1.34 \times 10^8$$

根据蜗轮材料铸造锡青铜（砂型铸造），蜗杆硬度>45HRC和应力循环次数 N 由表8-7查得

$$[\sigma_H] = 180\sqrt[8]{10^7/N} = 132.5\text{MPa}$$

当钢制蜗杆与铸造锡青铜配对时，取 $Z_E = 150\sqrt{\text{MPa}}$

将以上参数代入设计公式可得

$$a \geqslant \sqrt[3]{1.05 \times 3.688 \times 10^5 \times \left(\frac{150 \times 2.74}{132.5}\right)^2} = 156.85\text{mm}$$

按标准中心距系列选取中心距 $a' = 160\text{mm}$，模数 $m = 5\text{mm}$，蜗杆分度圆直径 $d_1 = 63\text{mm}$，蜗杆直径系数 $q = 12.6$，蜗杆头数 $z_1 = 2$，蜗轮齿数 $z_2 = 50$，蜗轮的变位系数 $x_2 = \frac{a' - a}{m} = 0.7$，蜗轮的分度圆直径 $d_2 = mz_2 = 5 \times 50 = 250\text{mm}$，蜗杆导程角 $\gamma = \arctan\left(\frac{z_1}{q}\right) = 9.0193° = 9°01'9''$。根据以上基本有：$d_1/a = 0.394 \approx 0.4$，由图8-7查得接触系数 $Z_\rho = 2.74$，实际圆周速度 $v_2 = \frac{\pi d_2 n_2}{60 \times 1000} = \frac{\pi \times 250 \times 2900/25}{60 \times 1000} = 1.52\text{m/s}$，小于3m/s，符合原假设。

滑动速度 $v_s = \frac{\pi d_1 n_1}{60 \times 1000\cos\gamma} = \frac{\pi \times 63 \times 2900}{60 \times 1000 \times \cos 9.0193°} = 9.7\text{m/s}$

根据 $v_s = 9.7\text{m/s}$，查表8-9得 $\varphi_v = 0.917°$，则效率

$$\eta = 0.95 \times \frac{\tan 9.0193°}{\tan(9.0193° + 0.917°)} = 0.86$$

$$T_2 = T_1 i\eta = 9.55 \times 10^6 \frac{P_1}{n_1} i\eta = 9.55 \times 10^6 \times \frac{5.6}{2900} \times 25 \times 0.86 = 3.96 \times 10^5 \text{N} \cdot \text{mm}$$

将以上参数重新代入设计公式得到

$$a \geqslant \sqrt[3]{1.05 \times 3.96 \times 10^5 \times \left(\frac{150 \times 2.74}{132.5}\right)^2} = 158.8\text{mm} < 160\text{mm}$$

满足要求。

（4）蜗轮齿根弯曲疲劳强度校核。校核公式

$$\sigma_F = \frac{1.53KT_2}{d_1 d_2 m\cos\gamma} Y_{Fa2} Y_\beta \leqslant [\sigma_F]$$

由题意查表 8-8 得到许用弯曲疲劳强度

$$[\sigma_F] = 40\sqrt[9]{10^6/N} = 23.59\text{MPa}$$

又蜗轮的当量齿数 $z_{v2} = z_2/\cos^3\gamma = 50/\cos 9.0193^\circ = 50.63$，查图 8-8 可得 $Y_{Fa2} = 2.05$。

螺旋角影响系数 $Y_\beta = 1 - 9.0193^\circ/120^\circ = 0.924$。

将以上参数代入校核公式可得：

$$\sigma_F = \frac{1.53 \times 1.05 \times 3.96 \times 10^5}{63 \times 250 \times 5 \times \cos 9.0193^\circ} \times 2.05 \times 0.924 = 15.49 < [\sigma_F] = 23.59\text{MPa}$$

满足抗弯疲劳强度的要求。

（5）蜗杆传动的热平衡计算。设周围空气适宜，通风良好，箱体有较好的散热肋片，散热面积近似取

$$A = 9 \times 10^{-5} a^{1.85} = 9 \times 10^{-5} \times 160^{1.85} = 1.08\text{m}^2$$

取箱体表面散热系数 $\alpha_d = 15\text{W}/(\text{m}^2 \cdot ℃)$，则工作油温

$$t_0 = t_a + \frac{1000P(1-\eta)}{\alpha_d A} = 20 + \frac{1000 \times 5.6(1 - 0.86)}{15 \times 1.08} = 68.4℃ < 80℃$$

工作油温符合要求。

（6）蜗杆刚度计算。

蜗杆公称转矩 $T_1 = 9.55 \times 10^6 \dfrac{P_1}{n_1} = 9.55 \times 10^6 \dfrac{5.6}{2900} = 1.84 \times 10^4\text{N} \cdot \text{mm}$

蜗轮公称转矩 $T_2 = T_1 i\eta = 9.55 \times 10^6 \dfrac{P_1}{n_1} i\eta = 3.96 \times 10^5\text{N} \cdot \text{mm}$

蜗杆所受的圆周力 $F_{t1} = 2T_1/d_1 = 584\text{N}$

蜗轮所受的圆周力 $F_{t2} = 2T_2/d_2 = 3168\text{N}$

蜗杆所受的径向力 $F_{r1} = F_{t2}\tan\alpha_a = 1153\text{N}$

许用最大挠度 $[y] = d_1/1000 = 0.063\text{mm}$

蜗杆轴承间跨距 $l = 0.9 \times 250 = 225\text{mm}$

钢制蜗杆材料的弹性模量 $E = 2.06 \times 10^5\text{MPa}$

蜗杆轴危险截面的惯性矩 $I = \dfrac{\pi d_{f1}^4}{64} = 2.58 \times 10^5\text{mm}^4$

其中 $d_{f1} = d_1 - 2h_{f1} = 51\text{mm}$

蜗杆的最大挠度可按式（8-15）近似计算

$$y = \frac{\sqrt{F_{t1}^2 + F_{r1}^2}}{48EI} l^3 = 0.00577\text{mm} < [y] = 0.063\text{mm}$$

满足刚度要求。

（7）综上所述，可得所设计的配对蜗杆传动主要参数为

$m = 5\text{mm}$，$z_1 = 2$，$z_2 = 50$，$i = 25$，$a' = 160\text{mm}$，$d_1 = 63\text{mm}$，$x_2 = 0.7$。

8.6 蜗杆和蜗轮的结构设计

8.6.1 蜗杆的结构设计

由于蜗杆的直径通常较小，因而一般与轴制成一体，称为蜗杆轴。常见的蜗杆轴结构如图 8-12 所示。其中图 8-12（a）中的螺旋部分可以车制或铣制；但当蜗杆齿根圆直径 d_{f1} 小于轴径时，只能铣制，如图 8-12（b）所示。只有在蜗杆轴径较大且轴所用的材料不同时，才将蜗杆与轴分开制造。

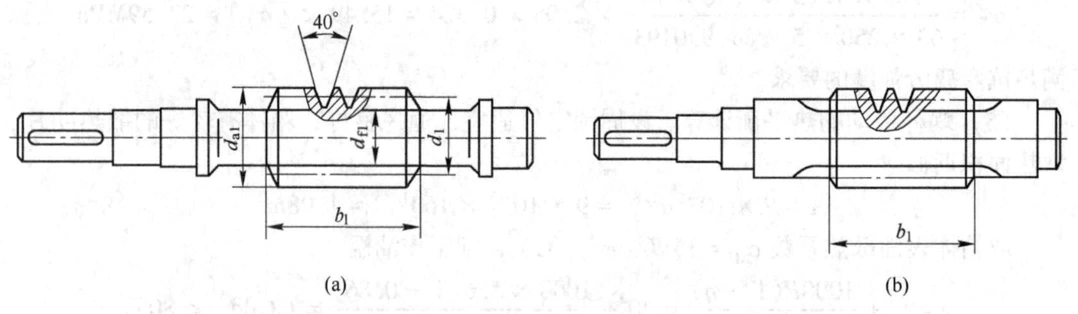

图 8-12　圆柱蜗杆结构形式

8.6.2 蜗轮的结构设计

蜗轮的结构可以分为整体式和组合式两种。当蜗轮采用灰铸铁或球墨铸铁制造或直径较小的青铜蜗轮（如 $d_2 \leqslant 100$mm）时，可浇铸成整体式蜗轮，如图 8-13（a）所示。直径较大的青铜蜗轮，为节约贵重金属，一般采用青铜齿圈与铸铁或铸钢轮芯组成组合式蜗轮。当尺寸不太大或工作温度变动较小的地方，可采用图 8-13（b）所示的组合结构：齿圈与轮芯用 H7/r6 配合，为增加连接的可靠性，一般加装 4~6 个紧定螺钉。为了便于钻孔，应将螺钉孔中心线由配合缝向材料较硬的轮芯部分偏移 2~3mm。对于尺寸较大或容易磨损的蜗轮，可采用图 8-13（c）的组合结构：采用螺栓连接。这种结构装拆较方便。

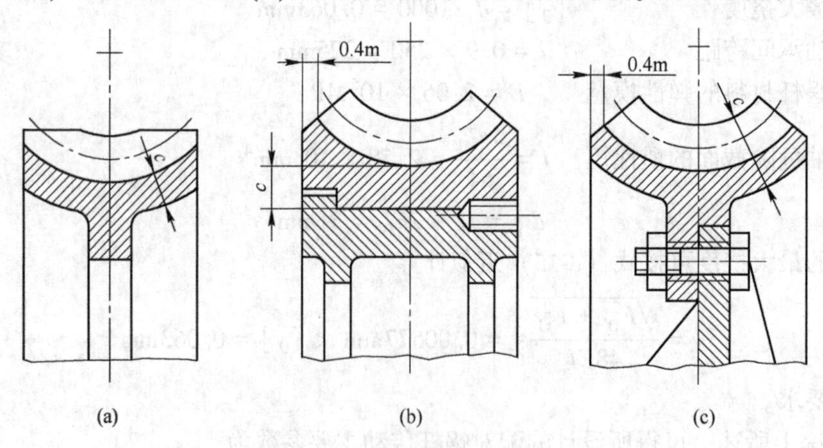

图 8-13　蜗轮的结构形式

（a）$c \approx 1.5$m；（b）$c \approx 1.6$m+1.5m；（c）$c \approx 1.5$m

本章小结

本章主要介绍了蜗杆传动的特点和类型，普通圆柱蜗杆传动的主要参数和几何尺寸计算，蜗杆传动的失效形式和材料选择，蜗杆传动的强度计算，蜗杆传动的效率、润滑和热平衡计算，并同时阐述了蜗杆和蜗轮的结构设计等。

思考题

8-1 蜗杆传动的主要失效形式是什么？

8-2 与齿轮传动相比，蜗杆传动有何特点？

8-3 影响蜗杆传动效率的主要因素有哪些？导程角 γ 的大小对效率有何影响？

8-4 蜗杆传动变位有何特点？变位的目的如何？

8-5 为什么要进行蜗杆传动的热平衡计算？

8-6 蜗杆蜗轮常用的结构有哪些？

习　题

8-1 在图 8-14 中，标出未注明的蜗杆（或蜗轮）的螺旋线旋向及蜗杆或蜗轮的转向，并绘出蜗杆或蜗轮啮合点作用力的方向（用 3 个分力表示）。

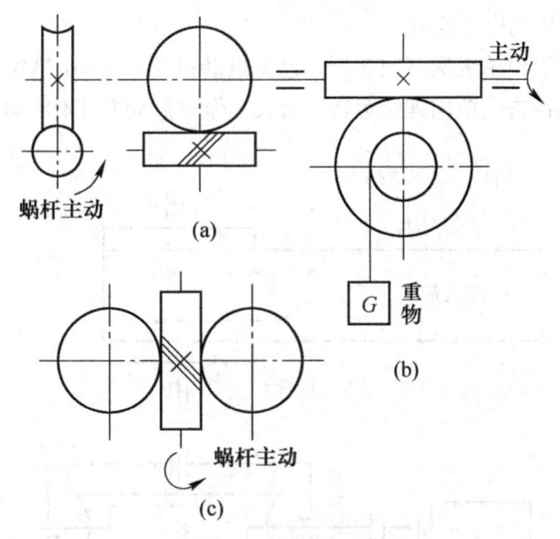

图 8-14　题 8-1 图

8-2 在图 8-15 所示传动系统中，1 为蜗杆，2 为蜗轮，3 和 4 为斜齿圆柱齿轮，5 和 6 为直齿锥齿轮。若蜗杆主动，要求输出齿轮 6 的回转方向如图所示。试决定：

（1） Ⅱ、Ⅲ轴的回转方向（并在图中标示）；

（2） 若要使Ⅱ、Ⅲ轴上所受轴向力互相抵消一部分，蜗杆、蜗轮及斜齿轮 3 和 4 的螺旋线方向应如何；

（3） Ⅱ、Ⅲ轴上各轮啮合点处受力方向（F_t、F_r、F_a在图中画出）。

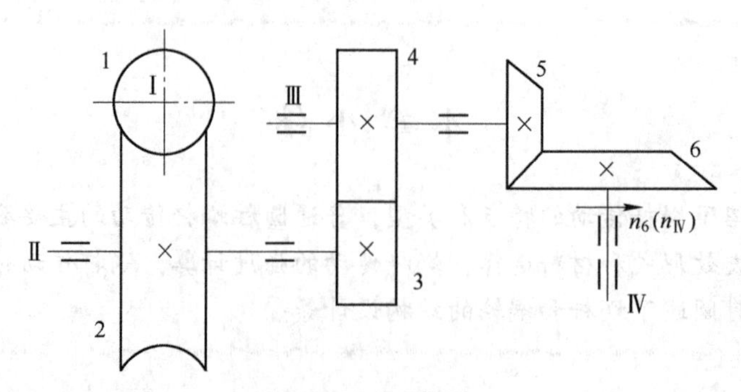

图 8-15 题 8-2 图

8-3 图 8-16 所示蜗杆传动均是以蜗杆为主动件。试在图上标出蜗轮（或蜗杆）的转向，蜗轮齿的螺旋线方向，蜗杆、蜗轮所受各分力的方向。

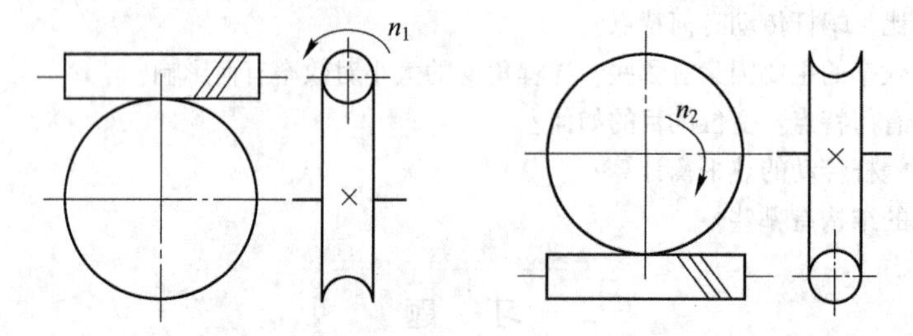

图 8-16 题 8-3 图

8-4 有一渐开线齿蜗杆传动，已知传动比 $i=15$，蜗杆头数 $Z_1=2$，直径系数 $q=10$，分度圆直径 $d_1=80mm$。试求：（1）模数 m、蜗杆分度圆柱导程角 γ、蜗轮齿数 Z_2及分度圆柱螺旋角 β；（2）蜗轮的分度圆直径 d_2和蜗杆传动中心距 a。

8-5 图 8-17 所示为带式运输机中单级蜗杆减速器。已知电动机功率 $P=6.5kW$，转速 $n_1=1460r/min$，传动比 $i=15$，载荷有轻微冲击，单向连续运转，每天工作 4h，每年工作 260 天，使用寿命为 8a，设计该蜗杆传动。

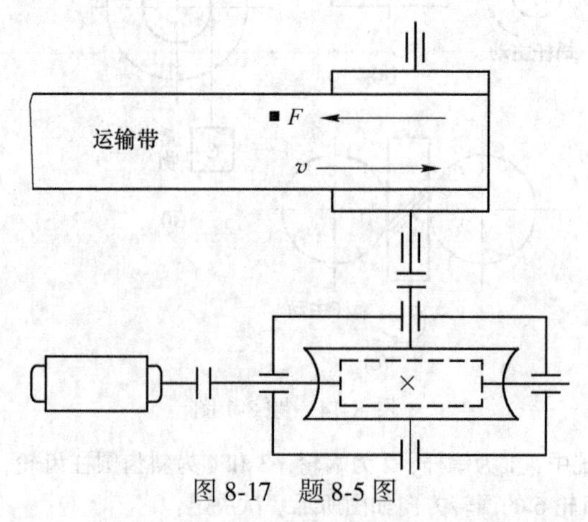

图 8-17 题 8-5 图

8-6 设计某起重设备中的阿基米德圆柱蜗杆传动。蜗杆由电机驱动，输入功率 $P_1=10kW$，$n_1=1460r/min$，传动比 $i=25$。工作载荷有中等冲击，每天工作 4h，预期使用寿命 10a（每年按 260 个工作日算）。

9 轴

内 容 提 要

轴的设计主要包括强度计算和结构设计两方面的内容，强度计算是使轴具有工作能力的基本保证，但轴的结构设计也十分重要，在许多情况下，是结构要求决定了轴的外形和尺寸，结构不合理往往降低甚至丧失轴的工作能力。

9.1 轴的功用和分类

轴（shaft）是组成机器的一个重要零件。轴的主要功用是支撑旋转零件，如齿轮、带轮等，并传递转矩。根据承受载荷的不同，轴可以分为：

（1）心轴。只承受弯矩而不承受扭矩的轴，如铁路车辆的轴和自行车的前轮轴。其中，工作时转动的称为转动心轴，工作时不转动的称为固定心轴。

（2）传动轴。只传递扭矩而不承受弯矩或只承受很小弯矩的轴，如汽车的传动轴和桥式起重机的传动轴。

（3）转轴。同时承受弯矩和扭矩的轴，如减速器中的轴。转轴是机器中最常见的轴。

根据轴线的几何形状，还可以分为直轴和曲轴（crank shaft）。在机器设备中常见到的阶梯轴和光轴都是直轴，在内燃机和柴油机中常用到曲轴。

轴的截面多为实心圆截面，有时也用空心轴或非圆截面轴。在一些机器中，还常用到挠性钢丝软轴（flexible shaft），各种轴如图 9-1 所示。

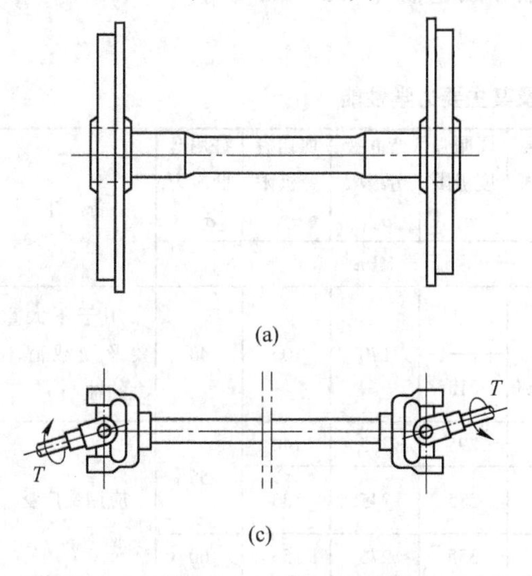

(a)

(c)

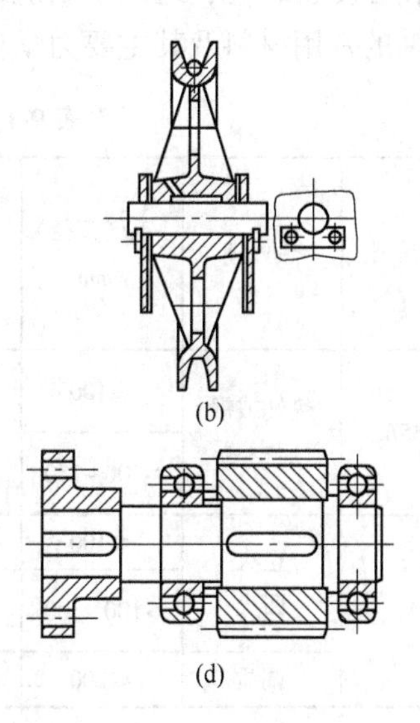

(b)

(d)

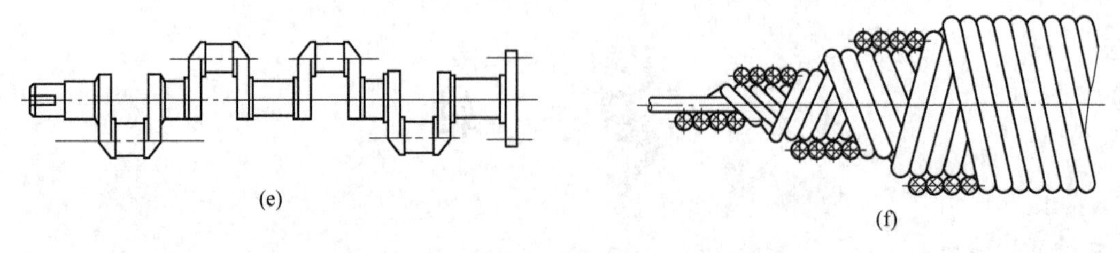

图 9-1 轴的类型
（a）车轴—转动心轴；（b）滑轮轴—固定心轴
（c）传动轴；（d）转轴；（e）曲轴；（f）钢丝软轴

9. 2 轴的材料选择

选择轴的材料与很多因素有关，除了根据工作条件、强度和热处理外，还应考虑结构工艺性和环境条件。例如，采取分部焊接的轴，要考虑材料的焊接性能和可采用的焊接规范；与齿轮构成整体的齿轮轴，要考虑齿轮与轴各自的要求；对在高温或腐蚀条件下工作的轴要选用耐热钢和不锈钢等。

如同其他零件一样，轴的常用材料也是以碳钢和合金钢为主。

碳钢廉价，对应力集中的敏感性小，以优质碳素钢中的 35、45 和 50 号钢应用最多，使用时为了提高综合力学性能应进行正火或调质处理。对于受轻载或不重要的轴，也可以用 Q235、Q255 等普通碳素钢。

合金钢价格较贵，但比碳钢有更高的力学性能和优良的热处理性能，所以多用于重要的或有特殊要求的轴，这些要求包括高强度、耐磨性、耐高温性和耐腐蚀性等。但合金钢对应力集中比较敏感，在结构设计时必须考虑这一因素。常用的合金钢有硅锰钢、硼钢等，如 35SiMn、42SiMn、40MnB，重要的场合也可以选用铬镍钢，如 40Cr、40CrNi 等。

球墨铸铁和高强度合金铸铁容易得到复杂的形状，且吸振性能好，对应力集中的敏感性低，强度也较高，适用于制造外形复杂的曲轴和凸轮轴（cam shaft）等。

轴的常用材料及其主要力学性能见表 9-1。

表 9-1 轴的常用材料及其主要力学性能

材料牌号	热处理	毛坯直径 /mm	硬度 (HBS)	抗拉强度极限 σ_b	屈服强度极限 σ_s	弯曲疲劳极限 σ_{-1}	剪切疲劳极限 τ_{-1}	许用弯曲应力 $[\sigma_{-1}]$	备注
				MPa					
Q235A	热轧或锻后空冷	≤100	400~420	225		170	105	40	用于不太重要及受载荷不大的轴
		>100~250		375~390	215				
45	正火 回火	≤100	170~217	590	295	255	140	55	应用最广泛
		>100~300	162~217	570	285	245	135		
	调质	≤200	217~255	640	355	275	155	60	

续表 9-1

材料牌号	热处理	毛坯直径/mm	硬度(HBS)	抗拉强度极限 σ_b	屈服强度极限 σ_s	弯曲疲劳极限 σ_{-1}	剪切疲劳极限 τ_{-1}	许用弯曲应力 $[\sigma_{-1}]$	备注
				MPa					
40Cr	调质	≤100	214~286	735	540	355	200	70	用于载荷较大，而无很大冲击的重要轴
		>100~300		685	490	335	185		
40CrNi	调质	≤100	270~300	900	735	430	260	75	用于很重要的轴
		>100~300	240~270	785	570	370	210		
38SiMnMo	调质	≤100	229~286	735	590	365	210	70	用于重要的轴，性能近于40CrNi
		>100~300	217~269	685	540	345	195		
38CrMoAlA	调质	≤60	293~321	930	785	440	280	75	用于要求高耐磨性，高强度且热处理（氮化）变形很小的轴
		>60~100	277~302	835	685	410	270		
		>100~160	241~277	785	590	375	220		
20Cr	渗碳淬火回火	≤60	渗碳 56~62HRC	640	390	305	160	60	用于要求强度及韧性均较高的轴
3Cr13	调质	≤100	≤241	835	635	395	230	75	用于腐蚀条件下
1Cr18Ni9Ti	淬火	≤100	≤192	530	195	190	115	45	用于高、低温及腐蚀条件下的轴
		>100~200		490		180	110		
QT600-3	—	—	190~270	600	370	215	185	—	用于制造复杂外形的轴
QT800-2	—	—	245~335	800	480	290	250		

轴的毛坯一般用轧制的圆钢或锻件。锻件的内部组织比较均匀、强度较好。对于重要的轴或大尺寸以及阶梯尺寸变化较大的轴应采用锻制毛坯。铸造轴的品质不易控制，使用时必须严格检查，且在单件或小批生产时还应考虑其经济性。

9.3 轴的强度计算

在进行强度计算时，首先要分析轴上载荷的大小、方向和作用位置，绘制计算简图，然后运用材料力学中的公式进行计算。安装在轴上的传动零件传给轴的载荷通常都简化为作用在轮毂宽度中点的集中载荷，作用在轴上的扭矩也假设从轮毂中点算起。轴的支撑可简化为铰链支座，通常都可以将支撑反力作用点假设在轴承宽度的中点上（如用向心角接触滚动轴承支撑，则支撑反力作用点应为该轴承的载荷作用中心）。

对于轴端安装联轴器的，应考虑因两轴不能严格对中而引起的附加载荷，对柱销联轴器附加载荷的大小可取为两半联轴器连接处（如连接销钉处）传递的圆周力的 0.1~0.4

倍，方向可取在最不利的方向，即叠加在合成载荷的方向上。

常见的轴的强度计算方法有以下几种。

9.3.1 按扭转强度条件计算

对于只传递扭矩或同时传递扭矩和弯矩但弯矩很小的轴，可只按扭矩估算轴的强度。对于圆截面轴，其强度条件为

$$\tau_t=\frac{T}{W_T}=\frac{9.55\times10^6P}{0.2d^3n}\leqslant[\tau_T] \tag{9-1}$$

将式（9-1）加以转换，可得设计公式为：

$$d\geqslant\sqrt[3]{\frac{9.55\times10^6P}{0.2[\tau_T]n}}=\sqrt[3]{\frac{9.55\times10^6}{0.2[\tau_T]}}\cdot\sqrt[3]{\frac{P}{n}}=A_0\sqrt[3]{\frac{P}{n}} \tag{9-2}$$

式中，τ_T 和 $[\tau_T]$ 分别为轴的扭转剪应力和相应的许用应力，N/mm²；T 和 P 分别为轴传递的扭矩和功率，N · mm 和 kW；$W_T=0.2d^3$ 为轴抗扭截面模量，mm³；n 为轴的转速，r/min；d 为轴的直径，mm；A_0 是取决于材料许用应力的系数。

对于既传递扭矩又承受弯矩的转轴，在开始计算时往往不容易确定支点，即不能准确计算弯矩。这时，可以用式（9-2）初步估算轴径，只要把许用应力 $[\tau_T]$ 值适当降低，即把系数 A_0 值适当加大，以补偿弯矩对轴的影响就可以了。常用材料的 $[\tau_T]$ 值和 A_0 值见表 9-2。

表 9-2 轴常用材料的 $[\tau_T]$ 值和 A_0 值

轴的材料	Q235-A、20	Q275、35（1Cr18Ni9Ti）	45	40Cr、35SiMn 38SiMnMo、3Cr13
$[\tau_T]$	15~25	20~35	25~45	35~55
A_0	149~126	135~112	126~103	112~97

按式（9-2）初步估计的轴径是指整根轴中的最小轴径，如外伸轴段直径。当轴上开有键槽时，轴径还应增大 3%（一个键槽）或 7%（两个键槽），并圆整成标准直径。在此基础上就可以根据结构要求进行轴的结构设计。

9.3.2 按弯扭合成强度条件计算

对于同时承受弯矩和扭矩的转轴，应根据在弯矩和扭矩同时作用下产生的合成应力计算轴的直径，亦即按当量弯矩计算。为了计算弯矩，必须知道载荷的作用位置和支点位置，以便求出支反力，画弯矩图。所以，按当量弯矩计算之前，应初步完成轴的结构设计。如图 9-2 所示是外伸端为带轮的减速器高速轴的初步结构设计，有关尺寸可参考《机械设计手册》。

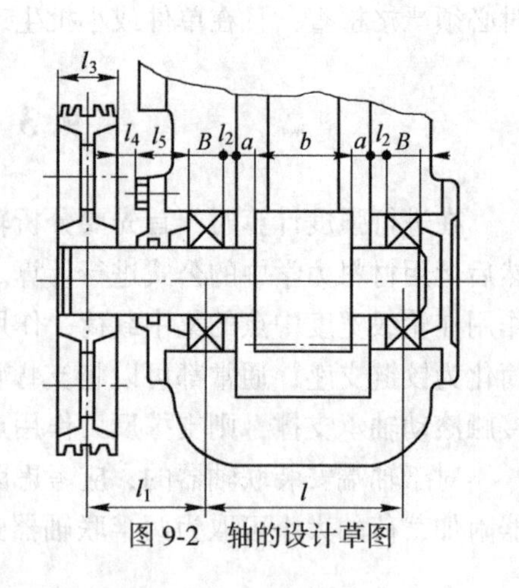

图 9-2 轴的设计草图

对于用优质碳素钢和一般合金钢（即延性金属材料）制造的轴，按弯矩、扭矩同时作用的合成应

力计算通常用最大切应力理论（maximum shear stress theory）进行合成，其强度条件为

$$\sigma_e = \sqrt{\sigma_b^2 + 4\tau_T^2} \leqslant [\sigma_b] \tag{9-3}$$

由许用应力为弯曲应力可知，当量应力 σ_e 相当于弯曲应力性质。对于直径为 d 的实心圆轴，

$$\sigma_b = \frac{M}{W} = \frac{M}{0.1d^3} \tag{9-4}$$

$$\tau_T = \frac{T}{W_T} = \frac{T}{0.2d^3} = \frac{T}{2W} \tag{9-5}$$

即

$$\sigma_e = \sqrt{\left(\frac{M}{W}\right)^2 + 4\left(\frac{T}{2W}\right)^2} = \frac{\sqrt{M^2 + T^2}}{W} \leqslant [\sigma_b] \tag{9-6}$$

对于一般的转轴，弯曲应力 σ_b 为对称循环变应力，而扭转切应力 τ 常常不是对称循环，所以当量弯矩 M_e 常用以下公式表示：

$$M_e = \sqrt{M^2 + (\alpha T)^2} \tag{9-7}$$

式中，α 为考虑 τ_t 与 σ_b 的循环特性不同而取的折算系数，对不变化的扭矩，$\alpha = [\sigma_{-1b}]/[\sigma_{+1b}] \approx 0.3$；对脉动变化的扭矩，$\alpha = [\sigma_{-1b}]/[\sigma_{0b}] \approx 0.6$；对频繁正反转的对称循环变化的扭矩，$\alpha = [\sigma_{-1b}]/[\sigma_{-1b}] \approx 1$。

通常，对于不是频繁正反转的转轴，而扭矩变化规律又不能确切判定时，可按脉动循环处理，即取 $\alpha = 0.6$。这样可得到轴的强度校核公式和设计公式分别为

$$\sigma_e = \frac{M_e}{W} = \frac{\sqrt{M^2 + (\alpha T)^2}}{0.1d^3} \leqslant [\sigma_{-1b}] \tag{9-8}$$

$$d \geqslant \sqrt[3]{\frac{M_e}{0.1[\sigma_{-1b}]}} \tag{9-9}$$

式中，$[\sigma_{-1b}]$ 为对称循环下许用弯曲应力，其值见表 9-3；$[\sigma_{0b}]$ 与 $[\sigma_{+1b}]$ 分别为材料在脉动循环和静应力状态下的许用弯曲应力，N/mm^2。

由于传动件的受力通常可以分解为圆周力、径向力和轴向力，所以，它对轴的作用力也要区分为作用在水平面和垂直面上的力。在一般情况下，可以将径向力和轴向力看作是作用在同一平面，如水平平面；而圆周力作用在另一平面，如垂直平面。在有两个以上的传动件时，则应根据作用力的作用平面和方向判定。这样，在进行轴的强度计算时，应分别求出两个平面上的支反力和两个平面上的弯矩图，再按向量法求合成支反力和绘制合成弯矩图。扭矩图只存在于轴受扭矩的部位，如图 9-1（a）所示结构，扭矩从带轮起，到齿轮止。而图 9-1（d）所示的轴，则从齿轮起，到联轴器止。有了合成弯矩图和扭矩图，就可以计算任一个轴段或任一个截面的当量弯曲应力 σ_e 或其相应直径。

进行轴的强度计算时，还应该考虑应力集中、轴的表面品质和轴的尺寸等因素。在按当量弯矩计算轴的强度时，这些因素已在表 9-3 的许用弯曲应力中得到粗略的考虑。对于一些比较重要的轴，还应进一步精确计算和校核各危险截面的安全系数，即进行疲劳强度精确校核计算。

表 9-3 轴的许用弯曲应力 (N/mm^2)

材 料	σ_B	$[\sigma_{+1b}]$	$[\sigma_{0b}]$	$[\sigma_{-1b}]$
碳 钢	400	130	70	40
	500	170	75	45
	600	200	95	55
	700	230	110	65
合金钢	800	270	130	75
	900	300	140	80
	1000	330	150	90
	1200	400	180	110
铸 钢	400	100	50	30
	500	120	70	40

9.3.3 按疲劳强度条件进行精确校核计算

上述按当量弯矩计算轴径的方法，虽然比较准确地考虑了应力变化性质的影响，对于一般用途的轴已经足够精确，但是这种方法并没有具体考虑各种应力变化特征（如应力幅的大小)、应力集中、轴的表面品质和绝对尺寸等影响轴的疲劳承载能力的因素。所以，对于比较重要的轴，还应进行疲劳强度的精确校核计算。也就是说，当需要精确评定轴的安全裕度时，须用以下方法校核轴的危险截面疲劳安全系数。

在利用扭矩估算轴径的基础上，经过轴的结构设计，得出轴的结构形状和全部尺寸，计算并画出轴的弯矩和扭矩图后，将轴的结构尺寸与弯、扭矩对比，就可以找出一个或几个危险截面，然后采用以下方法校核其安全系数。采用该法就不必再用当量弯矩法求轴径。

根据变应力的强度理论和实验研究，轴的疲劳强度安全系数 S 的校核公式（见第二章）如下。

弯矩作用下的安全系数 $S_\sigma = \dfrac{\sigma_{-1}}{K_\sigma \sigma_a + \psi_\sigma \sigma_m}$

转矩作用下的安全系数 $S_\tau = \dfrac{\tau_{-1}}{K_\tau \tau_a + \psi_\tau \tau_m}$

最后求出总的计算安全系数并满足下列条件：

$$S = \frac{S_\sigma S_\tau}{\sqrt{S_\sigma^2 + S_\tau^2}} \geqslant [S] \tag{9-10}$$

式中，S_σ 为只考虑正应力作用时的安全系数；S_τ 为只考虑扭转剪应力作用时的安全系数；σ_{-1}、τ_{-1} 分别为对称循环时，材料的弯曲、扭转疲劳极限；K_σ、K_τ 分别为弯曲、扭转时的疲劳强度综合影响系数；ψ_σ、ψ_τ 分别为弯曲、扭转时将平均应力折算成应力幅的等效系数，其值与材料有关；σ_a、σ_m 分别为弯曲正应力的应力幅、平均应力；τ_a、τ_m 分别为扭转剪应力的应力幅、平均应力。许用安全系数 $[S]$，其值根据实践经验确定，当材料均匀、载荷与应力计算精确时，取 $[S]=1.3\sim1.5$；当载荷确定不够精确，材料性能不够均匀时，取［S］=1.5~1.8；当载荷确定不够精确、材料性能均匀性差时，取［S］=1.8~2.5。

9.3.4 按静强度条件计算

按静强度条件计算轴的强度，目的是为了评定轴抵抗塑性变形的能力。当轴的瞬时过载很大、频繁正反转或应力循环的不对称性较为严重时，有必要对轴的静强度进行校核。轴的静强度条件校核公式为

$$S_{sca} = \frac{S_{s\sigma} \cdot S_{s\tau}}{\sqrt{S_{s\sigma}^2 + S_{s\tau}^2}} \geqslant S_s \tag{9-11}$$

式中，S_{sca} 为危险截面静强度的计算安全系数；$S_{s\sigma}$ 为只考虑弯矩和轴向力时的安全系数，见式（9-12）；$S_{s\tau}$ 为只考虑转矩时的安全系数，见式（9-13）；S_s 为按屈服强度设计的许用安全系数，查表9-4。

表 9-4 静强度许用安全系数

σ_s/σ_b	0.45~0.55	0.55~0.7	0.7~0.9	铸 件
S_s	1.2~1.5	1.4~1.8	1.7~2.2	1.6~2.5

$$S_{s\sigma} = \frac{\sigma_s}{\dfrac{M_{max}}{W} + \dfrac{F_{amax}}{A}} \tag{9-12}$$

$$S_{s\tau} = \frac{\tau_s}{T_{max}/W_T} \tag{9-13}$$

式中，σ_s、τ_s 分别为材料的抗弯和剪切屈服强度，MPa，$\tau_s = (0.55 \sim 0.62)\sigma_s$，$\sigma_s$ 的值查表9-1；M_{max}、T_{max} 分别为轴的危险截面上所受的最大弯曲和最大转矩，N·mm；F_{amax} 为轴的危险截面上所受的最大轴向力，N；A 为轴的危险截面的面积，mm^2；W、W_T 分别为轴的危险截面的抗弯和抗扭截面系数，mm^3，查表9-5。

表 9-5 抗弯、抗扭截面模量 W、W_T 的计算公式

截 面	W	W_T
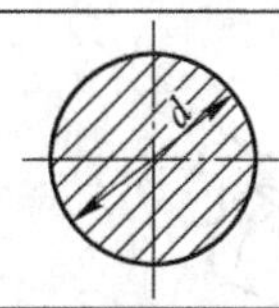 （实心圆截面，直径 d）	$\dfrac{\pi d^3}{32} \approx d^3/10$	$\dfrac{\pi d^3}{16} \approx d^3/5$
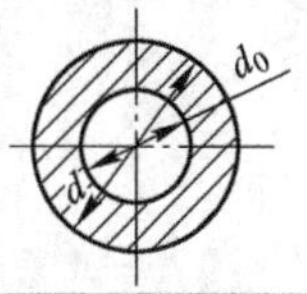 （空心圆截面，d、d_0）	$\dfrac{\pi d^3}{32}(1-r^4) \approx d^3(1-r^4)/10$ $r = \dfrac{d_1}{d}$	$\dfrac{\pi d^3}{16}(1-r^4) \approx d^3(1-r^4)/5$ $r = \dfrac{d_1}{d}$
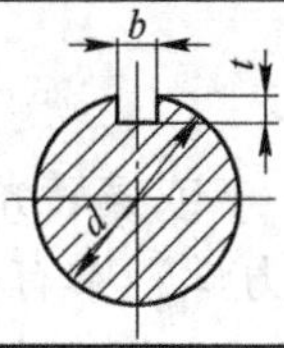 （带键槽圆截面，b、t、d）	$\dfrac{\pi d^3}{32} - \dfrac{bt(d-t)^2}{d}$	$\dfrac{\pi d^3}{16} - \dfrac{bt(d-t)^2}{d}$

续表 9-5

截　面	W	W_T
	$\frac{\pi d^3}{32}-\frac{bt(d-t)^2}{2d}$	$\frac{\pi d^3}{16}-\frac{bt(d-t)^2}{2d}$
	$\frac{\pi d^3}{32}\left(1-1.69\frac{d_0}{d}\right)$	$\frac{\pi d^3}{16}\left(1-\frac{d_0}{d}\right)$
	$\frac{\pi d_1^4+bz(D-d_1)(D+d_1)^2}{32D}$ （z—花键齿数）	$\frac{\pi d_1^4+bz(D-d_1)(D+d_1)^2}{16D}$ （z—花键齿数）
	$\approx\frac{\pi d^3}{32}\approx\frac{d^3}{10}$	$\approx\frac{\pi d^3}{16}\approx\frac{d^3}{5}$

9.3.5　轴的刚度校核计算

轴在弯矩和扭矩的作用下会产生弯曲变形和扭转变形，如图 9-3 所示。如果轴的刚度不够，轴的变形量超过了许用值，就会影响轴的正常工作并产生不良后果。例如，机床主轴的过度弯曲变形能影响加工精度；减速器中安装齿轮的轴的弯曲和扭转变形会使轮齿不能在齿宽上均匀接触，导致啮合恶化和偏载；轴的过度变形还使轴承局部磨损和发热，降低使用寿命。

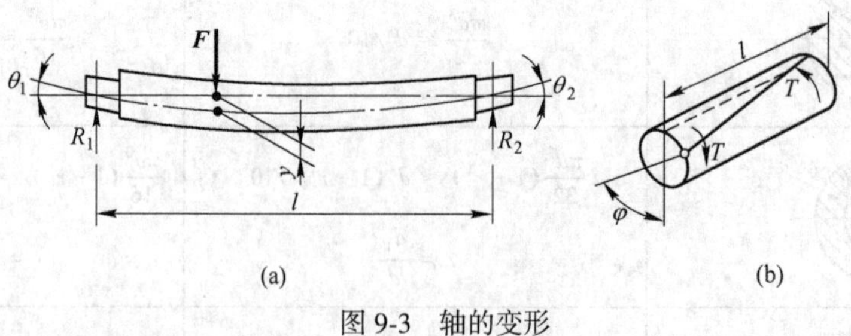

图 9-3　轴的变形

（a）弯曲变形；（b）扭转变形

轴的刚度分弯曲刚度和扭转刚度。弯曲刚度以挠度（flexibility）y 或偏转角 θ 度量，扭转刚度以扭转角（angle of twist）φ 度量，这些变形量可用《材料力学》中有关公式计算。这些变形量的允许值通常由各类机器的实践经验确定，详见表9-6。

表9-6 轴的挠度 y(mm)、偏转角 θ(°) 扭转角 φ((°)/m) 的允许值

变形种类	应用范围	许用值	变形种类	应用范围	许用值
允许挠度 [y]/mm	一般用途的轴	(0.0003~0.0004)l	允许偏转角 [θ]/(°)	滑动轴承	0.06
	车床主轴	0.0002l		深沟球轴承	0.3
	感应电动机轴	0.1Δ		调心球轴承	3
	安装齿轮的轴	(0.01~0.03)m_n		圆柱滚子轴承	0.15
	安装蜗轮的轴	(0.02~0.05)m		圆锥滚子轴承	0.09
	注：l—轴承跨距 Δ—定子与转子气隙 m_n—齿轮法向模数 m—蜗轮端面模数			安装齿轮处	0.06~0.12
			允许扭转角 [φ]/(°)·m^{-1}	精密传动	0.25~0.5
				一般传动	0.5~1
				要求不高的传动	>1

表9-7 配合零件边缘处的 $k_\sigma/\varepsilon_\sigma$ 和 k_τ/ε_τ

$k_\sigma/\varepsilon_\sigma$（弯 曲）										
直径/mm		≤30			50			≥100		
配 合		r6	k6	h6	r6	k6	h6	r6	k6	h6
材料强度 σ_B/N·mm^{-2}	400	2.25	1.69	1.46	2.75	2.06	1.80	2.95	2.22	1.92
	500	2.50	1.88	1.63	3.05	2.28	1.98	3.29	2.46	2.13
	600	2.75	2.06	1.79	3.36	2.52	2.18	3.60	2.70	2.34
	700	3.00	2.25	1.95	3.66	2.75	2.38	3.94	2.96	2.56
	800	3.25	2.44	2.11	3.96	2.97	2.57	4.25	3.20	2.76
	900	3.50	2.63	2.28	4.28	3.20	2.78	4.60	3.46	3.00
	1000	3.75	2.82	2.44	4.60	3.45	3.00	4.90	3.98	3.18
	1200	4.25	3.19	2.76	5.20	3.90	3.40	5.60	4.20	3.64
k_τ/ε_τ（扭 转）										
直径/mm		≤30			50			≥100		
配 合		r6	k6	h6	r6	k6	h6	r6	k6	h6
材料强度 σ_B/N·mm^{-2}	400	1.75	1.41	1.26	2.05	1.64	1.48	2.17	1.73	1.55
	500	1.90	1.58	1.38	2.23	1.87	1.60	2.37	1.88	1.68
	600	2.05	1.64	1.47	2.52	2.03	1.71	2.56	2.04	1.83
	700	2.20	1.75	1.57	2.60	2.15	1.73	2.76	2.18	1.94
	800	2.35	1.86	1.67	2.78	2.28	1.95	2.95	2.32	2.06
	900	2.50	1.98	1.77	3.07	2.42	2.07	3.16	2.48	2.20
	1000	2.65	2.09	1.86	3.26	2.57	2.20	3.34	2.80	3.31
	1200	2.95	2.31	2.06	3.62	2.74	2.42	3.76	2.92	2.58

注：1. 与滚动轴承内座圈配合按过盈配合 r6 查取；

2. 中间尺寸直径的应力集中系数可用插入法求得。

[**例 9-1**]　试设计外伸端为带轮的减速器高速轴（参照图 9-4（a）和图 9-2）。已知带传动作用在轴上的力为 $F_Q=1150\text{N}$，作用点为 C，齿轮分度圆直径 $d=100\text{mm}$，圆周力 $F_t=3940\text{N}$，径向力 $F_r=1434\text{N}$，轴向力 $F_a=835\text{N}$，作用点 D（图 9-4（b））。轴传递功率 $P=13\text{kW}$，转速 $n=630\text{r/min}$。A、B 为两轴承支点，由结构设计已得 $CA=140\text{mm}$，$AD=DB=60\text{mm}$。

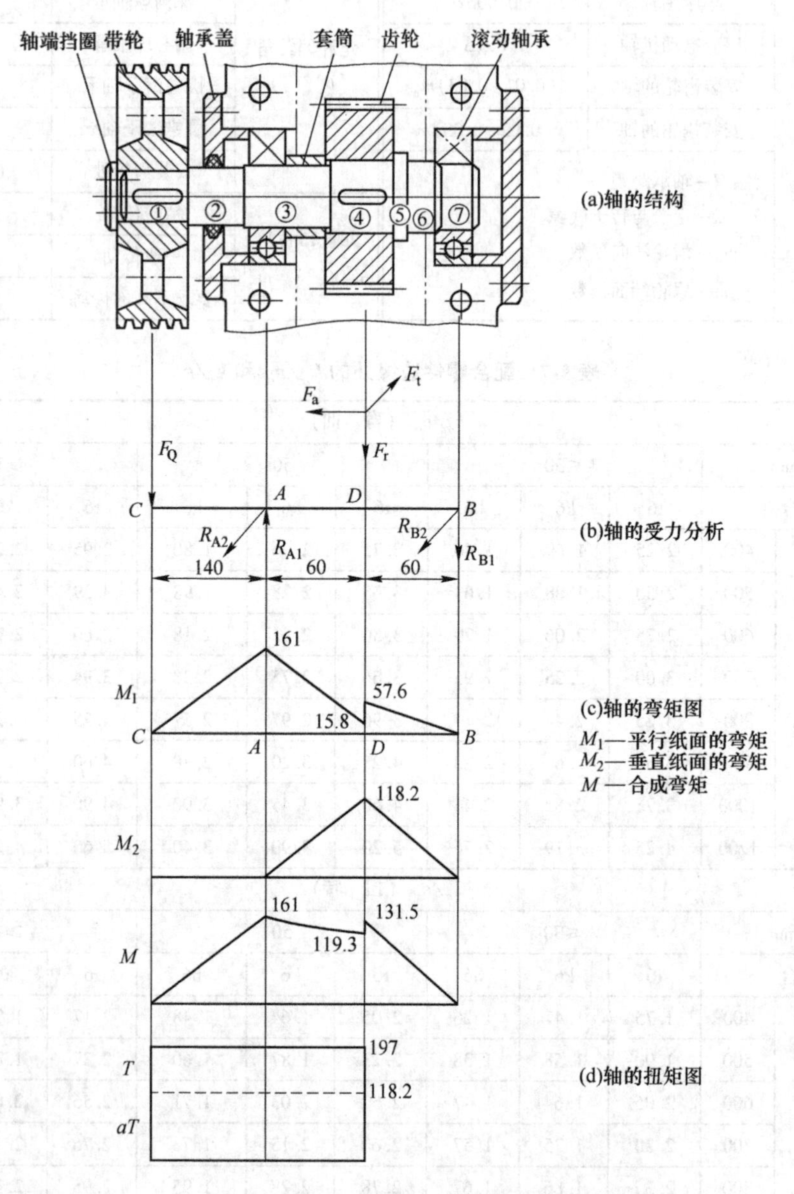

图 9-4　减速器轴及其受力和弯、扭矩图

解：（1）按扭矩初估直径。由已知数据求得轴传递的扭矩为

$$T=F_t\frac{d}{2}=3940\times\frac{100}{2}=197\times10^3\text{N}\cdot\text{mm}$$

轴的材料选 45 号钢，调质 217~255HBS。因弯矩较大，由表 9-2 查得 $A_0=110$，由此

可得轴的最小直径为

$$d \geqslant A_0 \sqrt[3]{\frac{P}{n}} = 110 \sqrt[3]{\frac{13}{630}} = 30\text{mm}$$

由于外伸端装带轮处的直径最小，且有键槽，应增大3%，所以取 $d_c = 32\text{mm}$ 。

以 d_c 为基础，结合固定和安装等要求，可进行轴的结构设计，以便确定其他部位的结构和尺寸。对减速器轴来说，支点的确定还应考虑箱体结构和装配螺栓等因素。

（2）按当量弯矩设计轴径。当支点位置已经确定时，可以按当量弯矩法设计轴径。步骤如下：

1）求支点反力 R_A、R_B。

轴上受力图如图9-4（b）所示。根据各力的所在位置和方向可知，F_Q、F_r和 F_a作用在Ⅰ（水平）平面上，F_t作用在Ⅱ（垂直）平面上，由力平衡条件可得：

$$R_{A1} = \frac{F_Q \cdot CB + F_r \cdot DB + F_a \cdot \dfrac{d}{2}}{AB}$$

$$= \frac{1150 \times 260 + 1460 \times 60 + 835 \times 50}{120} = 3570\text{N}$$

$$R_{B1} = R_A - F_Q - F_r = 3570 - 1150 - 1460 = 960\text{N}$$

$$R_{A2} = R_{B2} = \frac{F_t}{2} = \frac{3940}{2} = 1970\text{N}$$

合成支反力为：

$$R_A = \sqrt{R_{A1}^2 + R_{A2}^2} = \sqrt{3570^2 + 1970^2} = 4077\text{N}$$

$$R_B = \sqrt{R_{B1}^2 + R_{B2}^2} = \sqrt{960^2 + 1970^2} = 2200\text{N}$$

2）画弯、扭矩图。

Ⅰ平面弯矩图

$$M_{A1} = F_Q \cdot CA = 1150 \times 140 = 161 \times 10^3\text{N} \cdot \text{mm}$$

$$M_{D1左} = F_Q \cdot CD - R_A \cdot AD = 1150 \times 200 - 3570 \times 60 = 15.8 \times 10^3\text{N} \cdot \text{mm}$$

$$M_{D1右} = R_{B1} \cdot DB = 960 \times 60 = 57.6 \times 10^3\text{N} \cdot \text{mm}$$

Ⅱ平面弯矩图

$$M_{D2} = R_{A2} \cdot AD = 1970 \times 60 = 118.2 \times 10^3\text{N} \cdot \text{mm}$$

$$M_{C2} = M_{A2} = M_{B2} = 0$$

合成弯矩图

$$M_A = 161 \times 10^3\text{N} \cdot \text{mm}$$

$$M_{D左} = \sqrt{M_{D1左}^2 + M_{D2}^2} = \sqrt{15.8^2 + 118.2^2} \times 10^3 = 119.3 \times 10^3\text{N} \cdot \text{mm}$$

$$M_{D右} = \sqrt{M_{D1右}^2 + M_{D2}^2} = \sqrt{57.6^2 + 118.2^2} \times 10^3 = 131.5 \times 10^3\text{N} \cdot \text{mm}$$

$$M_C = M_B = 0$$

扭矩是从带轮传到齿轮处，所以只从 C 到 D 有扭矩；减速器轴的扭矩变化不大，按脉动循环折算，取 $\alpha = 0.6$，得到折算后的扭矩为：

$$T'_{C-D} = \alpha T = 0.6 \times 197 \times 10^3 = 118.2 \times 10^3\text{N} \cdot \text{mm}$$

如图9-4（c）所示，图中M_1为Ⅰ平面弯矩图，M_2为Ⅱ平面弯矩图，M为合成弯矩图，T为扭矩图。由此可得轴上各特征点的当量弯矩为：

$$M_{eC} = 118.2 \times 10^3 \text{N} \cdot \text{mm}$$

$$M_{eA} = \sqrt{161^2 + 118.2^2} \times 10^3 = 199.7 \times 10^3 \text{N} \cdot \text{mm}$$

$$M_{eD} = \sqrt{1193^2 + 118.2^2} \times 10^3 = 167.9 \times 10^3 \text{N} \cdot \text{mm}$$

$$M_{eB} = 0$$

3）各轴段直径计算。轴的材料选为45号钢，调质处理，$\sigma_b = 640\text{N/mm}^2$，由表9-3查得$[\sigma_{-1b}] = 60\text{N/mm}^2$，以相应的$M_e$值代入下式：

$$d \geqslant \sqrt[3]{\frac{M_e}{0.1 \times 60}}$$

得：$d_C = 27\text{mm}$，$d_A = 32.2\text{mm}$，$d_D = 30.4\text{mm}$，$d_B = 0$。考虑到C、D处都有键槽，轴径应增大3%；且从装配关系来看，应满足$d_C < d_A$，$d_A < d_D$。而轴承是成对安装的，$d_A = d_B$，所以，可改取$d_C = 30\text{mm}$，$d_A = d_B = 40\text{mm}$，带轮右侧用轴肩定位和轴向固定，$d_D = 45\text{mm}$；齿轮左侧用套筒，右侧用轴环固定。

至于各轴段的长度，可以根据轴上零件固定和安装等要求合理确定。设齿轮宽度b=70mm，轴承B=23mm（根据型号查得），则右半段轴各轴段的直径和长度大致见表9-8（轴段序号与图9-4（a）对应）。

表9-8 轴的结构尺寸 (mm)

轴段序号	③	④	⑤	⑥	⑦
直径d	40	45	55	48	40
长度l	—	68	8	5	24

轴承部位③、⑦的直径取d=40，用于固定的⑥取d=50，齿轮部位④取d=45，轴环应取d=55，③、④之间可用套筒固定，轴径略有差别即可。

部位④的l取68（略小于70），齿轮右端面与右轴承左端面应留间隙12~15mm。所以部位⑤、⑥的长度各取8mm和5mm，部位⑦取24mm，则支点距AB=70+（8+5）×2+23≈120mm。更详细的尺寸还应该在课程设计中解决。

（3）校核轴的疲劳安全裕度。如果本轴是比较重要的轴，则须校核其疲劳安全系数。采用本法校核，就可根据扭矩估算轴径后，进行轴的结构设计，确定各部位尺寸并绘制弯扭矩图。然后直接计算其危险截面的安全系数。如果结构设计结果各轴段尺寸见表9-8，则将图9-4（a）和图9-4（c）对比可以发现，截面A和D是危险截面。

1）计算截面A的疲劳安全系数。假设由弯矩产生的弯曲应力为对称循环变化，由扭矩产生的扭转剪应力为脉动循环变化。则

$$\sigma_a = \frac{M_A}{2W_A} = \frac{161 \times 10^3}{2 \times 0.1 \times 40^3} = 12.58\text{N/mm}^2 \quad \sigma_m = 0$$

$$\tau_a = \tau_m = \frac{T_A}{2W_{tA}} = \frac{197 \times 10^3}{2 \times 0.2 \times 40^3} = 7.70\text{N/mm}^2$$

由表9-1，查得$\sigma_{-1} = 275\text{N/mm}^2$，$\tau_{-1} = 155\text{N/mm}^2$，由表2-1，查得$\psi_\sigma = 0.2$，$\psi_\tau = 0.1$；

由表 9-7 查得 $k_\sigma/\varepsilon_\sigma \approx 2.6$, $k_\tau/\varepsilon_\tau \approx 2.1$（设轴颈与轴承配合为 k6）；由表 2-6 查得 $\beta = 0.92$（查 $R_a = 0.8\mu m$），于是疲劳强度综合影响系数 $K_\sigma = \dfrac{k_\sigma}{\varepsilon_\sigma \beta} \approx 2.83$, $K_\tau = \dfrac{k_\tau}{\varepsilon_\tau \beta} \approx 2.28$，于是

$$S_\sigma = \frac{\sigma_{-1}}{K_\sigma \sigma_a + \psi_\sigma \sigma_m} = \frac{275}{2.83 \times 12.58 + 0.2 \times 0} = 7.74$$

$$S_\tau = \frac{\tau_{-1}}{K_\tau \tau_a + \psi_\tau \tau_m} = \frac{155}{2.28 \times 7.70 + 0.1 \times 7.695} = 8.45$$

疲劳安全系数

$$S = \frac{S_\sigma S_\tau}{\sqrt{S_\sigma^2 + S_\tau^2}} = \frac{7.74 \times 8.45}{\sqrt{7.74^2 + 8.45^2}} = 5.71 > [S] = 1.2 \sim 1.6$$

2）计算截面 D 的疲劳安全系数。由机械设计手册，查得截面 D 上键槽尺寸为：

$$b = 14\text{mm}, \ t = 5.5\text{mm}$$

由表 9-5，查得截面 D 的抗弯截面模量 W_D 和抗剪截面模量 $W_{T,D}$，分别如下：

$$W_D = \frac{\pi d_D^3}{32} - \frac{bt(d_D - t)^2}{2d_D} = \frac{\pi \times 45^3}{32} - \frac{14 \times 5.5(45 - 5.5)^2}{2 \times 45} = 7611.295\text{mm}^3$$

$$W_{T,D} = \frac{\pi d_D^3}{16} - \frac{bt(d_D - t)^2}{2d_D} = \frac{\pi \times 45^3}{16} - \frac{14 \times 5.5(45 - 5.5)^2}{2 \times 45} = 16557.471\text{mm}^3$$

$$\sigma_a = \frac{M_D}{2W_D} = \frac{131.5 \times 10^3}{2 \times 7611.295} = 8.64\text{N/mm}^2 \quad \sigma_m = 0$$

$$\tau_a = \tau_m = \frac{T_D}{2W_{t,D}} = \frac{197 \times 10^3}{2 \times 16557.471} = 5.95\text{N/mm}^2$$

由表 9-7，配合 r6，查得配合零件处 $k_\sigma/\varepsilon_\sigma \approx 3.52$, $k_\tau/\varepsilon_\tau \approx 2.56$。设该轴段表面粗糙度 $Ra = 3.2\mu m$，由表 2-6 查得 $\beta = 0.92$，则可求得疲劳强度综合影响系数 $K_\sigma = \dfrac{k_\sigma}{\varepsilon_\sigma \beta} \approx 3.83$, $K_\tau = \dfrac{k_\tau}{\varepsilon_\tau \beta} \approx 2.78$，又因截面 D 除了有过盈配合外，还有键槽也引起应力集中，故由表 2-2 查得 $k_\sigma = 1.82$, $k_\tau = 1.63$；由表 2-5，查得 $\varepsilon_\sigma = 0.84$，$\varepsilon_\tau = 0.78$；这样，$K_\sigma = \dfrac{k_\sigma}{\beta_\sigma \varepsilon_\sigma} = \dfrac{1.82}{0.92 \times 0.84} = 2.355$, $K_\tau = \dfrac{k_\tau}{\beta_\tau \varepsilon_\tau} = \dfrac{1.63}{0.92 \times 0.78} = 2.271$；将分别按过盈配合和键槽计算出的 K_σ、K_τ 相比较，取大值，即取 $K_\sigma = 3.83$, $K_\tau = 2.78$，于是

$$S_\sigma = \frac{\sigma_{-1}}{K_\sigma \sigma_a + \psi_\sigma \sigma_m} = \frac{275}{3.83 \times 8.64 + 0.2 \times 0} = 8.30$$

$$S_\tau = \frac{\tau_{-1}}{K_\tau \tau_a + \psi_\tau \tau_m} = \frac{155}{2.78 \times 5.95 + 0.1 \times 5.95} = 9.04$$

疲劳安全系数

$$S = \frac{S_\sigma S_\tau}{\sqrt{S_\sigma^2 + S_\tau^2}} = \frac{8.30 \times 9.04}{\sqrt{8.30^2 + 9.04^2}} = 6.11 > [S] = 1.2 \sim 1.6$$

结论：轴的截面 A、D 都是安全的。

本章小结

本章主要介绍了轴的功用、类型及材料，轴的结构设计，轴的失效形式及强度、刚度计算等。本章重点是掌握轴的结构设计及强度计算方法，其中包括按扭转强度条件计算、弯扭合成强度条件计算和疲劳强度条件计算等。

思考题

9-1 轴按承受载荷分几类？如何判别？

9-2 轴的结构设计为什么重要？应考虑哪些问题？当采用轴肩或套筒定位时，应注意些什么问题？

9-3 指出图 9-5 中轴的结构设计有哪些不合理、不完善的地方？并画出修改后的合理结构？

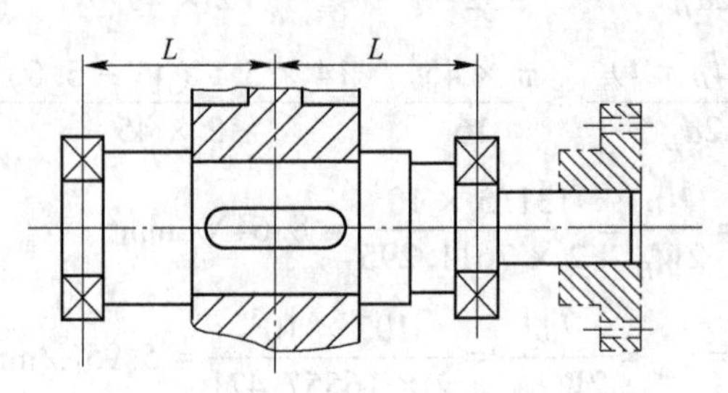

图 9-5 轴的结构改错题

9-4 轴的强度计算方法有几种？各种方法的计算要点及适用场合。

9-5 当量弯矩公式 $M_e = \sqrt{M^2 + (\alpha T)^2}$ 中的 α 系数考虑什么问题？其值如何确定？

9-6 如果轴的同一截面上既有过盈配合，又有键槽；或者既有过渡圆角又有过盈配合，那么该截面上的影响疲劳的综合系数应如何计算或选择？

习 题

9-1 已知一传动轴传递的功率 $P=15\text{kW}$，转速 $n=325\text{r/min}$，轴的材料为 45 号钢，试估算轴的直径。

9-2 一斜齿圆柱齿轮减速器主动轴的布置和转向如图 9-6 所示。已知轴传递的功率 $P=10\text{kW}$，转速 $n=960\text{r/min}$，轴的材料为 45 号钢，调质处理；齿轮分度圆直径 $d=110\text{mm}$，$\beta=10°$，齿向左旋；轴端受到联轴器的附加径向力 F' 为其销轴中心处的圆周力的 0.3 倍。试设计轴的结构尺寸，并校核其危险截面的疲劳安全系数［提示：$F' = 0.3 \times \frac{2T}{110}(\text{N})$，$T = 9.55 \times 10^6 \times \frac{10}{960}(\text{N} \cdot \text{mm})$］。

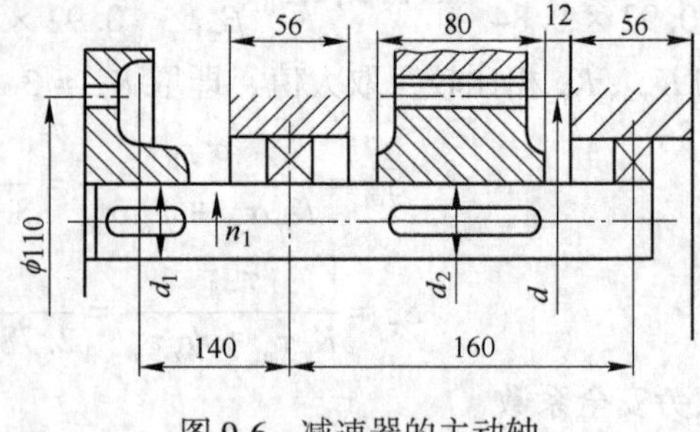

图 9-6 减速器的主动轴

10 轴毂连接

内容提要

本章说明平键、花键、销和无键连接等的类型、特点以及设计时应注意的问题。由于大多有标准及规范，所以重点说明键连接的强度计算方法，学习本章应重点掌握各种连接的特点和应用场合。

10.1 键连接

键连接主要用于轴和轴上的旋转零件（如齿轮等）之间的周向固定（图 10-1），并传递扭矩或轴向滑动的导向（图 10-2）。键是一种标准件，其类型很多。一般是根据连接的具体使用要求和轴径，选用适当类型和标准尺寸的键，然后进行强度校核。

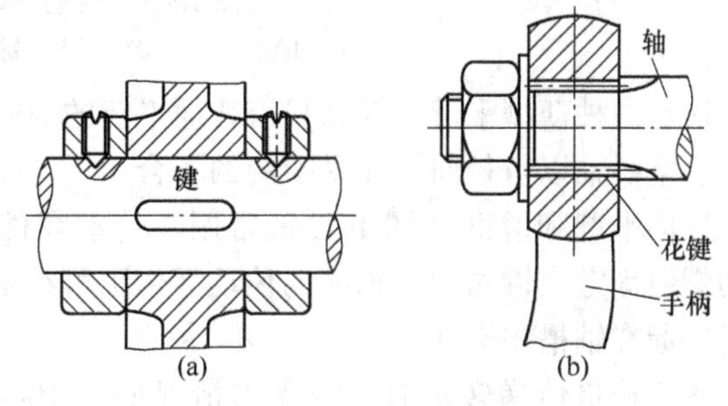

图 10-1 平键连接和花键连接
（a）平键连接；（b）花键连接

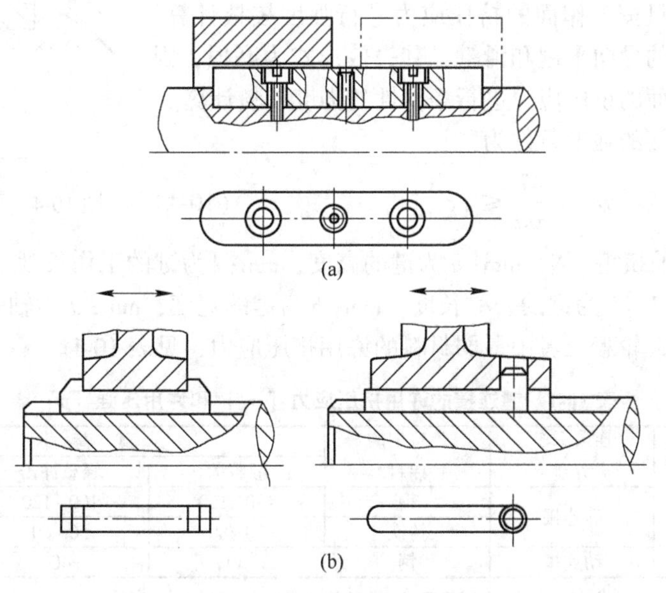

图 10-2 导向平键连接和滑键连接
（a）导向平键连接；（b）滑键连接（键槽已截短；键与毂间的间隙未示出）

10.1.1 平键连接

平键是应用最广泛的键。普通平键连接如图 10-3 所示。键的两侧是工作面，其上表面与轮毂槽留有间隙。键两端可制成圆头（A 型）、平头（B 型）、一端圆头一端平头（C 型）。圆头键在键槽中轴向固定好，但轴的键槽端部应力集中较严重。平头键是放在轴上用圆盘铣刀铣出的键槽中，因而避免了上述缺点，但常需用紧定螺钉将键固定在键槽中。单圆头键则常用在轴端的连接中。

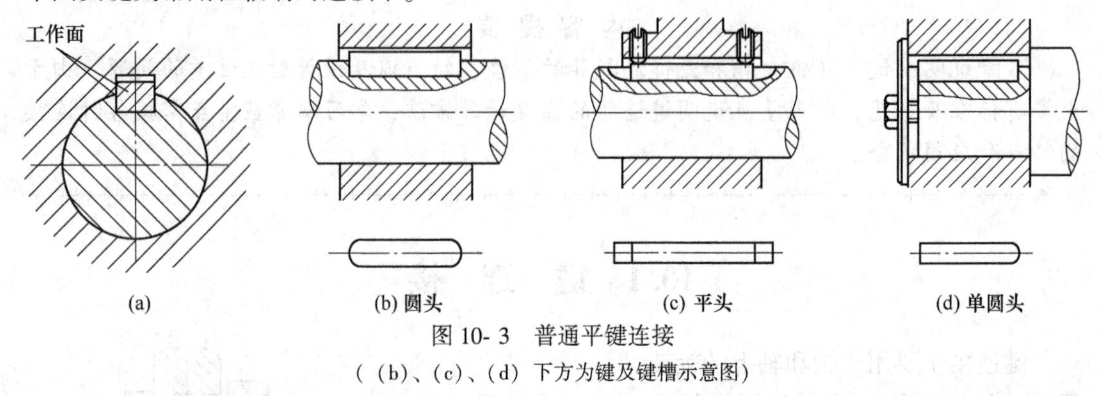

图 10- 3　普通平键连接

（(b)、(c)、(d) 下方为键及键槽示意图）

还有一种薄型平键，键高只有普通平键的 60%~70%，适用于传递的扭矩不大、薄壁结构、空心轴以及径向尺寸受限制的场合。

导向平键和滑键（图 10-2）常用于传动零件需要轴向移动的场合。导向平键较长，需用螺钉固定在键槽中，轴上的传动零件则可在轴上滑动。滑键固定在轮毂上，轮毂连同滑键一起在轴槽中滑动。

平键连接传递转矩时，键受力情况如图 10-4 所示。平键连接的失效形式为键剪断或工作面被压馈，而以后者为常见。因此，通常只按工作面的挤压应力进行强度校核计算。对于构成动连接的导向平键和滑键，其失效形式为磨损，因此，通常按工作面的挤压应力进行条件性的强度校核计算。

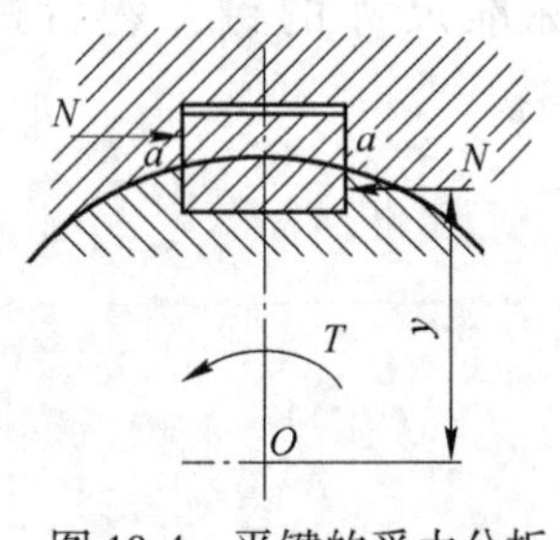

图 10-4　平键的受力分析

普通平键连接的强度条件为

$$\sigma_p = \frac{4T}{dhl} \leqslant [\sigma_p] \tag{10-1}$$

式中，T 为传递的扭矩，N · mm；h 为键的高度，mm；l 为键的工作长度，对圆头键 $l = L - b$，对平头键 $l = L$；L 为键的公称长度，mm；b 为键的宽度，mm；d 为轴颈，mm；$[\sigma_p]$ 为静连接时键、轴、轮毂三者中最弱材料的许用挤压应力，见表 10-1。

表 10-1　键连接的许用挤压应力 $[\sigma_p]$ 和许用压强 $[p]$　　（MPa）

许用挤压应力、许用压强	连接工作方式	连接中的较弱材料	载荷性质		
			静载荷	轻载冲击	冲击
$[\sigma_p]$	静连接	钢	120~150	100~120	60~90
		铸铁	70~80	50~60	30~45
$[p]$	动连接	钢	50	40	30

注：1. 表中许用挤压应力 $[\sigma_p]$ 和许用压强 $[p]$ 值按连接中最弱的零件选取。

2. 动连接中的连接零件如经淬火则许用压强 $[p]$ 值可提高 2~3 倍。

导向平键连接及滑动平键连接由于工作中零件间有滑动，主要失效形式是相对滑动的两零件（导向平键与轮毂、滑键与轴）中强度较弱的材料磨损，强度条件：

$$p = \frac{4T}{dhl} \leqslant [p] \tag{10-2}$$

式中，p 为工作压强，MPa；$[p]$ 为许用压强，MPa；l 为键的工作长度，mm，是相对滑动的两零件之间的实际接触长度。

键是标准件，通常根据轴径 d 查选键的尺寸 $b \times h$，长度 l 也有系列，一般可按轮毂的长度而定，即键长等于或略短于轮毂的长度。

［例 10-1］ 选择一铸铁齿轮与钢轴的键连接。已知轴径 $d = 70\text{mm}$，轮毂宽 $B = 130\text{mm}$，传递转矩 $T = 1000\text{N} \cdot \text{m}$，有轻微冲击。

解：由轴径 $d = 70\text{mm}$ 在标准中选 $b \times h = 20 \times 12$，A 型。由轮毂宽 $B = 130\text{mm}$，并参考键的长度系列，取键长 $L = 110\text{mm}$。最弱材料为铸铁，由表 10-1 查得 $[\sigma_p] = 55\text{N/mm}^2$，则

$$\sigma_p = \frac{4T \times 10^3}{dhl} = \frac{4 \times 1000 \times 10^3}{70 \times 12 \times (110 - 20)} = 52.9\text{N/mm}^2 \leqslant [\sigma_p]$$

满足要求。所以选用键 20 × 12 × 110。

若连接强度不够，可用双键，相隔 180° 布置，并按 1.5 个键计算。

10.1.2 半圆键连接

半圆键连接如图 10-5 所示。半圆键呈半圆形，可在轴上相应的半圆形键槽内摆动。半圆键较短，结构紧凑，但键槽较深，对轴削弱较大，多用于轻载、窄轮毂和锥形轴端的结构中，选择计算方法与平键连接类似。

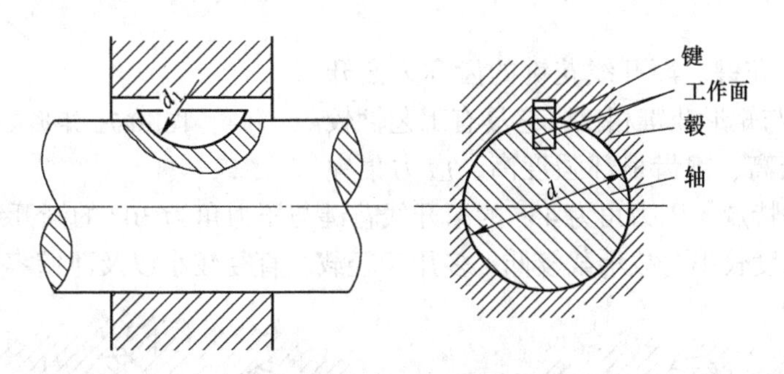

图 10-5 半圆键连接

平键与半圆键连接只能实现轴上零件的周向固定，而不能实现轴向固定，只能承受转矩，不能承受轴向力。但由于平键和半圆键均以侧面为工作面，上下表面与键槽留有间隙，所以传动零件在轴上定心较好。

10.2 花 键 连 接

花键连接是在轮毂和轴上分别加工出若干均匀分布的凹槽和凸齿（键齿）所构成的连接（图 10-6）。其特点是：（1）键齿分别与轴或毂各自构成一个整体，且键齿较多，相

当于多个平键连接的组合，所以承载能力较大；（2）键槽较浅，对轴削弱较轻；（3）具有较好的定心性和导向性，装拆性能好。但花键需专用设备加工，成本较高。因此，花键连接适用于定心精度要求高、载荷大或经常滑移的连接。

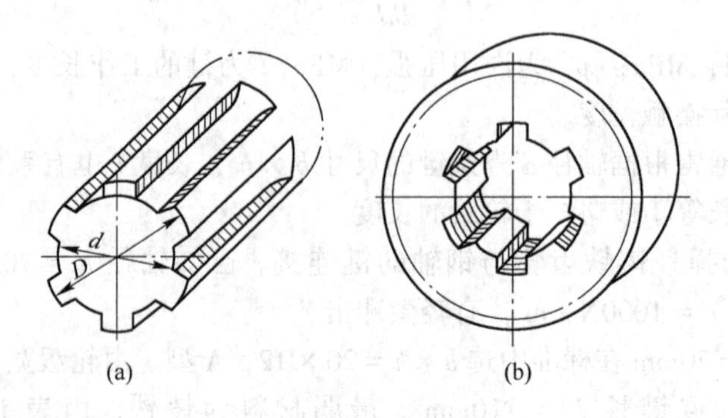

图 10-6　花键
（a）外花键；（b）内花键

花键连接可用于静连接和动连接。静连接的主要失效形式是挤压损坏，动连接的主要失效形式是表面磨损。

根据齿形不同，可分为矩形花键和渐开线花键。

（1）矩形花键。矩形花键的键齿为矩形，按其数目和尺寸分为轻、中两个系列，分别适于不同的载荷情况。矩形花键连接应用广泛。矩形花键的定心方式为小径定心（图 10-7），其特点是定心精度高、定心稳定性好，能用磨削方法消除热处理变形。

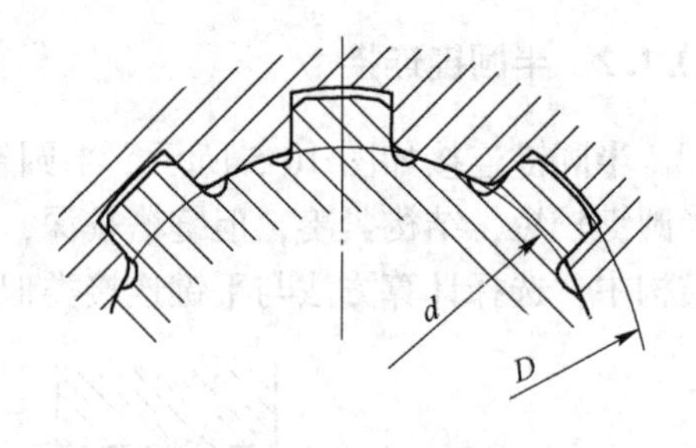

图 10-7　矩形花键连接

（2）渐开线花键。渐开线花键的齿廓为渐开线（图 10-8）。与矩形花键相比，它具有工艺性较好、制造精度较高、键齿根部强度高、应力集中小、易于定心等特点。压力角为 45° 的渐开线花键与压力角为 30° 的渐开线花键相比，由于其齿的工作高度较小，故承载较低，多用于轻载、直径较小以及薄壁零件的连接。

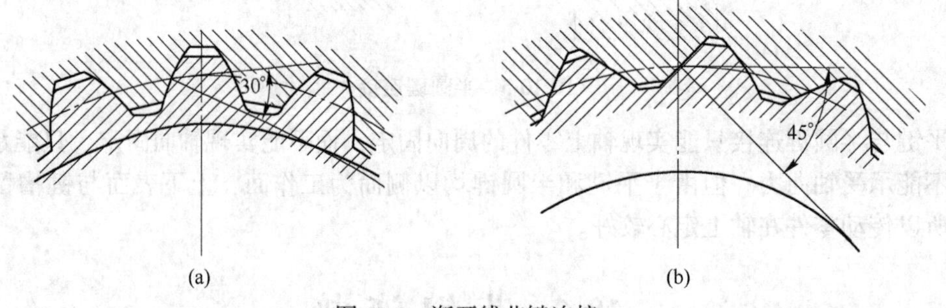

图 10-8　渐开线花键连接
（a）$\alpha=30°$；（b）$\alpha=45°$

渐开线花键为齿形定心方式。当齿受载时，齿上的径向力能起到自动定心作用，有利于各齿均匀承载。

花键连接的齿数、尺寸、配合等均应按标准选取，然后进行必要的强度校核计算。计算公式如下：

$$\sigma_p = \frac{2T}{\psi zhld_m} \leqslant [\sigma_p] \tag{10-3}$$

式中，T 为花键连接传递的扭矩，N · mm；ψ 为载荷在键齿上分配不均匀系数，通常 $\psi = 0.7 \sim 0.8$；z 为键齿数；h 为齿的工作高度，mm；l 为齿的工作长度，mm；d_m 为平均直径，mm，矩形花键 $d_m = (D+d)/2$，$h = \frac{D-d}{2} - 2c$，c 为倒角高度，mm；渐开线花键 $d_m = d$，$h = m$（模数）；$[\sigma_p]$ 为花键连接的许用挤压应力，MPa，见表 10-2。

表 10-2 花键连接的许用挤压应力、许用压强 (MPa)

连接工作方式	使用和制造情况	$[\sigma_p]$ 或 $[p]$	
		齿面未经热处理	齿面经过热处理
静连接	不良	35~50	40~70
	中等	60~100	100~140
	良好	80~120	120~200
空载下移动的动连接	不良	15~20	20~35
	中等	20~30	30~60
	良好	25~40	40~70
在载荷作用下移动的动连接	不良	—	3~10
	中等	—	5~15
	良好	—	10~20

注：1. 使用和制造情况不良系指受变载、有双向冲击、振动频率高和振幅大、动连接时润滑不良、材料硬度不高或精度不高等。
2. 同一情况下的较小许用值用于工作时间长和较重要的场合。

动连接的花键强度条件为

$$p = \frac{2T}{\psi zhld_m} \leqslant [p] \tag{10-4}$$

花键连接的零件通常用抗拉强度不低于 600MPa 的钢材制造，矩形花键应经热处理强化，热处理后的表面硬度不低于 40HRC。

10.3 销 连 接

销可用于定位、锁紧或连接，也可作过载保护元件。销是标准件，圆柱销连接不宜经常拆卸，否则会降低定位精度或连接的紧固性。圆锥销有 1∶50 的锥度，小头直径为标准值。圆锥销易于安装，定位精度高于圆柱销，允许多次拆卸。圆柱销和圆锥销孔均需铰制。销的基本形式及连接应用示例如图 10-9 所示。

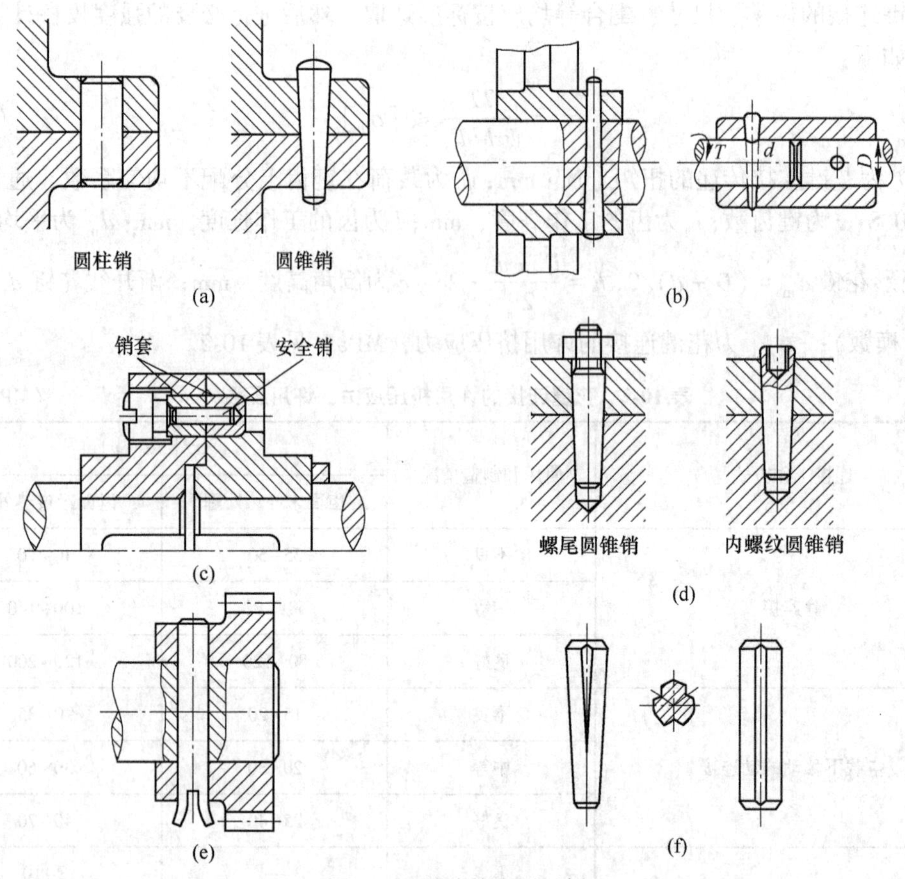

图 10-9　销连接应用示例

（a）定位销；（b）连接销；（c）安全销；（d）端部带螺纹的圆锥销；（e）开尾圆锥销；（f）槽销

10.4　无 键 连 接

轴与毂的连接不用键或过盈方法时称无键连接。将安装轮毂的轴段制成非圆柱体或非圆锥体，并在轮毂上制作相应的孔型，这种轴与毂孔配合的连接只是无键连接的一种，称非圆柱面配合连接，如图 10-10 所示。

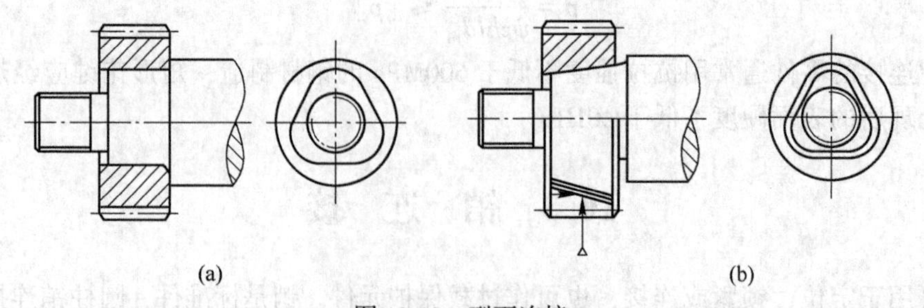

图 10-10　型面连接

这种连接的优点是轴上无键槽，可减少轴的应力集中，并可传递很大的扭矩，但加工制造较复杂。正四面和正六面柱面较常用。无键连接的另一种是弹性环连接，如图 10-11

所示。轮毂1的孔和轴4均为光滑圆柱面，外弹性环2的内孔和内弹性环3的外表面均为圆锥面。当拧紧螺母5时，在轴向力作用下，环2外径增大，环3内径缩小，使环与轴和毂孔接合面产生径向压力，利用此径向压力产生的摩擦力矩传递扭矩。弹性环连接装拆方便，具有过载安全保护作用，因而应用越来越广泛。弹性环材料一般为高碳钢和55Cr2、60Cr2等，其锥角一般取12.5°~ 17°。

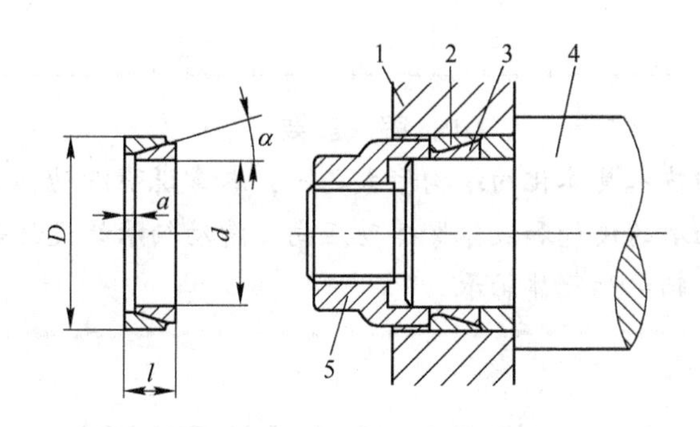

图10-11　弹性环连接

本章小结

本章主要介绍了轴毂连接的类型、键连接的失效形式、设计准则及平键的强度计算方法等，要求能够根据使用条件和工作场合合理选择键连接的类型以及键连接的长度、宽度及高度。

思考题

10-1 键连接有哪些类型？各有什么特点？

10-2 试说明普通平键连接中A、B、C三种连接形式的特点和应用场合。

10-3 平键连接的主要失效形式是什么？

10-4 花键连接有何特点？花键连接有几种类型？

10-5 销连接有哪些类型？其功用如何？

习　题

10-1 设计一齿轮与轴的键连接。已知轴径 $d=90$mm，轮毂宽 $B=110$mm，轴传递扭矩 $T=1800$N·m，载荷平稳，轴、键材料均为钢，齿轮材料为锻钢。

11 滑动轴承

内容提要

滑动轴承是转动副技术具体化的结构形式之一，本章说明滑动轴承的结构、材料和润滑，非液体摩擦滑动轴承的设计和液体摩擦动压向心滑动轴承的设计等内容，简要说明了多油楔轴承、液体静压轴承和气体轴承。

11.1 滑动轴承的结构和材料

轴承是机器中的重要零部件，用来支撑轴颈或轴上的回转件。根据轴承的工作原理，可分为滚动轴承和滑动轴承。在滑动轴承中若能形成润滑油膜将运动副表面分开，则滑动摩擦力可大大降低，由于运动副表面不直接接触，因此也减小了磨损。滑动轴承的承载能力大，回转精度高，润滑膜具有抗冲击作用，因此，在工程上获得了广泛的应用。

润滑油膜的形成是滑动轴承能正常工作的基本条件，影响润滑油膜形成的因素有润滑方式、运动副相对运动速度、润滑剂的物理性质和运动副表面的粗糙度等。滑动轴承的设计是根据轴承的工作条件，确定轴承的结构类型、选择润滑剂和润滑方法及确定轴承的几何参数。

11.1.1 滑动轴承的类型

根据承受载荷的方向，滑动轴承可分为推力滑动轴承和径向滑动轴承（又称向心滑动轴承），如图 11-1 所示，推力滑动轴承的受力与轴中心线平行，径向滑动轴承的受力垂直于轴的中心线。

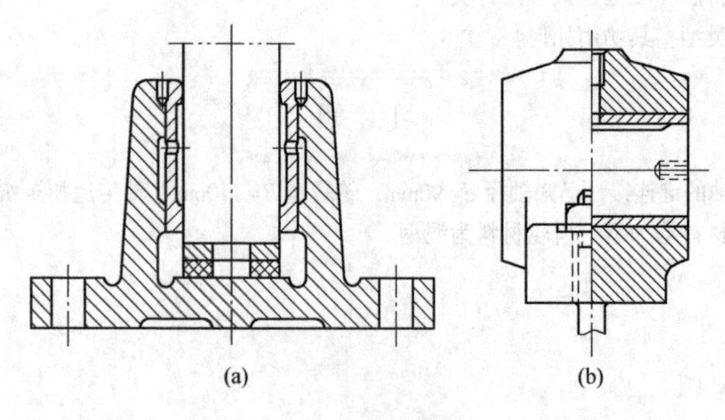

图 11-1　滑动轴承

(a) 推力滑动轴承；(b) 向心滑动轴承

根据润滑油膜的形成原理不同，滑动轴承可分为动压滑动轴承、静压滑动轴承和动静压滑动轴承，如图11-2所示。在滑动轴承与轴颈表面之间输入高压润滑剂以承受外载荷，使运动副表面分离的润滑方法称为流体静力润滑，这类轴承称为静压滑动轴承，如图11-2（a）所示；利用相对运动副表面的相对运动和几何形状，借助流体黏性，把润滑剂带进摩擦面之间，依靠自然形成的流体压力油膜，将运动副表面分开的润滑方法称为流体动力润滑，这类轴承为动压滑动轴承，如图11-2（b）所示；还有一类轴承能同时利用高压油的静压作用和轴的转动引起的动压效应来承载，称为动静压轴承。静压滑动轴承和动静压滑动轴承可以在很宽的速度范围内（包括静止状态）和载荷范围内无磨损地工作，避免动压滑动轴承在启动与停机阶段的磨损问题，但其维持静压油膜的供油系统较为复杂。

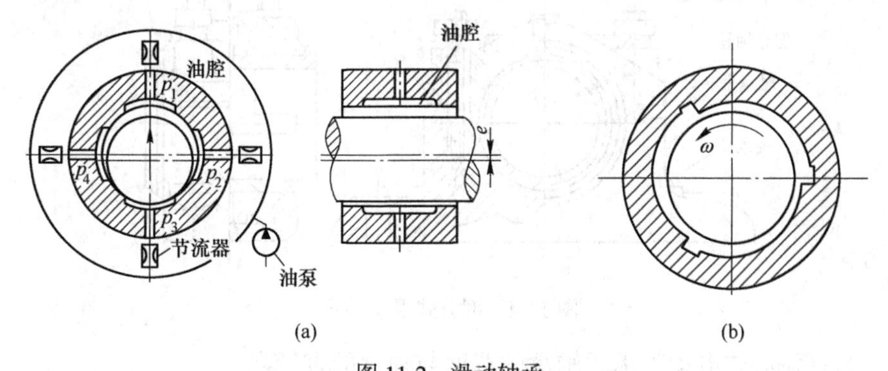

图11-2　滑动轴承

（a）静压滑动轴承；（b）动压滑动轴承

滑动轴承通常由轴承座、轴瓦及轴承衬、润滑及密封装置等部分组成。在简单的轴承中，可以不用轴瓦、轴承衬及密封等装置。根据工作条件不同，滑动轴承的结构形式可有不同形式，如径向滑动轴承有整体式、剖分式及自动调心式结构。

（1）整体式径向滑动轴承。最简单的整体式滑动轴承是圆柱孔径向滑动轴承，它可直接在机器壳体上钻出或镗出孔，孔中可安装套筒型轴瓦，在要求不高的机器上孔中可不安装轴瓦，如手动绞车。典型的整体式滑动轴承由轴承座、轴瓦组成，轴承座与机架用螺栓固定，轴瓦上开有油孔，并在内表面开油沟以输送润滑油，如图11-3所示。由于供油装置简单、加工方便，整体式滑动轴承被广泛应用于低速轻载装置中。但整体式滑动轴承无法调节轴颈和轴承间的间隙，当轴瓦磨损后必须更换，此外，在安装轴时，轴必须作轴向移动，很不方便。

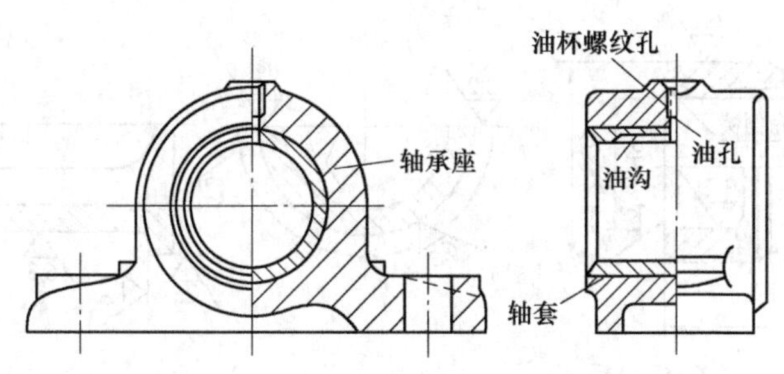

图11-3　整体式滑动轴承

（2）剖分式径向滑动轴承。剖分式轴承由轴承座、轴承盖、剖分轴瓦、轴承盖螺栓组成，如图 11-4 所示。为了节省贵金属或其他需要，常在轴瓦内表面上贴附一层轴承衬。轴承与机架用螺栓连接，轴瓦内表面的不承担载荷部分开有油沟，润滑油通过漏油孔和油沟流进间隙。轴瓦的剖分面最好与载荷方向近于垂直，多数轴承的剖分面是水平的，也有倾斜的，轴承座的剖分面做成阶梯型，以便定位和防止工作时松动。轴承座和轴承盖的剖分面间留有不大间隙，间隙中插入薄片，轴瓦工作面发生磨损后，取去部分垫片，并对轴瓦工作面进行修刮，安装后拧紧螺栓，就可以弥补磨损后的间隙。剖分式轴承在装拆时，轴不需要作轴向位移，装拆方便。

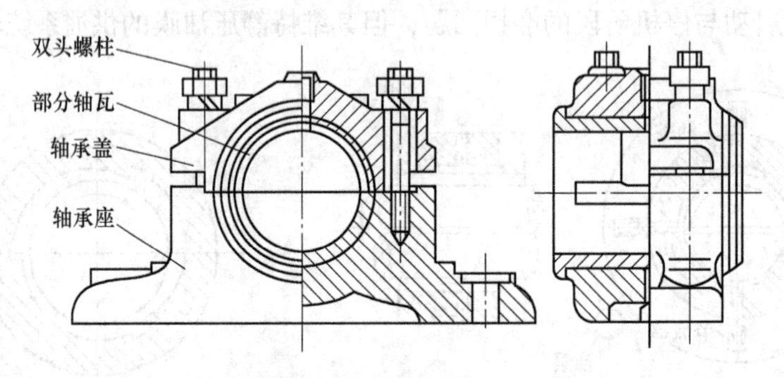

图 11-4　剖分式滑动轴承

（3）自动调心式滑动轴承。轴承的宽度与轴颈的直径之比（B/d）称为宽径比，对于 B/d 大于 1.5 的轴承，多采用自动调心式轴承，如图 11-5 所示。它具有可动的轴瓦，在轴瓦的外部中间做成凸出的球面，装在轴承盖和轴承座上的凹球面上，随着轴在支撑处倾角的变化，轴瓦也有相应的倾角，从而使轴颈与轴瓦保持良好接触，避免轴承边缘的磨损。

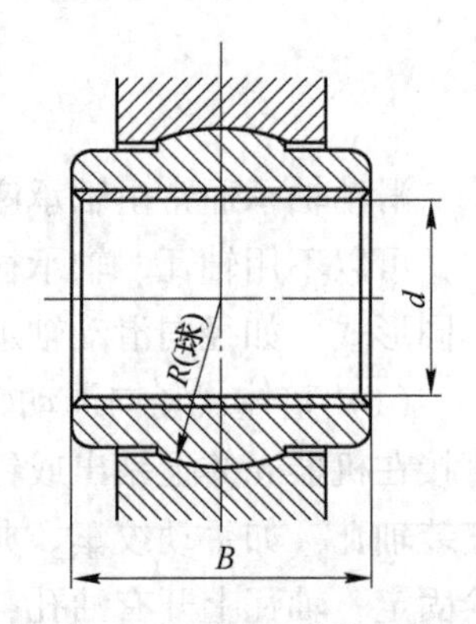

图 11-5　自动调心式滑动轴承

11.1.2　轴瓦结构

轴瓦分为剖分式和整体式结构（图 11-6）。为了改善轴瓦表面的摩擦性质，常在其内径面上浇铸一层或两层减摩材料（图 11-7），通常称为轴承衬。因此，轴瓦又有双金属轴瓦和三金属轴瓦。

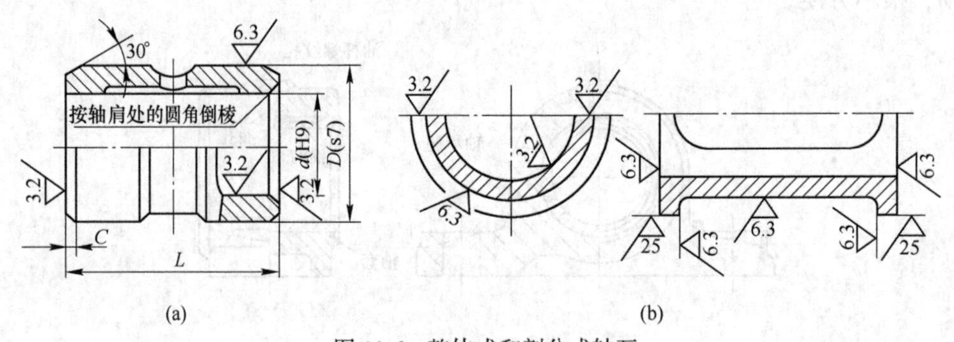

图 11-6　整体式和剖分式轴瓦
（a）整体式轴瓦；（b）剖分式轴瓦

油孔用来供应润滑油，油沟则用来输送和分布润滑油。几种常见的油沟如图 11-8 所示。轴向油沟也可以开在轴瓦剖分面上。油沟的形状和位置影响轴承中油膜压力分布。润滑油应该自油膜压力最小的地方输入轴承，油沟不应该开在油膜承载区内，否则会降低油膜的承载能力（图 11-9）。轴向油沟应较轴承宽度稍短，以免油从油沟端部大量流失。油室的结构合理设计可使润滑油沿轴向均匀分布，并起着储油和稳定供油的作用（图 11-10）。油沟的尺寸可查阅有关手册。

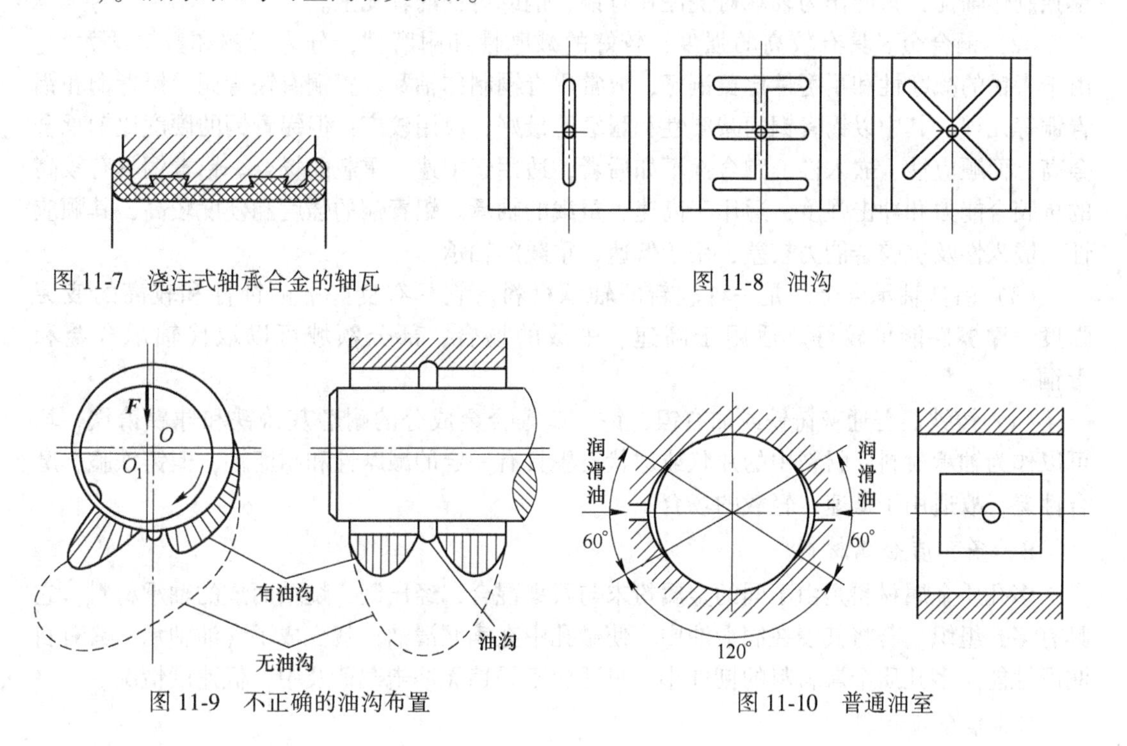

图 11-7 浇注式轴承合金的轴瓦

图 11-8 油沟

图 11-9 不正确的油沟布置

图 11-10 普通油室

11.1.3 轴承材料

11.1.3.1 对轴承材料的要求

轴瓦和轴承衬的材料统称为轴承材料。轴承失效形式决定了轴承材料的性能要求，滑动轴承的主要失效形式是磨损和胶合，其次还有刮伤、疲劳剥落及腐蚀等。因此轴承材料性能应满足以下要求：(1) 良好的减摩性、耐磨性和抗胶合性。减摩性是指材料具有低的摩擦系数；耐磨性是指材料的抗磨损能力；抗胶合性是指材料的耐热性和抗黏附性。(2) 良好的顺应性、嵌入性和跑合性。顺应性是指轴瓦材料通过其表层弹性变形来适应和补偿轴的偏斜和变形的能力；嵌入性是指材料容纳硬质颗粒嵌入，以减轻轴承滑动表面发生刮伤或颗粒磨损的性能；跑合性是指轴瓦与轴颈表面经短期轻载运行后，就能形成相互吻合的表面粗糙度的能力。(3) 足够的强度（包括疲劳强度、冲击强度和抗压强度）和抗腐蚀性。(4) 良好的导热性、工艺性及经济性。必须指出，没有一种材料能同时满足上述所有要求，因此须分析具体情况合理选用。

11.1.3.2 常用轴承材料

常用轴承材料有金属材料，如轴承合金、铜合金、铝合金、铸铁等；多孔质金属材料；非金属材料。

A　金属材料

（1）轴承合金。又称白合金或巴氏合金，它以锡或铅作软基体，其内含有锑锡（Sb-Sn）或铜锡（Cu-Sn）的硬颗粒。硬颗粒起抗磨作用，软基体可提高材料的塑性，使之具有良好的顺应性、嵌入性、跑合性和抗胶合能力。但轴承合金价格较贵，强度很低，不能单独制作轴瓦，只能作为轴承衬浇注在青铜、钢或铸铁的轴瓦上。

（2）铜合金。具有较高的强度、较好的减摩性和耐磨性，分为青铜和黄铜两大类。由于青铜的减摩性和耐磨性比黄铜好，故常用青铜制作轴瓦。青铜有锡青铜、铅青铜和铝青铜等几种。其中以锡青铜的减摩性和耐磨性最好，应用较广；但锡青铜的硬度比轴承合金高，而顺应性、嵌入性、跑合性不如后者，适用于中速、重载的场合。铅青铜具有较高的抗胶合能力和冲击强度，适用于高速、重载的轴承。铝青铜的强度和硬度较高，其顺应性、嵌入性及抗胶合能力较差，用于低速、重载的轴承。

（3）铝基轴承合金。是一种较新的轴承材料。它具有良好的耐蚀性和较高的疲劳强度，摩擦性能也较好。适用于高速、中载的场合，部分领域可以取代轴承合金和青铜。

（4）铸铁。普通灰铸铁或加有镍、铬、钛等合金成分的耐磨灰铸铁和球墨铸铁，均可以作为轴承材料。材料中的片状或球状石墨具有一定的减摩性和耐磨性，但铸铁脆，磨合性差，故适用于低速、轻载的场合。

B　多孔质金属材料

多孔质金属材料是由不同的金属粉末与石墨混合，经压制、烧结而成的轴承材料。它具有多孔组织。若将其浸在润滑油中，使微孔中充满润滑油，就变成了含油轴承，具有自润滑性能。多孔质金属材料的韧性小，只适应于平稳无冲击载荷及中、低速度情况。

C　非金属材料

常用的非金属轴承材料是各种塑料（聚合物材料），如酚醛塑料、尼龙、聚四氟乙烯等。塑料轴承材料具有良好的减摩性、耐磨性、嵌入性和抗冲击、抗胶合及耐蚀性，并具有一定的自润滑性能，但导热性差。另外，在特殊情况下，也可用碳-石墨、橡胶及木材等作为轴承材料。

常用金属材料性能见表 11-1，常用非金属和多孔质金属材料性能见表 11-2。

表 11-1　常用金属材料性能

类型	轴承材料	最大许用值①			最高工作温度/℃	轴颈硬度(HBS)	性能比较②				备注
		[p]/MPa	[v]/m·s^{-1}	[pv]/MPa·m·s^{-1}			抗咬黏性	顺应性嵌入性	耐蚀性	疲劳强度	
锡锑轴承合金	ZSnSb11Cu6 ZSnSb8Cu4	平稳载荷			150	150	1	1	1	5	用于高速、重载下工作的重要轴承，变载荷下易于疲劳，价贵
		25	80	20							
		冲击载荷									
		20	60	15							

续表 11-1

<table>
<tr><th rowspan="2">类型</th><th rowspan="2">轴承材料</th><th colspan="3">最大许用值①</th><th rowspan="2">最高工作温度/℃</th><th rowspan="2">轴颈硬度(HBS)</th><th colspan="4">性能比较②</th><th rowspan="2">备 注</th></tr>
<tr><th>[p]/MPa</th><th>[v]/m·s⁻¹</th><th>[pv]/MPa·m·s⁻¹</th><th>抗咬黏性</th><th>顺应性嵌入性</th><th>耐蚀性</th><th>疲劳强度</th></tr>
<tr><td rowspan="2">铅锑轴承合金</td><td>ZPbSb16Sn16Cu2</td><td>15</td><td>12</td><td>10</td><td rowspan="2">150</td><td rowspan="2">150</td><td rowspan="2">1</td><td rowspan="2">1</td><td rowspan="2">3</td><td rowspan="2">5</td><td rowspan="2">用于中速、中等载荷的轴承，不宜受显著冲击。可作为锡锑轴承合金的代用品</td></tr>
<tr><td>ZPbSb15Sn5Cu3Cd2</td><td>5</td><td>8</td><td>5</td></tr>
<tr><td rowspan="2">锡青铜</td><td>ZCuSn10P1（10-1 锡青铜）</td><td>15</td><td>10</td><td>15</td><td rowspan="2">280</td><td rowspan="2">300~400</td><td rowspan="2">3</td><td rowspan="2">5</td><td rowspan="2">1</td><td rowspan="2">1</td><td>用于中速、重载及受变载荷的轴承</td></tr>
<tr><td>ZCuSn5Pb5Zn5（5-5-5 锡青铜）</td><td>8</td><td>3</td><td>15</td><td>用于中速、中载的轴承</td></tr>
<tr><td>铅青铜</td><td>ZCuPb30（30 铅青铜）</td><td>25</td><td>12</td><td>30</td><td>280</td><td>300</td><td>3</td><td>4</td><td>4</td><td>2</td><td>用于高速、重载轴承，能承受变载和冲击</td></tr>
<tr><td>铝青铜</td><td>ZCuA110Fe3（10-3 铝青铜）</td><td>15</td><td>4</td><td>12</td><td>280</td><td>300</td><td>5</td><td>5</td><td>5</td><td>2</td><td>最宜用于润滑充分的低速重载轴承</td></tr>
<tr><td rowspan="2">黄铜</td><td>ZCuZn16Si4（16-4 硅黄铜）</td><td>12</td><td>2</td><td>10</td><td>200</td><td>200</td><td>5</td><td>5</td><td>1</td><td>1</td><td>用于低速、中载轴承</td></tr>
<tr><td>ZCuZn40Mn2（40-2 锰黄铜）</td><td>10</td><td>1</td><td>10</td><td>200</td><td>200</td><td>5</td><td>5</td><td>1</td><td>1</td><td rowspan="2">用于高速、中载轴承，是较新的轴承材料，强度高、耐腐蚀、表面性能好。可用于增压强化柴油机轴承</td></tr>
<tr><td>铝基轴承合金</td><td>2%铝锡合金</td><td>28~35</td><td>14</td><td>—</td><td>140</td><td>300</td><td>4</td><td>3</td><td>1</td><td>2</td></tr>
<tr><td>三元电镀合金</td><td>铝-硅-镉镀层</td><td>14~35</td><td>—</td><td>—</td><td>170</td><td>200~300</td><td>1</td><td>2</td><td>2</td><td>2</td><td>镀铅锡青铜作中间层，再镀10~30μm 三元减摩层，疲劳强度高，嵌入性好</td></tr>
<tr><td>银</td><td>镀层</td><td>28~35</td><td>—</td><td>—</td><td>180</td><td>300~400</td><td>2</td><td>3</td><td>1</td><td>1</td><td>镀银，上附薄层铅，再镀铟，常用于飞机发动机、柴油机轴承</td></tr>
<tr><td>耐磨铸铁</td><td>MT-4</td><td>0.1~6</td><td>3~0.75</td><td>0.3~4.5</td><td></td><td>195~260</td><td>4</td><td>5</td><td>1</td><td>1</td><td rowspan="2">宜用于低速、轻载的不重要轴承，价廉</td></tr>
<tr><td>灰铸铁</td><td>HT150~HT250</td><td>1~4</td><td>2~0.5</td><td>0.3~4.4</td><td>150</td><td>163~241</td><td>4</td><td>5</td><td>1</td><td>1</td></tr>
</table>

① [pv] 为不完全液体润滑下的许用值；
②性能比较：1~5 依次由佳到差。

表 11-2 常用非金属和多孔质金属材料性能

轴承材料		最大许用值			最高工作温度 t/℃	备 注
		[p]/MPa	[v]/m·s^{-1}	[pv]/MPa·m·s^{-1}		
非金属材料	酚醛树脂	41	13	0.18	120	由棉织物、石棉等填料经酚醛树脂黏结而成。抗咬合性好，强度、抗振性也极好，能耐酸碱，导热性差，重载时需用水或油充分润滑，易膨胀，轴承间隙宜取大些
非金属材料	尼龙	14	3	0.11（0.05m/s） 0.09（0.5m/s） <0.09（5m/s）	90	摩擦系数低，耐磨性好，无噪声。金属瓦上覆以尼龙薄层，能受中等载荷。加入石墨、二硫化钼等填料可提高其力学性能、刚性和耐磨性。加入耐热成分的尼龙可提高工作温度
非金属材料	聚碳酸酯	7	5	0.03（0.05m/s） 0.01（0.5m/s） <0.01（5m/s）	105	聚碳酸酯、醛缩醇、聚酰亚胺等都是较新的塑料。物理性能好。易于喷射成型，比较经济。醛缩醇和聚碳酸酯稳定性好，填充石墨的聚酰亚胺温度可达 280℃
非金属材料	醛缩醇	14	3	0.1	100	
非金属材料	聚酰亚胺	—	—	4（0.05m/s）	260	
非金属材料	聚四氟乙烯（PTFE）	3	1.3	0.04（0.05m/s） 0.06（0.5m/s） <0.09（5m/s）	250	摩擦系数很低，自润滑性能好，能耐任何化学药品的侵蚀，适用温度范围宽（高于 280℃时，有少量有害气体放出），但成本高、承载能力低。用玻璃丝、石墨为填料，则承载能力和 [pv] 值可大为提高
非金属材料	PTFE 织物	400	0.8	0.9	250	
非金属材料	填充 PTFE	17	5	0.5	250	
非金属材料	碳-石墨	4	13	0.5（干） 5.25（润滑）	400	有自润滑性及高的导磁性和导电性，耐蚀能力强，常用于水泵和风动设备中的轴套
非金属材料	橡胶	0.34	5	0.53	65	橡胶能隔振、降低噪声、减小动载、补偿误差。导热性差，需加强冷却，温度高易老化。常用于有水、泥浆等的工业设备中

续表 11-2

轴承材料		最大许用值			最高工作温度 t/℃	备 注
		$[p]$/MPa	$[v]$/m·s^{-1}	$[pv]$ /MPa·m·s^{-1}		
多孔质金属材料	多孔铁（Fe 95%，Cu 2%，石墨和其他 3%）	55(低速,间歇) 21(0.013m/s) 4.8(0.51~0.76m/s) 2.1(0.76~1m/s)	7.6	1.8	125	具有成本低、含油量多、耐磨性好、强度高等特点，应用很广
	多孔青铜（Cu90%，Sn10%）	27（低速，间歇） 14（0.013m/s） 3.4（0.51~0.76m/s） 1.8（0.76~1m/s）	4	1.6	125	孔隙度大的多用于高速轻载轴承，孔隙度小的多用于摆动或往复运动的轴承。长期运转而不补充润滑剂的应降低［pv］值。高温或连续工作的应定期补充润滑剂

11.2 滑动轴承的润滑

滑动轴承种类繁多，它们对润滑的要求也各不相同。以下仅对滑动轴承的润滑作一般性的介绍。

11.2.1 润滑剂及其选择

11.2.1.1 润滑油及其选择

润滑油是滑动轴承润滑的最主要的润滑剂，润滑油选择的主要性能指标是润滑油的黏度和油性。润滑油的选择应综合考虑轴承的承载量、轴颈转速、润滑方式、滑动轴承的表面粗糙度等因素。

一般原则如下：(1) 在高速轻载的工作条件下，为了减小摩擦功耗可选择黏度小的润滑油；(2) 在重载或冲击载荷工作条件下，应采用油性大、黏度大的润滑油，以形成稳定的润滑油膜；(3) 静压或动静压滑动轴承可选用黏度小的润滑油；(4) 表面粗糙或未经跑合的表面应选择黏度高的润滑油；(5) 流体动力润滑轴承的润滑油黏度的选取，可经过计算进行校核。表 11-3 给出了滑动轴承润滑油的黏度和牌号，选用时可参考此表。

表 11-3 滑动轴承轻、中载荷时润滑油的选用（工作温度为 10~60℃）

轴颈的圆周速度 v/m·s^{-1}	$p \leqslant 3$MPa		
	润滑方式	黏度 $\nu_{40℃}$/mm^2·s^{-1}	润滑油名称及牌号
>9	压力、油浴	5~27	L-FC7、10、15、22 轴承油
9~5	压力、油杯	15~50	L-FC15、22、32、46 轴承油、L-TSA32、46 汽轮机油

续表 11-3

轴颈的圆周速度 $v/m \cdot s^{-1}$	$p \leqslant 3MPa$		
	润滑方式	黏度 $\nu_{40℃}/mm^2 \cdot s^{-1}$	润滑油名称及牌号
5~2.5	压力、油浴、油杯、滴油	32~60	L-FC32、46 轴承油，L-TSA46 汽轮机油，L-AN46 全损耗系统用油
2.5~1	压力、油浴、油环、滴油	42~70	L-FC46、68 轴承油，L-TSA46、68 汽轮机油，L-AN46、68 全损耗系统用油
1~0.3	压力、油浴、油环、滴油	46~75	L-FC46、68 轴承油，L-TSA46、68 汽轮机油，L-AN68 全损耗系统用油
0.3~0.1	油杯、油浴、油环、滴油	65~120	L-FC68、100 轴承油，L-TSA68、100 汽轮机油，L-AN68、100 全损耗系统用油
<0.1	油杯、油浴、油环、滴油	80~170	L-TSA100 汽轮机油，30、40 号汽油机油，L-AN100、150 全损耗系统用油

11.2.1.2 润滑脂及其选择

低速（轴颈速度小于 1~2m/s）重载或摆动的滑动轴承可以采用润滑脂。选择润滑脂的主要指标为稠度（针入度）和滴点。一般选择原则为：（1）速度低、载荷大时，选择稠度大的润滑脂；反之，选择稠度小的。（2）为了避免轴承工作时润滑脂过多泄漏，润滑脂的滴度应高于轴承工作温度 20~30℃。（3）工作温度高（<120℃）采用钠基脂；有水、潮湿或低温（<0℃）条件下，采用锂基脂。

常用润滑脂的选择见表 11-4。

表 11-4 滑动轴承润滑脂的选择

压力 p/MPa	轴颈圆周速度 $v/m \cdot s^{-1}$	最高工作温度/℃	选用的牌号
≤1.0	≤1	75	3 号钙基脂
1.0~6.5	0.5~5	55	2 号钙基脂
≥6.5	≤0.5	75	3 号钙基脂
≤6.5	0.5~5	120	2 号钠基脂
>6.5	≤0.5	110	1 号钙钠基脂
1.0~6.5	≤1	-50~100	锂基脂
>6.5	0.5	60	2 号压延机脂

注：1. “压力”或“压强”，本书统用“压力”。

2. 在潮湿环境，温度在 75~120℃的条件下，应考虑用钙-钠基润滑脂。

3. 在潮湿环境，工作温度在 75℃以下，没有 3 号钙基脂时也可以用铝基脂。

4. 工作温度在 110~120℃可用锂基脂或钡基脂。

5. 集中润滑时，稠度要小些。

11.2.1.3 固体润滑剂和气体润滑剂

固体润滑剂有石墨、二硫化钼（MoS_2）和聚四氟乙烯（PTFE）等多种品种。一般在重载或高温工作条件下使用。气体润滑剂常用空气，多用于高速及不能用润滑油或润滑脂处。

11.2.2 润滑方式及其选择

11.2.2.1 润滑方式

向轴承提供润滑剂是形成润滑油膜的必要条件，静压轴承和动静压轴承是通过油泵、节流器和油沟向滑动轴承的轴瓦连续供油，形成油膜使得轴瓦与轴颈表面分开；动压滑动轴承的油膜是靠轴颈的转动将润滑油带进轴承间隙，其供油方式有连续供油和间歇供油两种。

（1）间歇供油。低速和间歇工作的轴承可采用油壶定时向轴承油孔注油。为了不使污物进入轴承，可装置油杯（图 11-11）。图 11-11（c）所示为针阀滴油杯供油，它的结构特点是有一针阀，油经过针阀流到摩擦表面上，靠手柄的卧倒或竖立以控制针阀的启闭，从而调节供油量或停止供油。它使用可靠，可以观察油的供给情况，但要保持均匀供油必须经常加以观察和调节。脂润滑只能采用间歇供应。

（2）连续供油：

1）滴油润滑。图 11-12（a）为芯捻火线纱油杯，油杯装在轴承的润滑孔上，其中有一管子内装有毛线或棉线做成的芯捻，芯捻的一端装在油杯内，另一端在管子内和轴颈不接触。这样利用毛细管作用，把油吸到摩擦面上。这种装置能使润滑油连续且均匀供应，但是不易调节供油量，在机器停车时仍供应润滑油，不适用于高速轴承。

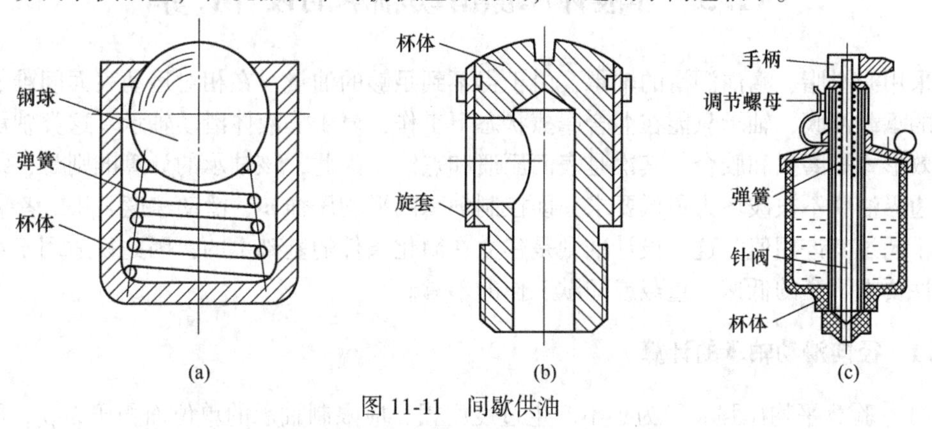

图 11-11 间歇供油
（a）压配式压注油杯；（b）旋套式注油油杯；（c）针阀式注油油杯

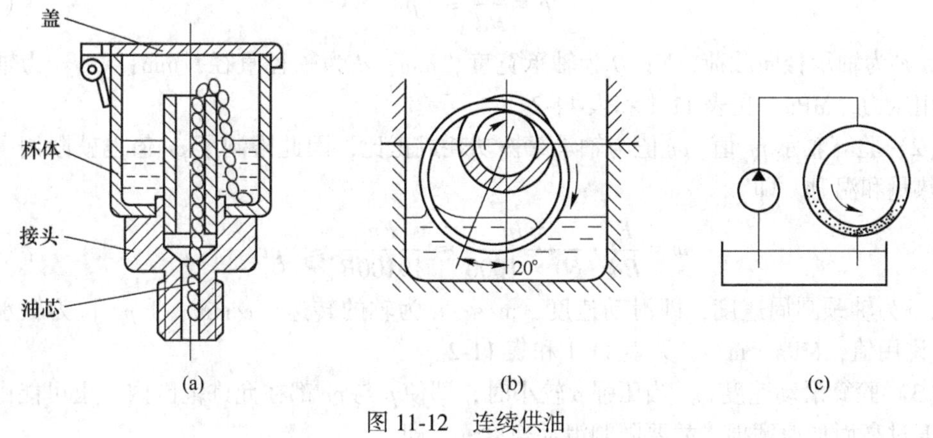

图 11-12 连续供油
（a）芯捻供油；（b）油环供油；（c）压力供油

2）油环。在轴颈上自由悬挂的油环，它的下部分浸在油槽内。当轴旋转时，油环也随着旋转，因而能将油带到轴颈上去。

3）飞溅润滑。利用密封壳体中转速较快的零件浸入到油池适当的深度，使油飞溅，直接落到摩擦表面上，或在轴承座上制有油槽，以便聚集飞溅的油流入摩擦面，这种润滑适用于中速的机器中。

4）压力润滑。用出油量小的油泵将润滑油通过油管在压力下输入摩擦表面，也可以利用特殊喷嘴将油喷射成油流，或利用喷雾器将油流喷成油雾以润滑摩擦表面。它能保证连续充分的供油。

11.2.2.2 润滑方式的选择

滑动轴承的润滑方式可根据系数 k 确定

$$k = \sqrt{pv^3} \tag{11-1}$$

式中，p 为轴颈上的平均压强，MPa；v 为轴颈线速度，m/s。

当 $k \leqslant 2$ 时，采用润滑脂润滑（可用于油杯）；$k > 2 \sim 15$ 时，采用润滑油润滑（可用针阀油杯）；$k = 15 \sim 30$，采用油环或飞溅润滑；$k \geqslant 30$ 时，采用压力循环润滑，需用水冷却。

11.3 非液体摩擦滑动轴承的设计计算

采用润滑脂、滴油润滑的轴承，由于得不到足够的油量，在相对运动表面间难于产生完整的承载油膜，轴承只能在混合摩擦状态下工作，属于非液体滑动轴承。这类轴承的主要失效形式是磨损和胶合，其次是表面压溃和点蚀。因此，该轴承的计算准则是，维持轴承的边界油膜不被破坏为最低要求，即控制轴承的平均压强 p、滑动速度 v 和二者乘积 pv 分别不超过其许用值。这一设计准则是建立在简化条件的基础上的，因此只适用于对工作可靠性要求不高的低速、重载或间歇工作的轴承。

11.3.1 径向滑动轴承的计算

（1）验算平均压强 p。为了不产生过度磨损，应限制轴承的单位面积压力 p，即

$$p = \frac{F}{Bd} \leqslant [p] \tag{11-2}$$

式中，F 为轴承径向载荷，N；B 为轴承宽度，mm；d 为轴径直径，mm；$[p]$ 为轴瓦材料许用压力，MPa，见表 11-1 和表 11-2。

（2）验算轴承 pv 值。pv 值与轴承摩擦功耗成正比，因此限制了 pv 值也就限制了轴承的发热量和温升。即

$$pv = \frac{F}{Bd} \cdot \frac{\pi dn}{60 \times 1000} \approx \frac{Fn}{19100B} \leqslant [pv] \tag{11-3}$$

式中，v 为轴颈圆周速度，即滑动速度，m/s；n 为轴的转速，r/min；$[pv]$ 为轴承材料的 pv 许用值，MPa · m/s，见表 11-1 和表 11-2。

（3）验算滑动速度 v。当压强 p 较小时，即使 p 与 pv 都在允许范围内，也可能由于滑动速度过高而加速磨损，故要限制滑动速度 v，即

$$v \leqslant [v] \tag{11-4}$$

式中，$[v]$ 为许用滑动速度 m/s，其值见表 11-1 和表 11-2。

滑动轴承所采用的材料及尺寸经验算合格后，应选取适当的配合，一般可选 H9/d9 或 H8/f7、H7/f6。

11.3.2 推力滑动轴承的计算

常见推力滑动轴承的结构和主要尺寸如图 11-13 所示。因端面压力分布极不均匀，不利于润滑，故一般不用实心轴颈。空心轴颈的端面压力分布较均匀，有利于润滑。单环轴颈结构简单、润滑方便，广泛应用于低速、轻载的场合。多环轴承可以承受较大的轴向载荷，有时还可以承受双向轴向载荷。

对于推力轴承，应验算压强 p 和 pv，即

$$p = \frac{F_a}{A} = \frac{F_a}{z\pi(d_2^2 - d_1^2)/4} \leqslant [p] \tag{11-5}$$

$$pv = \frac{4F_a}{z\pi(d_2^2 - d_1^2)} \times \frac{\pi n(d_1 + d_2)}{60 \times 1000 \times 2} = \frac{nF_a}{30000 \times z(d_2 - d_1)} \leqslant [pv] \tag{11-6}$$

式中，F_a 为轴承轴向载荷，N；d_1 为轴承孔内径，mm；d_2 为轴环外径，mm（图 11-13）；z 为环的数目；$[p]$ 和 $[pv]$ 分别为许用压力值（m/s）和许用 pv 值（MPa · m/s），见表 11-5。对于多环轴承，由于载荷在各环间分布不均，其 $[pv]$ 值应比单环式降低 50%。

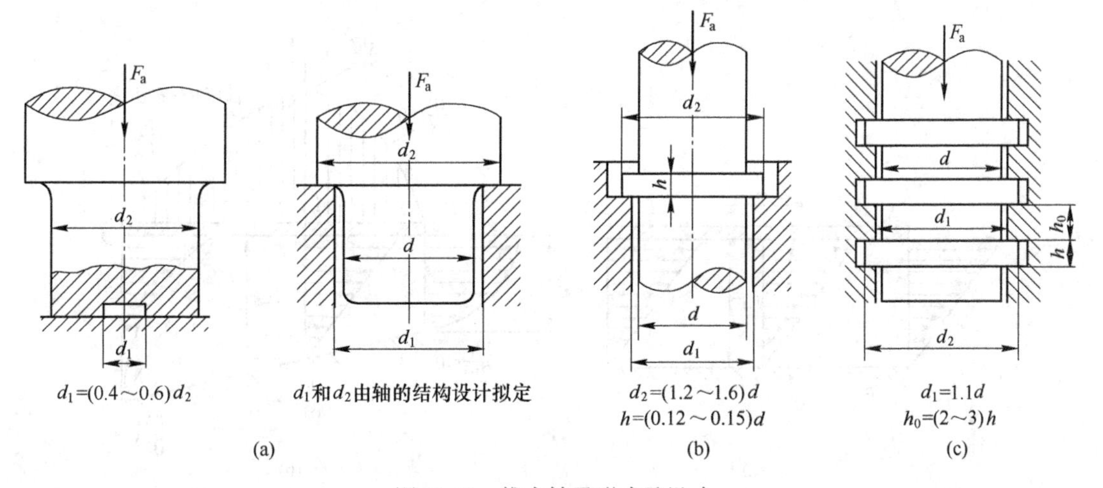

图 11-13 推力轴承形式及尺寸

（a）空心式；（b）单环式；（c）多环式

表 11-5 推力滑动轴承材料的 [p]、[pv] 许用值

轴材料	未淬火钢			淬火钢		
轴承材料	铸铁	青铜	巴氏合金	青铜	巴氏合金	淬火钢
$[p]$/MPa	2~2.5	4~5	5~6	7.5~8	8~9	12~15
$[pv]$/MPa · m · s^{-1}	1~2.5					

11.4 流体润滑原理简介

11.4.1 流体动力润滑形成机理

流体动力润滑是借助相对运动产生的黏性流体润滑油膜将两摩擦表面完全隔开，其润滑机理简介如下。

如图 11-14（a）所示 A、B 两平板，板间充满具有一定黏度的润滑油。若板 B 不动，板 A 以速度 v 沿 x 方向运动，由于润滑油的黏性及它与板的吸附性，则润滑油各流层的流速呈线性分布。因油层间受剪切作用，故称为剪切流。此时通过各垂直于平板截面的流量均相等。当平板 A 竖直受载时，平板将下沉，润滑油由左右两端被挤出，不能形成承载动压。

当两平板相互倾斜呈楔形收敛间隙，板 A 以速度 v 从间隙较大的一方向间隙较小的一方运动（图 11-14（a））时，若两端各流层的速度如图中虚线三角形分布，则流入间隙的流量必大于流出间隙的流量。但流体是不可压缩的，沿 z 方向不可能流动，则进入楔形间隙的过剩油量只有由进口 a 和出口 c 被挤压出去，即产生因压力而引起的流动，称为压力流，这时楔形收敛间隙中油层流动的速度为剪切流与压力流的叠加，则进口油流的速度为内凹形曲线，出口为外凸形。此油流形成液体压力可与外载荷 F 平衡，这种黏性流体流入收敛间隙而产生压力的现象称为流体动力润滑的楔效应。

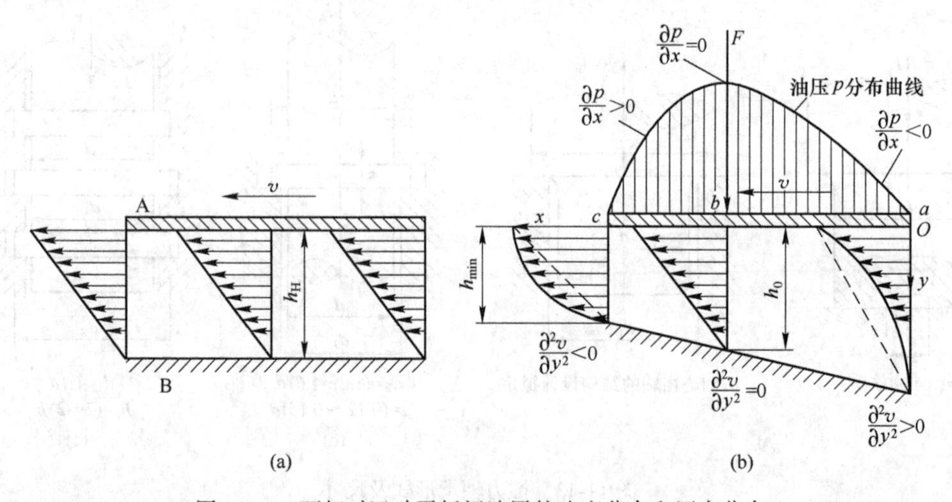

图 11-14 两相对运动平板间油层的速度分布和压力分布

11.4.2 流体动力润滑的基本方程

描述流体动力润滑理论的基本方程是流体膜压力分布的微分方程，称为雷诺方程。研究时首先作如下假设：流体为牛顿流体，流体膜中的流体流动为层流，不考虑压力对流体黏度的影响，忽略惯性力和重力，认为流体不可压缩。

图 11-15 所示为两块成楔形间隙的平板，间隙中充满润滑油。假设两平板在 z 方向为无限宽（即假设液体在 z 方向没有流动），设板 A 沿 x 轴方向相对板 B 以速度 v 移动。研

究楔形油膜中一个微单元体上的受力平衡条件 $\sum F_x = 0$，即

$$p\mathrm{d}y\mathrm{d}z - \left(p + \frac{\partial p}{\partial x}\right)\mathrm{d}y\mathrm{d}z + \tau\mathrm{d}x\mathrm{d}z - \left(\tau + \frac{\partial \tau}{\partial y}\right)\mathrm{d}x\mathrm{d}z = 0$$

整理后得

$$\frac{\partial p}{\partial x} = -\frac{\partial \tau}{\partial y} \quad (11\text{-}7)$$

将牛顿黏性定律公式 $\tau = -\eta\frac{\partial u}{\partial y}$ 求导数，得 $\frac{\partial \tau}{\partial y} = -\eta\frac{\partial^2 u}{\partial y^2}$，代入式（11-7）得

$$\frac{\partial p}{\partial x} = \eta\frac{\partial^2 u}{\partial y^2} \quad (11\text{-}8)$$

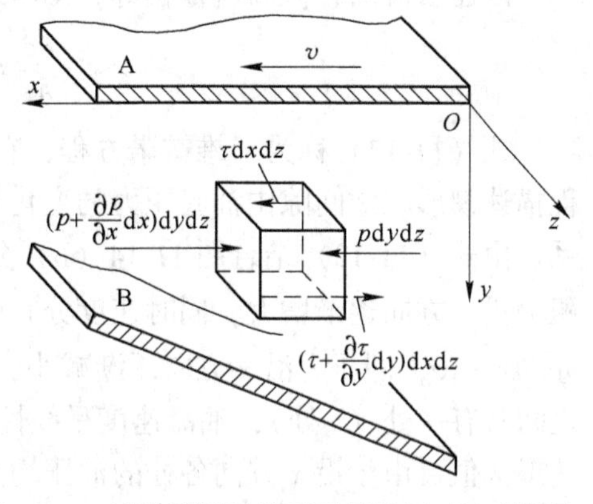

图 11-15　被油膜隔开的两平板的相对运动情况

式（11-8）表明了压力沿 x 轴方向变化与速度沿 y 轴方向的变化关系。

11.4.2.1　油层的速度分布

将式（11-8）改写为

$$\frac{\partial^2 u}{\partial y^2} = \frac{1}{\eta}\cdot\frac{\partial p}{\partial x}$$

对 y 作两次积分得

$$u = \frac{1}{2\eta}\left(\frac{\partial p}{\partial x}\right)y^2 + C_1 y + C_2 \quad (11\text{–}9)$$

根据边界条件确定积分常数 C_1 和 C_2：当 $y=0$ 时，$u=v$；$y=h$（h 为相应于所取单元体处的油膜厚度）时，$u=0$，则有

$$C_1 = -\frac{h}{2\eta}\cdot\frac{\partial p}{\partial x} - \frac{v}{h} \qquad C_2 = v$$

将 C_1 和 C_2 代入式（11–9），即可得到描述油膜场中各点流速 u 的公式：

$$u = \frac{v}{h}(h-y) - \frac{1}{2\eta}\cdot\frac{\partial p}{\partial x}(h-y)y$$

上式表明：楔形收敛间隙中油层的速度 u 由两部分组成，即式中第一项为速度呈线性分布项，是由剪切流引起的；第二项为速度呈抛物线分布项，是由沿 x 方向变化的压力流所引起的（图 11-14（b））。

11.4.2.2　油流的流量

流体为连续流且无侧泄漏（z 方向），则单位时间内流经任意截面的流量为

$$q = \int_0^h u\mathrm{d}y = \frac{vh}{2} - \frac{h^3}{12\eta}\cdot\frac{\partial p}{\partial x} \quad (11\text{-}10)$$

如图 11-14（b）所示，设 $p = p_{\max}$ 处的油膜厚度为 h_0（即 $\frac{\partial p}{\partial x} = 0$ 时，$h = h_0$），则在该截面处的流量为

$$q = vh/2 \quad (11\text{-}11)$$

因连续流的各截面流量相等，则由式（11-10）和式（11-11）得

$$\frac{\partial p}{\partial x}=\frac{6\eta v}{h^3}(h-h_0) \tag{11-12}$$

式（11-12）称为一维雷诺方程，它是计算流体动力润滑滑动轴承的基本方程。该方程描述楔形收敛间隙中油膜压力的变化与润滑油黏度、相对滑动速度及油膜厚度之间的关系。由式（11-12）结合图 11-14（b）分析可知，在 ab 段，因 $h>h_0$，则 $\partial p/\partial x>0$，即压力沿 x 方向逐渐增大，同时速度分布曲线呈凹形（$\partial^2u/\partial y^2>0$）；而在 bc 段，$h<h_0$，$\partial p/\partial x<0$，即压力沿 x 方向逐渐减小，速度分布曲线呈凸形（$\partial^2u/\partial y^2<0$）。在 a 和 c 之间必有一处（b 处），油流速度呈线性分布（$\partial^2u/\partial y^2=0$），$h=h_0$，即 $\partial p/\partial x=0$，压力达最大值。由于沿 x 方向各处的油压均大于入口和出口的油压，且压力分布呈如图 11-14（b）所示的上凸形曲线，因此能承受一定的外载荷 F。

综上所述，形成流体动力润滑（即形成连续动压油膜）的必要条件是：

（1）相对运动的两表面间必须形成收敛的楔形间隙。

（2）被油膜分开的两表面必须有足够的相对运动速度，其运动方向必须使润滑油由大口流进，从小口流出。

（3）润滑油必须有一定黏度，供油要充分。

11.4.3 径向滑动轴承形成流体动力润滑的过程

如图 11-16（a）所示，当轴颈静止时，轴颈处于轴承孔的最低位置，并与轴瓦接触。此时，轴颈表面与轴承孔表面之间自然形成一收敛的楔形空间。当轴颈开始转动时，速度极低，带入轴承间隙中的油量较少，轴颈与轴承之间主要为金属间的直接摩擦；这时轴承对轴颈摩擦力的方向与轴颈表面圆周速度方向相反，迫使轴颈在摩擦力作用下沿孔壁向右滚动爬升（图 11-16（b））。随着转速的增大，轴颈表面的圆周速度增大，带入楔形空间的油量也逐渐加多。这时右侧楔形油膜产生了一定的动压力，将轴颈向左浮起（图 11-16（c））。当轴颈达到稳定运转时，轴颈便稳定在一定的偏心位置上（图 11-16（d））。这时轴承处于流体动压润滑状态，油膜产生的动压力与外载荷 F 相平衡，此时由于轴承内的摩擦阻力仅为液体的内阻力，故摩擦系数达到最小值。

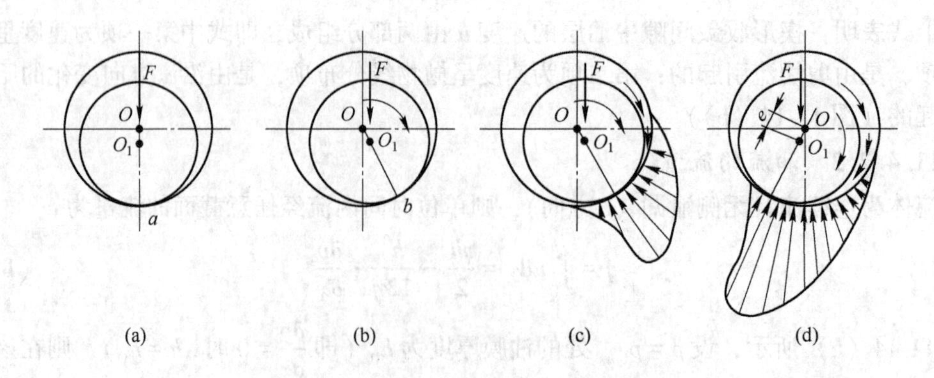

图 11-16　径向滑动轴承形成液体动压润滑的过程

11.4.4 宽径比参数选择

一般轴承的宽径比 B/d 在0.3 ~ 1.5范围内。宽径比小有利于提高运转稳定性，增大端泄漏量以降低温升。但轴承宽度减小，轴承承载能力也随之降低。高速重载轴承温升高，宽径比宜取小值；低速重载轴承，为提高轴承整体刚性，宽径比宜取大值；高速轻载轴承，如对轴承刚性无过高要求，可取小值；需要对轴有较大支撑刚性的机床轴承，宜取较大值。

一般机器常用 B/d 值为：汽轮机、鼓风机 $B/d = 0.4 \sim 1$；电动机、发电机、离心泵齿轮变速器 $B/d = 0.6 \sim 1.5$；机床、拖拉机 $B/d = 0.8 \sim 1.2$；轧钢机 $B/d = 0.6 \sim 0.9$。

[例11-1] 设计一机床用的液体动压润滑径向滑动轴承，载荷垂直向下，已知工作载荷 $F = 80000\text{N}$，轴颈直径 $d = 200\text{mm}$，转速 $n = 500\text{r/min}$，工作情况稳定。

解：

（1）选择轴承结构为剖分式，由水平剖分面单侧供油，轴承包角 $\alpha = 180°$。

（2）选择轴承宽径比。根据机床轴承常用的宽径比范围，取宽径比 $B/d = 1$。

（3）计算轴承宽度。

$$B = d = 200\text{mm}$$

（4）计算轴颈圆周速度。

$$v = \frac{\pi d n}{60 \times 1000} = \frac{\pi \times 200 \times 500}{60 \times 1000}\text{m/s} = 5.24\text{m/s}$$

（5）计算轴承工作压力 p 和 pv 值。

$$p = \frac{F}{dB} = \frac{80000}{200 \times 200}\text{MPa} = 2.0\text{MPa}$$

$$pv = 2 \times 5.24\text{MPa} \cdot \text{m/s} = 10.48\text{MPa} \cdot \text{m/s}$$

（6）选择轴瓦材料。查表11-1，选定轴承材料为ZCuSn10P1，其中 $[p] = 15\text{MPa}$，$[v] = 10\text{m/s}$，$[pv] = 15\text{MPa} \cdot \text{m/s}$，满足要求。

11.5 其他滑动轴承简介

11.5.1 多油楔滑动轴承

单油楔滑动轴承工作时，如果轴颈受到某些微小的干扰就会偏离平衡位置，轴将作一种新的有规则或无规则的运动，称为轴承失稳。为了保证轴承的工作稳定性和旋转精度，常把轴承做成多油楔形状。图11-17所示是常见的几种多油楔轴承。图11-18所示为摆动轴瓦多油楔径向滑动轴承，轴瓦由3片以上（常为奇数）的扇形块组成，轴瓦由球端的螺钉支撑。轴瓦的倾斜度可以随轴颈位置不同自动调整，以适应不同的载荷、转速、轴的弹性变形和偏斜，并建立液体摩擦。

11.5.2 液体静压轴承

液体静压轴承利用专门的供油装置，把一定的润滑油送入轴承静压油腔，形成具有压力的油膜，利用静压腔间压力差平衡外载荷，保证轴承在完全液体润滑状态下工作。

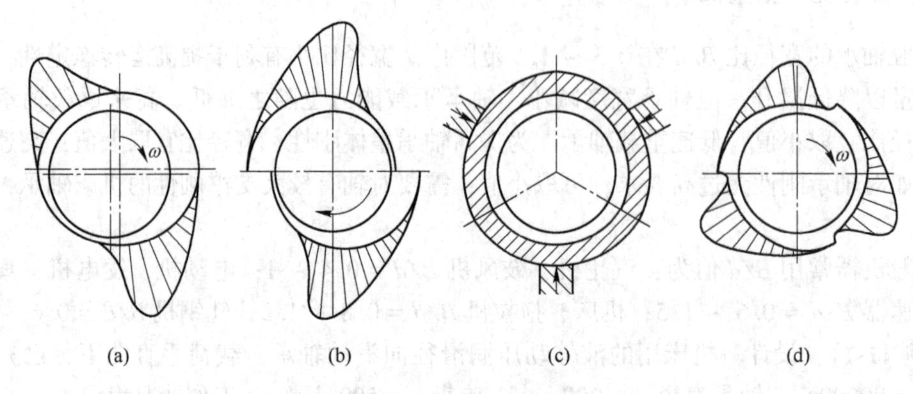

图 11-17　多油楔滑动轴承

（a）椭圆轴承；（b）错位轴承；（c）三油楔轴承（双向）；（d）三油楔轴承（单向）

图 11-19 所示是液体静压轴承的示意图。载荷为零时，轴颈与轴同心，各油腔压力相等，即 $p_1=p_2=p_3=p_4$。当轴承受载荷 F 时，轴颈偏移，各油腔附近的间隙不同，受力大的油膜减薄、流量减小，相应的节流器中的压力降也减小。但是，因供油压力 p_s 保持不变，所以油腔中压力 p_3 增大；同理上油腔的压力 p_1 减小。轴承依靠压力差（p_3-p_1）平衡载荷 F。

11.5.3　气体轴承

气体轴承是用气体作润滑的滑动轴承。空气最为常用。空气的黏度为油的四五千分之一，所以气体轴承可以在高速下工作，轴颈速度可达每分钟几十万次。气体轴承可分为静压和动压两大类。气体轴承摩擦阻力小、功耗甚微，受温度影响小，但承载量不大。

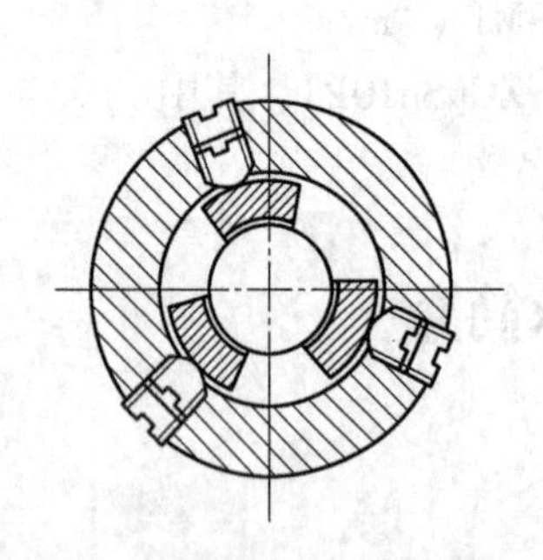

图 11-18　摆动瓦径向滑动轴承

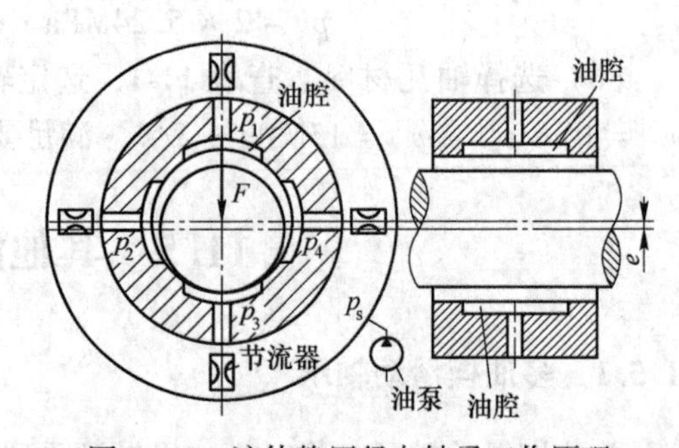

图 11-19　液体静压径向轴承工作原理

本章小结

本章主要介绍了滑动轴承的特点及应用，滑动轴承的类型、轴瓦的结构，滑动轴承的失效形式及材料，非液体摩擦滑动轴承的设计计算及参数选择和流体润滑原理等，并同时阐述了其他形式的滑动轴承。

思考题

11-1 根据摩擦润滑状态，滑动轴承分几类？

11-2 根据结构特点，滑动轴承可分几种？

11-3 滑动轴承的轴瓦材料应具有什么性能？

11-4 轴瓦的结构设计应注意哪些问题？

11-5 混合摩擦滑动轴承的计算依据是什么？为什么要验算它的平均压强 p 和 pv 值？

11-6 液体动压油膜形成的原理和条件是什么？

11-7 保证滑动轴承获得液体动压润滑的条件是什么？

11-8 液体静压滑动轴承的工作原理是什么？它与液体动压滑动轴承相比，有何优缺点？

习　题

11-1 有一混合摩擦润滑向心滑动轴承，轴颈直径 $d=100\text{mm}$，轴承宽度 $B=100\text{mm}$，轴的转速 $n=1200\text{r/min}$，轴承材料为 ZCuSn10P1，试问该轴承最大能承受多大的径向载荷？

11-2 已知一起重机卷筒的滑动轴承所承受的径向载荷 $F_r=10^5\text{N}$，轴颈直径 $d=90\text{mm}$，转速 $n=9\text{r/min}$，试按混合润滑状态设计此轴承。

12 滚动轴承

内容提要

滚动轴承已经标准化，由专门工厂生产，在设计时要解决的主要问题是合理选择轴承的问题，及选择合适的类型、尺寸和型号，同时要对轴承的装折、调整、润滑和密封等组合结构进行设计。学习本章时要求对常用各类型滚轴轴承的结构特点及应用条件有清楚的了解，会选择轴承类型，掌握滚轴轴承尺寸和型号选择计算的方法和步骤，根据具体情况确定轴承的组合结构。

12.1 滚动轴承的结构

滚动轴承的典型结构，如图12-1所示。它是由内圈1、外圈2、滚动体3和保持架4等四种元件即滚动轴承的分部件组成。保持架的作用是把滚动体均匀地隔开，滚动体的形状很多，常见的如图12-2所示，有球、圆柱滚子、滚针、圆锥滚子、球面滚子和非对称球面滚子等。

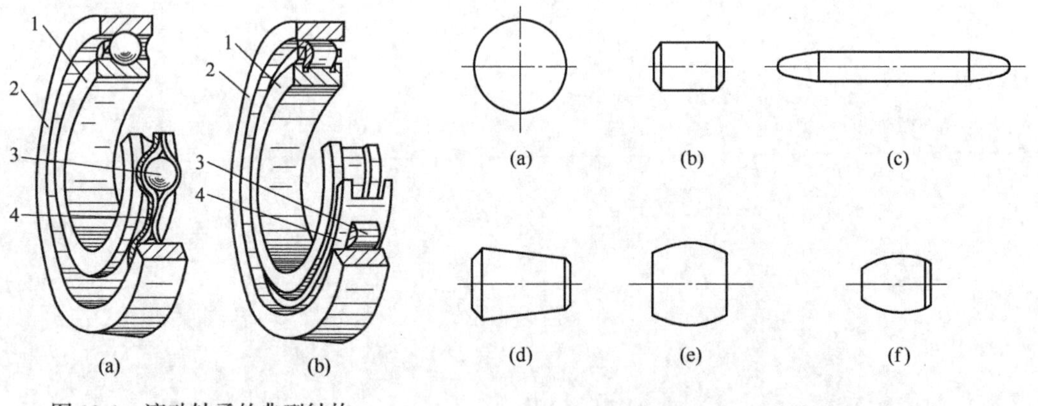

图12-1 滚动轴承的典型结构

图12-2 滚动体的类型
（a）球；（b）圆柱滚子；（c）滚针；（d）圆锥滚子；
（e）球面滚子；（f）非对称球面滚子

12.2 滚动轴承的主要类型

按滚动体来分，滚动轴承可分为球轴承和滚子轴承；按滚动轴承能否自动调心，可分为调心轴承和非调心轴承；按滚动轴承的滚动体的列数来分，可分为单列、双列和多列轴承；按滚动轴承能承受主要载荷的方向来分，有向心轴承（$\alpha=0°$）、推力轴承（$\alpha=90°$）和角接触轴承（$0°<\alpha<90°$），α 为公称接触角。公称接触角是指滚动轴承的外圈与滚动体接触点的法线和垂直于轴承轴线平面的夹角。

向心轴承主要承受径向载荷，推力轴承主要承受轴向载荷，角接触轴承可以承受径向、轴向联合载荷（接触角 α 愈大，其承受轴向载荷的能力也愈大）。为了满足不同的需要，向心角接触球轴承有 $\alpha=15°$（70000C 型）、$\alpha=25°$（70000AC 型）和 $\alpha=40°$（70000B 型）等多种公称接触角；圆锥滚子轴承的接触角 $\alpha\approx10°\sim29°$。

滚动轴承是标准件，在滚动轴承的国家标准中，将滚动轴承分为 13 种基本类型，表 12-1 中列出了其中常见的几种。

表 12-1 常用滚动轴承的类型、代号和特性

（摘自 GB/T 272—1993 和 JB/T 2974—1993）

类型名称	类型代号	结构简图	额定动载荷比①	极限转速比②	特性
调心球轴承	10000		0.6~0.9	中	外圈的滚道是以轴承中心为球心的内球面，故可以自动调心，允许内外圈轴线在倾斜 1.5°~3°条件下工作 主要承受径向载荷，也能承受微量的轴向载荷
调心滚子轴承	20000		1.8~4	低	结构、特性和应用与调心球轴承基本相同，不同的是滚动体为滚子，故承载能力较调心球轴承大，允许内外圈轴线倾斜 1.5°~2.5°
圆锥滚子轴承	30000 $\alpha=10°\sim18°$ 30000B $\alpha=27°\sim30°$		1.1~2.5	中	适用于同时承受轴向和径向载荷的场合，应用广泛。通常成对使用。内外圈可以分离，安装时应调整游隙
推力球轴承	50000		1	低	只能承受轴向载荷。内孔较小的是紧圈，与轴配合；内孔较大的是松圈，与机座固定在一起。极限转速较低。 51000 只能承受单向轴向载荷；52000 可以承受双向轴向载荷
深沟球轴承	60000		1	高	摩擦力小，极限转速高，结构简单，使用方便，应用最广泛。但轴承本身刚性差，承受冲击载荷的能力较差。 主要承受径向载荷，也能承受少量的轴向载荷，适用高速场合。内外圈的轴线相对倾斜 2′~10′

续表 12-1

类型名称	类型代号	结构简图	额定动载荷比①	极限转速比②	特性
角接触球轴承	70000C $\alpha=15°$ 70000AC $\alpha=25°$ 70000B $\alpha=40°$		1	高	除滚动体为球外，其结构、特性和应用与圆锥滚子轴承基本相同，故承载能力较圆锥滚子轴承小，但极限转速比圆锥滚子轴承高
圆柱滚子轴承	外圈无挡边 N0000 内圈无挡边 NU0000		1.5~3	高	只能承受径向载荷，对轴的相对偏斜很敏感，只允许内外圈轴线倾斜在2′以内。内外圈可以分离，工作时允许内外圈有小的相对轴向位移
滚针轴承	NA0000		—	低	在相同的内径下，其外径最小。用于承受纯径向载荷和径向尺寸受限制的场合。对轴的变形和安装误差非常敏感。一般不带保持架

①额定动载荷比：指同一尺寸系列（直径及宽度）、各种类型和结构形式的轴承的额定动载荷与单列深沟球轴承（推力球轴承为单向推力球轴承）的额定动载荷之比。

② 极限转速比：指同一系列0级公差的各类轴承脂润滑时的极限转速与单列深沟球轴承（推力球轴承为单向推力球轴承）的极限转速之比。

12.3 滚动轴承的代号

滚动轴承的类型很多，同一种类型又有不同的结构、尺寸和公差等级区别，为了便于制造、标记和选用，国家标准GB/T 272—1993和JB/T 2974—1993规定了滚动轴承代号表示方法。轴承代号由基本代号、前置代号和后置代号组成，其含义见表12-2。

表12-2 滚动轴承代号

前置代号	基本代号				后置代号	
	五	四	三	二 一		
轴承分部件代号	类型代号	尺寸系列代号		内径代号	内部结构代号 密封与防尘结构代号 保持架及其材料代号 特殊轴承材料代号	公差等级代号 游隙代号 多轴承配置代号 其他代号
		宽度系列代号	直径系列代号			

基本代号表示滚动轴承的类型、内径、直径系列和宽度系列。

(1) 内径代号。用基本代号右起第一、第二位数字表示。内径 $d=10\sim480$mm（其中22、28 、32mm 除外）的常用轴承，其内径表示方法见表 12-3。内径小于 10 mm 和大于 500mm 的轴承的内径代号另有规定，见滚动轴承标准 GB/T 272—1993。

表 12-3 滚动轴承内径尺寸代号

内径尺寸代号	00	01	02	03	04~96
轴承内径/mm	10	12	15	17	内径尺寸代号×5

(2) 尺寸系列代号。对于同一内径的轴承，为了能适应不同承载能力、转速或结构尺寸的需要，采用不同大小的滚动体可以制成不同外径和宽度（对于推力轴承则为高度），以基本代号右起第三（外径系列）、第四位数字（宽度系列，0 表示正常系列，可省略）代表外廓尺寸系列。结构相同、内径相同，外径系列不同，轴承的宽度、外径和额定动载荷不同，如图 12-3 所示。

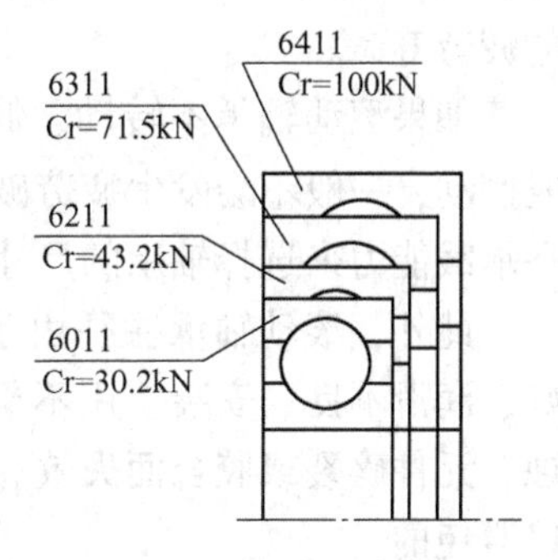

图 12-3 外径系列对比

(3) 类型代号。从基本代号右起第五位起，用 1 到 2 位数字，或拉丁字母表示轴承的类型。常用轴承类型代号见表 12-1。

1) 前置代号。前置代号表示成套轴承的分部件，用拉丁字母表示，代号及其含义见滚动轴承标准。

2) 后置代号。后置代号是轴承在内部结构、密封防尘与座圈形式、轴承材料、保持架结构及其材料、公差等级、游隙、成对轴承在一个支点处配置方式等有变化时，在基本代号后面所加的补充代号。后置代号用拉丁字母（或加数字）表示，代号及其含义见滚动轴承标准。

公差等级代号表示轴承制造的精度等级，分别用/P0（为普通级精度，可省略）、/P6x、/P6、/P5、/P4、/P2，精度按以上次序由低到高。

游隙代号：C1、C2、0、C3、C4、C5 分别表示轴承径向游隙，游隙依次由小到大。0 组游隙在轴承代号中省略不写。在一般条件下工作的轴承，应优先选 0 组游隙轴承。

[**例 12-1**] 某轴承代号为 6008，试判断它的类型、内径尺寸、公差等级和游隙组别。

解：查表 12-1 和表 12-3，或查滚动轴承标准，可知各数字（自右至左）代号的含义如下：

08——内径代号，内径 $d=08\times5=40$mm；0——外廓尺寸系列代号（外径和宽度都是较小的一种），其中特宽系列代号“0”省去不写；6——类型代号，6 代表深沟球轴承。无后置代号，说明该轴承公差等级为 0 级，径向游隙为 0 组。

12.4 滚动轴承的受力、应力分析及其失效形式

以只承受径向载荷 F_R 的深沟球轴承为例，设有半圈滚动体承载，如图 12-4 所示。承

载区内各位置的滚动体所承受的载荷大小是不同的，因而处于各位置的滚动体与内外圈之间的接触应力也是不同的。若轴承外圈固定、内圈旋转，外圈承载区上某点接触应力受脉动循环接触应力。

在安装、润滑、维护良好的条件下，由于受变化的接触应力，滚动轴承的正常失效形式是滚动体、内外圈滚道点蚀，故大多数的滚动轴承按动态承载能力来选择其型号，即计算滚动轴承不发生点蚀前的疲劳寿命。

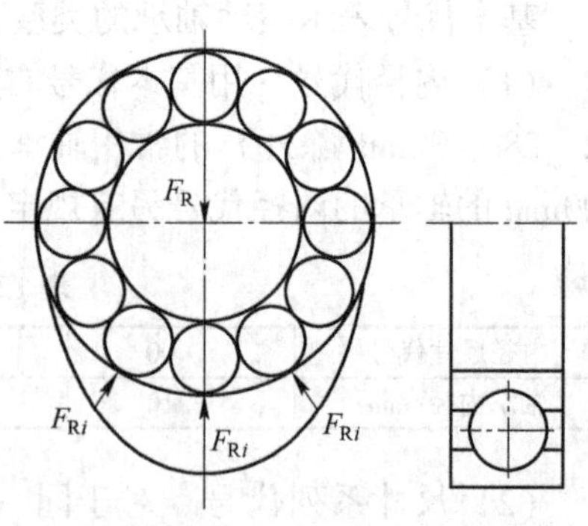

图 12-4 轴承的受力

如果滚动轴承不转动、低速转动（$n \leqslant 10\text{r/min}$）或摆动，一般不会发生疲劳破坏，这时轴承元件主要失效形式是塑性变形。因此，应按静态承载能力来选择轴承的尺寸（型号）。

此外，滚动轴承往往由于工作环境恶劣（如多灰尘、酸碱腐蚀性介质等）、密封不好、润滑不良、安装使用不当，或高速重载等原因，也可能引起轴承过度磨损、化学腐蚀、元件碎裂或胶合而失效。不过对这些失效形式只要在设计和使用时注意防止，还是可以避免的。

12.5 滚动轴承的类型选择

在设计机械时，滚动轴承的合理选择是重要的一环。首先选择轴承的类型，然后选择轴承尺寸，即型号，滚动轴承的类型选择见表 12-4。

表 12-4 滚动轴承类型选择

考虑因素	应用条件	适应轴承类型
载荷方向	径向载荷	10000 型、20000 型、60000 型主要承受径向力和少许轴向力；N0000 型、NU000 型、NA0000 型只能承受纯径向力
	轴向载荷	51000 型、52000 型主要承受轴向力
	轴向、径向联合载荷	一般选 70000 型、30000 型、29000 型。接触角 α 根据轴向载荷的大小而定，若轴向载荷较大，则选择 α 大一些的轴承
载荷大小	轻、中载荷	球轴承
	重载荷	滚子轴承
允许空间	径向空间受限制	滚针轴承、直径系列为 0、1 的其他轴承
	轴向空间受限制	宽度系列为 0、1 的轴承
对中性	有对中性误差，如轴和支撑变形大，安装精度低	10000 型、20000 型、29000 型等调心轴承
刚性	要求轴承刚度高	滚子轴承
转速		除特殊外，转速较高时一般选球轴承，反之选滚子轴承
安装拆卸	安装拆卸频繁	内外圈可分离的轴承，如 N0000、NU000、NA000、30000 型

12.6 滚动轴承的动态承载能力计算

12.6.1 滚动轴承的基本额定动载荷和基本额定寿命

滚动轴承的寿命是指轴承中任意元件出现疲劳点蚀前的总转数，或在一定转速下的工作小时数。由于制造精度、材料均质等差异，即使同样材料、型号及同一批生产的轴承在同一条件下工作，寿命也不一样。轴承的可靠度与寿命的关系大致可描绘成如图 12-5 所示的曲线。滚动轴承的基本额定寿命是指同一批轴承在同一的条件下，其中 10%的轴承产生疲劳点蚀而 90%的轴承不产生疲劳点蚀时，轴承所转的总圈数（用 L_{10} 表示），或在一定转速下的工作小时数（用 L_h 表示）。

滚动轴承在基本额定寿命 L_{10} 恰好等于 10^6 转时所能承受的载荷，称为基本额定动载荷，用 C 表示。对于向心轴承，标记为 C_r；对于推力轴承，标记为 C_a。对于向心轴承 C 值是平稳的纯径向载荷；对于推力轴承是平稳的纯轴向载荷；对于角接触轴承是载荷径向或轴向分量。图 12-6 所示的 6208 轴承的基本额定动载荷 $C=29500$N。C 值与滚动轴承的类型、材料、尺寸等有关。各种型号轴承的 C_r 和 C_a 值在滚动轴承样本和机械设计手册中均可查得。

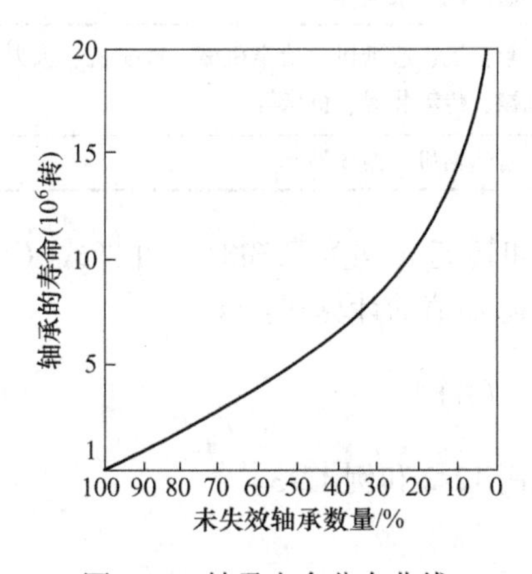

图 12-5 轴承寿命分布曲线

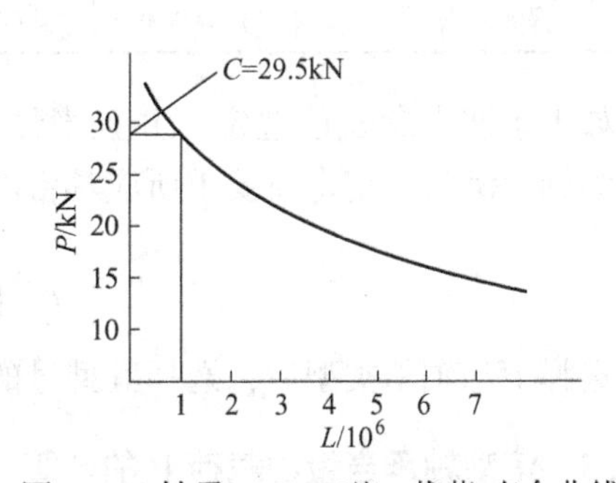

图 12-6 轴承（6208 型）载荷-寿命曲线

12.6.2 寿命计算

当作用在轴承上的载荷 P 等于基本额定动载荷 C 时，轴承的寿命等于 10^6r。大量试验表明，当作用在轴承上的载荷 P 不等于 C 时，滚动轴承的载荷 P 与寿命 L_{10} 的关系如图 12-6 所示，其方程为

$$L_{10}=\left(\frac{C}{P}\right)^{\varepsilon} \tag{12-1}$$

式中，ε 为寿命指数，由试验得；球轴承 $\varepsilon=3$，滚子轴承 $\varepsilon=10/3$，L_{10} 为寿命（10^6r）。

通常滚动轴承的寿命不是按转数（r）计算，而是按一定转速 n(r/min) 下的工作小时数（h）计算。

$$L_h = \frac{10^6}{60n}\left(\frac{C}{P}\right)^{\varepsilon} \tag{12-2}$$

式中，L_h 为时间寿命，h。

由于滚动轴承的基本额定动载荷 C 是在工作温度不大于100℃下确定的，如果工作温度大于100℃，由于轴承元件表面软化将降低其承载能力，故引入温度系数 f_T，参见表12-5。又由于机器在工作中往往有振动和冲击，使滚动轴承实际承受载荷大于名义工作载荷，故引入一个载荷系数 f_P，将当量动载荷予以适当放大。载荷系数 f_P 值可参考表12-6确定。

$$L_h = \frac{10^6}{60n}\left(\frac{f_T C}{f_P P}\right)^{\varepsilon} \tag{12-3}$$

表12-5 滚动轴承的温度系数 f_T

轴承工作温度	≤100	125	150	175	200	225	250	300
f_T	1.0	0.95	0.9	0.85	0.8	0.75	0.7	0.6

表12-6 滚动轴承的载荷系数 f_P

载荷性质	f_P	应用举例
无冲击或轻微冲击	1.0~1.2	电动机、汽轮机、通风机、水泵等
中等冲击或中等惯性力	1.2~1.8	车辆、动力机械、起重机、造纸机、冶金机械、选矿机、水力机械、卷扬机、木材加工机械、传动装置、机床等
强大冲击	1.8~3.0	破碎机、轧钢机、石油钻机、振动筛

如果预期寿命 L_h 已选定，并且当量动载荷 P 和转速 n 均为已知时，可将式（12-3）变换为轴承满足预期寿命要求所应具备的额定动载荷 C 值的计算式：

$$C = f_P P\left(\frac{60nL_h}{10^6}\right)^{1/\varepsilon} \quad (\mathrm{N}) \tag{12-4}$$

选择滚动轴承类型后，选择其型号的方法参见例12-2和例12-3。

12.6.3 滚动轴承当量动载荷 *P* 的计算

滚动轴承实际运转时所受的载荷性质和工作条件与试验时的载荷性质和工作条件一般不完全一致。当实际载荷是既有径向载荷又有轴向载荷的联合载荷时，必须把它们换算成纯径向载荷值或纯轴向载荷值，才能和基本额定动载荷 C 相比较。换算后的载荷是一个等效的假想载荷，称当量动载荷 P。

通过大量的试验研究和理论分析，人们研究了径向载荷 F_R 和轴向载荷 F_A 联合作用时对轴承寿命的影响，并建立了滚动轴承当量动载荷的计算公式

$$P = XF_R + YF_A \tag{12-5}$$

式中，F_R 为径向载荷，N；F_A 为轴向载荷，N；X 为径向系数，其值查表12-7；Y 为轴向系数，其值查表12-7。

在应用表12-7查 X、Y 时，一些轴承需要先确定系数 e，它是表征轴向载荷对向心轴承受力影响的判别系数，其数值与轴承的类别和实际接触角有关。深沟球轴承（公称接

触角 $\alpha=0°$）和公称接触角较小（$\alpha=15°$）的角接触球轴承的实际接触角随实际轴向载荷 F_A 的增大而增大。在表 12-7 中，以比值 iF_A/C_{0r} 来表征接触角的变化程度，C_{0r} 是滚动轴承的额定静载荷，轴承尺寸愈大，C_{0r} 值愈大。比值 iF_A/C_{0r} 愈大，说明该轴承承受的轴向载荷愈大，实际接触角和 e 值愈大。考虑到双列轴承和多列轴承，表中以 iF_A/C_{0r} 来表征接触角的变化程度，i 是滚动体的列数。因此，在表 12-7 中列出了对应于不同 iF_A/C_{0r} 值的 X、Y 值。表中的 X、Y 值还与 $F_A/F_R \leqslant e$ 和 $F_A/F_R > e$ 有关，例如，当 $F_A/F_R \leqslant e$ 时，表明轴向载荷 F_A 对向心单列轴承寿命的影响很小，或可不计。

表 12-7　当量动载荷的径向系数 X 和轴向系数 Y

轴承类型		相对轴向载荷		单列轴承				双列轴承			
				$F_A/F_R \leqslant e$		$F_A/F_R > e$		$F_A/F_R \leqslant e$		$F_A/F_R > e$	
名　称	公称接触角	$\frac{iF_A}{C_{0r}}$	e	X	Y	X	Y	X	Y	X	Y
		≤0.014	0.19				2.30				2.30
		0.028	0.22				1.99				1.99
		0.056	0.26				1.71				1.71
		0.084	0.28				1.55				1.55
深沟球轴承（6000）	$\alpha=0°$	0.11	0.30	1	0	0.56	1.45	1	0	0.56	1.45
		0.17	0.34				1.31				1.31
		0.28	0.38				1.15				1.15
		0.42	0.42				1.04				1.04
		≥0.56	0.44				1.00				1.00
角接触球轴承		≥0.015	0.38				1.47		1.56		2.39
		0.029	0.40				1.40		1.57		2.28
		0.058	0.43				1.30		1.46		2.11
	$\alpha=15°$	0.087	0.46	1	0	0.44	1.23	1	1.38	0.72	2.00
		0.12	0.47				1.19		1.38		1.93
		0.17	0.50				1.12		1.26		1.82
		0.29	0.55				1.02		1.14		1.66
		≥0.44	0.56				1.00		1.12		1.63
	$\alpha=25°$		0.68	1	0	0.41	0.87	1	0.92	0.67	1.41
	$\alpha=40°$		1.14	1	0	0.35	0.57	1	0.55	0.57	0.93
圆锥滚子轴承			查手册			0.40	查手册	1	查手册	0.67	查手册
调心球轴承			查手册					1	查手册	0.65	查手册
调心滚子轴承			查手册					1	查手册	0.67	查手册

注：i 为滚动体列数。

［**例 12-2**］　设某支撑根据工作条件决定选用深沟球轴承。轴承轴向载荷 $F_A=2000$N，径向载荷 $F_R=5000$N 和转速 $n=1250$r/min，载荷平稳，工作温度在 100℃ 以下，

要求轴承寿命 $L_h \geqslant 5000h$，轴承内径 $d = 50 \sim 60mm$。试选择轴承型号。

解：

（1）初选轴承型号。因为同时承受径向载荷 F_R 和轴向载荷 F_A 的深沟球轴承，在计算其当量动载荷 P 时，要根据比值 F_A/C_{0r} 来确定径向系数 X 和轴向系数 Y。但符合需要的轴承型号尚未选择出来，其基本额定静载荷 C_{0r} 尚不知道，故须先根据载荷和尺寸限制，从机械设计手册中初步选择 6211 型轴承，其主要数据如下：$d = 55mm$；$D = 100mm$；$C_{0r} = 29200N$；$C_r = 43200N$。

（2）计算当量动载荷。由 $\frac{F_A}{C_{0r}} = \frac{2000}{29200} = 0.0685$，在表 12-7 中介于 0.056~0.084 之间，对应的 e 值在 0.26~0.28 之间。由于 $\frac{F_A}{F_R} = \frac{2000}{5000} = 0.4 > e$，查得 $X = 0.56$，Y 值在 1.71~1.55 之间，用线性插值法求 Y

$$Y = 1.55 + \frac{(1.71 - 1.55) \times (0.084 - 0.0685)}{0.084 - 0.056} = 1.64$$

由计算式（12-5）计算当量动载荷：

$$P = XF_R + YF_A = 0.56 \times 5000 + 1.64 \times 2000 = 6080N$$

（3）求寿命。由于载荷平稳，查表 12-6，取 $f_P = 1.0$。工作温度在 100℃ 以下，查表 12-5，取 $f_T = 1.0$。对于球轴承 $\varepsilon = 3$，于是：

$$L_h = \frac{10^6}{60n}\left(\frac{f_T C_r}{f_P P}\right)^{\varepsilon} = \frac{10^6}{60 \times 1250}\left(\frac{1.0 \times 43200}{1.0 \times 6080}\right)^3 = 4782h$$

所以，6211 型轴承不满足寿命要求，可改选 6212 或 6311，验算从略。

12.6.4 角接触轴承和轴向载荷 F_A 的计算

为了计算滚动轴承的当量动载荷，须按力学方法计算轴承所受的径向载荷 F_R 和轴向载荷 F_A。但是在计算圆锥滚子轴承（30000 型）和角接触球轴承（70000 型）所承受的载荷时，要注意两点：第一，由于这两种轴承结构上的原因，在支撑轴时，它的支反力作用点不在轴承宽度 B 的中点，而在各滚动体的法向载荷作用线与轴线的交点 O，如图 12-7 所示。点 O 称为载荷作用中心，点 O 到轴承外侧面的距离 a 可从滚动轴承样本或机械设计手册中查到。第二，它们承受径向载荷 F_R 时，各承载的滚动体均产生派生轴向力 F_{si}。总派生轴向力等于各滚动体派生轴向力之和，即 $F_s = \sum F_{si}$。派生轴向力 F_s 经验计算公式见表 12-8，F_s 的方向见图 12-7。

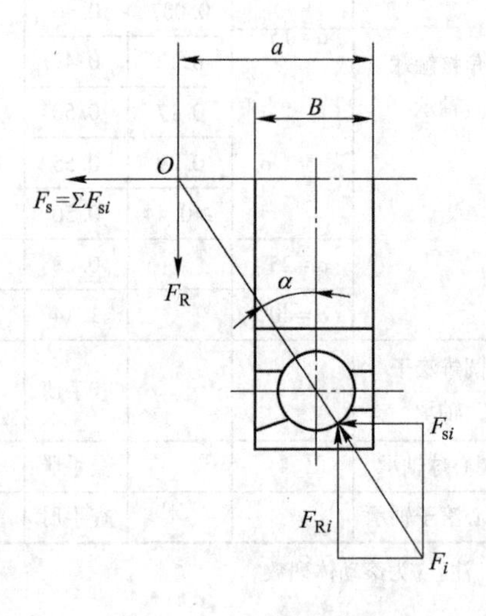

图 12-7 角接触轴承载荷

表 12-8 角接触轴承派生轴向力 F_s 计算

轴承类型	向心角接触球轴承①			向心圆锥滚子轴承 30000 型（旧 7000 型）
	70000C（旧 36000 型）$\alpha=15°$	70000AC 型（旧 46000 型）$\alpha=25°$	70000B（旧 36000 型）$\alpha=40°$	
F_s	eF_R	$0.68F_R$	$1.14F_R$	$F_R/2Y$

注：圆锥滚子轴承的 $e=1/2Y$，此处的 Y 是 $F_A/F_R>e$ 时的轴向系数，查表 12-7。

①70000C 型轴承的 $e=0.38\sim0.56$，它随 iF_A/C_{0r} 而变，初选轴承时可近似取 $e\approx0.47$。

图 12-8（a）、图 12-8（b）所示为成对使用的角接触轴承的两种安装方式，图 12-8（b）为正装（或称"面对面"安装），图 12-8（a）为反装（或称"背靠背"安装）。图 12-8（c）、图 12-8（d）分别为图 12-8（a）、图 12-8（b）的受力简图。F_a 和 F_r 是作用在轴上的外载荷，F_{R1}、F_{R2}分别是轴承 1 和轴承 2 的径向支反力，F_{S1}、F_{S2}分别是轴承 1 和轴承 2 的派生轴向力。

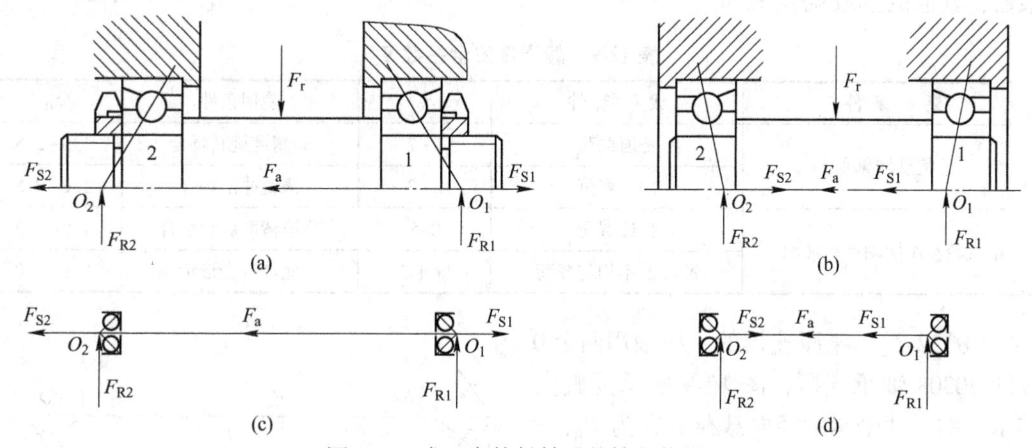

图 12-8 向心角接触轴承的轴向载荷

以图 12-8（a）、图 12-8（c）为例，若 $F_a+F_{S2}\geqslant F_{S1}$，轴（连同轴承内圈和滚动体）有向左移动的趋势。轴承 1 被"压紧"，而轴承 2 被"放松"。被"压紧"的轴承轴向力等于其余轴向力之和；被"放松"的轴承轴向力等于其自身内部轴向力，即

$$F_{A1}=F_a+F_{S2} \tag{12-6}$$

$$F_{A2}=F_{S2} \tag{12-7}$$

若 $F_a+F_{S2}\leqslant F_{S1}$，轴（连同轴承内圈和滚动体）有向右移动的趋势。轴承 2 被"压紧"，而轴承 1 被"放松"。同理

$$F_{A2}=F_{S1}-F_a \tag{12-8}$$

$$F_{A1}=F_{S1} \tag{12-9}$$

计算图 12-8（b）、图 12-8（d）轴承的轴向载荷的方法相同。

计算向心角接触轴承的轴向载荷的方法可归纳如下：（1）根据轴上全部轴向力（包括外加轴向力 F_a 和轴承派生轴向力 F_S 合力）的指向，判明哪端轴承被"压紧"，哪端轴承被"放松"；（2）被"放松"轴承的轴向载荷等于它本身的派生轴向力；（3）被"压紧"轴承的轴向载荷等于除它本身派生轴向力以外其他轴向力的矢量和。

12.7 滚动轴承的静态承载能力计算

对载荷过大而作用时间很短或对于缓慢摆动和转速极低（$n \leqslant 10\mathrm{r/min}$）的滚动轴承，其主要失效形式是滚动体与内外座圈滚道接触处产生过大的塑性变形，这时应按静态承载能力选择轴承型号。GB/T 4662—1993 规定，使受载最大的滚动体与滚道接触中心处的接触应力达到一定值时的载荷称为基本额定静载荷，用 C_0（C_{0r} 为径向基本额定静载荷，C_{0a} 为轴向基本额定静载荷）表示，可从滚动轴承样本或机械设计手册中查到。

轴承上作用的径向载荷 F_R 和轴向载荷 F_A 可折合成一个当量载荷 P_0，要求满足

$$P_0 = X_0 F_R + Y_0 F_A \leqslant \frac{C_0}{S_0} \tag{12-10}$$

式中，X_0，Y_0分别为当量静径向系数和当量静轴向系数，可查手册；S_0为轴承静强度安全系数，其值的选取见表 12-9。

表 12-9 静强度安全系数 S_0

旋转条件	载荷条件	S_0	使用条件	S_0
连续旋转轴承	普通载荷	1~2	高精度旋转场合	1.5~2.5
	冲击载荷	2~3	振动冲击场合	1.2~2.5
不旋转及作摆动运动轴承	普通载荷	0.5	普通精度旋转场合	1.0~1.2
	冲击及不均匀载荷	1~1.5	允许有变形量	0.3~1.0

［例 12-3］ 某减速器的一根轴用两个 0 级的 30308 轴承支撑，图 12-9 所示为其安装示意图。两轴承的径向载荷分别为 F_{R1} = 5000N，F_{R2} = 2600N，轴的轴向外载荷 F_a = 1250N，各载荷方向如图所示，转速 n = 1450r/min，三班制工作，有轻微冲击，轴承工作温度 100℃以下，要求轴承寿命不少于 10 年，试校核轴承。

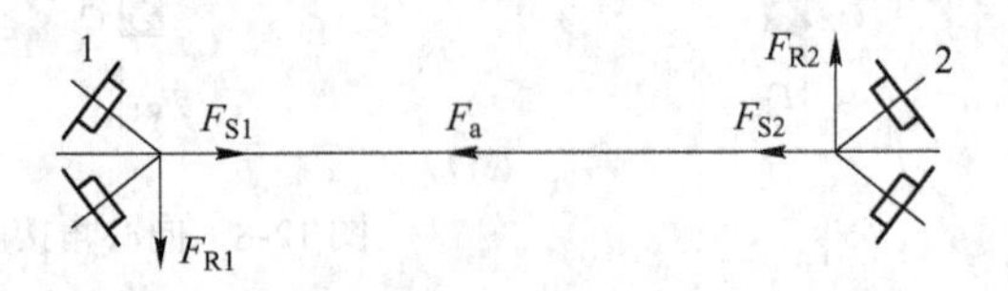

图 12-9 例题 12-3 的示意图

解：

（1）计算轴承的轴向载荷。查机械设计手册，30308 轴承为圆锥滚子轴承，其基本额定动载荷 C_r = 90800N，Y = 1.7，e = 0.35。查表 12-8 两轴承的派生轴向力分别为：

$$F_{S1} = \frac{1}{2Y}F_{R1} = \frac{1}{2 \times 1.7} \times 5000 = 1470\ \mathrm{N} \quad F_{S2} = \frac{1}{2Y}F_{R2} = \frac{1}{2 \times 1.7} \times 2600 = 764.7\mathrm{N}$$

F_{S1}、F_{S2} 的方向如图 12-9 所示。由于 $F_a + F_{S2}$ = 1250+764.7 = 2014.7N> F_{S1}，因而轴有向左移动的趋势，即轴承 1 被“压紧”，轴承 2 被“放松”。所以：

$$F_{A1} = F_a + F_{S2} = 2014.7\mathrm{N} \quad F_{A2} = F_{S2} = 764.7\mathrm{N}$$

（2）计算当量动载荷。因 $\dfrac{F_{A1}}{F_{R1}} = \dfrac{2014.7}{5000} = 0.403 > e = 0.35$，$\dfrac{F_{A2}}{F_{R2}} = \dfrac{764.7}{2600} = 0.294 <$ e =0.35，由表 12-7 得

$$X_1 = 0.4 \quad Y_1 = 1.7 \quad X_2 = 1.0 \quad Y_2 = 0$$

由式（12-5），$P = XF_R + YF_A$：

$$P_1 = 0.4 \times 5000 + 1.7 \times 2014.7 = 5425\text{N}$$

$$P_2 = 1 \times 2600 + 0 \times 764.7 = 2600\text{N}$$

$P_1 > P_2$，所以只需校核轴承 1 的寿命。

（3）求轴承 1 的寿命。有轻微冲击，查表 12-6 取 $f_P = 1.1$。工作温度小于 100℃，查表 12-5 得 $f_T = 1.0$。轴承 1 的寿命为

$$L_{h1} = \frac{10^6}{60n}\left(\frac{f_T C_r}{f_P P_1}\right)^{\varepsilon} = \frac{10^6}{60 \times 1450}\left(\frac{90800}{1.1 \times 5425}\right)^{10/3} = 1.003 \times 10^5 \text{ h}$$

一年的工作天数=365−52×2（双休日）−10（节假日）≈250 天。三班制，即一天工作 24h。所以轴承 1 的寿命折合为

$$\frac{100300}{250 \times 24} = 16.72 \text{ 年}$$

满足要求。

12.8　滚动轴承的组合设计

为了保证轴承和轴系零件在规定的期限内正常工作，除了正确地选择滚动轴承的类型、公差等级、尺寸和型号外，还必须合理地解决轴承的配置、固定、装拆、调整、润滑和密封等问题，即合理地设计轴承组合结构问题。下面就上述问题分别作简要介绍。

12.8.1　轴的支撑结构形式

为了保证轴在工作时保持正确位置，防止轴向窜动，应将滚动轴承的轴向位置固定。但为了避免轴在受热伸长或受冷缩短时受到过大的额外载荷，甚至卡死，又必须允许轴承在一定范围内作轴向游动。

用滚动轴承支撑的结构有三种基本形式。

（1）两端固定支撑。如图 12-10 和图 12-11 所示，将轴的两端滚动轴承各限制一个方向的轴向移动，合在一起就可以限制轴的双向移动；为了补偿轴的受热伸长，在一端轴承外圈与轴承盖之间留有间隙 c。在支撑跨距较小、温度变化不大的情况下，常采用这种支撑形式。一般取 $c = 0.2 \sim 0.4$mm。间隙是由轴承盖和机座之间的调整垫片控制的。

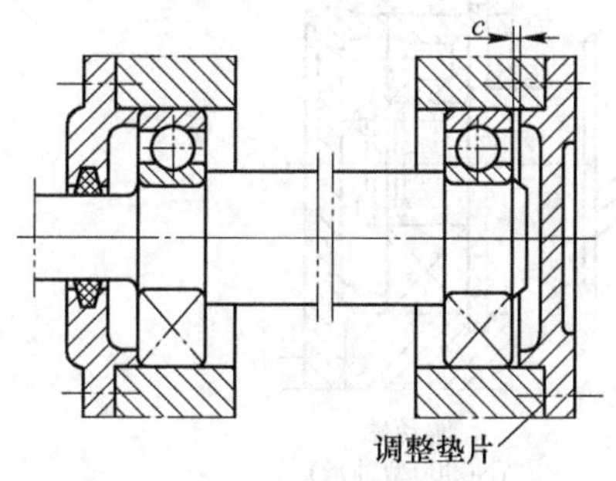

图 12-10　两端固定式支撑
（两个 60000 型轴承）

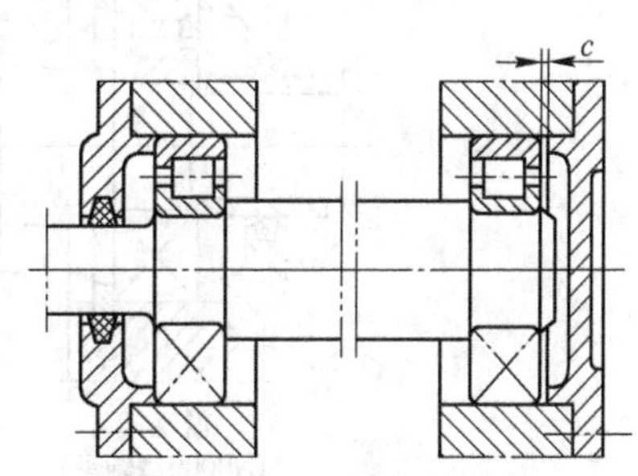

图 12-11　两端固定式支撑
（两个 NF0000 型轴承）

对于轴向游隙可调的向心角接触球轴承和圆锥滚子轴承，轴的热变形量可以由轴承内圈与外圈的轴向相对位置来补偿，一般是用调整垫片调整轴承外圈的位置来调整轴承内部的轴向间隙，如图 12-12 所示。

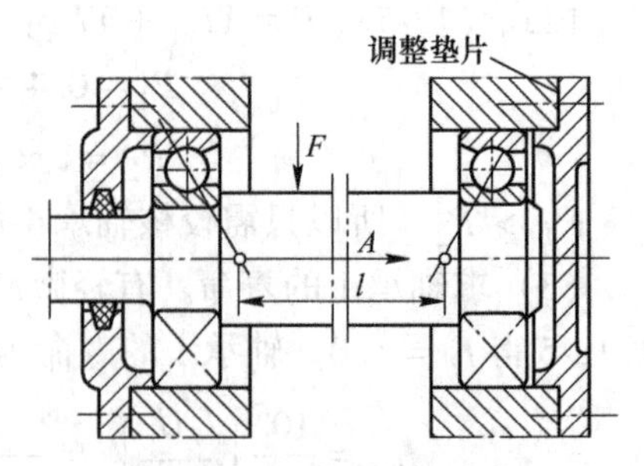

图 12-12 用调整垫片来调整轴承内部的轴向间隙

（2）一端固定一端游动支撑。当轴较长或工作温升较大时，为了补偿轴的较大伸缩量，应采用一端固定、一端游动的支撑形式。如图 12-13 所示，固定端的轴承可限制轴的两个方向的移动；而游动端的轴承外圈可以在机座孔内沿轴向游动（外圈与机座孔采用间隙配合）。如果游动端采用可分离型轴承、滚针轴承等，则其外圈固定，如图 12-14 所示。图中的固定端支撑采用了一对圆锥滚子轴承，它们可以分别承受两个方向的轴向载荷。

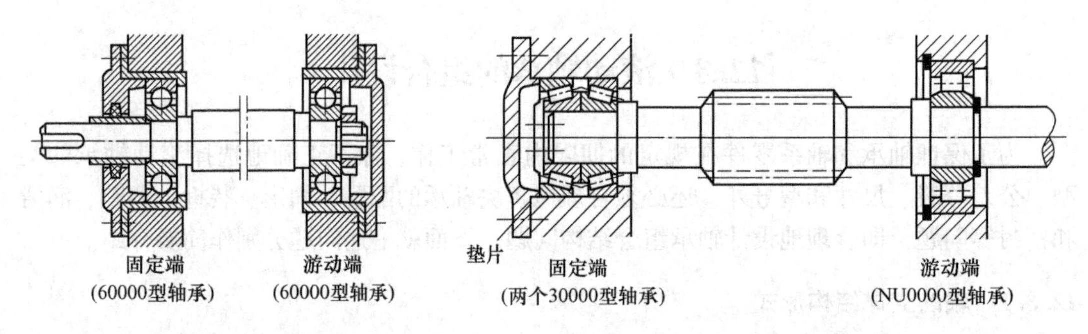

图 12-13 一端固定一端游动的支撑 图 12-14 一端固定一端游动的支撑

（3）两端游动支撑。图 12-15 所示为人字齿轮传动的高速轴，其两端均为游动支撑。当低速轴的位置固定后，由于人字齿轮的啮合作用，高速轴上的人字齿轮就能自动轴向调位，使两轮齿均匀接触。如果两轴都采用固定支撑，则由于不能自动调整人字齿轮轴向位置，将使齿轮轮齿产生偏载，失去人字齿轮传动优点，使承载能力下降。在人字齿轮传动中，通常将较笨重的低速轴作轴向固定，让高速轴可以左右游动。

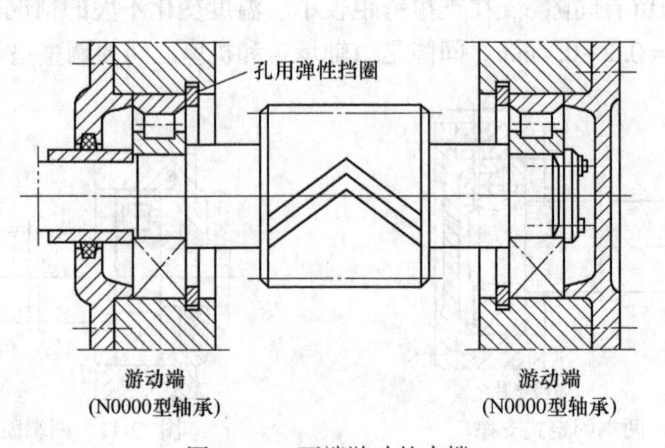

图 12-15 两端游动的支撑

12.8.2　滚动轴承的轴向固定

滚动轴承内外圈的轴向固定的方法，取决于轴承载荷的性质、大小和方向，以及轴承类型和轴承在轴上的位置。当冲击、振动愈严重、轴向载荷愈大、转速愈高时，所用的固定方法应愈可靠。

（1）滚动轴承内圈轴向固定方法：

1）用轴肩固定。图 12-16（a）所示为轴肩固定轴承内圈，这种方法主要用于两端固定支撑结构和承受单向轴向载荷的场合。

2）用弹性挡圈和轴肩固定。图 12-16（b）所示为用弹性挡圈和轴肩对轴承内圈作双向固定，这种方法结构简单、轴向尺寸小，主要适用于游动支撑处载荷不大、转速不高的轴承。

3）用轴肩和轴端压板固定。图 12-16（c）所示为用轴肩和轴端压板对轴承内圈作双向固定，用于直径较大或在轴端车制螺纹有困难的情况下。这种固定方法可以在较高转速下承受较大的轴向载荷。

4）用轴肩和锁紧螺母固定。图 12-16（d）所示为用轴肩和锁紧螺母对轴承内圈作双向固定，这种方法是用于轴向载荷大、转速高的情况。

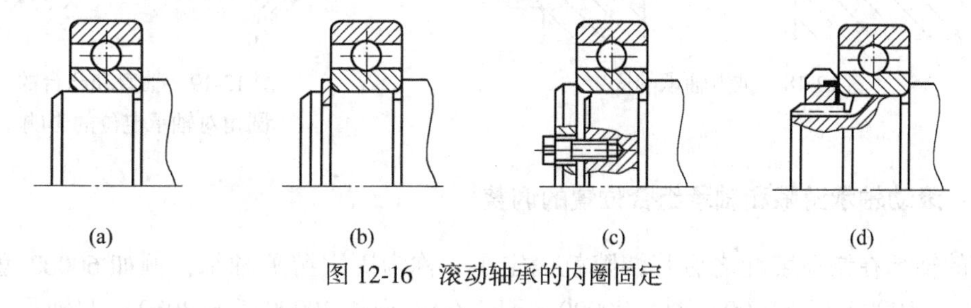

图 12-16　滚动轴承的内圈固定

（2）滚动轴承外圈轴向固定方法：

1）轴承盖压紧轴承外圈。图 12-17（a）所示为用轴承盖压紧轴承外圈的方法，主要用于两端固定支撑结构中。

2）用弹性档圈和机座凸台固定。图 12-17（b）所示即是这种方法，轴向尺寸小，适用于轴向载荷不大的场合。

3）用止动环嵌入轴承外圈的止动槽内以固定外圈。图 12-17（c）所示就是这种方法，适用于机座不便制作凸台的情况。

4）用轴承盖和机座凸台固定。图 12-17（d）所示即是这种方法，适用于高速并承受很大轴向载荷的情况。

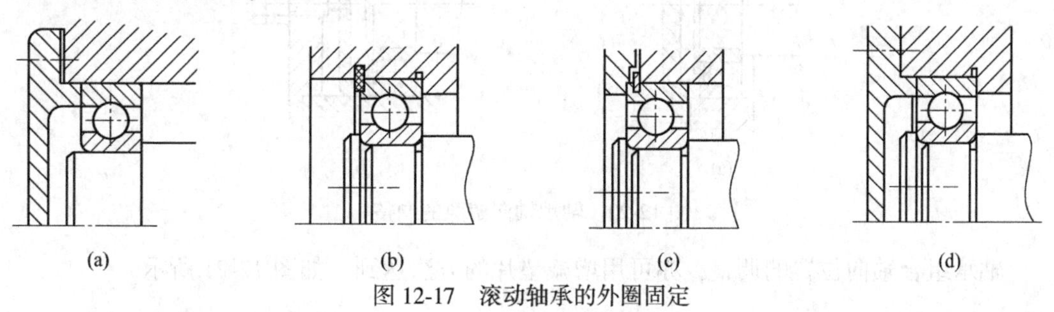

图 12-17　滚动轴承的外圈固定

(3) 推力轴承的固定。推力轴承的紧圈和松圈的轴向固定方法如图 12-18 所示。利用套筒和轴承盖固定松圈，利用套管和锁紧螺母固定紧圈。图 12-18 也是一端固定、一端游动的支撑结构。固定端（左端）用一个深沟球轴承承受径向载荷，一个双向推力球轴承承受轴向载荷。

滚动轴承内圈用轴肩定位和外圈用机座凸台定位时，必须使轴肩圆角小于内圈圆角，凸台圆角小于外圈圆角，否则轴承就不能安装到位，如图 12-19 所示。其中图 12-19（a）为不正确结构，图 12-19（b）为正确结构。

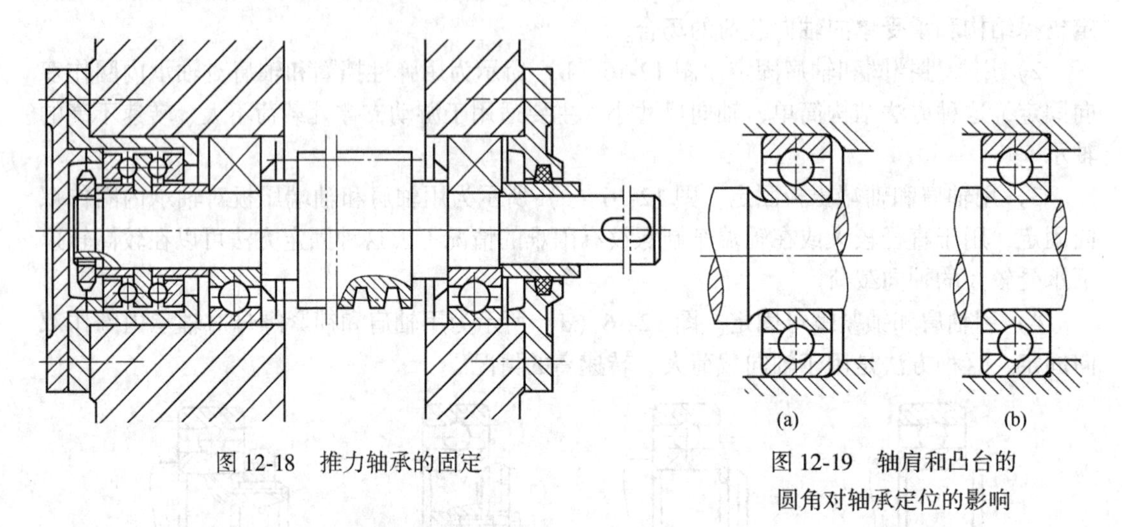

图 12-18　推力轴承的固定

图 12-19　轴肩和凸台的圆角对轴承定位的影响

12.8.3　滚动轴承游隙和轴承组合位置的调整

有的轴承在制造装配之后其游隙就确定了，称为固定游隙轴承，例如 60000 型（旧 0000 型）、10000（旧 1000）型、N0000（旧 2000）型和 20000（旧 3000）型轴承；有的轴承可以在安装进机器时调整游隙，称为可调游隙轴承，例如 70000（旧 6000）型、30000（旧 7000）型、50000（旧 8000）型及 80000（旧 9000）型轴承。游隙对轴承的寿命、效率、旋转精度、温升和噪声都有很大影响。

调整轴承游隙的方法有：(1) 用增减轴承盖与轴承座之间的垫片来调整轴承游隙，如图 12-20（a）所示。(2) 用碟形零件和螺钉来调整轴承游隙，如图 12-20（b）所示。

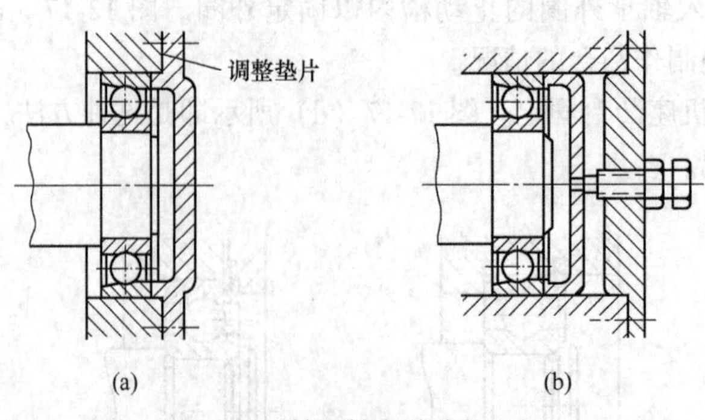

图 12-20　轴承轴向游隙的调整

轴承组合轴向位置的调整，亦可用增减垫片的方法达到，如图 12-21 所示。

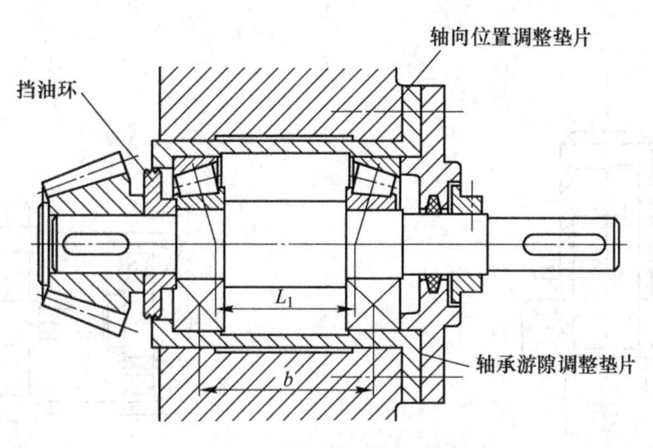

图 12-21　轴承组合轴向位置的调整

12.8.4　滚动轴承的配合

为保证轴承的正常工作，轴承与轴和机座（或轴承座）孔之间必须选择适当的配合。选择配合时，应避免不必要的增大过盈量和间隙量。当过盈太大时，装配后因内圈的弹性膨胀和外圈的弹性收缩，使轴承游隙减小，甚至完全消失，以致造成润滑不良，影响正常运转。如配合过松，不仅影响轴的旋转精度，而且内外圈可能在配合表面上滑动，将配合表面擦伤。

原则上当载荷方向不变时，轴承的不动圈应比转动圈的配合松些；当载荷方向随转动件一起转动（如转子的偏心质量引起的惯性离心力）时，不动圈的配合应比转动圈的配合紧些。载荷平稳时，轴承的配合可松些；载荷变动或载荷很大、高速、有冲击时，则配合应紧些。若轴承座的温度高于轴承温度，则外圈与轴承孔的配合应松些；若轴温度高于轴承温度，则内圈与轴的配合应松些。旋转精度要求高时，应取较紧的配合；经常拆卸或游动的座圈，应取较松的配合。

由于滚动轴承是大量生产的标准件，与其他零件配合时应以滚动轴承的内外圈为基准。因此，轴承内圈与轴颈的配合应按基孔制；轴承外圈与机座孔的配合应按基轴制。不过因为滚动轴承内径的偏差为负值，所以它与具有标准圆柱配合的各种偏差的轴颈相配时，就比标准圆柱配合紧些。对此要加以注意。

通常转动座圈（内圈）与机器旋转零件的配合可用 k5、m5、js6、k6、j6、m6、n6，不动圈（外圈）和机器不动零件的配合可用 G7、H7、J7、K7 等。具体的选择可参考机械设计手册。

12.8.5　滚动轴承的装拆

在安装轴承之前，应对与轴承配合的表面尺寸、形状和表面粗糙度进行检查，用煤油或汽油洗净配合表面，然后涂上一层薄薄的润滑脂，以便安装。一般情况下，可用压力机将轴压入轴承，然后将轴和轴承一起放入、推入或轻轻打入机座孔。对于大型或过盈较大的轴承配合，可将轴承放入 80~90℃ 的矿物油中加热再套装到轴颈上。对于过盈小的中小型轴承，可用锤通过装配套管打入，如图 12-22 所示。拆卸轴承时，须用专门工具，如图

12-23 所示。

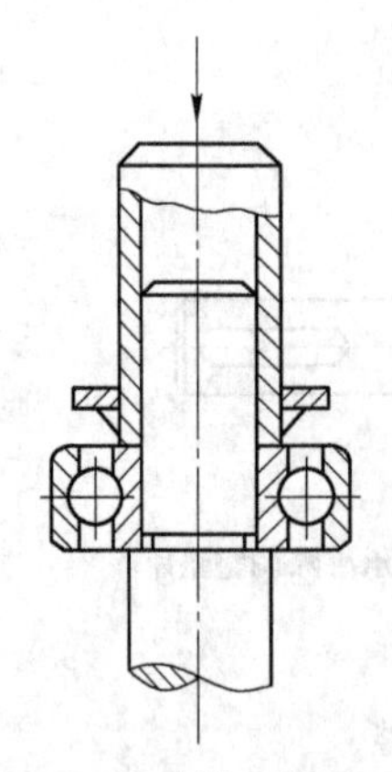

图 12-22　滚动轴承的装配套管

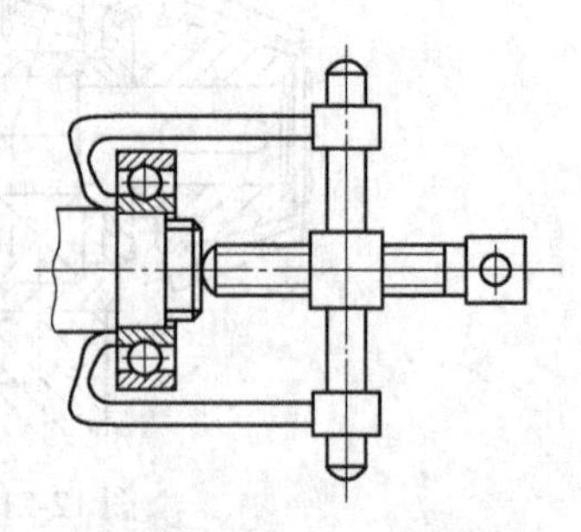

图 12-23　滚动轴承拆卸器

设计轴承组合结构时，应考虑安装的可能和拆卸的方便。如图 12-24 所示，若轴肩过高（如图中双点划线所示），则轴承的拆卸就很困难；若轴颈处没有台阶（如图中双点划线所示），则轴承装拆时就很困难。又如图 12-25 所示，若套筒底部孔径太小（如双点划线所示），即凸肩过高时，则轴承外圈拆卸困难。

对于各种型号的轴承，轴肩高度和套筒凸肩高度都有一定限制，其具体尺寸可查轴承样本或机械设计手册。

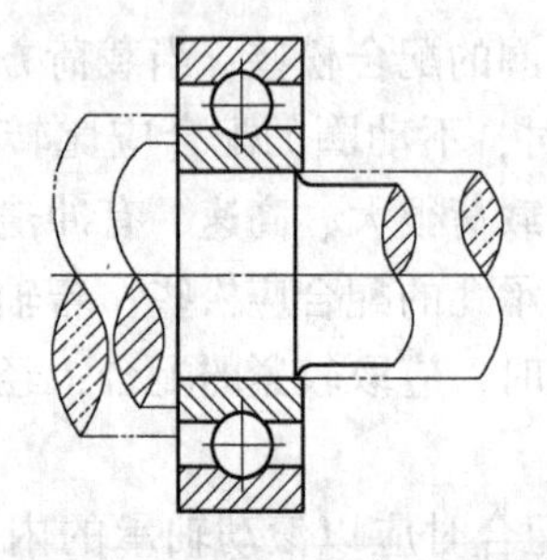

图 12-24　轴肩高度对拆卸轴承的影响

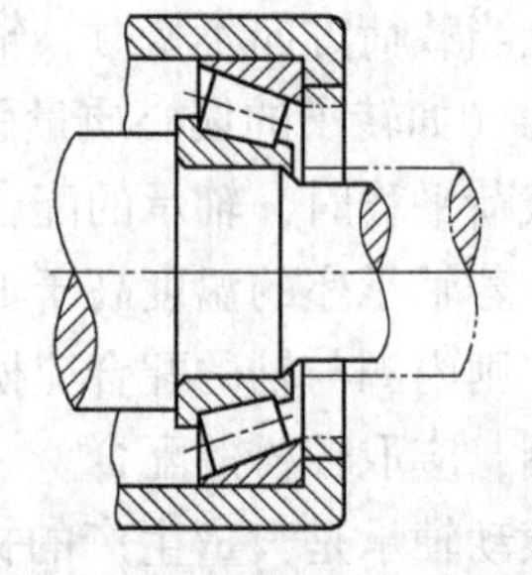

图 12-25　轴承孔凸肩高度对拆卸轴承的影响

12.8.6　滚动轴承的润滑

滚动轴承润滑的主要目的是降低摩擦阻力，减轻磨损；同时润滑也有降低滚动体与座圈的接触应力、散热、吸震、减低噪声和防锈等作用。

滚动轴承可用润滑油和润滑脂润滑。

(1) 润滑油润滑。润滑油的润滑性能好，冷却效果佳，能清洗工作表面，而且可以采取多种润滑方式以适应不同的工作条件；但采用润滑油润滑需要较复杂的供油装置和密封装置，润滑油一般用于速度较高的轴承。常用的油润滑方式如下：

1) 油浴润滑。使轴承的一部分浸在润滑油池中，但浸油不能太深，油面不超过轴承最低滚动体的中心，以免发热和搅油损失过大。

2) 飞溅润滑。利用部分浸在油池中的齿轮或其他零件将油甩到机盖上，再沿特设的油沟流入轴承，具体结构可参看机械设计手册。

3）滴油润滑。由于结构或空间尺寸限制不宜采用飞溅润滑时，可采用滴油润滑，其装置与滑动轴承的相同。滴油润滑适用于中速场合。

4）油雾润滑。用干燥的压缩空气经喷雾器与润滑油混合后，形成油雾，喷入轴承进行润滑。这种方式冷却效果好，适用于高速轴承。

5）循环冷却油润滑。用油泵将油送至轴承中润滑，通过轴承后的润滑油经过滤和冷却再循环使用，这样既可保持润滑油清洁，同时循环油又带走了大量热量，故冷却效果好，但需复杂的循环油设备，这种方式适用于高速重载场合。

滚动轴承油润滑方式的选择，可参看机械设计手册。

（2）润滑脂润滑。用润滑脂润滑滚动轴承，只需将润滑脂用人工、油脂杯或用油枪填入轴承空间即可（亦可集中压送供脂）。脂润滑的密封装置简单、维护方便，但因润滑脂黏度大、轴承运转时摩擦损失大、散热效果差，在高温时会变稀流失，所以，润滑脂只适用于低速、温度不高的场合。润滑脂装填量不应超过轴承空间的1/3~1/2；否则，由于摩擦发热大，将影响正常工作。一般根据速度、工作温度和工作环境选择润滑脂的牌号，具体选择可参阅机械设计手册。

12.8.7 滚动轴承的密封

为了防止润滑剂从轴与轴承盖之间的缝隙漏出和防止灰尘、水分及其他杂物进入轴承，在设计轴承组合时，必须有密封装置。密封装置的形式很多，应根据轴承的工作环境、润滑剂的种类、密封处轴的圆周速度及工作温度来选择。密封装置分为接触式和非接触式两类。前者用于速度不很高的场合，后一类可用于高速场合。采用接触式密封时，轴与密封件接触部位的硬度应适当高些，粗糙度为 $Ra = 0.8 \sim 1.6\mu m$。

12.8.7.1 接触式密封装置

图 12-26（a）所示为毛毡密封圈密封，它适用于密封处轴的圆周速度 $v<5m/s$、环境较清洁的场合，通常用来密封润滑脂。

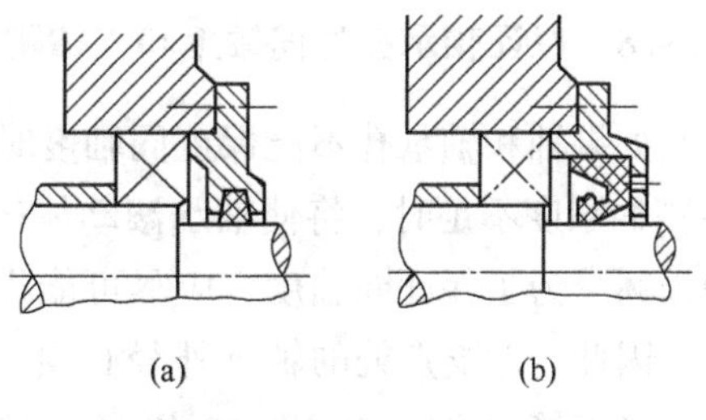

图 12-26 接触式密封装置

图 12-26（b）所示为 J 型橡胶圈密封。可用于密封润滑油和润滑脂，适用于轴的圆周速度 $v=4\sim12m/s$ 的场合。应注意的是，安装 J 型橡胶圈时，密封唇的方向应朝向密封部位。若主要用于防止外界灰尘侵入轴承时，密封唇应背向轴承；若既要防止漏油又要防止外界灰尘侵入，则可用两个 J 型橡胶密封圈相反地安装。有时为了加强某方向的密封，也可用两个 J 型橡胶密封圈同向安装。接触式密封的缺点是轴和密封圈有摩擦，易磨损；转速高时，因摩擦发热，使密封圈迅速老化失效。

12.8.7.2 非接触式密封装置

图 12-27 所示为几种常用的间隙式密封装置型式。图 12-27（a）和图 12-27（b）所示的形式用于密封润滑脂润滑轴承。装配时密封间隙中充填润滑脂，以达到密封作用，这种密封形式适用于轴的圆周速度 $v<5\sim6m/s$ 的场合。

图 12-27（c）所示为带挡油环的间隙密封装置，随轴转动的挡油环将油甩出，经回油孔流回轴承。它是用于密封油润滑轴承的装置。

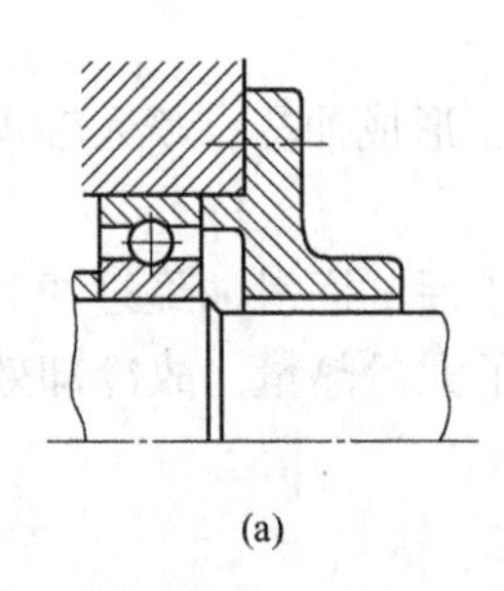
(a)

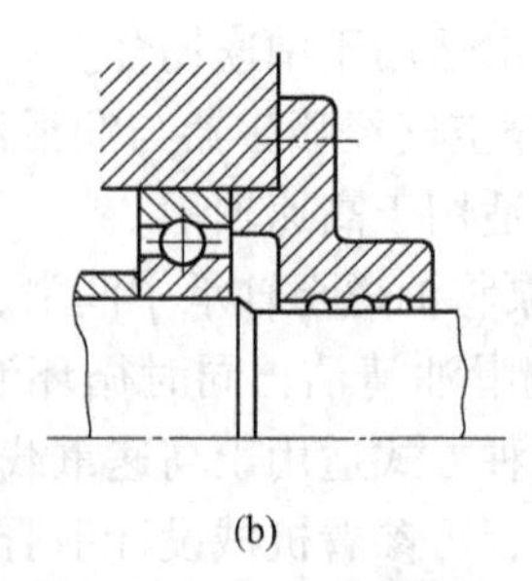
(b)

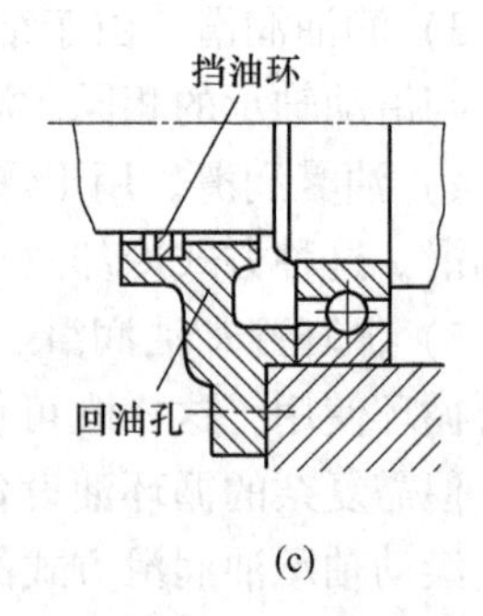

(c)

图 12-27 间隙密封装置

图 12-28 所示的密封间隙为迂回曲折的形式，称为曲路间隙密封，又称迷宫式密封。它适用于高速的、轴受热伸长较大的场合，可用于密封润滑脂或润滑油润滑的轴承。

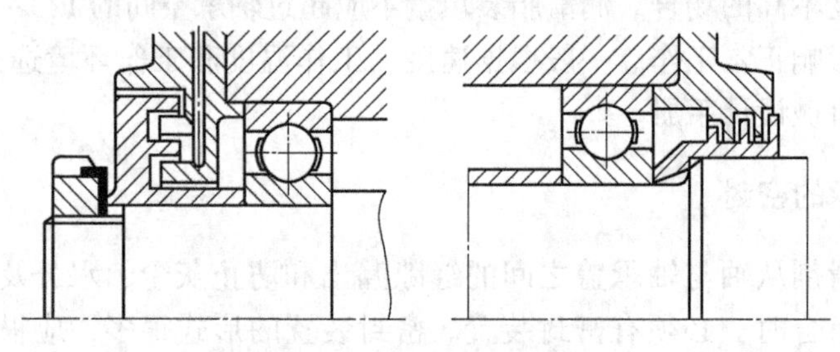

图 12-28 曲路间隙密封装置

为了提高密封效果可以将几种密封形式联合使用，可参看机械设计手册。

当轴承用脂润滑而传动件（例如齿轮）用油润滑时，为了避免润滑脂与润滑油的混合，可采用挡油环，如图 12-21 所示。

12.8.8 保证轴承孔的同轴度和支撑刚度

如果轴和轴承孔不能保证同轴度时，或者轴或轴承座（或机座）的刚度不足时，将使轴承滚动体运动受阻碍，导致轴承过早地损坏。为了保证同轴度，应尽可能将两支点处的轴承孔一次镗好，因此，两支点处的轴承外径必须一样大。如果两支点处的轴承外径不等，可以采用图 12-18 所示的办法，即用轴承套筒来补偿，使两轴承孔一样大，以便一次镗好。如果同轴度不能保证时，应采用调心轴承。

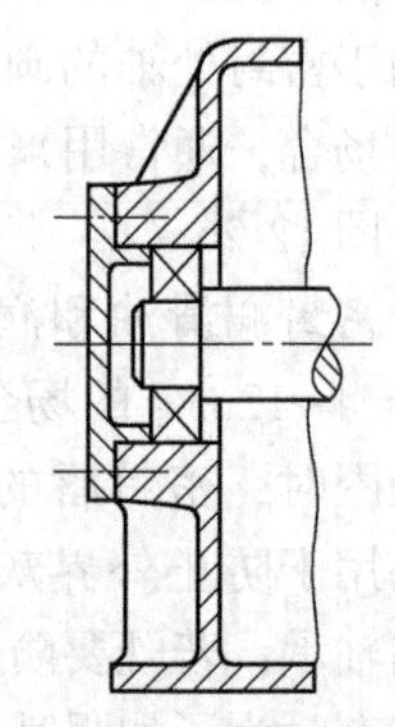

图 12-29 用加强肋提高支撑刚度

为了保证足够的支撑刚度，应在机座支撑轴承的部分适当地加厚或加肋，如图 12-29 所示。

本章小结

为了能够使读者通过本章的学习达到选择应用滚动轴承，并能对轴承的组合结构进行设计的目的，首先必须了解滚动轴承的类型、尺寸和结构形式等基本知识及其代号的意义；其次还应适当掌握滚动轴承设计的基本理论和计算方法，以便对所选轴承做出评价，能否满足预期寿命、静强度和转速等要求；此外，为了保证轴承的正常工作，还要进行合理的轴承组合结构设计，解决轴系零件的固定、轴承与相关零件配合、轴承安装、调整、预紧和拆卸以及轴承的润滑与密封等。

思考题

12-1 球轴承和滚子轴承各有什么优缺点，适用于什么场合？

12-2 滚动轴承的基本元件有哪些？各起什么作用？

12-3 试画出深沟球轴承、调心球轴承、角接触球轴承、圆锥滚子轴承和推力球轴承的结构示意图。它们承受径向载荷和轴向载荷的能力如何？

12-4 根据下列滚动轴承的代号，指出它们的类型、内径尺寸、公差等级、游隙组别：6210、N2218、7020AC、32307/P5。

12-5 选择滚动轴承的类型时，要考虑哪些因素？

12-6 滚动轴承工作时各元件的受力情况如何？主要失效形式有哪些？

12-7 在什么情况下可只按动态承载能力来选择轴承型号？什么情况下可只按静态承载能力来选择轴承型号？什么情况下必须按动态承载能力和静态承载能力来选择轴承型号？

12-8 什么是滚动轴承的基本额定寿命？在额定寿命内，一个轴承是否会发生失效？

12-9 什么是基本额定动载荷？在基本额定动载荷下，轴承工作寿命为 10^6r 时，其可靠度为多少？

12-10 什么是滚动轴承的当量动载荷？为什么要按当量动载荷来计算滚动轴承的寿命？当量动载荷如何计算？

习　题

12-1 要求单列深沟球轴承在径向载荷 $F_R = 7000$N、转速 $n = 1480$r/min 时能工作 4000h（载荷平稳，工作温度在 100℃以下），试求此轴承必须具有的额定动载荷。

12-2 核验 6306 轴承的承载能力。其工作条件如下：径向载荷 $F_R = 2600$N，有中等冲击，内圈转动，转速 $n = 2000$r/min，工作温度在 100℃以下，要求寿命 $L_h > 10000$h。

12-3 一轴流风机决定采用深沟球轴承，轴颈直径 $d = 40$mm，转速 $n = 2900$r/min，已知径向载荷 $F_R = 2000$N，轴向载荷 $F_a = 900$N，要求轴承寿命不少于 8000h，试选择轴承型号。

12-4 一轴的支撑结构如图 12-8（b）所示。轴承 1 的径向载荷 $F_{R1} = 2000$N，轴承 2 的径向载荷 $F_{R2} = 1600$N，轴向力 $F_a = 500$N，轴的转速 $n = 1470$r/min，工作温度在 100℃以下，载荷平稳，要求寿命 $L_h \geqslant 8000$h，试选择轴承型号。

12-5 某减速器高速轴用两个圆锥滚子轴承支撑，如图 12-30 所示。齿轮所受载荷：径向力 $F_{r1} = 433$N，圆周力 $F_{t1} = 1160$N，轴向力 $F_{a1} = 267.8$N，方向如图所示，转速 $n = 960$r/min，工作时有轻微冲击，轴承工作温度允许达到 120℃，要求寿命 $L_h \geqslant 15000$h，试选择轴承型号。（可认为轴承宽度的中点即为轴承载荷作用点）

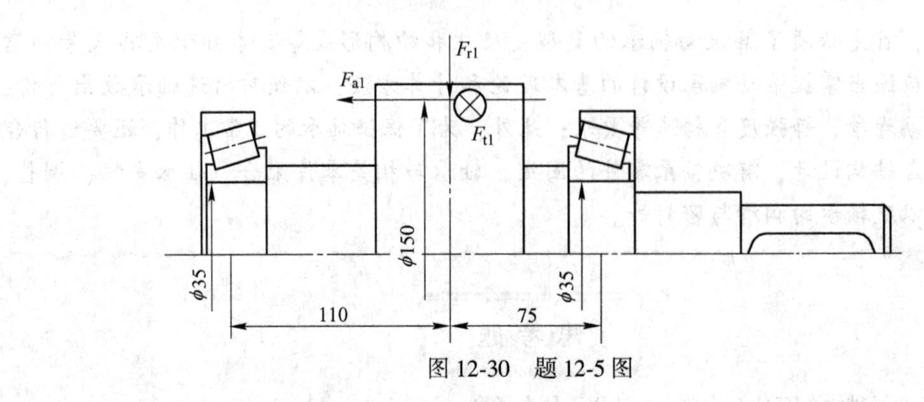

图 12-30　题 12-5 图

12-6 把题 12-5 图中圆锥滚子轴承换成角接触球轴承，试选择轴承型号。

13 联轴器、离合器和制动器

内 容 提 要

联轴器、离合器和制动器的类型很多，部分已标准化。设计机械时，一般根据工作要求从机械设计手册或有关样本中选择，本章说明联轴器、离合器和制动器的功用、分类、主要类型的构造特点、应用范围和选择方法。

联轴器、离合器和制动器是机器中常见的机械部件，联轴器、离合器是将两轴轴向连接起来并传递扭矩及运动的部件，联轴器只能在机器停车时才能将两轴连上或脱离，离合器可以在机器不停的状态下将两轴连上或脱离，联轴器有时也兼有过载安全保护作用，制动器是使机器在很短时间内停止运转并闸住不动的装置，制动器也可在短期内用来减低或调整机器的运转速度。

13.1 联 轴 器

13.1.1 联轴器的功用

由于制造和安装不可能绝对精确，以及工作受载时基础、机架和其他部件的弹性变形与温差变形，联轴器所连接的两轴线不可避免地要产生相对偏移，被连两轴可能出现的相对偏移有轴向偏移（图 13-1（a））、径向偏移（图 13-1(b)）和角向偏移（图 13-1（c）），以及三种偏移同时出现的组合偏移（图 13-1（d））。两轴相对偏移的出现，将在轴、轴承和联轴器上引起附加载荷，甚至出现剧烈振动，因此，联轴器还应具有一定的补偿两轴偏移的能力，以消除或降低被连两轴相对偏移引起的附加载荷、改善传动性能、延长机器寿命。为了减少机械传动系统的振动、降低冲击尖峰载荷，联轴器还应具有一定的缓冲减振性能。

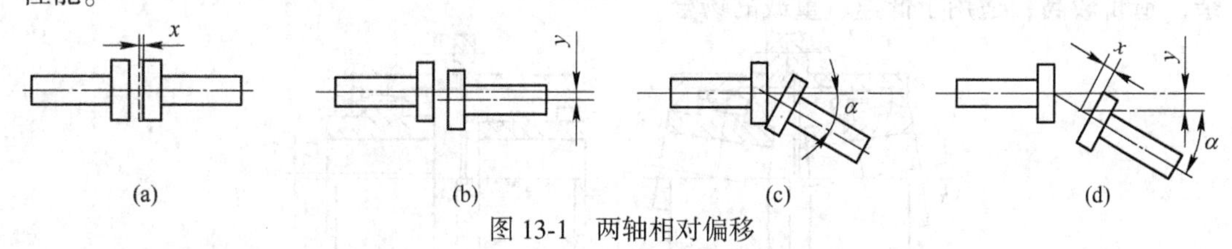

图 13-1 两轴相对偏移

13.1.2 联轴器的类型及特点

13.1.2.1 类型

为了适应不同需要，人们设计了形式众多的联轴器，部分已标准化。机械式的联轴器分类如下：

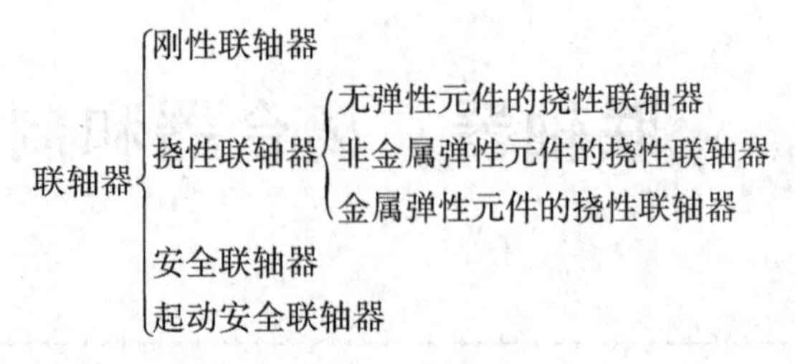

13.1.2.2　特点

（1）刚性联轴器。刚性联轴器不具有补偿被连两轴轴线相对偏移的能力，也不具有缓冲减震性能，但结构简单、价格便宜。只有在载荷平稳、转速稳定、能保证被连两轴轴线相对偏移极小的情况下，才可选用刚性联轴器。在先进工业国家中刚性联轴器已淘汰不用。属于刚性联轴器的有套筒联轴器、夹壳联轴器和凸缘联轴器等。其中凸缘联轴器是刚性联轴器中应用最多的一种，如图 13-2 所示，图 13-2（a）为第一种形式，在两个半联轴器中，一个有凸台，另一个有凹槽，采用受拉螺栓连接，并通过凸台和凹槽的嵌合来保证两个半联轴器的同轴度；图 13-2（b）为第二种形式，两个半联轴器借助铰制孔螺栓连接来保证两个半联轴器的同轴度。后者装拆时不需要被连轴作轴向移动。

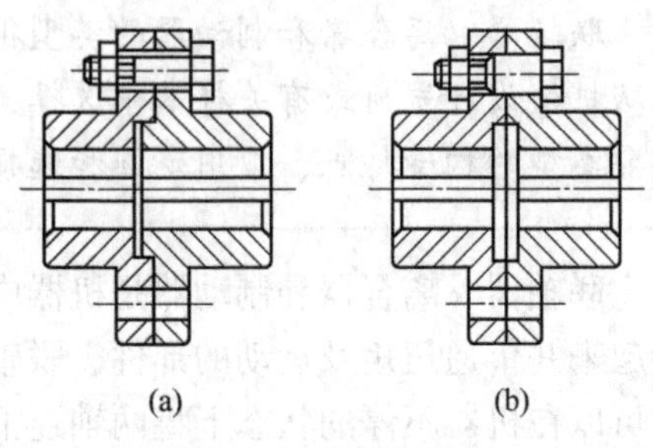

图 13-2　凸缘联轴器

（2）挠性联轴器。挠性联轴器具有一定的补偿被连两轴轴线相对偏移的能力，最大补偿量随型号不同而异，凡被连两轴的同轴度不易保证的场合都应选用挠性联轴器。

1）无弹性元件的挠性联轴器的承载能力大，但也不具有缓冲减振性能，在高速或转速不稳定或经常正反转时，有冲击噪声，适用于低速、重载、转速平稳的场合。

①齿轮联轴器。由两个具有外齿圈的半联轴器和两个具有内齿圈的外壳及连接螺栓组成。两个带外齿圈的半联轴器分别与两轴相连。为了补偿两轴的相对位移，在相啮合的齿间留有较大的齿侧间隙，并将外齿圈的齿顶制成弧面，齿面制成鼓形。图 13-3 所示是齿轮联轴器在被连两轴轴线相对偏移时的工作情况，齿轮联轴器有较好的补偿两轴相对偏移的能力，与尺寸相近的其他联轴器相比，承载能力较大，齿轮啮合处需润滑，结构较复杂，造价较高，适用于低速、重载的场合。

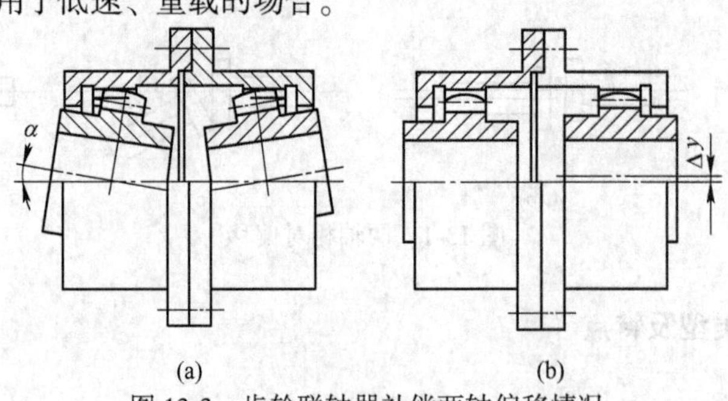

图 13-3　齿轮联轴器补偿两轴偏移情况

（a）角向偏移；（b）径向偏移

②链条联轴器。由两个带有相同齿数链轮的半联轴器用一条滚子链连接组成，如图13-4所示，其结构简单、装拆方便、效率高，可在高温、多尘、油污、潮湿等恶劣环境下工作，但不能承受轴向力。

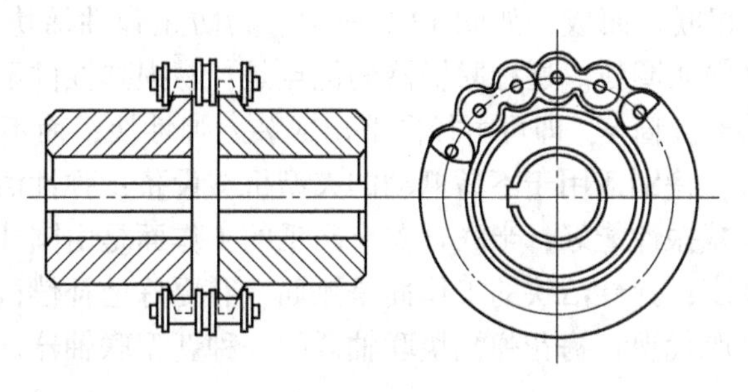

图13-4　链条联轴器

③万向联轴器。主要用于两轴有较大角向偏移的场合，最大角向补偿量 α 可达 35°~45°，图13-5所示为十字轴双万向联轴器。

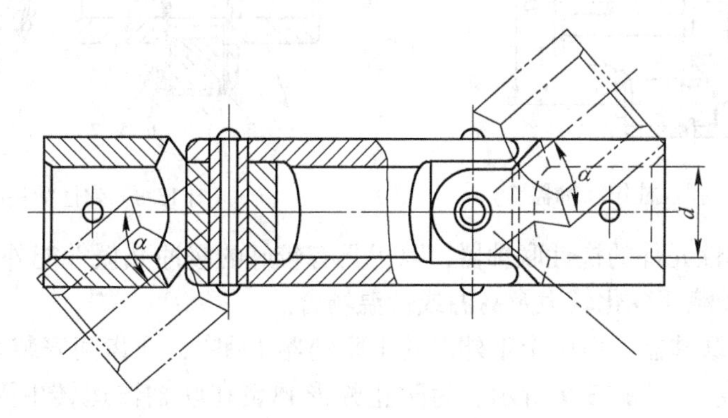

图13-5　万向联轴器

2）非金属弹性元件的挠性联轴器在转速不平稳时有很好的缓冲减振性能，但由于非金属（橡胶、尼龙等）弹性元件强度低、寿命短、承载能力小、不耐高温和低温，故仅适用于高速、轻载和常温的场合。

①弹性套柱销联轴器。结构与凸缘联轴器相似，只是用带有非金属（如橡胶等）弹性套的柱销取代连接螺栓，如图13-6所示，它靠弹性套的弹性变形来缓冲减振和补偿被连两轴的相对偏移。安装这种联轴器时应在两个半联轴器之间留出一定间隙 C（图13-6），以便给两个半联轴器留出足够的相对偏移量。适用于起动频繁和载荷变化，但载荷不很大的场合。

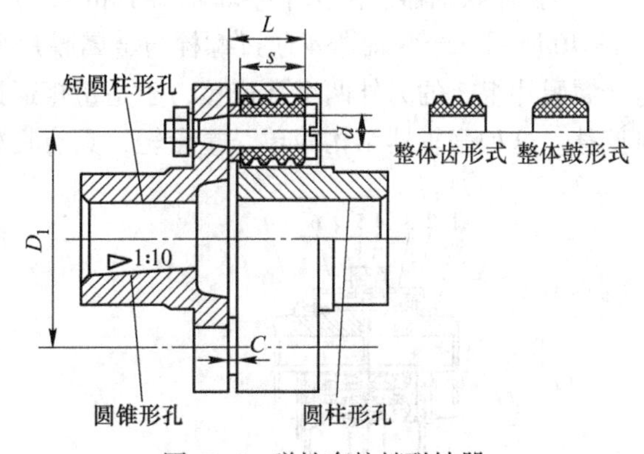

图13-6　弹性套柱销联轴器

②弹性柱销联轴器。是用聚酰胺柱销置于两个半联轴器的凸缘孔中以实现两者连接的，如图13-7所示。聚酰胺有一定弹性，

可缓冲减振，也靠它的弹性变形来补偿被连两轴的相对偏移，适用于载荷和转速变化的场合。

③弹性活块联轴器。由两个带凸爪的半联轴器 1 和 2，中间加以非金属（橡胶或聚氨酯）弹性活块 3，互相嵌合而成，如图 13-8 所示。为防止弹性活块在联轴器运转时因离心力甩出去，用薄套筒 4 圈住。这种联轴器的优点是：易损弹性件不是连成整体而是分成小块的，只要轴向移开套筒 4，即可由径向取出或装入弹性块，而不必轴向移动两个半联轴器即可更换弹性块，特别适用于不易挪动的大型机械设备；弹性活块承压面积大，因而承载能力较大，缓冲减振性能好；半联轴器上凸爪的工作面是由圆柱面构成的，便于切削加工，可获得较高精度；弹性活块的工作面是弧面，有更好地补偿被连两轴的相对偏移的能力。这种联轴器是取代现行梅花弹性块联轴器的一种新型联轴器。

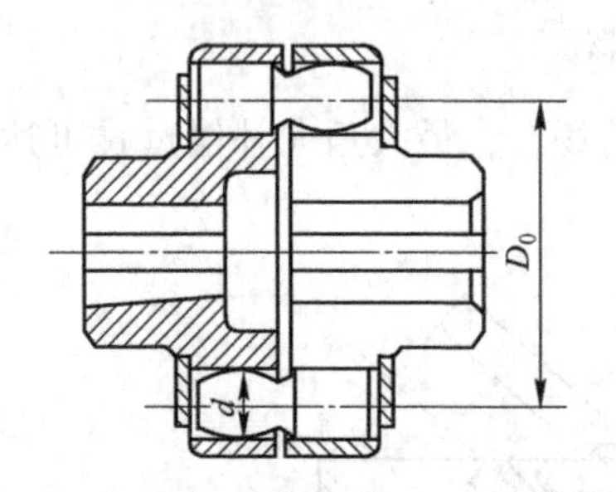

图 13-7 弹性柱销联轴器

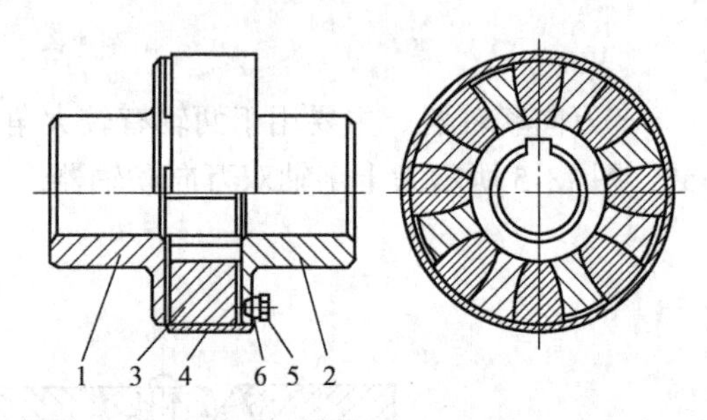

图 13-8 弹性活块联轴器

（3）金属弹性元件的挠性联轴器，除了具有较好的缓冲减振性能外，且承载能力较大，适用于速度和载荷变化较大及高温或低温场合。

1）蛇形弹簧联轴器。由两个带外齿的半联轴器 1 和 7，在齿间安装 6~8 组矩形截面的蛇形弹簧 2 组成，如图 13-9 所示。为防止蛇形弹簧在联轴器运转中因离心力而脱出，在半联轴器上装有外壳 3 和 6，外壳 3 和 6 用螺栓 4 连接。外壳内储有润滑脂，以减轻齿轮与弹簧的摩擦。扭矩是通过半联轴器上的齿和蛇形弹簧传递的。这种联轴器对被连两轴的相对偏移的补偿量较大，适用于重载和工况较恶劣的场合。在冶金及矿山机械中应用最多，缺点是结构和制造工艺较复杂，成本高。

2）膜片联轴器。由两个半联轴器 1 和 4，金属膜片组 3 和螺栓 5、螺母 6 所组成，如图 13-10 所示。半联轴器 4 通过螺栓与金属膜片组 3 的两个孔连接，半联轴器 1 通过螺栓与金属膜片组 3 的另外两个孔连接，于是扭矩通过膜片组的弹性变形来补偿被连两轴的相对偏移。这种联轴器结构简单、重量轻，具有良好的缓冲减振性能，且不需润滑，耐高温

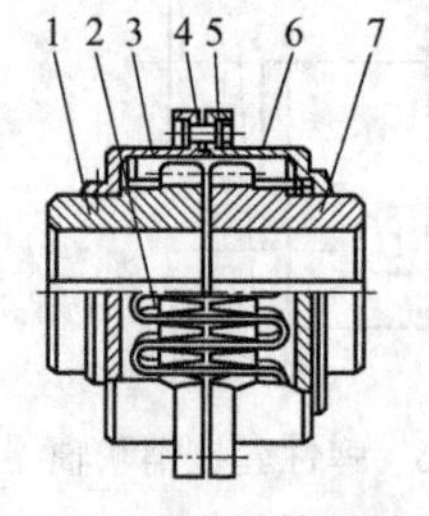

图 13-9 蛇形弹簧联轴器

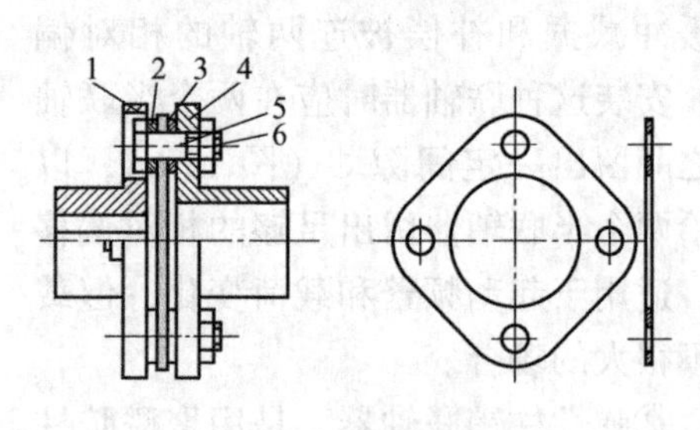

图 13-10 膜片联轴器

和低温，金属膜片经特殊处理和表面涂层具有良好的耐磨性和很高的疲劳强度，是可以取代齿轮联轴器的一种新型联轴器，适用于冶金、矿山、航空、战车、拖拉机等机械的传动系统。

13.1.2.3 安全联轴器

安全联轴器在结构上的特点是存在一个保险环节（如销钉等），这种保险环节只能承受某一限定载荷。当实际载荷超过事前限定的载荷时，保险环节就发生变化，截断运动和动力的传递，从而保护机器的其余部分不致损坏，即起安全保护作用。

图 13-11 所示为销钉剪断式安全联轴器，它的结构类似凸缘联轴器，只是用特定的销钉代替连接螺栓。当载荷超过限定值时，销钉被剪断，扭矩的传递被截止。为了销钉剪断时不损坏机器的其他部分，常在每个销钉外套上两个硬质的剪切钢套。这种安全联轴器结构简单，但在更换销钉时必须停机操作，也不能补偿被连两轴的相对偏移，所以这种安全联轴器不宜用在经常发生过载而需频繁更换销钉的场合，也不宜用在被连两轴对中不易保证的场合。

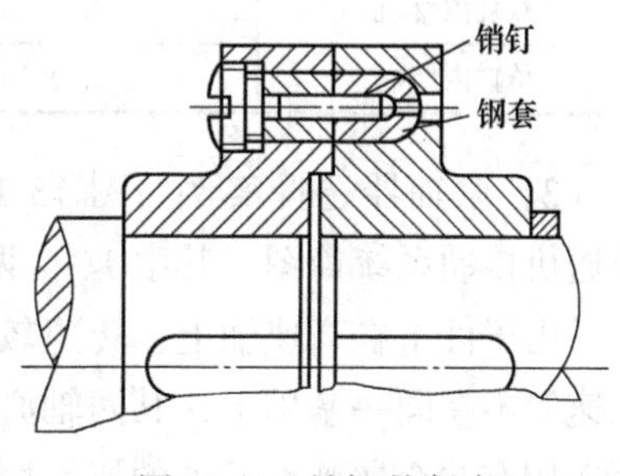

图 13-11 销钉剪断式

13.1.3 联轴器的选择

已标准化的联轴器型号、公称扭矩（或许用扭矩）、许用转速、轴孔型式和直径范围、最大补偿量（轴向、径向、角向）、质量、转动惯量及允许的环境温度范围等数据，可查机械设计手册。应根据计算扭矩、工作转速、轴径、轴头结构、被连两轴轴向最大偏移量、工作状况及环境温度等条件来选择联轴器的类型并确定型号。

（1）联轴器类型选择原则：

1）扭矩大，选刚性联轴器、无弹性元件或有金属弹性元件的挠性联轴器；有冲击振动，选有弹性元件的挠性联轴器。

2）转速高，选非金属弹性元件的挠性联轴器。

3）对中性好选刚性联轴器，需补偿时选挠性联轴器。

4）考虑装拆方便，选可直接径向移动的联轴器。

5）若在高温下工作，不可选有非金属元件的联轴器。

6）同等条件下，尽量选择价格低、维护简单的联轴器。

（2）联轴器型号选择。联轴器的受力情况比较复杂，联轴器的型号不能仅根据被连两轴所受的理论扭矩（名义工作扭矩）T 来选择，还应考虑动力机特性和工作机特性及其载荷状况等引起的附加扭矩以及起动频率引起的附加扭矩。对于具有非金属弹性元件的联轴器，还应考虑温度影响下非金属材料强度降低的因素。为简化起见，通常用一个大于 1 的系数来考虑这些附加扭矩和因素，即按计算扭矩 T_c 来选择联轴器的型号。

$$T_c = KT = 9550K\frac{P_w}{n} \leqslant [T]$$

式中，T_c 为计算扭矩，N · m；T 为理论（名义）扭矩，N · m；K 为工作情况系数，见表 13-1；P_w 为理论（名义）工作功率，kW；n 为工作转速，r/min；$[T]$ 为联轴器的公称扭矩、许用扭矩，N · m，见机械设计手册。

表 13-1　联轴器工作状况系数 *K*

动力机特性	工作机特性			
	载荷均匀和载荷变化较小	载荷变化并有中等冲击载荷	载荷变化并有严重冲击载荷	载荷变化并有特严重冲击载荷
电动机、汽轮机	1.3	1.7	2.3	3.1
四缸及四缸以上内燃机	1.5	1.9	2.5	3.3
双缸内燃机	1.8	2.2	2.8	3.6
单缸内燃机	2.2	2.6	3.2	4.0

(3) 联轴器选择实例。图 13-12 所示为一带式输送机传动系统简图，其中 1、2 两部件为联轴器。

由于件 1 在高速轴上，转速较高，且电动机与减速箱不在同一基础上，其两轴必有相对偏差，因而选用有非金属弹性元件的挠性联轴器，如弹性柱销联轴器或弹性套柱销联轴器。

而件 2 在低速轴上，转速较低，但载荷较大，同样其两轴必有相对偏差，因而选用无弹性元件的挠性联轴器，如齿轮联轴器或链式联轴器。

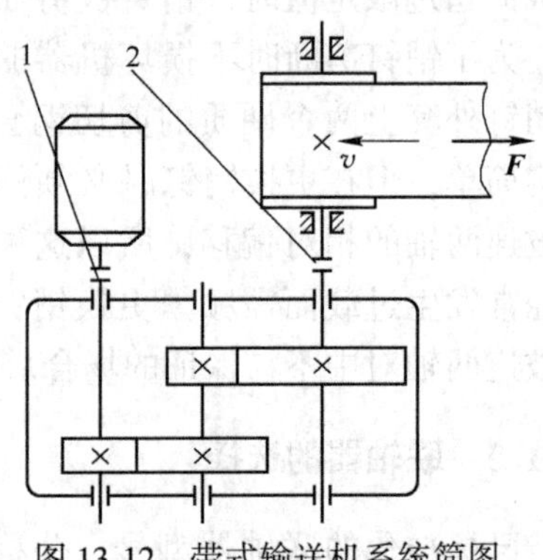

图 13-12　带式输送机系统简图

13.2　离　合　器

13.2.1　离合器的功用

前述的联轴器基本是一种固定连接，在机器运转时是不能随意脱开的（安全联轴器只是在过载时脱开）；而离合器可以根据需要在运转或停机时使两轴接合或分离，这是离合器与联轴器的根本区别。

13.2.2　离合器的类型及特点

13.2.2.1　离合器的类型

离合器的种类很多，按照有关标准，离合器按离合方法分类如下：

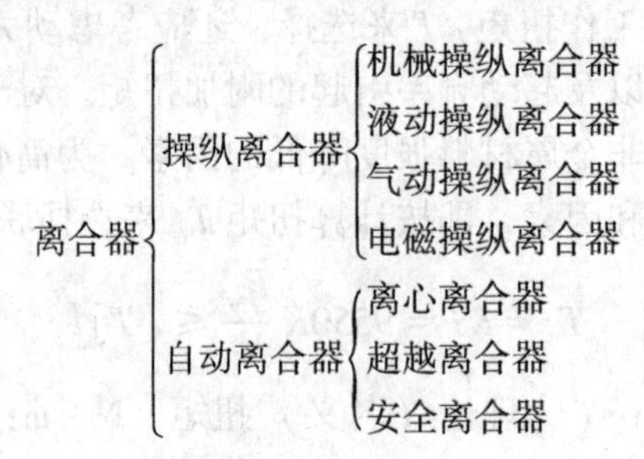

13.2.2.2 离合器的特点

(1) 操纵离合器。离合器的接合与分离由外界操纵的称为操纵离合器。

1) 牙嵌离合器。结构如图 13-13 (a) 所示。它是由两个端面带牙的半离合器组成，其中套筒 1 固定在主动轴上，套筒 2 可以沿导向平键 3 在从动轴上移动。利用操纵杆（图中未画出）移动滑环 4 可使两个套筒的牙相互嵌合或分离。为了便于两轴对中，在套筒 1 中装有对中环 5，从动轴可在对中环中滑动。牙的形状有三角形、梯形和锯齿形，如图 13-13 (b) 所示。三角形牙型只用于传递中、小扭矩；梯形和锯齿形牙型可传递较大扭矩；但锯齿形牙型只能单向传递扭矩，反转时会因过大的轴向分力迫使离合器自动分离。牙嵌离合器结构简单、外廓尺寸小；但只能在停止状态或两轴转速差很小时才能接合，否则就会因撞击而使牙折断。

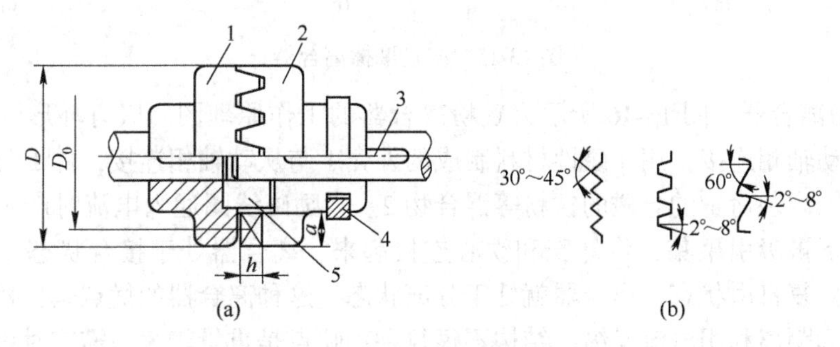

图 13-13 牙嵌离合器

2) 摩擦离合器。最简单的如图 13-14 所示，称为单盘摩擦离合器。摩擦盘 1 固定在主动轴上，摩擦盘 3 用导向平键与从动轴连接。为了增大摩擦系数，在其中一个摩擦盘上固定摩擦片（用摩擦系数较大且耐磨性好的材料制成）。利用操纵机构（图中未画出）将摩擦盘 2 向左推动并施加轴向压力。使两摩擦盘压紧产生摩擦力以传递扭矩；将摩擦盘 2 向右推动即可使离合器脱开。当传递很大扭矩时，则需摩擦盘直径很大。因此，这种单摩擦副的离合器往往受外形尺寸的限制而不能采用。

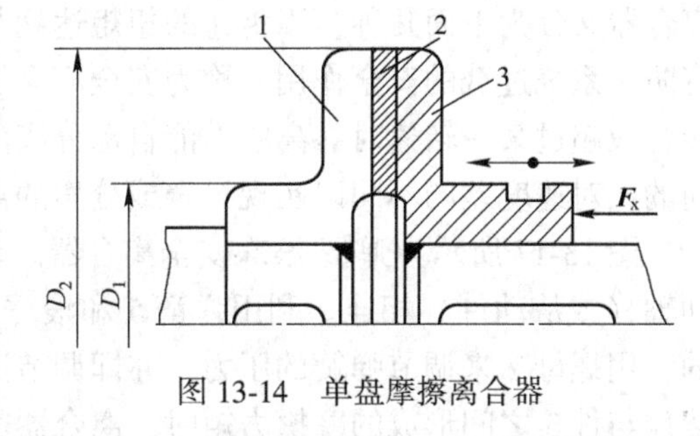

图 13-14 单盘摩擦离合器

在传递大扭矩时，可采用如图 13-15 (a) 所示的多盘摩擦离合器。主动轴 1 与外壳 2 相连，从动轴 3 与套筒 4 相连，外壳内装有一组摩擦片 5。这组摩擦片的外形如图 13-15 (b) 所示，它的外缘齿插入外壳 2 的纵向凹槽中，随外壳 2 回转。套筒 4 上装有另一组摩擦片 6，其外形如图 13-15 (c) 所示，它的花键内孔与套筒上的花键连接，既可沿套筒轴向滑动，亦可随套筒回转。摩擦片 5 与摩擦片 6 是每片相间安装的，工作时通过操纵机构（图中未画出）拨动滑环 7 向左移动，并通过压紧板 9 将摩擦片 5 和 6 压紧，离合器处于接合状态。当拨动滑环向右移动时，处于杠杆 8 下方的弹簧迫使杠杆 8 逆时针方向转动，将压紧板 9 和摩擦片 5 和 6 松开，离合器处于分离状态。和牙嵌离合器相比，摩擦离合器的优点是：两轴可在有较大转速差的情况下接合和分离；改变摩擦面间的压力，就能调节从动轴的起动加速时间；接合时的冲击振动很小；过载时将打滑，可保护其他零件不受损坏。缺点是在接合和分离过程中，摩擦片面的相对滑动会造成发热和磨损，需及时更换摩擦片。摩擦离合器适用于经常起动、制动或经常改变转速和转动方向的场合。

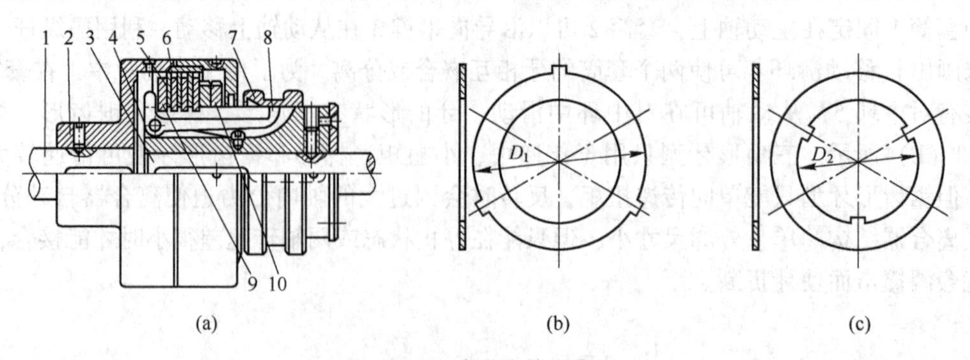

图 13-15　多盘摩擦离合器

3）磁粉离合器。图 13-16 所示为磁粉离合器的工作原理图，嵌有环形励磁线圈的电磁铁 4 与主动轴相连接，用非磁性材料制成的外壳 1 与从动轴相连接，件 1 与件 4 之间有很小的间隙，内装适量的导磁的铁粉等混合物 2。当励磁线圈通入电流时产生磁场，铁粉在磁场作用下被吸引聚集，将外壳和铁心连接起来，离合器处于接合状态。当切断电流后，磁粉又恢复自由状态，离合器就处于分离状态。这种离合器的优点是：接合平稳、动作迅速，可远距离利用电流操纵，结构不很复杂；缺点是重量较大，需定时更换铁粉。

（2）自动离合器。在工作时能自动完成接合和分离的离合器称为自动离合器。自动离合器又分为下面几种：当传递的扭矩达到某一限定值时，就能自动分离的离合器，由于有防止系统过载的安全作用，称为安全离合器。当轴的转速达到某转速时靠离心力能自行接合或超过某一转速时靠离心力能自动分离的离合器，称为离心离合器。根据主、从动轴间的相对速度差的不同以实现接合或分离的离合器，称为超越离合器。

图 13-17 所示为弹簧-滚珠安全离合器。套筒 1 与主动轴相连，外套筒 3 通过键 2 与从动轴（或从动件）相连。利用弹簧 5 和滚珠 4 将件 6 连接，而件 6 是用导键与件 1 相连的，用螺母 7 来调节弹簧的压力，亦即调节滚珠与件 3 之间的摩擦力。当传递的扭矩超过滚珠与件 3 之间形成的摩擦力矩时，离合器就脱开。由于脱开后滚珠与件 3 均会磨损，故这种离合器只适用于传递扭矩较小的场合。离合器的形式还很多，可查阅机械设计手册。

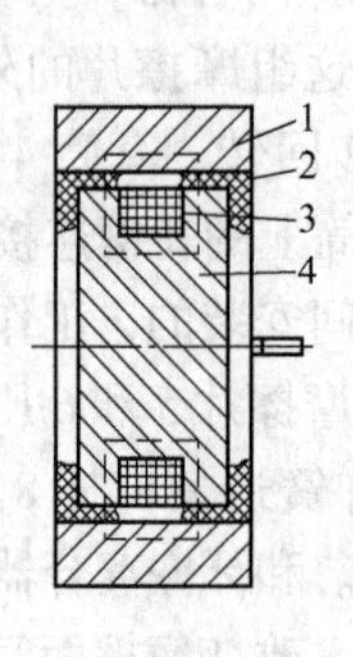

图 13-16　磁粉离合器工作原理图

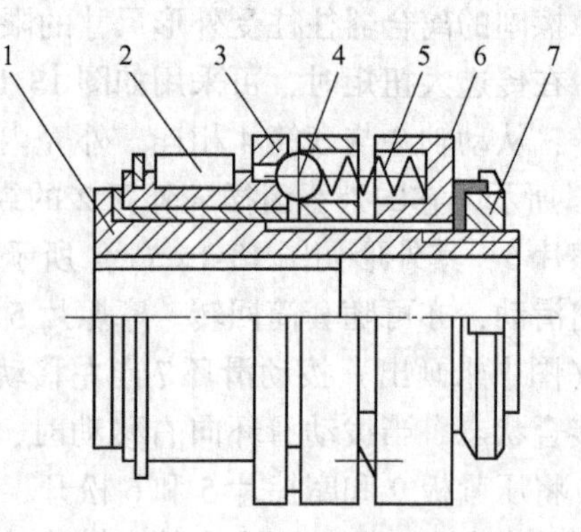

图 13-17　弹簧-滚珠安全离合器

13.2.3 离合器的选择

离合器的形式很多，大部分已标准化，可从有关样本或机械设计手册中选择。

选择离合器时，应根据机器的工作特点和使用条件，按各种离合器的性能特点，确定离合器的类型。类型确定后，可根据两轴的直径计算转矩和转速，从手册中查出适当型号，必要时可对其薄弱环节进行承载能力校核。

13.3 制 动 器

13.3.1 制动器的功用

制动器工作原理是利用摩擦副中产生的摩擦力矩来实现制动作用，或者利用制动力与重力的平衡，使机器运转速度保持恒定。为了减小制动力矩和制动器的尺寸，通常将制动器配置在机器的高速轴上。

13.3.2 制动器的类型及特点

（1）制动器的类型。制动器的类型很多，按照用途，可分为停止式和调速式两种，前者只有停止和支持运动物体的作用；后者除具有前者的功能外，还具有调节物体运动速度的作用。

按照结构特征，制动器可分为块式、带式和盘式制动器三种。

按照操纵方式，制动器分为手动、自动和混合式三种。

按照工作状态，制动器可分为常开式制动器和常闭式制动器两种，前者经常处于松闸状态，必须施加外力才能实现制动；后者的工作状态正好与前者相反，即经常处于合闸，即制动状态（通常为机器停机时），只有施加外力才能解除制动状态（如机器起动和运转时）。起重机械中的提升机构常采用常闭式制动器，而各种车辆的主制动器则采用常开式。

（2）制动器的特点。部分制动器已标准化，其选择计算方法可查阅机械设计手册，现介绍几种常见的简单制动器。

1）短行程电磁铁双瓦块式制动器。短行程电磁铁双瓦块式制动器的工作原理如图13-18所示。在图示状态中，电磁铁线圈5断电，主弹簧8回复将左右两制动臂4接近，两个瓦块3同时闸紧制动轮10，此时为制动状态。当电磁铁线圈通电时，电磁铁6绕O点逆时针转动，迫使推杆7向右移动，于是主弹簧8被压缩，左右两制动臂4的上端距离增大，两瓦块3离开制动轮10，制动器处于开启状态。将两个制动臂对称布置在制动轮两侧，并将两个瓦块铰接在其上，这样可使两瓦块下的正压力相等及两制动臂4上的合闸力相等，从而消除制动轮上的横向力。将电磁铁装在制动臂上，可使制动行程较短（小于5mm）。主弹簧的压力可由位于其端部、装在推杆7上的螺母来调节。两制动臂的张开程度由限位螺钉2调节限定。这种制动器的优点是：制动和开启迅速，尺寸小、重量轻，更换瓦块、电磁铁方便，并易于调整瓦块和制动轮之间的间隙。缺点是：制动时冲击力较大，开启时所需的电磁铁吸引力大，电磁铁的尺寸和电能消耗也因此较大，这种制动器不宜用于需很大制动力矩和频繁制动的场合。

2）带式制动器。带式制动器是由包在制动轮上的制动带与制动轮之间产生的摩擦力矩来制动的，图 13-19 所示为简单的带式制动器。在重锤 3 的作用下，制动带 1 紧包在制动轮 2 上，从而实现制动。松闸时则由电磁铁 4 或人力提升重锤来实现。带式制动器结构简单，由于包角大，制动力矩也很大，但因制动带磨损不均匀、易断裂，对轴的横向作用力也大，带式制动器多用于集中驱动的起重设备及铰车上。

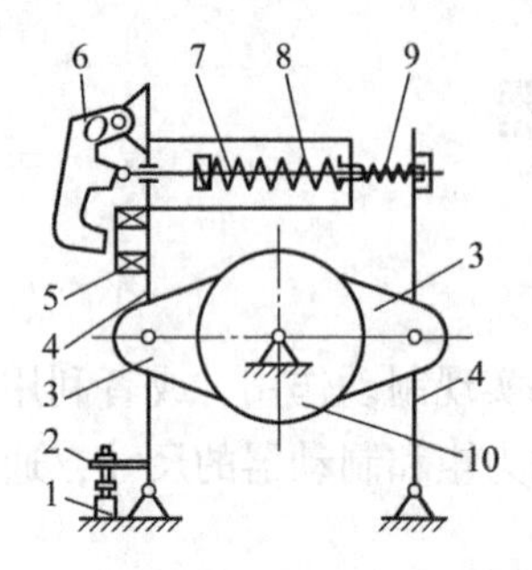

图 13-18　短行程电磁铁双瓦块制动器

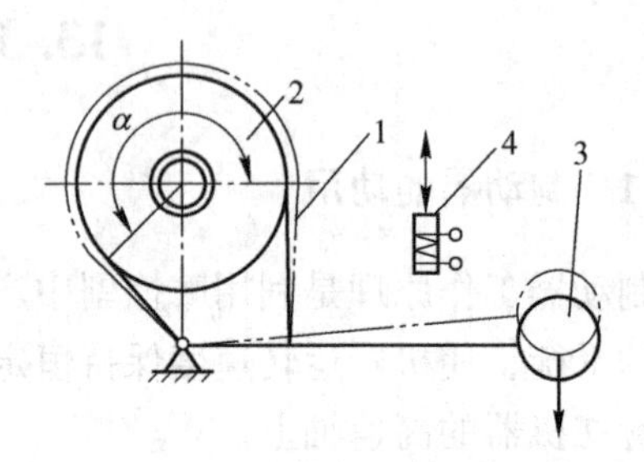

图 13-19　简单带式制动器

3）内张蹄式制动器。图 13-20 所示为内张蹄式制动器的工作原理图，两个制动蹄 1 分别与机架的制动底板铰接，制动轮 3 与被制动轴连接，制动轮内圆柱表面装有耐磨材料制的摩擦瓦 6，当压力油进入油缸 4 后，推动左右两活塞，两制动蹄在活塞的推动力 F 作用下，压紧制动轮内圆柱面，从而实现制动；松闸时将油路卸压，弹簧 5 收缩，使制动蹄离开制动轮，实现松闸。这种制动器结构紧凑、尺寸小，而且具有自动增力的效果，因而广泛用于结构尺寸受限制的机械设备和各种运输车辆上。

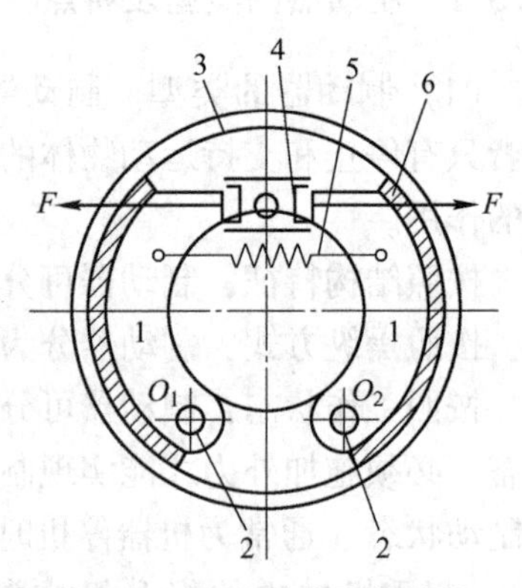

图 13-20　内张蹄式制动器

13.3.3　制动器的选择

（1）考虑整套设备的性能和结构。例如起重机的起升机构、矿山机械的提升机都必须选用常闭式制动器，以保证安全可靠。而行走机构和回转机构选用常闭式或常开式制动器都可以，但为了容易和方便地控制制动，推荐选用常开式制动器。

（2）考虑整套设备的使用环境、工作条件和保养条件。例如主机上有液压站，则选用带液压的制动器；如主机要求干净，并有直流电源供给时，则选用直流短程电磁铁制动器最合适；有的设备要求制动平稳、无噪声，最好选用液压制动器或磁粉制动器。

（3）考虑经济性。满足使用要求前提下，成本最好低些。

（4）考虑制动器的安装位置和容量。制动器通常安装在机械传动中的高速轴上，此时，需要的制动力矩小，制动器的体积小、重量轻，但机械传动的中间环节多，安全可靠性相对较差；如安装在机械传动的低速轴上则比较安全可靠，但转动惯量大，所需的制动力矩大，制动器体积和重量相对也大，安全制动器通常安装在低速轴上。

类型确定后，从手册中查出适当型号，然后根据机器运转情况计算制动轴上的负载力矩，求出计算制动力矩，以计算制动力矩为依据，选出标准型号后，再进行必要的发热、制动时间（或距离、转角）等验算，必要时可对其薄弱环节进行承载能力校核。

本章小结

本章主要介绍了常用联轴器、离合器和制动器的功用、类型、工作原理和结构特点，并同时阐述了联轴器、离合器和制动器的计算方法及选用原则。

思考题

13-1 联轴器、离合器和制动器在机械设备中的作用是什么？

13-2 联轴器和离合器的根本区别是什么？

13-3 刚性联轴器与挠性联轴器的区别是什么？

13-4 为什么被联两轴会产生相对偏移？什么类型的联轴器可以补偿两轴的组合偏移？

习　题

13-1 已知电动机型号为 Y180M-4，额定功率 $P=18.5$kW，转速 $n=1470$r/min，电动机轴直径 $d_e=48$mm，电动机轴头长度 $E_c=110$mm，减速器输入轴直径 $d=45$mm，输入轴长度 $E=80$mm，载荷变化并有中等冲击，空载起动，试选择电动机和减速器之间的联轴器及其型号。

13-2 试选择一带式输送机中减速器的输入轴和输出轴处的联轴器。与减速器输入轴相连的电动机型号为 Y160L-6，减速器的输入轴直径 $d_1=42$mm，轴头长度 $E_1=80$mm；输出轴的直径 $d_2=70$mm，轴头长 $E_2=105$ mm，与输出轴相连的工作机轴径 $d_3=70$mm，轴头长 $E_3=105$mm，减速器的实际输出功率 $P_2=9$kW，减速器的传动比 $i=13.5$，减速器效率 $\eta=0.9$，带负载起动，载荷平稳。

13-3 某卷扬机的驱动电动机型号为 YBZS-4，额定功率 $P=5.5$kW，转速 $n=1440$r/min，电动机输出轴直径 $d_c=20$mm，轴长 $E_c=50$mm，减速器输入轴直径 $d=20$mm，轴头长 $E=36$mm，载荷有中等冲击，在电动机前后分别装联轴器和制动器，试选择此联轴器和制动器。

14 弹　　簧

内容提要

弹簧是利用材料的弹性和结构上的特点，在产生或恢复变形时，实现机械功和变形能相互转换的零件，起缓冲、减振、控制运动、测力或储能的作用。在各个工业部门中广泛应用的各种形式的弹簧，其工作原理基本上是相同的。本章以最常用的圆柱拉伸和压缩螺旋弹簧的特性、结构和设计方法为重点，学习本章时应了解弹簧的功用、特性和对材料的要求，掌握圆柱拉伸和压缩螺旋弹簧的设计方法。

14.1　弹簧的功用及类型

14.1.1　弹簧的功用

弹簧是一种弹性元件，在载荷作用下能产生较大的弹性变形。弹簧在各类机器中的应用十分广泛，其主要功用是：

（1）吸收振动和缓和冲击。用弹簧吸收冲击和振动时的能量，如各种车辆中的减振弹簧及各种缓冲器的弹簧等。

（2）控制机械的运动。用弹簧力来控制运动，如离合器中的控制弹簧（图 14-1）和内燃机中控制气缸阀门启闭的弹簧等。

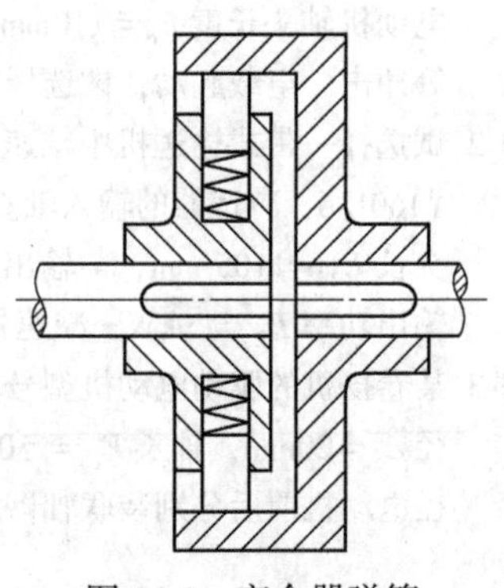

图 14-1　离合器弹簧应用场合示例

（3）储存能量。用弹簧的变形能来储存能量，如机械式钟表弹簧、枪栓弹簧等。

（4）测量力的大小。用弹簧的载荷-变形性能测量载荷，如弹簧秤和测力器中的弹簧等。

14.1.2　弹簧的类型

弹簧的类型很多，根据受载的性质，弹簧可分为拉伸弹簧、压缩弹簧、扭转弹簧和弯曲弹簧四种。根据弹簧的形状又可分为螺旋弹簧、碟形弹簧、环形弹簧、蜗卷弹簧和板弹簧。此外，除金属弹簧之外，还有空气弹簧和橡胶弹簧等。表 14-1 列出了各种常用类型弹簧的基本形式。

螺旋弹簧是用弹簧丝卷绕制成，由于制造简便、价格较低、易于检测和安装，所以应用最广。它既可以制成圆柱形和圆锥形，又可以制成受压缩载荷作用的压缩弹簧，受拉伸载荷作用的拉伸弹簧，还可以制成承受转矩作用或完成扭转运动的扭转弹簧，见表 14-1。

表 14-1　金属弹簧的基本形式

按载荷分 / 按形状分	拉　伸	压　缩	扭　转	弯　曲
螺旋形	圆柱螺旋拉伸弹簧	圆柱螺旋压缩弹簧　圆锥螺旋压缩弹簧	圆柱螺旋扭转弹簧	
其他形		环形弹簧　碟形弹簧	平面涡卷弹簧	板簧

碟形弹簧和环形弹簧刚性较大，可以承受很大的冲击载荷，具有良好的吸振能力，常用于各种缓冲装置中。在载荷很大和弹簧轴向尺寸受限制的地方，可以采用碟形弹簧。环形弹簧是目前减振缓冲能力最强的弹簧，常用作近代重型机车、锻压设备和飞机起落装置中的缓冲零件。平面蜗卷弹簧轴向尺寸小，能在较大的变形范围内保持作用力不变，常用于仪器和钟表的储能装置中。板弹簧能承受较大的弯曲作用，常用于受载方向尺寸有限制而变形量又较大的场合。由于板弹簧有较好的消振能力，所以在汽车、拖拉机和铁路车辆的悬挂装置中均普遍使用这种弹簧。

螺旋扭转弹簧是扭转弹簧中最常用的一种。由于圆柱形螺旋弹簧应用较广，尤以螺旋压缩弹簧的受力分析和设计计算都比较典型，所以本章主要讨论圆柱形螺旋压缩弹簧。对于其他类型弹簧，可参考机械设计手册。

14.2　弹簧的材料、选材与制造

14.2.1　弹簧的材料

弹簧在工作时，常常承受交变、冲击载荷，又要求有较大变形，所以为了保证弹簧能够可靠地工作，其材料除应满足具有较高的强度极限和屈服极限外，还必须具有较高的弹性极限、疲劳极限、冲击韧性、塑性和良好的热处理工艺性等。表 14-2 列出了几种主要弹簧材料及其使用性能。实践中应用最广泛的就是弹簧钢，其品种又有碳素弹簧钢、低锰弹簧钢、硅锰弹簧钢和铬钒钢等。表 14-3 给出了弹簧钢丝的抗拉强度，表 14-4 给出了青铜线的抗拉强度。

表 14-2 常用弹簧材料的许用应力 (MPa)

钢丝类型或材料		油淬火回火钢丝	碳素钢丝琴钢丝	不锈钢丝	青铜线	65Mn	55Si2Mn 55Si2MnB 60Si2Mn 60Si2MnA 50CrVA	55CrMnA 60CrMnA
压缩弹簧许用切应力 [τ]	Ⅲ类	$0.55\sigma_b$	$0.5\sigma_b$	$0.45\sigma_b$	$0.4\sigma_b$	570	740	710
	Ⅱ类	(0.40~0.47) σ_b	(0.38~0.45) σ_b	(0.34~0.38) σ_b	(0.30~0.35) σ_b	455	590	570
	Ⅰ类	(0.35~0.40) σ_b	(0.30~0.38) σ_b	(0.28~0.34) σ_b	(0.25~0.30) σ_b	340	445	430
拉伸弹簧许用切应力 [τ]	Ⅲ类	$0.44\sigma_b$	$0.40\sigma_b$	$0.36\sigma_b$	$0.32\sigma_b$	380	495	475
	Ⅱ类	(0.32~0.38) σ_b	(0.30~0.36) σ_b	(0.27~0.30) σ_b	(0.24~0.28) σ_b	325	420	405
	Ⅰ类	(0.28~0.32) σ_b	(0.24~0.30) σ_b	(0.22~0.27) σ_b	(0.20~0.24) σ_b	285	370	360
扭转弹簧许用弯曲应力 [σ_b]	Ⅲ类	$0.80\sigma_b$	$0.80\sigma_b$	$0.75\sigma_b$	$0.75\sigma_b$	710	925	890
	Ⅱ类	(0.60~0.68) σ_b	(0.60~0.68) σ_b	(0.55~0.65) σ_b	(0.55~0.65) σ_b	570	740	710
	Ⅰ类	(0.50~0.60) σ_b	(0.50~0.60) σ_b	(0.45~0.55) σ_b	(0.45~0.55) σ_b	455	590	570

注：1. 按受力循环次数 N 不同，弹簧分为三类：Ⅰ类 $N > 10^6$；Ⅱ类 $N = 10^3 \sim 10^6$ 以及受冲击载荷的场合；Ⅲ类 $N < 10^3$。

2. 碳素弹簧钢丝按力学性能不同分为 B、C、D 级，弹簧材料的抗拉强度见表 14-3、表 14-4。

3. 强压处理的弹簧，其许用应力可增大 25%。

4. 轧制钢材的力学性能与钢丝相同。

5. 工作极限载荷 F_{lim} 的确定：Ⅰ类 $F_{lim} \leqslant 1.67F_{max}$；Ⅱ类 $F_{lim} \leqslant 1.26F_{max}$；Ⅲ类 $F_{lim} \leqslant 1.12F_{max}$；其中 F_{max} 为最大工作载荷。

表 14-3 弹簧钢丝的抗拉强度 σ_b (MPa)

钢丝直径 /mm	碳素弹簧钢丝 (GB/T 4357—1989)			琴钢丝 (YB5101—1993)			弹簧用不锈钢丝 (YB (T) 11—1983)		
	B 级	C 级	D 级	G1 组	G2 组	F 组	A 组	B 组	C 组
1.00	1660	1960	2300	2059	2256		1471	1863	1765
1.2	1620	1910	2250	2010	2206		1373	1765	1667
1.4	1620	1860	2150	1961	2158		1373	1765	1667
1.6	1570	1810	2110	1912	2108		1324	1667	1569
1.8	1520	1760	2010	1883	2053		1324	1667	1569
2.0	1470	1710	1910	1814	2010	1716	1324	1667	1569
2.2	1420	1660	1810	—	—	—	—	—	—
2.3	—	—	—	1765	1961	1716	1275	1569	1471
2.5	1420	1660	1760	—	—	—	—	—	—

续表 14-3

钢丝直径/mm	碳素弹簧钢丝（GB/T 4357—1989）			琴钢丝（YB5101—1993）			弹簧用不锈钢丝（YB（T）11—1983）		
	B 级	C 级	D 级	G1 组	G2 组	F 组	A 组	B 组	C 组
2.6	—	—	—	1765	1961	1667	1275	1569	1471
2.8	1370	1620	1710	—	—	—	—	—	—
2.9	—	—	—	1716	1912	1667	1177	1471	1373
3.0	1370	1570	1710	—	—	—	—	—	—
3.2	1320	1570	1660	1667	1863	1618	1177	1471	1373
3.5	1320	1570	1660	1667	1814	1618	1177	1471	1373
4.0	1320	1520	1620	1618	1765	1589	1177	1471	1373
4.5	1320	1520	1620	1569	1716	1520	1079	1373	1275
5.0	1320	1470	1570	1520	1667	1471	1079	1373	1275
5.5	1270	1470	1570	1471	1618		1079	1373	1275
6.0	1220	1420	1520	1422	1563		1079	1373	1275
6.5	1220	1420					981	1275	
7.0	1170	1370					981	1275	
8.0	1170	1370					981	1275	
9.0	1130	1320						1128	
10.0	1130	1320						981	
11.0	1080	1270						—	
12.0	1080	1270						883	
13.0	1030	1220							

注：表中 σ_b 均为下限值。

表 14-4　青铜线的抗拉强度 σ_b　　（MPa）

材料	硅青铜线（GB/T 3123—1982）			锡青铜线（GB/T 3124—1982）			铍青铜线（GB/T 3124—1982）		
线材直径/mm	0.1~2	>2~4.2	>4.2~6	>0.1~2.5	>2.5~4	>4~5	状态	硬化调质前 HBS	硬化调质后 HBS
							软	343~568	>1029
抗拉强度 σ_b	784	833	833	784	833	833	1/2 硬	579~784	>1176
							硬	>598	>1174

注：表中 σ_b 为下限值。

14.2.2 材料选择

选择弹簧材料时，要充分考虑到弹簧的用途、重要程度与所受的载荷性质、大小、循环特性、工作温度、周围介质等使用条件，以及加工、热处理和经济性等因素，以便使选择结果与实际要求相吻合。碳素弹簧钢强度高、性能好、价格低，常用在静载或重要性低的变载条件下。合金钢多用在承受变载荷、冲击载荷，或要求耐高温、耐腐蚀的场合。当受力较小而又要求防腐蚀、防磁等特性时，可以采用有色金属。此外，还有用非金属材料制作的弹簧，如橡胶、塑料、软木及空气等。

14.2.3 弹簧的制造

螺旋弹簧的制造工艺过程如下：(1) 绕制；(2) 钩环制造；(3) 端部的制作与精加工；(4) 热处理；(5) 工艺试验等，重要的弹簧还要进行强压处理。

弹簧通常用卷制成型方法制造，其绕制方法分冷卷法与热卷法两种。当弹簧丝直径 $d \leqslant 8$mm 时用冷卷法绕制，冷态下卷绕的弹簧常用冷拉并经预先热处理的优质碳素弹簧钢丝，卷绕后一般不再进行淬火处理，只须低温回火以消除卷绕时的内应力。当弹簧丝直径较大（$d > 8$mm）时则要用热卷法绕制。在热态下卷制的弹簧卷好后要进行淬火和回火处理。

弹簧的疲劳强度与抗冲击强度在很大的程度上取决于弹簧的表面状况，所以，弹簧丝表面必须光洁，没有裂缝和伤痕等缺陷。表面脱碳会严重影响材料的疲劳强度和抗冲击性能，因此，脱碳层深度和其他表面缺陷都须在验收弹簧的技术条件中详细规定。

对于重要的弹簧还要进行工艺检验和冲击疲劳等试验。为了提高弹簧的承载能力，可将弹簧在超过工作极限载荷下进行强压处理（受载 6~48h），以便在簧丝内产生塑性变形和有益的残余应力，由于残余应力的符号与工作应力相反，因而弹簧在工作时的最大应力（图 14-2）比未经强压处理的弹簧小。一般经过一次强压处理的弹簧可提高其承载能力约 25%；若经喷丸处理可提高 20%。但须注意，强压处理是弹簧制造的最后一道工序。为了保持有益的残余应力，强压处理后不应作其他热处理，否则，会使强化处理失去意义；而且在高温、长期振动或有腐蚀性介质中工作的弹簧，也不宜采用这种强化工艺。

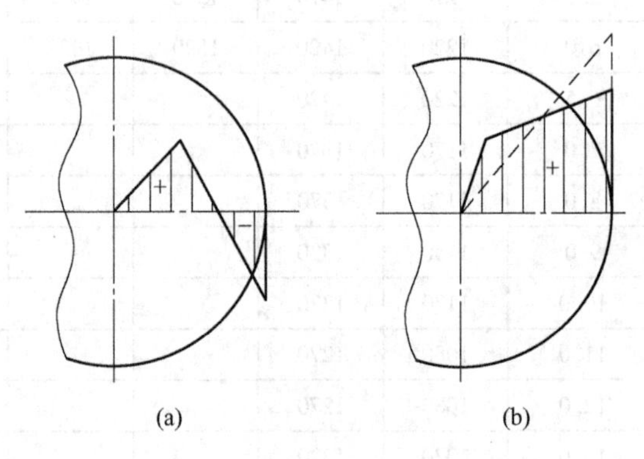

图 14-2 强压处理弹簧丝的应力分布示意图
（a）残余应力分布；（b）工作应力分布

14.3 弹簧的工作原理

14.3.1 弹簧的参数及几何尺寸

如图 14-3 所示，圆柱弹簧的主要尺寸有弹簧丝直径 d、弹簧圈外径 D_2、弹簧圈内径 D_1、弹簧圈中径 D、节距 p、螺旋角 α、自由长度 H_0 和有效圈数 n 等。

弹簧设计中，旋绕比（或称弹簧指数）C 是最重要的性能参数之一，它等于弹簧中径 D 与弹簧丝直径之比，即 $C=D/d$，亦称弹簧指数。弹簧指数愈小，其刚度愈大，弹簧愈硬，弹簧内外侧的应力相差愈大，材料利用率低；反之，弹簧愈软。设计时，常使弹簧指数 C 值在 4~10 之间，可参考表 14-5 选取。

弹簧的中径、内径和外径可用弹簧指数表示。

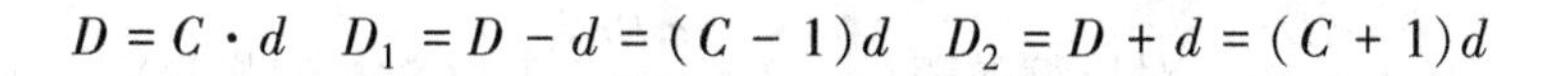

$$D=C\cdot d\quad D_1=D-d=(C-1)d\quad D_2=D+d=(C+1)d$$

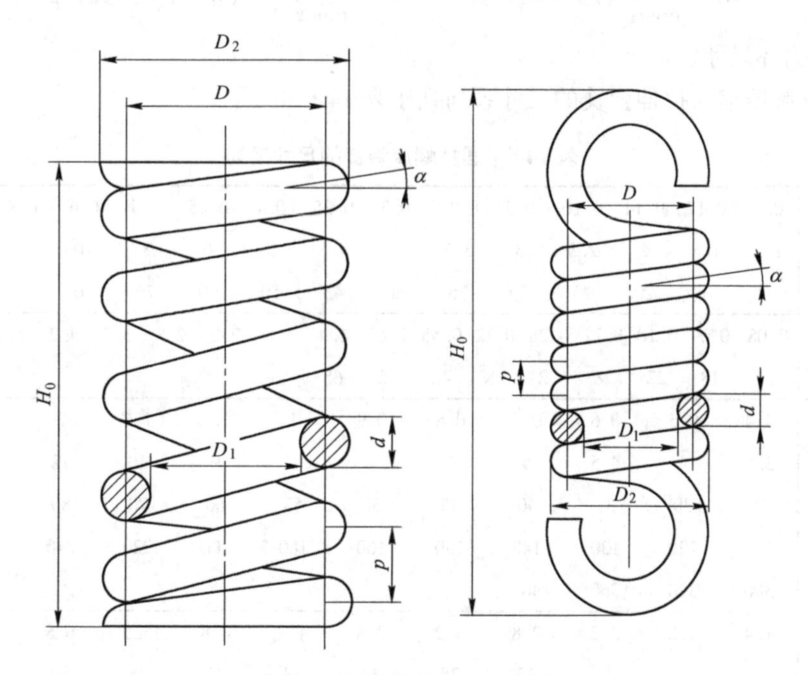

图 14-3　圆柱弹簧的几何参数

表 14-5　旋绕比 C 的荐用值

弹簧丝直径 d/mm	0.2~0.4	0.45~1	1.1~2.2	2.5~6	7~16	18~42
C	7~14	5~12	5~10	4~9	4~8	4~6

弹簧总圈数与其工作圈数间的关系为

$$n_1=n+2\left(\frac{3}{4}\sim 1\frac{1}{4}\right)$$

弹簧节距 p 一般可取

$$p=d+\frac{\lambda_{max}}{n}+\Delta(\text{对压缩弹簧})\quad p=d\ (\text{对拉伸弹簧})$$

式中，λ_{max} 为弹簧的最大变形量；Δ 为最大变形时相邻两弹簧丝间的最小距离，一般不小于 $0.1d$。

为了使弹簧在受载时能够变形，弹簧在自由状态下各圈之间应留有间距 δ，弹簧钢丝间距 $\delta=p-d$。

弹簧的自由长度

$$H_0=n\cdot\delta+(n_1-0.5)d\ (\text{两端并紧磨平})\quad H_0=n\cdot\delta+(n_1+1)d\ (\text{两端并紧，但不磨平})$$

弹簧螺旋角 $\alpha=\arctan\left(\frac{p}{\pi D}\right)$，通常 α 取 5°～9°，弹簧的螺旋升角方向可以是左旋或右旋的，但无特殊要求时，一般都采用右旋。

弹簧丝材料的长度

$$L=\frac{\pi D n_1}{\cos\alpha}\text{（对压缩弹簧）}\qquad L=\frac{\pi D n_1}{\cos\alpha}+l\text{（对拉伸弹簧）}$$

式中，l 为钩环尺寸。

圆柱螺旋压缩与拉伸弹簧的尺寸系列列于表 14-6 中。

表 14-6　圆柱螺旋弹簧的尺寸系列

项目	系列																		
弹簧丝直径 d/mm	第一系列	0.1	0.12	0.14	0.16	0.2	0.25	0.3	0.35	0.4	0.45	0.5	0.6	0.8	0.9	1			
		1.2	1.6	2	2.5	3	3.5	4	4.5	5	6	8	10						
		12	16	20	25	30	35	40	45	50	60	70	80						
	第二系列	0.08	0.09	0.18	0.22	0.28	0.32	0.55	0.65	1.4	1.8	2.2	2.8	3.2	4.2	5.5	6.5	7	9
		14	18	22	28	32	38	42	55	65									
弹簧中径 D_2/mm	第一系列	0.4	0.5	0.6	0.7	0.8	0.9	1	1.2	1.6	2	2.5	3						
		3.5	4	4.5	5	6	7	8	9	10	12	16	20						
		25	30	35	40	45	50	55	60	70	80	90	100						
		110	120	130	140	150	160	180	200	220	240	260	280						
		300	320	360	400														
	第二系列	1.4	1.8	2.2	2.8	3.2	3.8	4.2	4.8	5.5	6.5	7.5	8.5						
		9.5	14	18	22	28	32	38	42	48	52	58	65						
		75	85	95	105	115	125	135	145	170	190	210	230						
		250	270	290	340	380	450												
有效圈数 n/圈	压缩弹簧	2	2.25	2.5	2.75	3	3.25	3.5	3.75	4	4.25	4.5	4.75						
		5	5.5	6	6.5	7	7.5	8	8.5	9	9.5	10	10.5						
		11.5	12.5	13.5	14.5	15	16	18	20	22	25	28	30						
	拉伸弹簧	2	2.25	2.5	2.75	3	3.25	3.5	3.75	4	4.25	4.5	4.75						
		14	15	16	17	18	19	20	22	25	28	30	35						
		40	45	50	55	60	65	70	80	90	100								
自由高度 H_0/mm	压缩弹簧（推荐选用）	4	5	6	7	8	9	10	11	12	13	14	15						
		16	17	18	19	20	22	24	26	28	30	32	35						
		38	40	42	45	48	50	52	55	58	60	65	70						
		75	80	85	90	95	100	105	110	115	120	130	140						
		150	160	170	180	190	200	220	240	260	280	300	320						
		340	360	380	400	420	450	480	500	520	550	580	600						
		620	650	680	700	720	750	780	800	850	900	950	1000						

注：1. 本表适用于压缩、拉伸和扭转的圆截面弹簧丝的圆柱螺旋弹簧。

2. 应优先采用第一系列。

3. 拉伸弹簧有效圈数除按表中规定外，由于两钩环相对位置不同，其尾数还可为 0.25、0.5、0.75。

14.3.2 弹簧的特性曲线

表征弹簧载荷 F、T 与其变形 λ 之间关系的曲线，称为弹簧特性线。受压或受拉的弹簧，载荷指压力或拉力，变形是指弹簧压缩量或伸长量；受扭转的弹簧，载荷是指转矩，变形是指扭转角。按照结构形式不同，常见的弹簧特性曲线有如图 14-4 所示的四种，其中图 14-4（a）所示为直线型；图 14-4（b）所示为刚度渐增型；图 14-4（c）所示为刚度渐减型；图 14-4（d）所示为混合型。

弹簧的特性曲线应绘制在弹簧的工作图上，作为检验与试验的依据之一。同时还可在设计弹簧时利用特性曲线进行载荷与变形关系的分析。

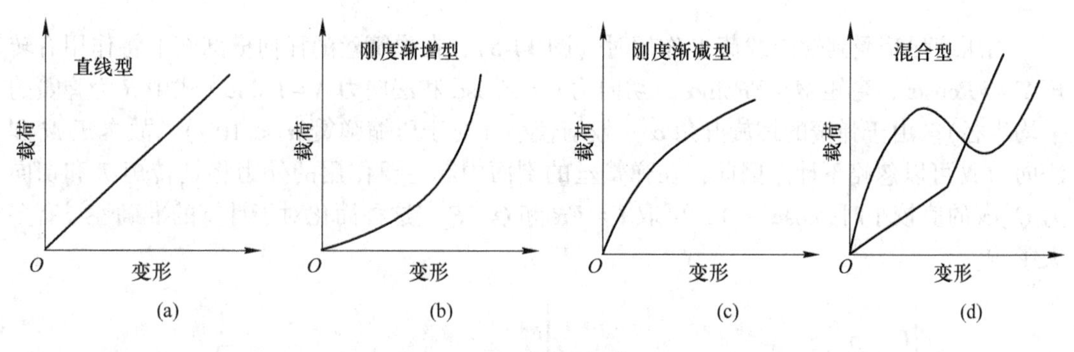

图 14-4 弹簧特性曲线

14.3.3 弹簧的刚度

弹簧刚度是指使弹簧产生单位变形的载荷，用 c 和 c_T 分别表示拉（压）弹簧的刚度与扭转弹簧的刚度，其表达式如下。

对于拉压弹簧：

$$c = \frac{dF}{d\lambda} \tag{14-1}$$

对于扭转弹簧：

$$c_T = \frac{dT}{d\phi} \tag{14-2}$$

式中，F 为弹簧轴向拉（压）力；λ 为弹簧轴向伸长量或压缩量；T 为扭转弹簧的转矩；ϕ 为扭转弹簧的扭转角。

实际上弹簧刚度就是弹簧特性曲线上某点的斜率。符合图 14-4（a）所示的直线型弹簧，其刚度为一常数。这种弹簧的特性曲线越陡，弹簧刚度相应愈大，即弹簧愈硬；反之，则愈软。图 14-4（b）所示的弹簧特性曲线为刚度渐增型，即弹簧随变形量的增大其刚度增大。如车辆缓冲减振弹簧，希望在车辆重载与轻载时，均具有差不多的自振频率；且在载荷最大或冲击载荷作用时，仍具有较好的缓冲减振性能，故多使用弹簧特性曲线具有该型曲线的走向。图 14-4（c）所示弹簧特性曲线为刚度渐减型，即弹簧刚度随变形的增大而减小。为了在冲击动能一定时获得较小冲击力，则应使用具有刚度渐减型特性曲线的弹簧为宜。

弹簧可以按刚度分为定刚度弹簧（直线型特性线）和变刚度弹簧（曲线或折线型特性线），受动载荷或冲击载荷作用的弹簧往往设计成变刚度弹簧。

14.4 圆柱螺旋压缩弹簧的设计计算

弹簧设计的任务是选择材料、确定簧丝直径、弹簧圈数、变形量、结构尺寸和必要的工作性能计算等。

14.4.1 弹簧的受力

当压缩弹簧受到轴向载荷 F 作用时（图 14-5），在弹簧丝的任何横剖面上将作用有转矩 $T=FR\cos\alpha$，弯矩 $M=FR\sin\alpha$，切向力 $Q=F\cos\alpha$ 和法向力 $N=F\sin\alpha$（式中 R 为弹簧的平均半径）。由于弹簧的螺旋升角 α 一般均较小（对于压缩弹簧 $\alpha<10°$），故弯矩 M 和法向力 N 可以忽略不计。因此，在弹簧丝的剖面中起主要作用的外力将是转矩 T 和切向力 Q。α 的值较小时，$\cos\alpha\approx1$，可取 $T=FR$ 和 $Q=F$。这种简化对于计算的准确性没有多大影响。

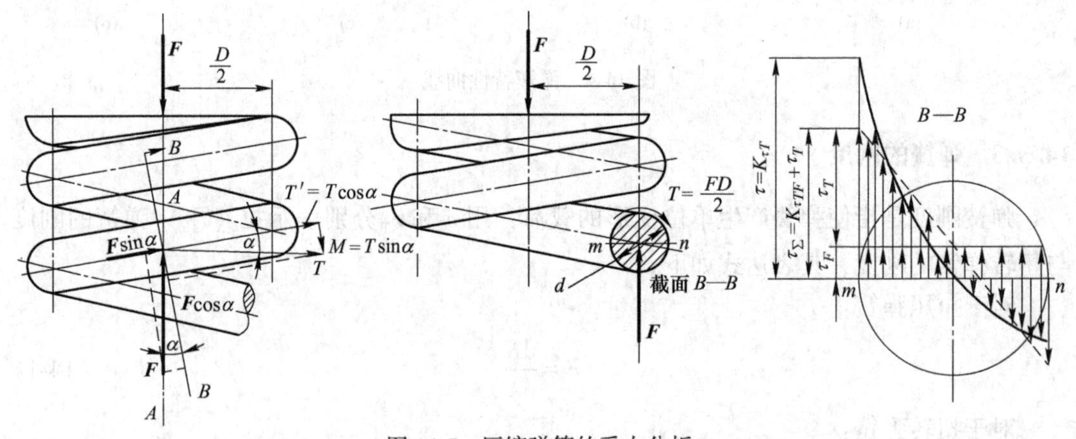

图 14-5 压缩弹簧的受力分析

当拉伸弹簧受轴向拉力 F 时，弹簧丝横剖面上的受力情况和压缩弹簧相同，只是转矩 T 和切向力 Q 的方向与压缩弹簧的相反。

14.4.2 弹簧丝直径的计算

由受力分析可知，弹簧受到的应力主要为转矩和横向力引起的剪应力，对于圆形弹簧丝

$$\tau=\frac{T}{W_t}+\frac{Q}{A}=\frac{F\cdot\dfrac{D}{2}}{\dfrac{\pi}{16}\cdot d^3}+\frac{F}{\dfrac{\pi}{4}\cdot d^2}=\frac{8FD}{\pi d^3}\left(1+\frac{1}{2C}\right) \tag{14-3}$$

进一步考虑到弹簧丝曲率的影响，可得到剪应力

$$\tau=K\frac{8FD}{\pi d^3}\leqslant[\tau] \tag{14-4}$$

$$K=\frac{0.615}{C}+\frac{4C-1}{4C-4} \tag{14-5}$$

式中，K 为曲度系数，它考虑了弹簧丝曲率和切向力对剪应力的影响。簧丝直径 d 的计算公式为

$$d \geqslant 1.6\sqrt{\frac{FKC}{[\tau]}} \tag{14-6}$$

当按照上式求取弹簧丝直径时，因旋绕比 C 和许用应力 $[\tau]$ 均和直径 d 有关，故而须经试算才能求得弹簧丝的直径 d。

14.4.3　弹簧圈数及刚度的计算

弹簧圈数 n 的确定与弹簧的变形有直接关系，圆柱弹簧受载后的轴向变形量

$$\lambda = \frac{8FD^3n}{Gd^4} = \frac{8FC^3n}{Gd} \tag{14-7}$$

式中，n 为弹簧的有效圈数；G 为弹簧的切变模量。

这样弹簧的圈数及刚度分别为

$$n = \frac{Gd^4\lambda}{8FD^3} = \frac{Gd\lambda}{8FC^3} \tag{14-8}$$

$$c = \frac{F}{\lambda} = \frac{Gd^4}{8D^3n} = \frac{Gd}{8C^3n} \tag{14-9}$$

当弹簧的有效圈数 $n < 15$ 时，取 n 为0.5圈的倍数；当 $n > 15$ 时，则取 n 为整圈数。为了保证弹簧具有稳定的性能，一般弹簧的有效圈数最少为2圈。C 值大小对弹簧刚度影响很大。当其他条件相同时，C 值愈小的弹簧刚度愈大，弹簧也就愈硬；反之，则愈软。不过 C 值愈小的弹簧卷制愈困难，且在工作时会引起较大的切应力。此外，c 值还和 G、d、n 有关，在调整弹簧刚度时，应综合考虑这些因素的影响。

14.4.4　稳定性计算

当弹簧圈数过多，其长径比 $b = H_0/D$ 较大时，受载后容易发生如图14-6（a）所示的失稳现象，所以还应进行稳定性的验算。为了避免失稳现象出现，通常建议弹簧的长径比按下列情况选取。

弹簧两端均为回转端时：　　$b \leqslant 2.6$

弹簧两端均为固定端时：　　$b \leqslant 5.3$

弹簧一端固定，另一端回转时：　　$b \leqslant 3.7$

当不满足上述条件时，应进行稳定性计算，并限制弹簧载荷 F 小于失稳时的临界载荷 F_{cr}。通常取 $F = F_{cr}/(2 \sim 2.5)$，其中临界载荷可按下式计算

$$F_{cr} = C_B c H_0 \tag{14-10}$$

式中，C_B为不稳定系数，其值如图14-7所示。

如果经过计算 $F > F_{cr}$，应重新选择有关参数，改变 b 值，提高 F_{cr} 的大小，使其大于 F_{max} 之值，以保证弹簧的稳定性。若受结构限制而不能改变参数时，就应该加装如图14-6（b）、图14-6（c）所示的导杆或导套，以免弹簧受载时产生侧向弯曲。为了防止弹簧工作时簧丝与导杆或导套产生摩擦，导杆或导套与簧丝间应留有间隙。对于加装了导杆或导套的弹簧结构，通常可以不验算其稳定性。

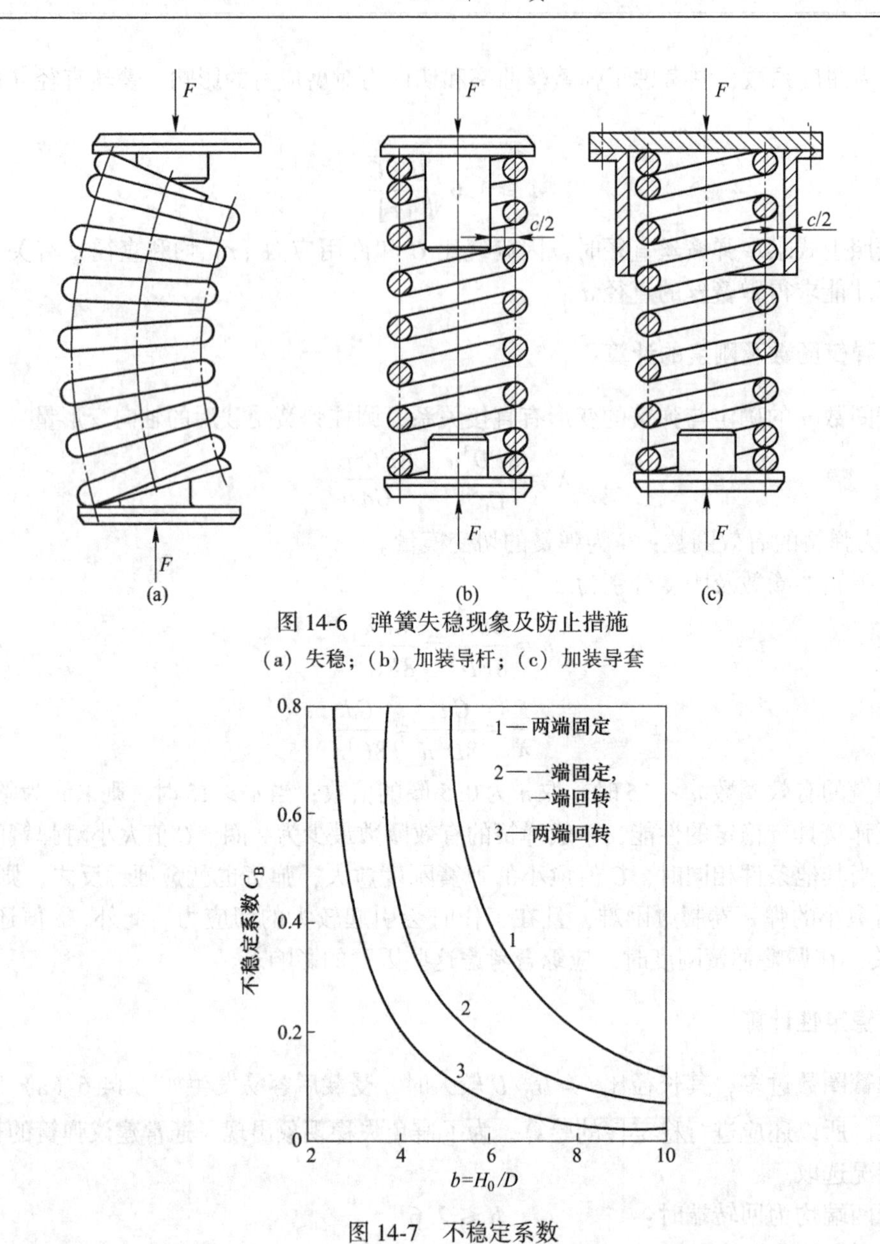

图 14-6　弹簧失稳现象及防止措施

（a）失稳；（b）加装导杆；（c）加装导套

图 14-7　不稳定系数

14.5　圆柱螺旋拉伸弹簧的设计计算

14.5.1　无初拉力的拉伸弹簧设计

无初拉力的拉伸弹簧除了不须进行稳定性计算外，其他如簧丝直径计算等均与压缩弹簧相同，但考虑到钩环弯曲对应力的影响，往往将许用应力降低 20%。

14.5.2　有初拉力的拉伸弹簧计算

对于有初拉力的拉伸弹簧，除了将许用应力降低以外，在计算刚度 c、变形 λ 和工作

圈数 n 时，载荷均应以 $F-F_0$ 代入。其他均与无初拉力的拉伸弹簧相同。其变形可用下式计算

$$\lambda_{max}=\frac{8(F_{max}-F_0)C^3n}{Gd} \quad 或 \quad \lambda_{max}=\frac{8(F_{max}-F_0)D^3}{Gd^4}$$

于是，由上式可得弹簧圈数计算公式为

$$n=\frac{G\lambda_{max}d}{8(F_{max}-F_0)C^3} \quad 或 \quad n=\frac{G\lambda_{max}d^4}{8(F_{max}-F_0)D^3}$$

14.6 受变载荷螺旋弹簧的疲劳强度验算

对于循环次数较多、工作在变应力下的重要弹簧，应进行疲劳强度验算。当应力循环次数不多或应力变化幅度较小时，应进行静强度验算。当上述两种情况不能明确区分时，则应同时进行这两种强度的验算。

14.6.1 疲劳强度验算

一般受变应力作用的弹簧，其应力变化规律有 $\tau_{max}=$常数和 $\tau_{min}=$常数两种。因此，可根据疲劳强度理论与相应计算公式，进行应力幅安全系数、最大应力安全系数的计算。对于弹簧钢丝也可按下述简化公式进行验算

$$\tau_{min}=\frac{8KF_{min}C}{\pi d^2} \tag{14-11}$$

$$\tau_{max}=\frac{8KF_{max}C}{\pi d^2} \tag{14-12}$$

$$S=\frac{\tau_0+0.75\tau_{min}}{\tau_{max}}\geqslant[S] \tag{14-13}$$

式中，τ_0为弹簧材料的脉动循环剪切疲劳极限，MPa，当弹簧材料为碳素钢丝、不锈钢丝、铍青铜丝等材料时，可根据循环次数 N 由表 14-7 查取；τ_{min} 为最小切应力，MPa；F_{min}为最小工作载荷，N；τ_{max}为最大切应力，MPa；F_{max}为最大工作载荷，N；$[S]$ 为许用安全系数，当弹簧计算和材料的性能数据精确度高时，取 $[S]=1.3\sim1.7$，精确度较低时，取 $[S]=1.8\sim2.2$。

表 14-7 弹簧材料的脉动疲劳极限 τ_0

变载荷作用次数 N	10^4	10^5	10^6	10^7
τ_0/MPa	$0.45\sigma_b$	$0.35\sigma_b$	$0.33\sigma_b$	$0.30\sigma_b$

注：1. 经喷丸处理的弹簧，τ_0可提高 20%；

2. 对于硅青铜丝、不锈钢丝，取 $0.35\sigma_b$。

14.6.2 静强度验算

弹簧的静强度校核可按式（14-14）进行计算

$$S_s = \frac{\tau_s}{\tau_{max}} \geqslant [S_s] \tag{14-14}$$

式中，τ_s为弹簧材料的屈服极限，MPa，其值可按下述数值选取：碳素弹簧钢丝取 $\tau_s = 0.42\sigma_b$，硅锰合金簧丝取 $\tau_s = 0.51\sigma_b$；$[S_s]$ 为许用安全系数，其值与 $[S]$ 相同。

[例 14-1] 设计一圆柱螺旋压缩弹簧，使用条件一般。已知：工作时最大载荷为1000N，最小载荷为 300N，要求弹簧工作行程为 20mm，弹簧为Ⅲ类弹簧，两端固定支撑。

解：

(1) 选择弹簧材料、确定许用应力。因本弹簧在一般载荷下工作，按照第Ⅲ类弹簧来考虑，选择碳素弹簧钢丝 B 级。初估弹簧丝直径为 $d = 6\text{mm}$ 左右。查表 14-2 和表 14-3 可知，$[\tau] = 0.5\sigma_b$，$\sigma_b = 1220\text{MPa}$，于是

$$[\tau] = 0.5\sigma_b = 0.5 \times 1220 = 610\text{MPa}$$

(2) 确定弹簧丝直径 d。根据给定条件选定 $C = 7$，并据式（14-5）得

$$K = \frac{0.615}{C} + \frac{4C-1}{4C-4} = \frac{0.615}{7} + \frac{4 \times 7 - 1}{4 \times 7 - 4} = 1.23$$

又据式（14-6）得

$$d' = 1.6\sqrt{\frac{FKC}{[\tau]}} = 1.6\sqrt{\frac{1000 \times 1.23 \times 7}{610}} = 6.01\text{mm}$$

与初估弹簧丝直径相近，故取标准值 $d = 6\text{mm}$，于是

$$D = Cd = 7 \times 6 = 42\text{mm}$$

$$D_2 = D + d = 42 + 6 = 48\text{mm}$$

(3) 确定弹簧的有效工作圈数 n。取 $G = 80000\text{MPa}$，并由式（14-8）可得弹簧工作圈数为

$$n = \frac{Gd^4\lambda}{8FD^3} = \frac{80000 \times 6^4 \times 20}{8 \times (1000 - 300) \times 42^3} = 4.998 \text{ 圈}$$

取弹簧工作圈数为 $n = 5$ 圈。

(4) 验算载荷与变形。由式（14-7）计算最小载荷 F_{min} 与最大载荷 F_{max} 作用下的变形量 λ_{min}、λ_{max}

$$\lambda_{min} = \frac{8F_{min}D^3n}{Gd^4} = \frac{8 \times 300 \times 42^3 \times 5}{80000 \times 6^4} = 8.57\text{mm}$$

$$\lambda_{max} = \frac{8F_{max}D^3n}{Gd^4} = \frac{8 \times 1000 \times 42^3 \times 5}{80000 \times 6^4} = 28.57\text{mm}$$

实际弹簧的工作行程 λ_0

$$\lambda_0 = \lambda_{max} - \lambda_{min} = 28.57 - 8.57 = 20\text{mm}$$

(5) 计算弹簧其余几何尺寸。

弹簧节距 p

$$p = d + \frac{\lambda_{max}}{n} + \Delta = 6 + \frac{28.57}{5} + 0.6 \approx 12.31\text{mm}$$

弹簧螺旋升角 α

$$\alpha = \arctan\left(\frac{p}{\pi D}\right) = \arctan\left(\frac{12.31}{3.14 \times 42}\right) = 5.33^\circ$$

弹簧总圈数 n_1

$$n_1 = n + 2 = 5 + 2 = 7 \text{ 圈}$$

弹簧钢丝间距 δ

$$\delta = p - d = 12.31 - 6 = 6.31\text{mm}$$

弹簧的自由长度 H_0，要求两端磨平并紧

$$H_0 = n\delta + (n_1 - 0.5)d = 5 \times 6.31 + (7 - 0.5) \times 6 = 71\text{mm}$$

弹簧丝长度 L

$$L = \frac{\pi D n_1}{\cos\alpha} = \frac{3.14 \times 42 \times 7}{\cos 5.33^\circ} = 927.17\text{mm}$$

（6）验算稳定性。由稳定性要求可知

$$b = \frac{H_0}{D} = \frac{70.55}{42} = 1.68 < 5.3$$

满足稳定性要求。

（7）绘制弹簧工作图。由表 14-2 知，对Ⅲ类受载弹簧，其工作极限载荷 $F_{\lim} \leqslant 1.12F_{\max}$，取

$$F_{\lim} = 1.12F_{\max} = 1.12 \times 1000 = 1120\text{N}$$

因此，按式（14-7）计算弹簧的极限变形量

$$\lambda_{\lim} = \frac{8F_{\lim}D^3 n}{Gd^4} = \frac{8 \times 1120 \times 42^3 \times 5}{80000 \times 6^4} = 32.01\text{mm}$$

按设计计算结果绘制弹簧工作图如图 14-8 所示。

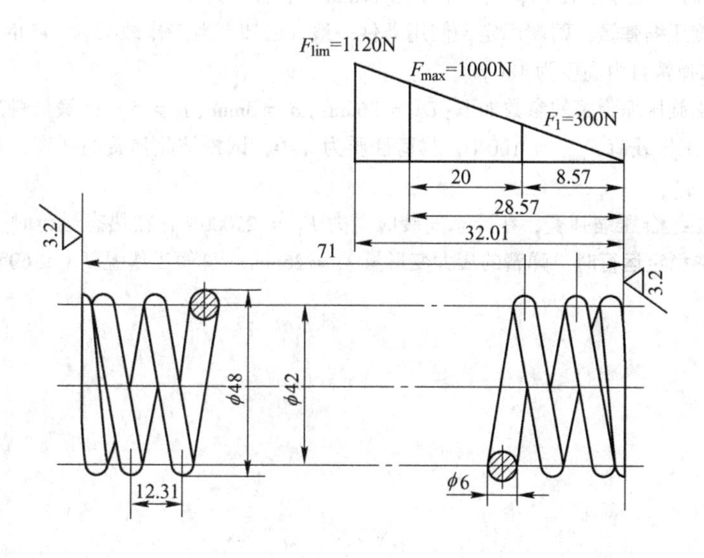

技术要求：
① 旋向：右旋
② 有效圈数 n=5
③ 总圈数 n_1=7
④ 展开长度 L=927.17mm
⑤ 热处理硬度45HRC

图 14-8　弹簧工作图

本章小结

本章主要介绍了弹簧的功用及类型，弹簧的材料、选材与制造，弹簧的工作原理，圆柱螺旋压缩和拉伸弹簧的设计计算，并同时阐述了受变载荷螺旋弹簧的疲劳强度验算方法。

思考题

14-1 弹簧有哪几种类型，各有什么特点，适宜工作在哪些场合？

14-2 弹簧的功用有哪些？何谓弹簧刚度？

14-3 对弹簧材料的主要要求是什么？选择弹簧材料时要考虑哪些问题？

14-4 弹簧的常用材料有哪些？

14-5 弹簧的特性曲线有哪几种形式，具有哪些特点？

14-6 圆柱螺旋弹簧的主要参数有哪些？这些参数对弹簧的性能有什么影响？

14-7 设计圆柱螺旋压缩弹簧的主要内容有哪些？强度计算和刚度计算的目的是什么？

14-8 在什么情况下压缩弹簧会出现失稳现象？可采取哪些措施来提高弹簧的稳定性？

习 题

14-1 试设计一在常温下工作的圆柱螺旋压缩弹簧，两端固定，使用条件一般。已知：最大工作载荷为230N，最小工作载荷为160N，工作行程为6mm，要求弹簧外径 $D \leqslant 18\text{mm}$，工作介质为空气。

14-2 设计一具有初拉力的圆柱螺旋拉伸弹簧。已知：弹簧中径 $D_2 \approx 10\text{mm}$，弹簧外径 $D < 16\text{mm}$。要求：当弹簧变形量为5mm时，拉力为150N；当变形量为12mm时，拉力为300N。

14-3 设计一受静载荷的圆柱螺旋压缩弹簧，两端固定，使用条件一般。已知：当工作载荷为1450N时，弹簧变形量为39mm，要求弹簧自由高度为180mm。

14-4 某牙嵌式离合器用的圆柱螺旋压缩弹簧的参数如下：$D_2 = 36\text{mm}$，$d = 3\text{mm}$，$n = 5$，弹簧材料为碳素弹簧钢丝（C级），最大工作载荷 $F_{max} = 100\text{N}$，载荷性质为Ⅱ类，试校核此弹簧的强度，并计算其最大变形量 λ_{max}。

14-5 设计一热力管道吊架用两层组合压缩弹簧，在冷态安装时受力 $F_1 = 25000\text{N}$，在热态运行时受力 $F_2 = 32000\text{N}$，由冷态到热稳定运行时，弹簧的最大变形量 $\lambda = 26\text{mm}$。弹簧工作温度 $t \leqslant 60℃$。

15 减 速 器

内 容 提 要

本章重点说明常用减速器的类型、特点及应用，减速器的典型结构和润滑方式。减速器已制定了许多标准系列，供在各种不同使用条件下选用。各种标准减速器的规格、适用范围、代号、参数和外形及安装尺寸等，可查阅有关手册资料。减速器是指动力机与工作机之间独立的闭式传动装置，用来降低转速并相应地增大转矩。此外，在某些场合，也有用作增速的装置，并称为增速器。

15.1 减速器的主要形式

减速器的种类很多，通常按传动类型和结构特点分类，有圆柱齿轮减速器、圆锥齿轮减速器、蜗杆减速器和行星齿轮减速器等。此外，按照减速器级数的不同，又可分为单级、两级和多级减速器等；按照轴线排列方式，分为立式（从动轴垂直于水平面）、卧式（从动轴在水平面内）减速器；按照功率传递路线，分为展开式、分流式、同轴式等；按齿轮轮齿的齿形还可分为渐开线和圆弧齿等。目前我国开始应用和推广的还有滚子凸轮减速器、超环面蜗杆减速器等新型减速器，下面介绍比较常用的减速器形式。

15.1.1 圆柱齿轮减速器

圆柱齿轮减速器用于平行轴间传动，效率高、传递功率大、应用最广泛。

（1）单级圆柱齿轮减速器。传动比 $i<8$ 时，可采用单级圆柱齿轮减速器（图 15-1）。

（2）两级圆柱齿轮减速器。两级圆柱齿轮减速器（图 15-2）的传动比一般为 $i=8\sim40$，最大可达 60。

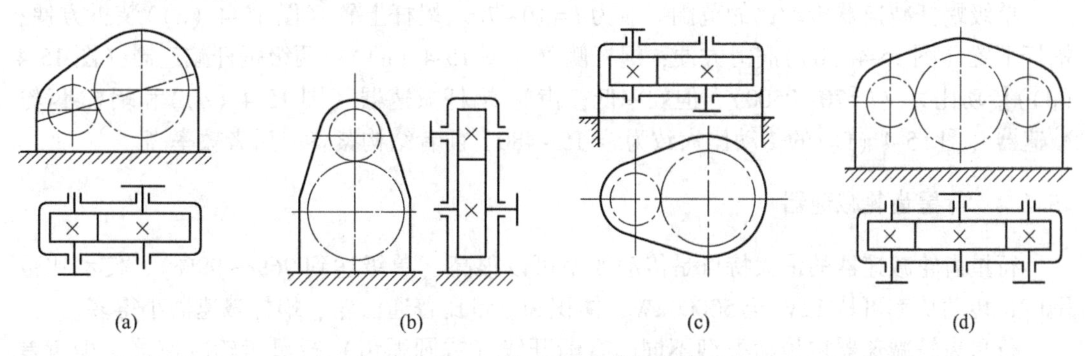

图 15-1　单级圆柱齿轮减速器

（a）水平轴传动；（b）水平轴传动；（c）垂直轴传动；（d）双驱动式

图 15-2 中，展开式（图 15-2（a））应用最广；分流式（图 15-2（b））常用在大功率、变载荷场合，一般高速级用斜齿，低速级可用人字齿或直齿；同轴式（图 15-2（c））适用于要求输入轴端和输出轴端在同一轴线上的场合，这种减速器的轴向尺寸较大，易使载荷沿齿宽分布不均，而且高速级齿轮的承载能力也难以充分利用；大功率传动中可采用中心驱动式（图 15-2（d））。

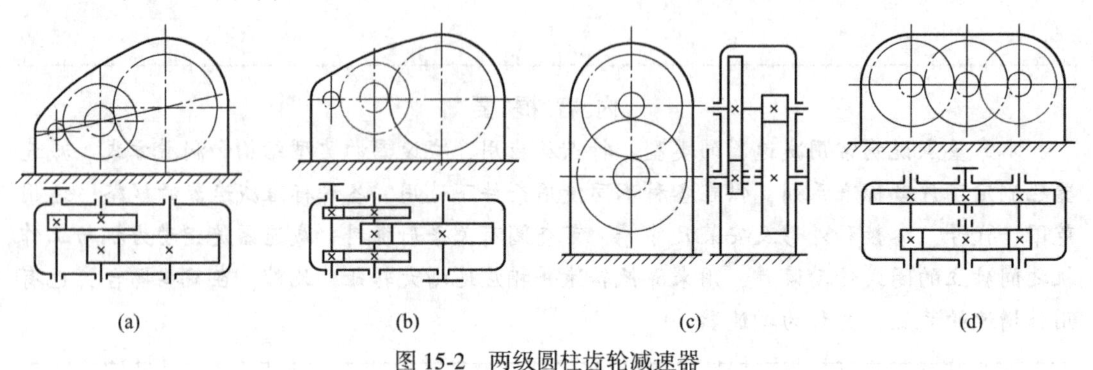
(a) (b) (c) (d)

图 15-2 两级圆柱齿轮减速器
（a）展开式；（b）分流式；（c）同轴式；（d）中心驱动式

15.1.2 圆锥齿轮减速器

圆锥齿轮减速器（图 15-3）用于输入轴和输出轴位置布置成相交的场合（一般轴交角为 90°）。当传动比不大时（$i=1\sim6$），采用单级圆锥齿轮减速器（图 15-3（a）），当传动比较大时（$i=6\sim35$），采用两级（图 15-3（b））或三级（$i=35\sim208$）的圆锥-圆柱齿轮减速器，由于大尺寸的圆锥齿轮较难精确制造，故圆锥齿轮传动常作为高速级。

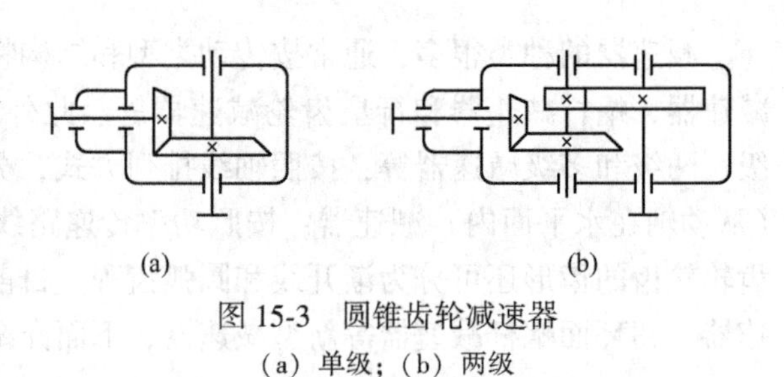
(a) (b)

图 15-3 圆锥齿轮减速器
（a）单级；（b）两级

15.1.3 蜗杆减速器

蜗杆减速器（图 15-4）用于输入轴和输出轴在空间正交情况下的传动，能实现较大的传动比，工作平稳、噪声小，但效率较低。

单级蜗杆减速器传动比的范围一般为 $i=10\sim70$。蜗杆上置（图 15-4（a））装拆方便；蜗杆下置（图 15-4（b））润滑方便；蜗杆侧置［图 15-4（c））；两级蜗杆减速器（图 15-4（d））传动比大（$i=70\sim2500$），但效率低；齿轮-蜗杆减速器（图 15-4（e））和蜗杆-齿轮减速器（图 15-4（f））的传动比大致为 $i=15\sim480$，前者结构紧凑，后者效率高。

15.1.4 行星齿轮减速器

行星齿轮减速器的最大特点是传动效率可以很高（单级达到 96%～99%），传动比范围广，传动功率可从 12W 至 50000kW，体积和重量比普通齿轮、蜗杆减速器小得多。

行星齿轮减速器按传动类型不同，有渐开线（或圆弧齿）行星齿轮减速器、少齿差渐开线行星齿轮减速器、行星摆线针轮减速器和谐波齿轮减速器等。根据减速级数，也有

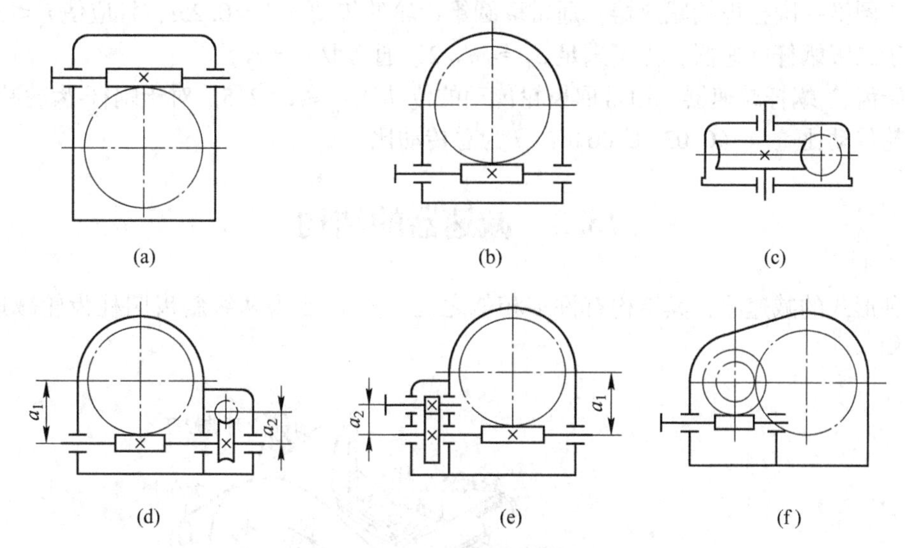

图 15-4 蜗杆减速器

(a) 蜗杆上置式；(b) 蜗杆下置式；(c) 蜗杆侧置；
(d) 两级蜗杆；(e) 齿轮-蜗杆；(f) 蜗杆-齿轮

单级、两级和多级之分。

15.2 传动比分配

设计二级和二级以上的减速器时，合理分配各级传动比是很重要的，因为它将影响减速器的外形尺寸、重量和润滑条件。

传动比分配的基本原则是：(1) 使各级传动的承载能力接近相等；(2) 使各级传动中的大齿轮浸油深度大致相等，从而使润滑简便；(3) 使减速器具有最小的外形尺寸和质量。

对于二级圆柱齿轮减速器，当按照轮齿接触强度相等的条件分配传动比时，应取高速级传动比 i_1 为

$$i_1 = \frac{i - C\sqrt[3]{i}}{C\sqrt[3]{i} - 1} \quad C = \frac{a_2}{a_1}\sqrt[3]{\frac{[\sigma_H]_2^2}{[\sigma_H]_1^2} \cdot \frac{\phi_{a2}}{\phi_{a1}}} \tag{15-1}$$

式中，i 为总传动比，$i = i_1 i_2$；i_1 为高速级传动比；i_2 为低速级传动比；ϕ_a 为齿宽系数，$\phi_a = b/a$，b 为工作齿宽，a 为中心距。标准减速器常取 $\phi_a = 0.4$。

对于展开式和分流式减速器，当高速级和低速级传动的材料相同、齿宽系数相等时，C 值约为 1.5。对于同轴式减速器，$a_2 = a_1$，a_1、a_2 分别为高速级和低速级的中心距，通常取 $\phi_{a1} \approx \phi_{a2}$。

减速器的传动比也可以按下面推荐的经验式进行分配。

对于二级圆柱齿轮减速器，为使两级大齿轮的浸油深度大致相等，应使低速级大齿轮分度圆直径 d_4 稍大于高速级大齿轮分度圆直径 d_2。对于展开式和分流式减速器，因为 $a_2 > a_1$，故通常取 $i_1 =$ (1.2~1.3) i_2。对于同轴式减速器，因为 $a_2 = a_1$，故应使 $i_1 > i_2$。

对于圆锥—圆柱齿轮减速器，通常取圆锥齿轮的传动比 $i_1=0.25i$，且应使 $i_1\leqslant 3\sim 4$。

对于二级蜗杆减速器，为了满足 $a_1\approx a_2/2$，通常取 $i_1=i_2$。

对于齿轮-蜗杆减速器，通常取齿轮传动的传动比 $i_g\leqslant 2\sim 2.5$。对于蜗杆-齿轮减速器，常取齿轮传动比 $i_g=(0.03\sim 0.06)\ i$，i 为总传动比。

15.3　减速器的结构

各种形式的减速器，其结构有许多相似之处，图 15-5 为两级斜齿圆柱齿轮减速器的典型结构。

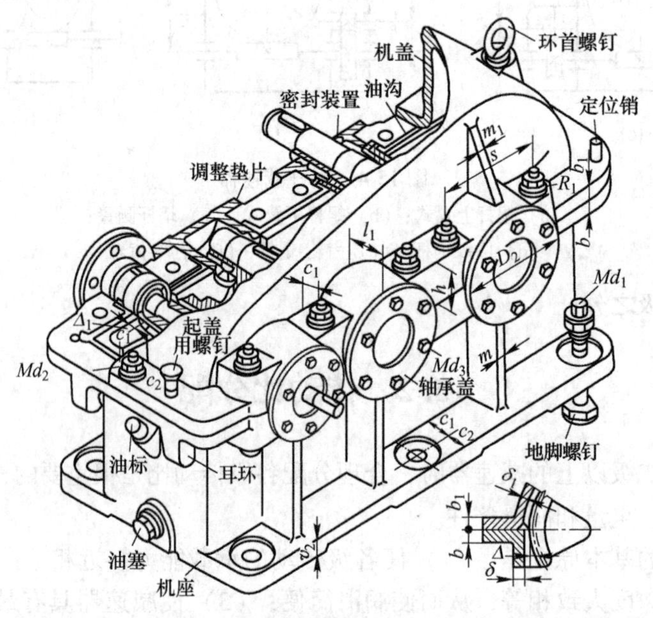

图 15-5　两级圆柱齿轮减速器

减速器除传动件（齿轮或蜗杆、蜗轮）、轴和轴承之外，最主要的零件是箱体，其上的轴承孔必须精确加工。箱体还必须有足够的刚度，以免受载后变形过大而影响传动质量，为此常在箱体外设置加强肋。一般箱体用中等强度的灰铸铁铸成，重型减速器用高强度铸铁或铸钢，用钢板焊接成的箱体应用越来越多。

为满足某些需要，减速器上还设有一些附件：保证上下箱体准确定位的定位销，为了便于检查齿轮啮合情况和注油而设的窥视孔，还有油面指示器（油标）、通气器、油塞、吊钩等，减速器的主要尺寸和性能参数可参考有关设计手册。

15.4　减速器的润滑

15.4.1　传动件的润滑

圆周速度 $v\leqslant 12\sim 15$ m/s 的齿轮减速器和 $v\leqslant 10$m/s 的蜗杆减速器广泛采用油池润滑（图 15-6）。为了减少齿轮的运动阻力和油的温升，浸油深度以 1～2 个齿高为宜。速度高

（v 接近 12m/s）时，应浸入浅些，约 0.7 倍齿高左右，但至少 10mm。速度低的（v<0.5~0.8m/s）也允许浸入深一些，可达 1/6~1/3 的齿轮半径。圆锥齿轮的浸入深度应达到轮齿的整个宽度（至少半个齿宽）。蜗杆在下时，油面高度应不低于蜗杆螺纹的根部，且不应超过蜗杆轴上滚动轴承最低滚动体的中心。

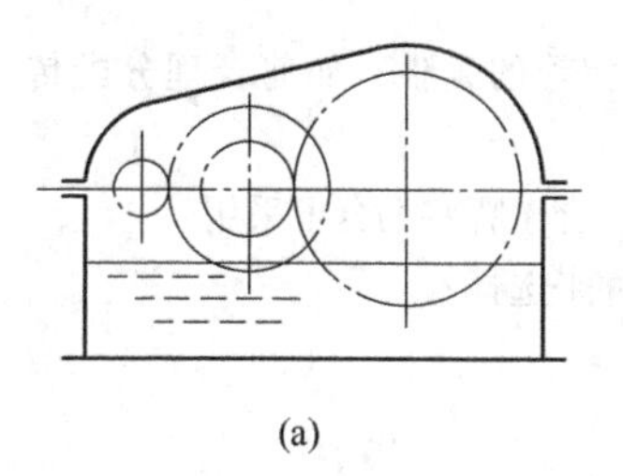

(a)

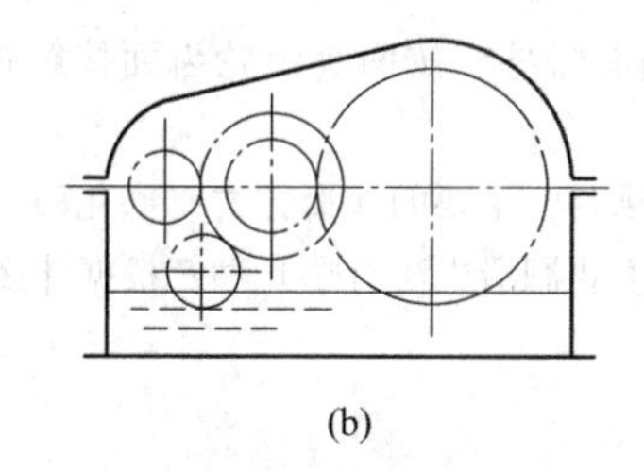

(b)

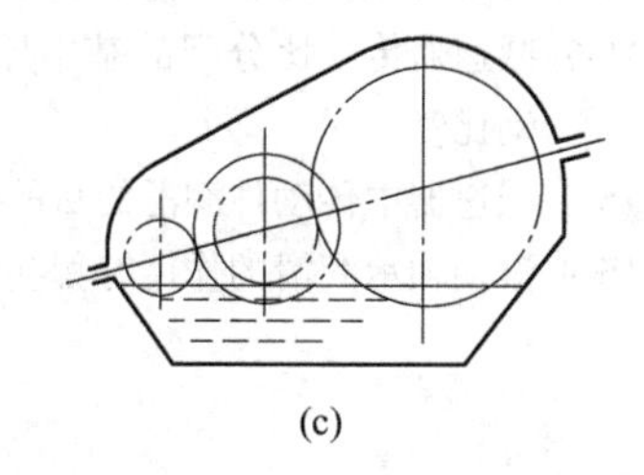

(c)

图 15-6 油池润滑

（a）两个大齿轮直径相似；（b）采用带油轮；（c）箱体剖分面倾斜

减速器油池容积平均可按每 1kW 约需 0.35~0.71 润滑油计算，同时应保持齿顶圆距箱底的距离不小于 30~50mm 左右，以免过浅搅起沉在箱底的油泥。

圆周速度 v>12m/s 时应采用喷油润滑。润滑油从自备油泵或中心供油站送来，通过喷嘴将油喷入轮齿啮合区。其优点是工作可靠，润滑充分，同时可起降温作用，有利于提高抗胶合能力；缺点是润滑装置较复杂，费用较贵。

15.4.2 轴承的润滑

减速器采用滚动轴承时，可以根据齿轮或蜗杆的圆周速度来选择轴承的润滑方法。圆周速度在 2~3m/s 以上时，用飞溅润滑，即把飞溅到箱盖上的油汇集到箱体剖分面上的油沟中，然后导入轴承进行润滑。若圆周速度在 2~3m/s 以下时，采用刮油润滑，亦可根据轴承转动座圈速度的大小选用脂润滑或滴油润滑。采用脂润滑时，应在轴承内侧设置挡油环或其他内部密封装置，以免油池中的油进入轴承稀释润滑脂。转速很高的轴承需用压力喷油润滑。

减速器采用滑动轴承时，由于传动用油的黏度一般高于滑动轴承的要求，因此轴承润滑就需采用独自的润滑系统。这时应根据轴承的受载情况和滑动速度等工作条件选择合适的润滑方法和油的黏度。

本章小结

本章主要介绍了减速器的主要形式（圆柱齿轮减速器、圆锥齿轮减速器、蜗杆减速器和行星齿轮减速器）和传动比分配方法，并同时阐述了减速器的结构与润滑等。

思考题

15-1 减速器有哪些特点？

15-2 单级和两级圆柱齿轮减速器传动比的大致范围是多少？

15-3 展开式、分流式和同轴式两级圆柱齿轮减速器有什么区别？各有什么特点？

15-4 圆锥-圆柱齿轮减速器中，为什么一般应将圆锥齿轮布置在高速级？

15-5 蜗杆减速器有什么特点？

15-6 行星齿轮减速器的优缺点有哪些？

15-7 减速器传动比分配的基本原则有哪些？按两级齿轮齿面接触强度相等的条件，如何合理分配传动比？

15-8 减速器中传动件润滑的目的有哪些？主要的润滑方式有哪几种？各适合于哪些场合下采用？

15-9 滚动轴承润滑的作用有哪些？主要润滑方法有哪几种？根据什么条件来选择？

参 考 文 献

[1] 濮良贵，纪名刚．机械设计[M]．第8版．北京：高等教育出版社，2006.
[2] 邱宣怀．机械设计[M]．第4版．北京：高等教育出版社，2006.
[3] 曹仁政．机械零件[M]．北京：冶金工业出版社，1985.
[4] 余俊等．机械设计[M]．第2版．北京：高等教育出版社，1986.
[5] 刘莹，吴宗泽．机械设计教程[M]．第2版．北京：机械工业出版社，2008.
[6] 吴宗泽．机械设计教程[M]．北京：高等教育出版社，2001.
[7] 吴宗泽，罗圣国．机械设计课程设计手册[M]．第4版．北京：高等教育出版社，2012.
[8] 许尚贤．机械零部件的现代设计方法[M]．北京：高等教育出版社，1994.
[9] 谈嘉祯．机械设计[M]．北京：中国标准出版社，2001.
[10] 吴宗泽．机械设计使用手册[M]．第3版．北京：化学工业出版社，2010.
[11] 齐毓霖．摩擦与磨损[M]．北京：高等教育出版社，1986.
[12] 吴克坚，于晓红，钱瑞明．机械设计[M]．北京：高等教育出版社，2003.
[13] 吴宗泽．机械结构设计准则与实例[M]．北京：机械工业出版社，2006.
[14] 张鹏顺，陆思聪．弹性流体动力润滑及其应用[M]．北京：高等教育出版社，1995.
[15] 吴宗泽．机械设计禁忌800例[M]．北京：机械工业出版社，2006.
[16] 温诗铸等．摩擦学原理[M]．北京：清华大学出版社，2002.
[17] 宋宝玉，王黎钦．机械设计[M]．北京：高等教育出版社，2010.
[18] 杨可桢等．机械设计基础[M]．第5版．北京：高等教育出版社，2006.
[19] 朱孝录，鄂中凯．齿轮承载能力分析[M]．北京：高等教育出版社，1992.
[20] 朱孝录．机械传动设计手册[M]．北京：电子工业出版社，2007.
[21] 朱孝录．齿轮传动设计手册[M]．北京：化学工业出版社，2005.
[22] 吴宗泽，吴鹿鸣．机械设计[M]．北京：中国铁道出版社，2016.
[23] 陈长生，霍振生．机械基础[M]．北京：机械工业出版社，2003.
[24] 庞志成等．液体动静压轴承[M]．哈尔滨：哈尔滨工业大学出版社，1991.
[25] 吴宗泽．高等机械设计[M]．北京：清华大学出版社，1991.
[26] 李铁成．机械力学与设计基础[M]．北京：机械工业出版社，2005.
[27] 吴宗泽．机械结构设计[M]．北京：机械工业出版社，1988.
[28] 张直明．滑动轴承的流体动力润滑理论[M]．北京：高等教育出版社，1988.
[29] 吴宗泽．机械设计师手册[M]．北京：机械工业出版社，2002.
[30] 张展．机械设计通用手册[M]．北京：机械工业出版社，2008.
[31] Joseph E S, Charles R M. Mechanical engineering design[M]. New York: McGraw-Hill Companies, Inc., 2001.
[32] 张剑，金映丽，马先贵，丁津原．现代润滑技术[M]．北京：冶金工业出版社，2008.
[33] Esposito, Anthony, Thrower, et al. Machine Design[M]. New York: Delmar Publishers, 1991.
[34] 中国机械工程学会．中国机械设计大典[M]．南昌：江西科学技术出版社，2002.
[35] Bernard J H, Bo Jaconson, Sreven R S. Fundamentals of machine elements[M]. Int., ed. Singapore: McGraw-Hill Book Company, 1999.
[36] 胡世炎．机械失效分析手册[M]．成都：四川科学技术出版社，1989.
[37] Robert L M. Machine elements in Mechanical Design[M]. 4rd ed. London: Prentice-Hall, Inc., 2004
[38] 王大康．机械设计基础[M]．北京：中国铁道出版社，2015.
[39] 张英会等．弹簧手册[M]．第2版．北京：机械工业出版社，2010.

[40] Homer D E. Kinematic design of Machines and Mechanisms[M]. New York：McGraw-Hill Companies, Inc, 1998.
[41] 蔡春源．新编机械设计手册[M]．沈阳：辽宁科学技术出版社，1996.
[42] 张策．机械原理与机械设计[M]．第2版．北京：机械工业出版社，2011.
[43] 吴宗泽，吴鹿鸣．机械设计[M]．北京：中国铁道出版社，2016.
[44] 门艳忠．机械设计[M]．北京：北京大学出版社，2010.
[45] 李威，王小群．机械设计基础[M]．第2版．北京：机械工业出版社，2009.
[46] 吴宗泽，于亚杰．机械设计与节能减排[M]．北京：机械工业出版社，2012.